아인슈타인 - 보른 서한집

The Born letters ⓒ G. V. R. Born, I. Newton-John, M. Pryce 1971, 2005
The Einstein letter ⓒ Estate of Albert Einstein 1971, 2005
Translation@ Irene Born 1971, 2005
Preface@ Kip S. Thorne and Diana Buchwald 2005

All rights reserved.
Korean language edition arranged between Macmillan and Bumyangsa Publishing co. through EricYang Agency.

Korean Translation Copyright ⓒ Bumyangsa Publishing Co.

이 책의 저작권은 맥밀란 출판사와 독점계약을 맺은 범양사에 있습니다.
저작권법에 의해 한국 내에서 보호를 받는 저작물이므로
서면 허락을 받지 않은 무단전재와 복제를 금합니다.

아인슈타인 - 보른 서한집

구스타프 보른 외 엮음 박인순 옮김

범양사
Science Books

일러두기

1. 물리학 전문용어들은 '한국물리학회'가 제시한 2005년 판 '물리용어조정제시안'을 따랐다. 한국물리학회 홈페이지(www.kps.or.kr)에서 이 용어집을 내려 받을 수 있다.
2. 서론의 미주에서 번호 옆에 *가 붙은 주들은 옮긴이의 주를 가리킨다.
3. 편지 본문에서 볼 수 있는 [ ] ( )를 이용해 부연 설명한 것은 모두 보른의 것이다.
4. 편지 본문에서 1, 2, 3...으로 진행되는 각주 번호는 보른의 참고문헌 번호를 가리키며 1), 2), 3)... 으로 진행되는 번호는 옮긴이의 주를 가리킨다.
5. *표시가 의미하는 영문판 편집자의 주와 보른의 주는 해당 편지 마지막에서 찾아볼 수 있다.

목 차

새로운 판에 부쳐 _구스타프 보른 6

서 언 _버트란트 러셀 10

서 론 _베르너 하이젠베르크 11

새로운 판을 위한 서설 _디아나 부크왈드, 킵 S. 손 17

초판 감사의 글 52

보른과 아인슈타인의 편지 53

역자후기 423

주석 428

참고문헌 446

찾아보기 449

새로운 판에 부쳐

구스타프 보른Gustav Born
2004년 7월

아인슈타인이 과학과 세계사에 끼친 엄청난 영향은 상식적인 사실이다. 그를 알고 있는 사람들에게 미친 그의 영향 또한 매우 놀랍기만 하다. 이 책은 나의 부모인 막스 보른Max Born과 헤디 보른Hedi Born이 아인슈타인과 나눈 편지들로부터 탄생했다. 이 책은 베를린에서 1차 대전 기간 동안 그들이 함께 했던 시기부터 아인슈타인이 타계한 1955년까지 그들이 유지했던 친밀한 우정을 보여주는 감동적인 증언이다.

이 책의 전반적인 분위기는 일반 상대성 이론이 발표된 직후인 1916년, 어려운 상황 속에서도 앞으로 계속 지속될 서신 왕래의 첫 번째 소식이었던 아인슈타인이 보내온 엽서에서 엿볼 수 있다. 아인슈타인의 업적을 칭찬하는 나의 아버지 막스 보른의 논문에 대해 아인슈타인은 "나의 가장 절친한 동료 연구가 중 한 사람"이 자신을 이해해 주었다는 사실에 자신이 얼마나 기뻐하고 있는지 적고 있다. 아인슈타인이 나의 부모로부터 받은 편지를 계속해서 보관한 까닭은 아마도 내 어머니 헤디가 보낸 편지에 그가 감명을 받았기 때문이라고 생각한다. 부모님께서 아인슈타인의 편지를 보관하고 있었다는 사실은 그리 놀랄만한 일은 아니다.

내 어린 시절 기억으로는 우리 집에 아인슈타인이 담소를 나누러 자주 들르곤 했다. 나치가 1933년 정권을 잡고 내 아버지가 괴팅겐의 연구소장 자리에서 강제 사임하게 되었을 때, 아인슈타인은 이미 해외로 망명해 있었다. 아인슈타인은 우리 부모에게 되도록 빨리 독일을 떠나도록 강권했는데, 이는 우리 가족이 살아남는데 도움이 되었다. 아인슈타인은 미국으로 망명하여 타계할 때까지 그곳에 머물렀다. 아버지는 우리 가족을 데리고 영국으로 건너갔다. 친밀한 우정만이 지속되었을 뿐 그들은 그 이후 다시는 만나지 못했다.

전후 독일의 상황에 대해 서로 다른 입장을 견지했음에도 불구하고, 그들의 우정은 변함이 없었다. 우리 부모는 1953년 조국의 민주적 회복을 돕기 위해 독일로 귀국했다. 1954년 아버지가 노벨 물리학상을 수상한 사실은 그런 면에서 독일에 커다란 도움이 되었다. 우리 가족이 독일로 귀환한다는 점을 아인슈타인을 포함한 다른 망명자들이 부정적으로 생각했다는 사실은 충분히 이해할 만하다. 그러나 결과적으로 봤을 때 내 부모가 어렵게 내린 그러한 결정은 완전히 정당화되었다고 생각한다. 과학으로부터 파생되는 사회·경제적 그리고 정치적 결과를 우편배달부로부터 정부의 장관들에 이르는 다양한 지적 수준을 가진 사람들에게 가르치는 데에 있어서 그들이 거둔 업적은 여전히 영향력을 발휘하고 있다. 아들인 나로서도 이에 크게 감명을 받아 많은 방향에서는 아니지만, 특히 뮤니치와 슈투트가르트에 소재한 두 곳의 막스 보른 국립대학에서 학생들이 폭넓은 전망을 가지도록 도우면서 부모의 뜻을 이어가려 노력했다.

많은 사람이 알고 있듯이 아인슈타인과 막스 보른이 두 가지의 기본적인 과학적 원리에서 입장을 서로 달리했다는 점도 이들이 서로를 존경하고 강한 애정을 보여줬다는 사실을 폄하시키지는 못한다. 버트란트 러셀이 지적한 것처럼, 그들은 너무나 뛰어나면서도 동시에 겸손한 사람들이었다. 서로 대립되는 신념을 가졌지만 그것이 서로를 배려하는데 전혀 지장을 주지 않았다. 『양심의 기쁨The Luxury of a Conscience』이라는 독일에서 발간된 책을 통해 우리 부모는 아인슈타인과 맺었던 관계를 회고한 바 있다. 이 책에서 아버지는 주로 학문적 논의를 했고, 어머니는 아인슈타인의 사적인 면모에 대해 회상했다. 아버지의 글은 이렇게 끝난다. "그의 친구였다는 사실이 나에게 어떤 의미인지 잘 알고 있다." 어머니의 글은 다음과 같이 끝을 맺는다. "이제 그의 생생한 목소리는 들을 수 없게 되었지만, 그의 목소리를 들었던 사람들은 살아 있는 한, 앞으로도 계속 그의 목소리를 듣게 될 것이다."

사랑하는 내 누이 이레네Irene가 독일어에서 영어로 훌륭하게 번역해 놓은 이 책의 편지와 해설들은 이들의 우정을 보여주는 매혹적이고 감동적인 기록이다. 이 기록을 다음 세대와 나눈다 함은 분명히 귀중한 일이다.

새로운 판에 대한 감사의 말

알베르트 아인슈타인 문서보관소Albert Einstein Archive에서 연구하는 차야 베커Chaya Becker와 그녀의 동료들, 그리고 존 매덕스John Maddox에게 감사한다.

초판이 출간된 이후 아래와 같은 오류를 지적한 아버지의 전기 작가 낸시 그린스팬Nancy Greenspan에게 감사한다.

◇ 편지 58: 1928년 2월 20일자. 보른이 1월에 독일 탈출을 이야기한다. 그러나 1928년 1월 혹은 12월까지 그런 계획을 하지 않았다.
◇ 편지 60: 1929년 1월 13일자. 보른이 12월에 헤디의 생일을 언급한다. 이 점을 고려할 때 해당 편지는 생일날에 가까워서야 쓰인 것이 분명하다.
◇ 편지 81: 1944년 9월 7일자. 『원인과 우연의 자연철학Natural Philosophy of Cause and Chance』에서 보른은 이 편지가 1944년 11월 7일자라고 밝힌다.
◇ 편지 84: 1947년 3월 3일자. 『원인과 우연의 자연철학』에서 보른은 이 편지가 1947년 12월 3일자라고 밝힌다.
◇ 보른이 아인슈타인에게 보낸 1926년 11월 30일자 편지가 이 책에는 빠져 있다.

서 언

버트란트 러셀
1968년 12월 1일

알베르트 아인슈타인과 막스 보른의 이 서한집은 과학에 종사하는 사람들은 물론 일반 대중 독자들에게도 큰 흥미를 가져다준다. 그들은 우리 세기가 배출한 가장 걸출한 과학자이며, 과학자들의 사회적 책임에 대해 광범위한 관심과 흔치 않은 인식을 가지고 있었다.

출간을 의도하지 않은 이 편지들은 전쟁과 평화를 둘러싼 희망과 고뇌, 연구 및 동료들의 연구의 진행과정에 대한 자신들의 사적인 생각, 그리고 과학사에서 가치를 매길 수 없이 중요한 사료로 여겨지는 많은 부분들에 대해 기록하고 있다.

그들의 삶이 보여주었던 숭고한 측면들도 드러난다. 나는 수십 년에 걸쳐 지속된 그들의 우정을 높이 평가해왔다. 이 두 사람은 비범한 사람들일 뿐만 아니라 겸손했으며, 대중을 향한 발언도 두려워하지 않았다. 평범하고 도덕적으로 수준 낮은 이 시대에, 그들의 삶은 강렬한 아름다움으로 빛을 발한다. 이런 내용들이 그들의 서신에 잘 드러나 있으며, 세상은 이 책의 출간으로 더욱 풍성해지리라.

서 론

베르너 하이젠베르크

현대 물리학의 이론적 기초인 상대성 이론과 양자이론은 일반적으로 평범한 사람들이 접근하기는 불가능하며, 이것이 과연 인간에 의해 만들어진 것인가가 의심될 정도로 추상적인 관념들로 가득한 체계로 알려져 있다. 그렇지만, 알베르트 아인슈타인과 막스 보른의 서한들이 우리에게 알려주는 바는 다른 무엇보다도 과학 발전에 있어서 드러나는 인간적인 측면이다. 아인슈타인과 보른, 두 사람 모두는 현대 물리학의 형성에 기여한 사람들 중 제일선에 있었다. 1916년, 즉 이 서신 왕래가 시작된 해에 아인슈타인은 일반 상대성 이론에 대한 그의 논문을 막 완성하고 고도로 복잡한 양자 현상에 노력을 경주하고 있었다. 이후 보른은 괴팅겐에서 자신의 제자들과 함께 이 현상을 이해하도록 우리를 이끌었다. 이 두 과학자가 양자이론에 대한 최종 해석을 둘러싸고 이견을 제시했다는 사실은 원자 현상을 더욱 명확하게 이해하고자 했던 데에서 나타났던 어려움들이 얼마나 특별한 것이었던가를 보여준다.

그렇지만 이들의 서신이 단순히 원자 현상을 두고 어떤 해석이 올바른 해석인지에 관한 드라마틱한 논쟁을 증언하는 데에 그치고 있지는 않다. 이 서신들은 인간적, 정치적 그리고 이데올로기적인 문제들이 이러한 논의에 어떻게 결합되어 있는지를, 그리고 바로 이런 이유 때문에 1926년부터 1954년까지 당시의 역사가 이 서신들에 얼마나 중요한 역할을 했는지를 보여준다. 아인슈타인과 보른 두 사람은 그들을 둘러싼 사회적 구조에 관심을 갖고, 때로는 고통스러워하고 때로는 희망을 잃지 않으며 자신들이 살았던 역사에 능동적으로 참여했다. 그렇기 때문에 이 시대에 다른 식으로 고통 받고, 다른 것을 희망하던 많은 사람들도 이 뛰어난 과학자들의 눈을 빌어 당시의 세계를 조망하는 데 있어 그들의 서신을 하나의 지침으로 여길 수 있다.

1916년 아인슈타인과 보른은 모두 베를린에 있었다. 아인슈타인은 프러시아 과학 아카데미에 연구 직위를 가지고 있었으며, 보른은 베를린 대학에서 이론 물리학과의 부교수로 있었으나, 곧 이어 전시 동원령에 의해 베를린의 미사일 연구 사령부에서 과학자로서 협력했다. 전쟁이 끝나자 곧바로 보른은 베를린 대학의 이론 물리학과의 정교수로 임명된 반면 아인슈타인은 미국, 아시아 그리고 유럽에 있는 많은 대학들을 방문하여 강연을 펼쳤다.

이 두 과학자의 연구 방식은 매우 달랐다. 아인슈타인은 기본적으로 혼자 연구했다. 그렇지만 자신이 가진 문제들을 가지고 다른 물리학자들과 토론하기를 즐겼다. 그는 때때로 난해한 수학적 탐구의 해결을 돕기 위해 자신의 연구에 협력하는 젊은 동료들, 그 중에서도 수학자들의 집을 찾았다. 그렇지만 아인슈타인은 대학의 통상적인 관례에 따른 교육을 하지는 않았다. 사람들은 아인슈타인이 다른 사람들과의 협력을 통해 발표한 논문들의 대부분에서조차 그의 역할이 연구의 영감과 방향을 제시하는 것이었다는 인상을 받게 된다.

반면 보른은 괴팅겐에 이론 물리학을 연구하는 학교를 설립했다. 그는 통상적인 강의들과 잘 조직된 세미나를 열어 자신의 주위에 우수한 젊은 물리학자들을 불러 모았다. 보른은 그들과 함께 양자이론이라는 미지의 영역을 통과하는데 심혈을 기울였다. 당시 괴팅겐은 세계에서 가장 중요한 현대 물리학의 중심 중 하나였다. 이 조그마한 대학 도시는 가우스Gauss, 리만 Riemann, 펠릭스 클라인Felix Klein 그리고 힐버트Hibert와 같은 대표적인 인물들에 의해 수학적 전통이 1세기 이상 유지되었다. 이들은 모두 괴팅겐에서 배웠다. 이런 면에서 괴팅겐은 원자 현상을 기술하는 수학적 법칙을 찾는데 필요한 대부분의 전제 조건들을 제공했다. 실험 물리학자인 제임스 프랑크James Franck는 젊은 물리학자들로 하여금 자신의 실험에 의해 복사radiation로 노출되어 전자 충돌electronic collision로 이어지는 원자의 불규칙한 운동에 관심을 갖도록 자극했다. 보른과 그의 제자들은 이러한 실험들의 기초가 되는 자연의 기본적인 법칙들을 찾고자 노력했다. 이런 활동적인 지적 분위기가 형성되고, 그런 분위기 속에서 일상의 문제나 정치적인 문제들 보다는 원자 내부의 전자들의 운동에 초점을 맞춘 논의가 더 자주 이뤄졌다. 보른과 그의 아내 헤드비히Hedwig는 과학적 의미에서는 물론 인간적 의미에서 이 젊은 물리학자 집단을 보살폈다. 이들 부부가 아인슈타인에게 보낸 편지들이 이 서한집의 상당 부분을 차지한다. 젊은 사람들의 모임을 위해 보른은 언제나 자신의 집을 제공했으며, 대학이나 혹은 하르츠 산맥의 스키 슬로프에서 이 젊은이 집단을 우연히 만나 본 사람들은 보른이 어떻게 그런 어렵고 추상적인 학문에 젊은이들의 관심을 집중시키게 만들었는지 궁금해하는 것도 당연했다. 1933년 혁명이 이러한 학문적 삶에 갑작스럽고 폭력적인 종지부를 찍게 했던 사실은 분명히 독일이 맞이했던 커다란 비극 중 하나이다. 보른과 프랑크는 독일을 떠날 수밖에 없었다. 보른은 영국에서 새로운 활동 영역을 찾았으며, 프랑크는 미국에서 찾았다.

1923년 아인슈타인은 세계 순방을 마치고 베를린으로 돌아왔다. 그는 베를린의 엘리트 물리학자들, 그 중에서도 플랑크 폰 라우에Planck v. Laue와 네른스트Nernst가 연구 문제를 주제로 잡아 논의를 펼치도록 주관한 토론회에 정기적으로 참가했다. 이 토론회의 논의에 끼친 아인슈타인의 기여와 아파트에서 벌이곤 했던 개별 학자들과의 사적인 대화는 당시 그의 교육 활동에서 가장 중요한 부분을 차지했었다고 말해도 무방하다. 그렇지만 그런 조그만 모임에서 그가 할 수 있던 활동마저 잇따른 정치 상황과 그 결과들에 의해 곧 제약 당했으며, 괴팅겐과 같은 친밀한 분위기의 조그만 대학 도시보다는 베를린과 같은 대도시가 이러한 제약을 회피하기 더욱 곤란했다. 아인슈타인은 정치적 파국이 곧 다가오리라는 예상을 했다. 그는 캘리포니아에서 새로운 중책을 맡았고, 이어 1933년 마침내 프린스턴에서 자신이 활동할 영역을 찾았다. 프린스턴은 이후 수십 년 동안 미국에서 가장 중요한 연구 중심지 중 하나로 발전했다.

상대성 이론과 양자이론은 당시 과학의 핵심 주제였다. 상대성 이론과 이에 상응하는 공간과 시간에 대한 공식화에 관해서는 아인슈타인과 보른에게 어떠한 입장 차이도 존재하지 않았던 만큼, 가장 흥미로운 논의는 양자이론의 해석을 둘러싼 것이었다.

아인슈타인은 괴팅겐에서 발전하고 케임브리지와 코펜하겐에서 더욱 강화된 양자역학의 수학적 공식화가 원자 내부의 현상을 정확히 기술한다는 점에서 보른과 뜻을 함께 했다. 그는 물론 적어도 한동안이겠지만, 보른에 의해 공식화된 슈뢰딩거의 파동 함수에 대한 통계적 해석이 하나의 연구 가설working hypothesis로서 받아들여져야 한다고 기꺼이 인정했을지도 모른다. 그렇지만, 아인슈타인은 양자역학이 이러한 현상에 대해 완전하기는커

녕, 최종적인 기술description을 재현한다는 사실을 인정하고 싶어 하지 않았다. 세계가 객관적인 영역과 주관적인 영역으로 완전히 나뉠 수 있다는 믿음, 그리고 그 객관적 측면에 대해 엄밀한 설명을 할 수 있어야 한다는 가설은 그가 가진 기본적인 철학적 태도의 한 부분을 형성했다.

그러나 양자역학은 이러한 요구들을 만족시킬 수 없었고, 과학은 아인슈타인의 요청으로 되돌아 갈 것으로 보이지 않는다. 이러한 중심적인 문제가 가지고 있는 전체적인 특징은 편지 하나하나마다 붙인 보른의 해설―그의 해설은 또한 우리에게 당시 물리학의 발전과 관계된 사회적, 정치적 환경에 대한 많은 정보를 제시한다―에서 명확히 드러난다. 물론 모든 과학적 연구는 의식적이든 무의식적이든 몇 가지 철학적 태도 즉, 이후 계속되는 전개를 위한 안정적인 기초로서 역할을 하는 특정 사유 구조에 기초한다. 이런 종류의 명확한 태도가 없다면, 배태된 개념이나 관념의 연상은 과학적 연구에 본질적으로 요구되는 수준의 명확성과 명료함을 얻지 못한다. 대부분의 과학자들은 자신들의 철학적 틀에 들어맞기만 한다면, 새로운 경험적 데이터를 기꺼이 받아들이고 새로운 결과들을 인정한다. 그러나 과학의 진보 과정을 살펴보면, 이러한 철학적 틀을 확장시키고 사유 과정의 구조를 변화시키는 엄청난 노력 하에서만, 새로운 범위의 경험적 데이터들이 받아들여진다. 명백한 사실이지만 양자역학의 경우, 아인슈타인은 이러한 발걸음을 내딛으려 하지 않았고, 아마도 더 이상 그렇게 할 수도 없었다. 아인슈타인과 보른이 주고받았던 편지들과 보른이 거기에 덧붙인 해설들은 인간적인 요소들이 완전히 제거된 것처럼 보이는 과학자들의 연구 주제가 기본적으로 어느 정도나 철학적이자 인간적인 태도에 의해 결정되는가를 감동적으로 보여주고 있다.

이 서한들은 현대 과학사와 관계된 극도로 귀중한 자료로서만 평가되어서는 안 된다. 이 서한들은 세계 전체를 뒤덮은 정치적 재앙의 시기에 선한 마음씨를 가지고 자신들이 할 수 있는 영역에서 도움을 주려 했던 두 과학자의 인간적 측면, 기본적으로 다른 어떤 정치적 이데올로기보다 훨씬 더 중요한 동료들에 대한 사랑을 고려하는 인간적 측면을 또한 증언하고 있기 때문이다.

새로운 판을 위한 서설

다이애나 부크왈드Diana Buchwald와 킵 S. 손Kip S. Thorne[1]
2004년 9월 23일

알베르트 아인슈타인(1879년~1955년)과 막스 보른(1882년~1970년)이 주고받은 이 놀랄만한 서한집이 출간된 이후 새로운 과학자 세대가 성숙했다. 보른과 아인슈타인은 20세기가 낳은 가장 혁신적이고 생산적인 과학자이며 이미 오래 전에 둘은 현대 물리학 명예의 전당에 헌액되었다.

1969년 독일어로 처음 출간된 이 책은 보른과 아인슈타인의 편지들, 1960년대 후반에 보른이 쓴 해설들, 보른의 가장 훌륭한 제자인 베르너 하이젠베르크(1901년~1976년)의 서문, 그리고 걸출한 영국의 수학자이자 철학자인 비트란트 러셀(1872년~1970년)이 쓴 감동적인 서언을 담고 있다. 이 네 명의 노벨상 수상자들이 생존해 있던 시기에 서로를 만나게도 했고 갈라서게도 했던 과학적, 인간적 그리고 정치적 실타래들은 많은 역사 연구와 세부적인 전기 연구의 주제였다.[2] 시간이 흐르면서 역사가들과 물리학자들은 아인슈타인과 보른, 그리고 그들의 삶, 그들의 과학 그리고 그들의 서한을 바라보는 새로운 시각들을 얻게 되었다. 역사학과 물리학이라는 서로 다른 분야에 종사하는 두 사람이 공동으로 쓴 이 '새로운 판에 부치는 서문'에서, 우리는 그 시각들 중 몇 가지를 전하고 싶다.

이 책의 기원에 대해 검토한 후에 우리는 이 주인공들과 이미 발간된 그들에 대한 과학적 전기들에서 찾아볼 수 있는 몇 가지 지침을 소개하고자 한다. 또한 우리는 기록과 텍스트 분석에 근거하여 얻어낸 몇 가지 통찰들을 제공하려 하는데, 이는 어떻게 보른의 해설들이 의식적으로든 무의식으로든 이 책에 제시되어 있는 역사적 그림을 형성하게 되었는지에 관한 것이다. 우선 편지들 안에서 지속적으로 발견하게 되는 몇 가지 논점과 주제들을 정리하고, 좀 더 논쟁적인 과학적 논점들과 주제들이 아인슈타인 사후 반세기 동안 어떤 역할을 하게 되었는지 집중적으로 검토한다. 그리고 이 두 과학자의 입장을 다르게 만든 가장 중요한 개념적이자 철학적인 문제와 고전 물리학으로부터 20세기 중반의 불확정적 양자역학에 이르기까지 그들이 탐험한 여정에 대해 비교적 최근의 역사가 우리에게 가르쳐 준 바를 살펴본다.

편지와 해설

이 서한집은 독자들에게 막스 보른(1882년~1970년)과 그의 아내인 헤드비히 보른(애칭은 헤디Hedi, 결혼 전 성은 에렌베르크Ehrenberg)에 대한 강한 인상을 심어준다. 딸인 이레네 뉴튼-존Irene Newton-John(결혼 전 성은 Born[3*])이 세심하게 신경을 써서 유려하게 번역한 이 책은 이들이 공유하는 마지막 작품이다. 2차 대전이 종결된 이후, 보른 가족은 이 책을 출판하기 이전에도 많은 논문, 강의록, 자전적 에세이 등을 독자적으로 혹은 공동명의로 출간한 바 있다.[4] 아인슈타인 타계 이후 수년이 지난 후, 그들이 주고받았던 거의 모든 편지에 덧붙인 보른의 각종 논평들, 설명 그리고 자전적인 언급들은 과학적, 사회적 그리고 정치적 사건들에 대한 보른의 회고적 반성을 보여준다. 보른의 이러한 설명들은 그들이 서로에 대해 보여준 허심탄회함, 아인슈타인에 대한 보른 가족의 경애, 그리고 수년 동안 막스 보른 자신이 아인슈타인과 합의할 수 없었던 중요한 논점들을 파악하고 이를 해명해야 하는 명백한 필요성을 보여준다는 점에서 매우 인상적이다.

편지들 자체로만 본다면 가장 생생하고, 현대의 과학 발전에 있어서 가치를 매길 수 없을 정도의 소중함을 지닌 증언들 중의 하나라고 할 수 있다. 이 편지들은 두 차례의 세계 대전기간 중 이 두 사람이 극복했던 개인적인 곤경, 학문에 종사하는 삶의 예측 불가능성, 행정적인 업무로 가득한 뻔한 일상, 그리고 서로 갈라서거나 혹은 충직하게 끝까지 같은 편에 서는 인간들의 관계에 대해 우리에게 많은 바를 이야기해주고 있다. 그리고 그들 삶의 중심을 차지했던 과학에 관한 대화가 시종일관 오고 간다.

오랫동안 절판되었던 이 서한집은 무려 40년이라는 세월 동안 교환된 편지들을 모은 것으로서, 아인슈타인이 막스 보른에게 보낸 39통의 편지, 아인슈타인이 보른과 그의 아내인 헤디에게 보낸 7통의 편지, 그리고 막스 보른이 아인슈타인에게 보낸 48통의 편지, 막스 부부가 아인슈타인에게 보낸 3통의 편지들이 포함되어 있다. 또한 아인슈타인과 헤디 보른이 나눈 또 다른 17통의 편지들도 있다. 총 114통의 이 편지들은 그들 사이에 오고간 편지들 중 거의 모든 편지들을 포괄하는 것으로서, 때로는 친밀하고 때로는 정열적이고 때로는 부침이 있던 그들 관계에 대해 말해주고 있다. 보른 가족이 그에게 보여주는 존경, 애정 그리고 때때로 행했던 비판들에 대해 아인슈타인 또한 헤디를 향해 시시덕거리기도 하고 때로는 방어적이며 심지어 악의적이기까지 한 유머를 늘어놓는 등 인간적 따스함으로 응수하고 있다.

이런 편지들과 함께, 우리는 막스 보른이 아인슈타인의 의붓딸인 일제 아인슈타인Ilse Einstein에게 보낸 편지 한 장과 그리고 아인슈타인, 막스 보른 그리고 그의 동료이자 친구인 물리학자 제임스 프랑크James Frank(1882

년~1964년)가 서로 주고받았던 편지 한 장씩을 읽어볼 수 있다. 이 책의 마지막 부분에는 뛰어난 이론 물리학자인 볼프강 파울리Wolfgang Pauli(1900년~1958년)가 자신의 스승이었던 막스 보른에게 보내는 매우 중요한 3통의 편지가 실려 있다. 보른은 양자역학에 대해 자신과 아인슈타인 사이에 있었던 오해를 드러내기 위해 이 편지들을 포함시켰다.[5]

아인슈타인 문서보관소는 현재 이곳저곳에 흩어져 보관되어 있었던 몇 통의 다른 편지들을 입수했는데, 이 책의 첫 출판 당시 보른도 이 편지들의 존재에 대해 알지 못했다. 이 중에서 특별히 주목할 만한 사항들은 아래와 같다.

1918년 7월 보른 가족은 발트 해에서 휴양을 하고 있던 아인슈타인에게 유머 감각이 물씬 풍기는 엽서를 한 장 보냈다. 당시 아인슈타인은 전쟁의 고통스런 상황 속에서 일반상대성 이론을 완성한 직후였기 때문에 거의 탈진 상태에 빠져있었다. 엽서는 사진들을 이용해 콜라주를 한 것인데, 사진들의 주인공은 막스 베르트하이머Max Wertheimer, 아인슈타인 그리고 막스 보른이었다.[6] 1919년 6월 4일에는 보른이 베를린에 소재한 카이저 빌헬름 물리학 연구소Kaiser Wilhelm Institute of Physics의 소장인 아인슈타인에게 프랑크푸르트 대학에 설립되어 있던 자신의 연구소를 위해 보조금을 요청하는 편지를 보냈다.[7] 헤디 보른이 아인슈타인에게 보낸 편지 중에 지금도 남아 있는 것들 중 가장 시기가 빠른 편지는 보른이 편지 19에서 말한 1920년 7월 중순 경에 보낸 편지가 아닌 1919년 10월 18일에 보낸 편지이다. 막스 보른이 독감으로 몸져눕게 되자 헤디는 남편이 아인슈타인과 서로 '너'라고 호칭하는 친구 사이가 된 것에 기쁨을 표시하는 편지를 남편을 대신해 썼다. 헤디 또한 성경에 나오는 지식의 나무Tree of Knowledge에 대해 아인슈타인과 논의를 했는데, 편지 10을 통해 아인슈타인이 자신의 입장을 양보한 것에 무척 기뻐했다. 아인슈타인은 지식의 나무를 성적 지식sexual knowledge을 얻는 하나의 은유로 여겼다.[8]

글재주가 뛰어난 헤디 보른은 이 책에는 없지만, 1919년 크리스마스에 아인슈타인에게 직접 지은 시를 한 편 보냈다. 날카로운 재치가 돋보이는 이 시는 편지 20에서 편지 30까지에서 볼 수 있듯이, 아인슈타인을 향한 보른 부부의 비판을 암시한다. 보른 부부는 당시 반유태주의에 대한 아인슈타인의 공개적인 진술들, 유태인 동화 정책에 대해 그가 보인 혐오, 1919년 성공적인 영국의 일식 탐사에 동행 취재했던 언론의 맹목적인 찬양에 그가 부주의하게 대처했던 점, 1920년의 상대성 이론을 반대하는 무리들에 대해 그가 취했던 입장, 그리고 그의 첫 번째 전기 출간 문제를 두고 아인슈타인을 강하게 비판했다.[9] 헤디가 쓴 시의 한 구절은 다음과 같은 내용이다. "세상을 매력적으로 만드는 모든 것들이 아인슈타인의 머리로 굳어졌다/…그가 스스로 자신의 머리를 잃게 될 때까지."[10]

아인슈타인 70번째 생일을 축하하는 막스 부부의 전보(1949년 3월 13일)를 포함해 이 책에는 수록되지 않았지만, 보른이 아인슈타인에게 보낸, 적어도 2통의 편지(1926년 11월 30일, 1929년 9월 23일)가 더 있다.

아인슈타인 쪽으로도 살펴보면, 이 책에 포함되지 않은 몇 개의 글들이 있다. 짤막한 노트 기록,[11] 1928년 11월 27일 스위스에서 보낸 엘자 아인슈타인과 함께 공동 서명한 그림엽서,[12] 데이비드 힐버트David Hilbert와 L. E. J 브라우어L. E. J. Brouwer 사이에 벌어진 논쟁에 대해 쓴 (1928년 11월 20일 대신 2월 20일이라고 잘못 기재된) 보른의 편지 58에 대한 답장인 1928년 11월 27일자의 편지가 그것들이다. 마지막에 언급한 보른의 편지에 대한 답장에서 아인슈타인은 그런 "말싸움"에 끼어들어 튀김요리가 되고 싶지 않다고 고백하고 있다. 또한 공개되지 않은 아인슈타인의 편지 84 또한 흥미롭다. 이 편지에서 아인슈타인은 다음과 같이 말하고 있다.

> "유감스럽게도 이 논문은(우리가 그렇게 말할 수 있다면) 나이가 들어 모든 증거를 확인했으면서도 신이 주사위를 던진다는 사실을 믿지 않고 신비주의에 항복한 어떤 사랑스런 친구에 대한 감동적인 송가이다. 그렇지만 어떤 점에서 보른은 부당하게 나를 대접하고 있다. 말하자면, 그는 내가 통계학적 방법론을 받아들였음에도 불구하고, 그 방법론을 인정한 나 자신에 충실하지 않다고 생각한다. 솔직히 말하자면, 나는 결코 물리학의 기초들이 통계적인 본성statistical nature을 갖는 법칙들로 구성될 수 있다고 믿지 않는다."[13]

보른 가족과 아인슈타인의 두 번째 부인인 엘자Elsa(결혼 전 성은 아인슈타인, 1876년~1936년)가 주고받은 약 20통의 편지에서는 엘자가 때때로 자기 남편에 대해 친근하고 매력적인 얘기를 해주고 있지만, 이 책에 포함되어 있지는 않다. 헤디 보른이 종종 남편의 대필 비서 역할을 한 것처럼, 엘자 아인슈타인 또한 남편을 대신해 일본과 남아프리카 같은 세계 각 지역을 돌아보고 느낀 내용을 세세하게 엽서에 담아 보냈다. 또한 헤디와 엘자의 딸이자 여류 조각가 마고 아인슈타인Margot Einstein 사이에 오갔던 몇 통의 편지도 남아 있다.

이 책에 수록된 편지들이 오고 간 빈도, 쓰인 주제, 느껴지는 분위기를 통해 아인슈타인과 보른의 관계가 얼마나 밀접했는지, 그리고 이들이 사사로운 것에 신경 쓰지 않고 얼마나 끝까지 친분을 유지해 나갔는지를 우리는 보게 된다. 1916년부터 1920년까지 이 두 사람은 정말 말 그대로 열심히 편지를 주고받는다. 아인슈타인이 자국에서는 물론 세계적으로 명성을 얻게 된 이후에는 1년에 평균 4통이 넘지 않는 정도로 뜸하게 편지를 주고받았지만, 아인슈타인이 사망하기 전 1년 반 동안은 그들이 처음 편지를 주고받았던 초기의 따스함이 다시 찾아 들었으며 본래의 강렬함을 다시 보여주게 된다.

역사적 맥락

아인슈타인과 보른은 제1차 대전 기간 중 친구가 되었다. 프러시아 과학 아카데미Prussian Academy of Science의 영구 회원과 카이저-빌헬름 물리학 연구소장(이 연구소는 아인슈타인을 위해 특별히 마련된 자리였다)으로 임명된 지 얼마 지나지 않아 아인슈타인은 수십 년 동안 정열을 쏟아 부은 일반 상대성 이론을 막 완성하였다. 그는 1914년 취리히에서 베를린으로 이사를 하였고 사촌인 엘자 아인슈타인의 인정과 배려로 그곳에 정착했다. 전쟁이 끝나고 그는 당시 취리히에서 두 아들(한스-알베르트Hans-Albert(1904년~1973년), 에두아르트Eduart(1910년~1965년))과 함께 살고 있었던 첫 번째 부인 밀레바-마리치 아인슈타인Mileva-Maric Einstein(1875년~1948년)과 이혼했다. 그리고서 1919년 여름 그는 엘자와 재혼을 하게 된다.

베를린 대학 물리학과의 부교수였던 막스 보른은 전시 기간 중 아인슈타인의 아파트와 그리 멀지 않은 곳에 전파 기술자로 배속되었다. 서신 교환을 통해 자신들이 많은 점에서 놀라울 정도로 유사한 생각을 하고 있다는 점을 깨달은 보른은 프랑크푸르트 대학으로 옮겨갔고, 곧 이어 괴팅겐 대학의 물리학장이 되었다. 괴팅겐에서 그는 10년 이상 근무하며 현대 물리학 교육과 연구 형태를 형성시키는 데에 막대한 영향을 끼쳤다. 보른은 결정crystal의 구조에 집중하면서 아인슈타인의 특수 상대성 이론을 전자의 운동으로, 양자 이론을 고체의 비열 문제로 확대 적용하는 연구를 펼쳤다.

1913년 초 보른은 물리학계에서 벌어진 '대중 현혹' 사건, 즉 상호 모순적인 가정들의 혼합물이라는 이유로 비판당한 아인슈타인의 특수 상대성 이론을 옹호했다.[14] 1920년 여름, 반유태주의를 신봉하는 일군의 물리학자들이 베를린과 바트 나우하임 두 군데에서 아인슈타인에 대한 위협적인 공격을 준비했고, 보른은 계속해서 그를 지지했다(편지 19~22). 보른은 상대성 이론, 특별히 1920년에 독일에서 출간된 아인슈타인의 『상대성 이론』[15]에 대해 헌신적이고 권위 있는 설명을 하는 물리학자 세대로서 알려졌다.

이 시기의 편지들을 보면, 아인슈타인은 보른이 이뤄낸 성과와 그가 보여준 능력을 높게 평가하고 있었다. 그는 보른의 경력을 위해 여러 자리를 주선해 주었고, 보른이 염원하던 괴팅겐의 교수직에 그를 추천했다. 1920년 2월, 그는 데이비드 힐버트David Hilbert에게 후보자들에 대한 공식 평가서를 보내고 다음과 같이 썼다. "제 확신으로는 창의력의 수준으로 볼 때, 오늘날 독일 이론 물리학자 중에서 (페터 디바이Perter Debye와 함께) 보른이야 말로 가장 중요한 인물입니다. 결정 격자 역학mechanics of crystal lattices에서 그가 보여준 체계적인 연구는 고체의 구조process in solids를 이해함에 있어서 진일보를 이뤄냈습니다…"[16] 보른이 이룩한 가장 큰 성과는 1920년에 나왔다. 그가 어빈 슈뢰딩거Erwin Shrödinger(1887년~1961년)의 파동 함수 wave function를 통계학적으로 해석해낸 것이었다. 이는 슈뢰딩거의 전자 파동 그림wave picture과 보른이 하이젠베르크와 파스칼 조단Pascual Jordan과 함께 공식화한 대체 이산-물질 행렬alternative discrete-matter matrix의 재현 사이에서 나타난 모순을 완전히 상쇄하는 해결책으로 받아들여졌다.

이는 또한 새로운 양자 법칙에 대한 몇 가지 비결정론적이자 통계적 특징을 보여주는 것으로서, 이 특징은 보른을 포함해 하이젠베르크와 닐스 보어 Niels Bohr(1885년~1962년)가 공식화시킨 것이었다. 이 비결정론은 아인슈타인과 보른의 입장이 서로 다름을 확인시켰다. 보른은 이를 통해 경험 현상을 설명하게 되었다고 매우 기뻐했던 반면, 아인슈타인은 기본 법칙들은 비결정론적일 수 없다고 생각했다.

1926년까지 보른과 아인슈타인이 나눈 서신 교환은 균형 잡힌 어조를 느끼게 하지만, 대립이 첨예해지는 1926년 이후 두 사람 사이의 긴장이 커지는 한편, 그들의 삶이 더욱 다난해지면서 인간적인 면모도 점차 사라지게 되었다. 이 때문에 편지를 해설한 대한 보른의 논평도 좀 더 늘어지고 자전적인 성격을 띠게 되었다.

1925년 후반에서 1926년 초반에 이르는 몇 개월 동안(이 때는 보른과 하이젠베르크 그리고 파스칼 조단Pascual Jordan(1902년~1980년)이 자신들이 구상한 양자역학의 행렬 공식matrix formulation을 완성하고 있던 때이다), 보른은 미국을 방문하여 12개의 과학 기관에서 강의하고, 많은 젊은 물리학도로 하여금 최신의 발전을 연구하도록 독려했다. 이러한 활동을 통해 보른은 몇 개의 학술적 지위도 얻었고, 괴팅겐으로 돌아올 때에는 높아진 자신의 위상과 함께 (모든 면에서 최고의 과학 집단으로 인정받는) 록펠러재단으로부터 지원까지 약속 받았다.[17]

1926년 아인슈타인은 자신은 양자역학 해석에 있어서 보른과 다른 동료 물리학자들과는 입장을 달리한다는 '결별' 선언을 하게 된다. 1931년까지 아인슈타인은 이 주제에 대해 아무런 논문도 발표하지 않았다. 그는 관련 주제에 대한 토론에는 여전히 개입하고 있었고, 보어와의 대화를 통해 양자 법칙에 대한 개연론적 해석에 강하게 영향 받았지만, 아무것도 발표하지 않는 그의 침묵을 보면서 보른을 포함한 많은 이들은 그가 부상을 당했거나 "존경받는 지도자가 싸움을 포기했다"[18]고 생각했다. 보른은 1926년 말에 아인슈타인이 보낸 편지 55를 "충격"으로 회상한다.

양자역학 그리고 그들이 공유하는 유태인적 유산, 시온주의 운동, 그리고 전후의 독일을 바라보는 근본적인 입장 차이에도 불구하고 아인슈타인과 보른은 결코 자신들의 관계를 끊지 않았다.

그들의 서신 교환은 망명 시기에도 계속되었다. 1933년 히틀러가 정권을 잡게 되자 두 사람의 가족은 독일을 떠날 수밖에 없었다. 아인슈타인은 프린스턴으로 향했고 보른은 에든버러로 향했다. 그리고 이후 두 사람은 다시는 만나지 못했다. 보른은 에든버러 대학에서 은퇴한 후 몇 년 지나지 않아 마침내 독일로 귀향했다. 그러나 아인슈타인은 이후 유럽으로는 한 번도 돌아가지 않고 1955년 사망할 때까지 프린스턴의 고등학술원에 남았다.

10년 후, 아인슈타인의 일반 상대성 이론 완성 50주년 기념일 날, 미국 물리학계의 가장 저명한 인물이자 고등학술원 원장인 로버트 오펜하이머 Robert Oppenheimer(1894년~1967년)는 파리에서 열린 유네스코 회의에서 아인슈타인에 대해 질타와 칭송이 뒤섞인 다소 애매한 연설을 했다. 아인슈타인의 절친한 친구인 오토 나단Otto Nathan(1893년~1987년)은 아인슈타인 옆에서 오랫동안 비서를 했던 헬렌 듀카스Helen Ducas에게 그 날의 강연 소감을 편지로 적어 보냈다.[19] 나단은 오펜하이머가 아인슈타인의 업적을 축소시키고 "새로운 물리학을 배우려 들지 않았다는 점을 들어" 아인슈타인의 인생 중 마지막 25년을 일종의 실패"라고 규정했다고 썼다.

오펜하이머는 아인슈타인이 생전에 친구들에게 했던 말을 공개하기 시작했는데, 내용인 즉 고등학술원에서 아인슈타인은 자신의 처지를 지적으로 고립된 "늙은 바보", 혹은 역사의 유물로 느꼈다는 것이다(편지 73에 대한 보른의 설명). 사실상 그가 1905년에서부터 1920년에 걸쳐 엄청난 영향을 끼친 이후, 더 이상 물리학 분야에 있어서 거의 기여를 한 바가 없다는 설은 아인슈타인 신화의 일부이다. 물론 우리가 앞으로 보게 되듯이 이 신화는 틀린 것이지만, 아인슈타인의 저명한 동료들이 이 신화를 부추기는데 일조했다는 점도 지적되어야 할 부분이다. 예를 들자면, 1949년 아인슈타인의 70번째 생일에 발터 하이틀러Walter Heitler는 다음과 같이 썼다. "(1925년 이후) 양자 물리학의 발전에 있어 아인슈타인의 공헌은 끝난다. 그가 양자역학에 두 가지 큰 자극을 준 바는 있었다."[20]

실제로 아인슈타인은 프린스턴에 재직하고 있는 동안 우수한 동료들 및 방문객들과 친분을 유지하고 있었다. 그는 다수의 창의적인 물리학자 그리고 수학자와 활발하게 연락을 취하고 있었다. 그 중에서도 파울리와 요한 폰 노이만John von Neumann이 자주 그를 방문했으며, 두툼한 편지 뭉치가 남아 있을 정도로 많은 서신 교환을 했다(편지 112와 115). 또한 나중에 논의하겠지만, 당시 그가 보여준 과학적 관심사의 대부분은 현대 물리학과 관계된 것이었다.

개인적 관계

이 책에 수록된 편지들, 이에 대한 보른의 설명 그리고 하이젠베르크의 서문은 이 세 사람의 개인적 관계에 대해 많은 점을 시사한다. 보른의 개인적 견해는 자신의 자서전을 포함해 그가 저술한 다른 많은 서적들에 자세하게 기록되어 있다.

그러나 이와는 반대로 아인슈타인은 완전한 모양새를 갖춘 자서전을 남긴 적이 없다. 『자전적인 기록Autobiographical Notes』이 자서전 형태에 가장 근접한 책인데, 이 책은 아인슈타인 스스로는 "자신에 대한 부고"라고 칭한 한 편의 에세이였다. 그러나 1946년에 자신의 70번째 생일을 기념하여 쓴 이 에세이의 내용은 과학적 문제들로만 가득 차 있다. 이 에세이는 1905년 "기적의 해"라고 불리는 그의 초창기 혁명적 논문들로부터 통일장 이론 unified field theory을 힘들게 공식화하는 시기에 이르기까지 아인슈타인의 지적 궤적을 간결하게 정리한 역사라고 할 수 있다. 자신의 삶에 커다란 영향을 준 몇 가지 사건들과 과학에 대한 열망을 제외하고는 자신의 사적인 삶의 면모에 대해서는 이 에세이에서 한구절도 찾아볼 수 없으며, 한 과학자에 대한 평가는 과학자가 겪은 일상의 고통이 아니라 그가 기여한 지적인 결과만을 가지고서 이루어진다고 하는 자신의 시각만을 고수하고 있다. 이 에세이는 젊었을 때부터 그가 행해왔던 여러 가지 지적인 시도에 초점을 맞추고 있다.

> "'단순히 개인적인 것'의 연속으로부터, 그리고 소원, 희망, 원초적인 기분들로 지배되는 실존으로부터 나 자신을 벗어나게 하기 위해서. 반대편 저쪽에는 우리 인간과는 독립해 존재하는, 그리하여 마치 하나의 위대함 혹은 영원한 수수께끼처럼 우리 앞에 서 있는, 적어도 우리의 영감과 사고에 부분적으로만 와 닿는 이 거대한 세계가 존재한다. 이 세계에 대해 사변하는 것은 마치 해방을 향해 손짓하는 것이다…"[21]

이러한 생각을 가지고 있던 아인슈타인은 우리로 하여금 그가 막스 부부와 가졌던 관계를 분석하고 해석할 여지를 조금도 남기지 않았다.

또한 현재까지 남아있는 서신들을 통해 볼 때, 아인슈타인이 젊은 시절의 하이젠베르크가 보여준 지적 능력에 대해 상당한 경외심을 보였다는 점은 알 수는 있지만, 하이젠베르크를 개인적으로 어떻게 생각하고 있었는지에 대해서는 거의 알 수 없다.[22] 1928년 아인슈타인은 여러 가지 경우를 조합해 하이젠베르크, 슈뢰딩거, 보른 그리고 조단을 노벨 물리학상 후보로 지명했다. "파동 역학, 혹은 양자역학의 창시자"라고 그들을 칭하면서 아인슈타인은 1931년 하이젠베르크와 슈뢰딩거의 공동 수상을 제안했는데, 이 두 사람은 1932년과 1933년에 각각 노벨상을 수상했다.[23] 막스 보른도 뒤늦은 1954년, 양자역학에 기여한 바로 노벨상을 받았다.

하이젠베르크의 견해로는 아인슈타인은 매우 적극적인 사람이었다. 1965년에 열린 유네스코 회의에서 그들은 아인슈타인에 대한 오펜하이머의 악의적인 평가에 대해 반박했는데, 듀카스에게 보내는 편지에서 나단[24]은 하이젠베르크가 "지난 25년 동안 아인슈타인이 행한 연구를 아주 높게 평가했다"고 썼다. 이 책이 처음 출판되기 몇 해 전에 했던 하이젠베르크의 이러한 언급들은 자신이 이 책을 위해 쓴 서문에서 확인할 수 있으며, 보른의 편지 내용과도 일치한다.

하이젠베르크가 이 책의 서문을 썼을 때 그는 독일에서 가장 영향력이 있었던 과학자였다. 그렇지만 사람들은 그가 나치 정권에 협력한 혐의를 용납할 수 없었기 때문에, 다른 나라로 망명하게 되는 대부분의 동료들 사이에서 그가 차지하고 있었던 2차 대전 전의 지위는 완전히 무너진 바 있었다.

보른의 견해에 따르면, 하이젠베르크는 전쟁이 끝난 후 좀 더 다양한 면모를 가지게 되었으며 인간적으로 성장했다. 전쟁 기간 동안과 전쟁이 막 끝났을 때에는 보른은 하이젠베르크에 대해 상당히 비판적이었다. 예를 들면 1948년 보른은 하이젠베르크가 "작년 12월에 예전처럼 즐겁고 지적인 모습으로 우리 집에 놀러 온 적이 있었는데, '나치화되었다'는 느낌이 짙었습니다"라고 쓰고 있다(편지 87). 그러나 편지 87에 대한 설명에서 보른은 이런 입장에서 후퇴하는 모습을 보인다. "하이젠베르크에 대한 내 생각은 정당하지 않은 것 같다. 나중에 그는 히틀러 집권 기간 자신이 무엇을 연구했는지, 그리고 그 연구가 자신과 정권의 관계를 어떤 식으로 지배했었는지를 설명해 주었다." 유감스럽게도 보른은 데이비드 어빙David Irving이라는 사람이 제시한 자료들 통해 자신의 견해를 수정하고 그 내용을 이 책에서 설명하고 있다. 많은 학자들로부터 큰 비판을 받는 이 어빙이라는 사람은 주로 전쟁 당시 독일의 원자 프로그램과 여타 주제에 대해 글을 썼고, 특히 수십 년 동안 홀로코스트의 존재를 부정해왔다.[25]

보른, 아인슈타인 그리고 버트란트 러셀은 인도주의적인 대의를 향한 열정을 공유했다. 러셀과 보른은 전쟁 기간 동안 서로를 잘 알게 되었으며, 아인슈타인과 러셀은 전후 핵 군축과 이를 위한 국제적인 협력을 도모하기 위한 여러 사회활동을 통해 서로 밀접한 협력자가 되었다. 그들은 1931년에서 1955년까지 약 30통의 편지를 주고받았는데, 이 중에는 1955년 4월 18일 아인슈타인이 사망하기 일주일 전에 쓴, 아인슈타인의 마지막 편지라고 알려진 편지가 포함되어 있다. 이 편지에서 그는 나중에 러셀-아인슈타인 선언 Russell-Eistein manifesto이라고 알려진 핵무기 포기 선언에 공동 서명하기로 동의했다. 1955년 7월 9일 런던에서 발표된 이 선언은 최초의 국제 퍼그워시 회의Pugwash Conference[26*]를 이끌었다.[27]

편지의 주제

편지들과 이에 대한 보른의 해설은 여러 가지 색실로 짜 넣은 화려한 직물처럼 다양한 주제를 담고 있으며, 인상적인 이러한 서술을 통해 독자들은 끝까지 이 책을 따라가게 된다. 우리는 몇 가지 주제들에 대해서는 이미 논의를 마쳤다. 남아 있는 다른 주제들은 아인슈타인의 인생관(편지 94), 연구에서 발생할 수 있는 오류에 대한 아인슈타인의 의연한 태도(편지 41과 42, 그리고 이에 대한 보른의 해설), 양자역학의 초기 역사에서 자신의 기여가 제대로 평가되지 않는 사실에 대해 보른이 실망하는 부분과 같이 그들의 인간적인 면모를 보여주는 주제들이다. 좀 더 사회적이고 정치적인 주제들은 1차 대전 후의 독일의 배상금 문제, 러시아와 공산주의, 그리고 이것들이 과학자들의 삶에 미치는 영향, 시오니즘과 이스라엘에 대한 태도, 히틀러의 정권 장악 이후 유태인 과학자들을 돕기 위해 쏟은 보른과 아인슈타인의 노력, 홀로코스트, 원자탄, 히로시마와 나가사키, 드레스덴 융단폭격, 미국의 매카시즘,[28*] 2대 대전 후 독일의 발전들에 대한 것이다.

이 서한집에서 우리는 그 시대를 살았던, 다양한 면모를 보여주는 유능한 과학자들과 만나게 되고, 또한 그들에 대해 아인슈타인과 보른이 품었던 견해를 통해 많은 것을 배우게 된다. 그리고 우리는 보른과 아인슈타인을 사로잡았던 과학적 문제들에 대해서도 꼼꼼석으로 살펴보게 된다. 그 중에서도 핵, 분자, 결정crystal, 액체, 가스 물리학, 열역학, 운동학 이론, 광학은 물론, 초전도체, 우주선cosmic rays,[29*] 커널선,[30*] 사행천,[31*] 지구 자기장, 항성 분광, 우주론을 보게 되며, 그리고 무엇보다도 가장 중요한, 상대성 이론과 양자역학을 살펴보게 된다.

반세기가 지난 지금 모든 것을 돌이켜 볼 때, 상대성 이론과 양자역학을 둘러싸고 그들이 왕래한 서신은 우리에게 새로운 의미로 다가온다.

상대성 이론

아인슈타인은 1915년 11월 자신의 일반 상대성 이론을 완성한다. 이 책에 실린 첫 번째 편지가 쓰이기 바로 3달 전이다. 우리가 그 100주기[32*]를 기념해야 할 특수 상대성 이론은 1905년 발표되었다. 이 이론으로 인해 중력의 힘이 닿지 않는 공간과 시간에 대해 우리가 품었던 생각은 혁명적으로 바뀌게 되었다. 그의 새로운 일반 상대성 이론은 물질이 공간과 시간을 휘게 만들며, 이러한 휨 현상은 중력과 관계가 있다는 것을 요청한다postulate. 아인슈타인의 상대성 이론은 무엇보다 나중에 물리학자들이 상대성 이론의 논리적 기초가 되었다고 간주하는 알버트 A. 마이컬슨Albert A. Michelson과 에드워드 몰리Edward Morley(1838년~1923년)의 "에테르-흐름"aether-drift 실험이 제기한 문제를 해결했다. 아인슈타인은 중력적색이동gravitational redshift,[33*] 빛의 굴절light deflection, 수성의 근일점 이동perihelion shift of Mercury[34*]이라는 일반 상대성에 중요한 3가지 실험을 제안했다.

1919년 영국의 일식 탐사대에 의해 빛의 굴절 현상이 측정되었고, 이를 통해 아인슈타인은 첫 번째 승리를 거두었으며, 이후 행해진 일반 상대성 이론에 의문을 제기하는 추가 실험들은 보른과 아인슈타인의 편지 속에서 되풀이되어 논의되는 주제가 되었다. 이제 이 주제의 배경이 되는 그 각각의 까다로운 상대성 실험들을 살펴보자. 이를 통해 상대성의 본질은 물론 보른과 아인슈타인 시대에 상대성이 갖았던 지위와 오늘날 그것이 갖는 지위를 이해할 수 있다.[35]

에테르-흐름 실험으로 시작해 보자. 상대성 이론 전에 존재하던 물리학의 법칙들은 에테르라고 하는 매질이 빛을 지탱하고 빛에 영향을 준다고 전제했다. 1887년 마이컬슨과 몰리는 미국 오하이오 주의 클리블랜드에 있는 자신의 연구소 측에서 움직이는 에테르의 속도는 태양을 공전하는 지구의 속도보다 훨씬 느리며 이 사실은 변하지 않는다는 사실, 즉 에테르가 자신들이 제안한 속도로 지구 위를 흐를 수 없다는 사실을 보여주었다. 만약 마이컬슨-몰리 실험이 보여주는 바대로, 모든 연구소에서 에테르가 그렇게 흐르지 않는다는 사실이 동일하게 증명된다면, 에테르라고 하는 개념과 이 개념을 기초로 해서 만든 절대 좌표계라는 개념은 불필요한 것이 된다. 아인슈타인은 이 두 개념을 포기하고 자신의 상대성 이론으로 그것들을 공간과 시간의 본질에 대한 새로운 개념으로 대치시켰다. 만약 나중에 어떤 실험이 비제로 에테르 흐름non-zero aether drift을 보여줄 수 있다면, 아인슈타인의 상대성 이론은 무너지게 될 터였다.

1922년 보른은 데이톤 C. 밀러Dayton C. Miller(1866년~1941년)가 행한, 당시로서는 최신의 새로운 초정밀 실험에 대해 서술하는데(편지 43과 해설), 이 실험은 캘리포니아의 윌슨 산Mount Wilson에 위치한 실험실에서 특정 속도로 움직이는 에테르 흐름을 증명한다. 보른의 논평(편지 51에 대한 헤니의 논평에서도)에는 나와 있지 않지만, 밀러는 저명한 연구자이자, 전미 과학 학술 회원이며 미국 물리학 협회장이었다. 이 실험의 결과는 1920년대에 큰 논란의 원인이었다.[36] 1955년, R. S. 쉥크랜드R. S. Shankland(1908년~1982년)와 그의 동료들은 밀러의 실험을 심도 있게 연구하여, 초당 특정 속도로 움직인다는 밀러의 실험 결론이 일종의 실험적 조작결과라고 결론지었다.[37] 그로부터 50년 후, 초정밀 레이저 광학 기술 덕분에 정밀도는 10억 배나 향상되었다. 최근의 연구는 모든 에테르의 흐름에 대해서 초당 약 10^{-9} 킬로미터 정도의 한계 속도를 설정한다.[38] 이는 아인슈타인의 상대성 이론의 기초를 확증하는 주목할 만한 연구였다.

아인슈타인이 주장한 일반 상대성 이론의 3가지 고전적 테스트 중 두 가지 테스트, 즉 태양이나 지구 혹은 다른 어떤 질량을 가진 물체의 중력장으로부터 빛이 솟아 올라갈 때 생기는 중력 적색이동, 그리고 빛이 태양 주위를 지날 때 중력에 의해 굴절되는 (물체의 공간이 부분적으로 휘어지기 때문에 생기는) 중력에 의한 빛의 굴절 현상에도 보른과 아인슈타인이 편지를 나누었던 시기 동안 상대성 이론을 반대하는 사람들이 따라 다녔다.

어빈 프로인틀리히Erwin Freundlich(1885년~1964년)는 상대성 이론에 반대하여 적색이동과 빛의 굴절에 대해 논문을 발표한 사람 중의 하나로, 보른과 마찬가지로 스코틀랜드에서 망명 생활을 하고 있었다. 보른은 에든버러에서 행해진 프로인틀리히의 강의에 대해 "강의는 마치 당신의 (빛의 굴절) 공식이 완전히 틀렸다고 말하는 것처럼 보입니다. 적색 이동의 경우는 더욱 가관이더군요"라고 적으면서, "프로인틀리히… 에게서 조금도 얻을 것이 없습니다"라고 결론을 맺었다. 프로인틀리히는 빛의 굴절과 적색이동에 대해 함께 연구한 아인슈타인의 가장 가까운 초창기 동료 중 한 명이었다. 그는 1914년 일식 탐사에서 실패하고, 1920년경에는 아인슈타인의 도움으로 새롭게 설립된 포츠담의 분광 관측소의 소장이 되었다. 이 관측소에서 그는 태양으로부터 나오는 빛의 적색이동을 측정할 수 있었다. 그러나 1920년대 후반 경 프로인틀리히는 태양 근처에서 빛이 굴절되는 각도는 일반 상대성 이론이 예측한 것보다 더 크다고 주장하기 시작했다. 1930년경에는 일반 상대성 이론의 타당성을 의심하고, 거의 20년간 자신을 꾸준하게 지지해 온 아인슈타인을 고립시켰다.[39] 그러나 프로인틀리히만이 일반 상대성 이론에 의문을 제기한 사람은 아니었다. 수많은 실험이 아인슈타인의 이론에 의문을 던지고 있었다.

보른과 아인슈타인이 편지를 나누던 시기에 적색이동을 측정할 수 있는 유일한 수단은 태양이나 백색 왜성white dwarf stars으로부터 나오는 빛의 스펙트럼들이었다. 태양의 스펙트럼은 대기의 먼지에 의해 심각하게 오염되기 때문에 이로 인해 적색 이동에 관해서는 논쟁의 여지가 다분한 결론들이 유도됐으며,[40, 41] 한편 백색 왜성은 적색 이동에 대한 양적 테스트를 하기에는 알려진 바가 거의 없었기 때문에 많은 사람들의 노력에도 불구하고 결과는 아인슈타인이 살아 있던 시기에도 계속 분명하지 않은 것으로 남아 있었다.

에테르 흐름의 경우처럼, 적색이동의 경우에서도 기술의 진보가 모든 것을 완전히 뒤바꿔버렸다. 1959년과 1964년 사이, 로버트 V. 파운드Robert V. Pound(1919년~)와 그의 동료들은 하버드 대학의 고층탑 위로 솟는 감마선을 통해 지구의 중력장에서(지구 중력장의 조건은 태양에서 보다 훨씬 더 좋다) 1퍼센트 정밀도의 적색이동을 확인했다.[42] 1976년 로버트 V.C 베소트 Robert C.V. Vessot(1930년~)와 동료들은 지구 표면에 설치한 원자시계의 진행 속도와 시속 10,000킬로미터로 날아가는 로케트에 설치한 원자시계 진행 속도를 비교하여 10,000분의 2 정도의 적색이동을 확인했다. 오늘날, 적색이동은 위성항법장치GPS(Global Positioning System)에 이용되어 일상생활에서 활용되는 기술의 부분이 되었는데, 이 기술을 통해 우리는 지구를 공전하는 위성으로부터 전파 신호를 받는 장치를 만들어 지구상의 특정 물체의 위치를 정밀하게 파악할 수 있게 되었다. 또한 이 전파 신호는 아인슈타인이 말한 중력 적색이동 현상을 고려해 정확하게 보정된다.

빛의 굴절에 대해 살펴보면, 일반 상대성 이론은 태양 근처를 지나는 빛이 '태양의 중력'과 '공간의 휨'이라는 2가지 요인에 휜다고 예측한다. 요한 게오르크 폰 졸트너Johann George Von Soldner(1776년~1833년)는 1801년 뉴턴의 이론을 가지고 빛의 굴절 현상을 예측한 바 있는데, 이는 상대성 이론이 예측한 '태양의 중력'은 언급했지만, '공간의 휨'은 언급하지 못했다.[43] 보른은 편지 35와 해설에서 1920년 아인슈타인을 공격하기 위해 졸트너의 예측을 이용한 필립 레너드Phillip Lenard(1862년~1947년)의 이름을 거론한 후에 아인슈타인과 '유태인 과학'이 상대성 이론을 만들어냈다고 주장했고, 이는 상대성 이론에 반대하는 운동의 악명 높은 에피소드 중 하나로 여겨지고 있다.[44]

1919년 이래, 일식 관측의 결과들은 '태양의 중력'만을 언급하는 '뉴턴-졸트너'의 예측보다는 '태양의 중력과 공간의 휨'을 예측하는 상대성 이론을 강력하게 지지했다. 하지만 그러한 측정들에도 여전히 문제들이 많았으며, 상대성 이론이 예측한 것보다 평균 20퍼센트라는 큰 통계적 편차를 보여주었다.[45] 이는 1960년대에까지도 여전히 문제로 남아 있었으며[46], 1952년 보른과 아인슈타인은 이를 논하는 편지(편지 98과 99)를 교환했다.

다시 한 번 기술의 진보는 아인슈타인의 이론을 확증했다. 1990년대 국제적인 전파 망원경 네트워크는 10,000분의 1.4라는 극소정밀도로 태양에 의해 굴절되는 전파선을 관찰했으며,[47] 이는 아인슈타인의 예측과 정확하게 맞아떨어지는 것이었다. 히파르코Hipparcos 우주 망원경[48*]을 가지고 행성의 위치를 정밀하게 파악하는 유럽우주개발 사업단의 작업은 천체의 모든 행성들에 대한 태양광 굴절의 보정 작업에 결정적으로 의존한다. 히파르코 연구에 뒤이은 GAIA 연구는 천 만분의 1의 정밀도로 아인슈타인의 굴절 예측을 시험한다.[49] 빛의 굴절과 전파의 굴절 현상은 중력 렌징gravitational lensing[50*, 51]의 토대가 되는데, 중력 렌징이란 은하계의 암흑 물질dark matter[52*]

과 은하계 군의 위치를 밝히고, 우주가 가진 우주론적 특성들을 측정하고, 우주끈cosmic string과 대량밀집광륜물질MACHOs[53]과 같은 새로운 천체 물체를 찾아내는데 사용되는 강력한 기술이다.[54]

보른과 아인슈타인의 편지와 이에 대한 보른의 해설들은 일반 상대성 이론의 다른 예측들도 다루고 있는데, 이 중에서 특별한 것은 중력파[55]이다. 아인슈타인은 자신이 개발한 상대성 방정식에 근사한approximately 해법을 사용하여 1916년에서 1918년 사이 중력파를 예측했고, 천체의 물체에 의해 생기는 이 중력파의 힘을 측정할 수 있는 공식을 만들어냈다. 그렇지만 그가 예측한 전파의 강도는 너무 미약하여 그것들을 찾아보자는 실제 실험을 제안하지는 못했다. 여기서 주목할 만한 것은 1936년 아인슈타인이 이에 대해 또 다른 생각을 하고 있었다는 사실이다(편지 71). 그는 "처음의 시도에서는 확실히 존재한다고 여겨졌던 중력파가 젊은 동료와 함께 연구한 한 결과, 그렇지 않다는 흥미로운 결론에 도달했습니다"라고 쓰고 있다. 물리학자이자 역사가인 다니엘 케인피크Daniel Kannefick는 이 놀라운 (그리고 틀린) 결론을 내리게 만든 세부적인 사실들을 밝혀냈다.[56] 아인슈타인은 중력파가 존재한다는 예측을 확증하는 연구를 수행하면서 나단 로젠Nathan Rosen(1909년~1995년)이라는 젊은 학자와 함께 중력파를 설명할 수 있는 상대성 방정식을 위한 정확한 해법을 찾고 있었다. 그들은 평면 위상 프론트planar phase fronts를 사용하여 해법을 발견했으나, 이 해법은 비물리적인 특이성singularity를 갖고 있었으며, 이는 중력파가 존재한다는 아인슈타인의 믿음을 뒤흔드는 것이었다. 오늘날 이 특이성은 시공간의 기하학이 비물리적이기 때문이 아니라, 그들이 이용한 좌표체계가 잘못 작동되었기 때문에 발생되었다고 밝혀졌다. 곧이어 아인슈타인은 편지 71을 쓴 바로 직후, 로젠과 함께 칼테크Caltech의 물리학자 H.P. 로버트슨H.P. Robertson(1903년~1961년)의 조언을 받아 원통 위상 프론트cylindrical phase front를 가지고 중력파를 설명하고, 물리학적으로 제대로 작동하는 정확한 해법을 발견한 후, 중력파가 존재할 가능성이 있다고 발표했다.[57] 43년 후(1979년), 쌍성 맥동성binary pulsar의 궤도 운동에 중력파가 영향을 끼치는 현상이 간접 관찰을 통해 발견되었고, 이는 부분적으로 맥동성의 발견자인 러셀 헐스Russell Hulse(1950년~)와 조셉 테일러Joseph Taylor(1941년~)에게 노벨상을 안겨주는 이유가 되었다.[58] 현재에도 아인슈타인이 예측한 중력파를 직접 관찰하여 찾아내려는 연구가 진행 중이다.[59]

1920년 이후 아인슈타인이 상대성 이론에 기여한 가장 큰 부분은 레오폴드 인펠트Leopold Infeld(1893년~1968년)와 바네쉬 호프만Banesh Hoffman (1906년~1986년)과 함께 1938년 태양을 공전하는 행성이나 서로 공전하는 중성자성들이나 블랙홀들과 같은 커다란 물체의 운동을 제어하는 운동 방정식을 연역할 수 있게끔 하는 안정적인 방법을 고안한 것이었다.[60] (아인슈타인, 인펠트, 호프만의 이름 첫 자를 따서 만든) 이 EIH 방식은 물체들이 고유하게 가진 각각의 속도를 광속 v/c 에 따라 구분하는데 있어 강력한 확장성을 갖는다. EIH 방식은 v/c 의 가장 낮은 단계에서는 태양계라는 범위 내에서 고도의 정밀성을 자랑하는 뉴턴의 운동 방정식을 사용하며, 뉴턴의 이론이 포괄할 수 없는 $(v/c)^2$ 의 두 단계에서는 태양계 내의 행성과 위성의 운동에 대해 모든 상대론적 보정 작업relativistic correction을 설명하는데 있어 충분한 정확성을 보장하는 이 '최초의 포스트 뉴턴' 운동 방정식을 사용한다. 오늘날의 기술로도 이와 동일한 결과가 나온다.

EIH 방식은 22년간 물리학자들이 고심했던 문제들에 대한 개념적 돌파구였다.[61] 편지 52(1926년)에서 아인슈타인은 이 문제를 두고 고심했던 바를 짧게 기술하고 있으며, 1927년 야콥 그로머Jacob Grommer(1879년~1933년)와 함께 예비적인 결론을 발표했다. 11년 후, 즉 그와 인펠트가 이 문제를 완벽하게 해결한지 얼마 되지 않아서, 아인슈타인은 편지 73을 썼다. "인펠트는 정말 대단한 사람입니다. 우리는 함께 멋진 일을 해내고야 말았습니다"라며 기쁨을 감추지 못했다. 보른은 편지 74에서 EIH 논문에 큰 관심을 보였으며, 편지 68과 73에 대한 자신의 해설에서 이는 프린스턴 시절 아인슈타인이 과학에 끼쳤던 공헌을 동료들이 얼마나 폄하했는지를 보여주는 단적인 예라 평하며 아인슈타인의 이 업적에 대해 존경심을 가지고 논한다.

EIH 연구는 다양한 역역에서 지금도 광범위한 영향을 끼치고 있다. 예를 들어 쌍성 맥동성binary pulsar의 관측과 설명을 하기 위해서는 뉴턴의 운동방정식을 넘어서는 $(v/c)^5$의 단계의 EIH 방식을 사용해야 한다.[62] 또한 테일러가 간접적으로 발견한 중력파는 $(v/c)^{12}$가 요구되는 실험 계획에서부터 모든 과정을 EIH에 의존했다.[63]

양자역학

양자 물리학은 가열한 물체('흑체복사black body radiation') 로부터 생기는 복사방정식radiation equation과 그 이론을 공식화한 막스 플랑크Max Planck(1858년~1947년)가 1900년 만들어냈다. 1905년 아인슈타인은 나중에 광자photons라고 불리게 되는 이산 양자discrete quanta에서 발생하는 복사 에너지 개념을 도입하여, 1906년 양자이론을 고체에 확대 적용했다. 아인슈타인과 플랑크는 자신들이 설명하고자 노력했던 특이한 실험 결과에 이끌렸다. 1905년부터 1925년까지, 세계의 지도적인 물리학자들은 협력과 경쟁을 반복하며 복사, 원자, 분자, 고체 물질, 특별히 결정crystal으로부터 새롭게 관찰된 많은 현상을 기술하기 위해 새로운 개념과 방정식을 개발하려 노력했다. 아인슈타인은 이러한 탐구에 공헌했으며, 특별히 복사와 고체 분야에 주요한 공헌을 했다. 마찬가지로 보른도 1912년 이후부터 계속하여 큰 기여를 했다. 무엇보다도 결정에 관한 분야에서 큰 업적을 남겼고, 그 이후에는 원자와 원자의 복사 분야에서 활약을 펼쳤다.

많은 학자들이 참여한 이러한 연구의 궁극적 목적은 다양한 양자 개념들과 방정식을 하나로 종합하는 거대 통일이론grand synthesis, 즉 다른 모든 것들을 연역할 수 있는 일군의 기초적인 개념과 물리 법칙을 확립하고자 함이었다. 1923년 보른이 아인슈타인에게 보내는 편지 47과 1924년 아인슈타인이 보른에게 보내는 편지 48에서 우리는 이들이 이러한 고통스런 작업의 완성을 향한 마지막 전 단계에 와 있다는 것을 볼 수 있다. 두 걸음이 더 내딛어지면서 이 연구는 절정에 달했다. 1925년 7월에서 12월까지 보른의 연구 집단(하이젠베르크, 보른, 조단)은 거대 통일이론으로서 양자역학 법칙의 행렬 공식matrix formulation을 만들어냈다. 이 공식은 물질과 복사를 이산 입자discrete particles로 기술하는 것이었다. 몇 개월 후인 1925년 12월과 1926년 봄 사이에 슈뢰딩거는 보른의 연구 집단이 발표한 내용과는 완전히 다르게 보이는 통일이론을 만들어냈는데, 이는 아인슈타인과 루이 드 브로이Louis de Broglie(1892년~1987년)로부터 많은 개념들을 차용하여 양자역학을 파동으로 공식화한 것이었다. 이 두 공식, 행렬과 파동은 처음에는 다른 것으로 여겨졌지만, 슈뢰딩거가 곧바로 이 둘이 동일한 것임을 증명했다. 곧 이어 폴 A. M. 디락Paul A. M. Dirac(1902년~1984년)은 특수 상대성 이론을 가지고 양자역학의 종합을 향한 결정적인 첫발을 내디뎠다. 그 결과로 나

온 이론이 '양자 장 이론quantum field theory'이었다.[64]

1925년 7월 15일자 보른의 편지 49와 이에 대한 그의 해설에서 우리는 하이젠베르크와 보른이 행렬 역학을 만들기 시작했음을 볼 수 있으며, 1926년 3월 27일 아인슈타인 헤디에게 보내는 편지 50에서 이 새로운 행렬 역학에 커다란 관심을 보이고 있음을 확인할 수 있다. 아인슈타인은 다음과 같이 썼다. "하이젠베르크-보른의 개념은 숨 막힐 정도이고 물리학 이론을 탐구하는 모든 사람들에게 깊은 인상을 심어줍니다." 그렇지만 이 이론에 대한 신중한 검토를 한 후, 아인슈타인은 부정적인 입장으로 선회한다(편지 52). "양자역학은 확실히 인상적입니다. 그러나 제 내부의 어떤 목소리가 이 이론은 확실한 것이 아니라고 저에게 말을 하고 있습니다. 이 이론은 많은 것을 말하고 있지만, "과거의 이론"이 감추어 온 비밀의 근처로 우리를 안내하진 않습니다. 어쨌든 저는 신이 주사위 게임을 하지 않는다고 믿고 있습니다…."

아인슈타인의 '주사위' 언급은 이 새로운 양자역학 법칙이 가지고 있는 통계적 무작위성을 겨냥한 단어였다. 통계적 무작위성이라는 개념은 아인슈타인이 믿는 결정론에 대한 신념을 위협했다. 하지만 이 무작위성은 양자역학에 대한 하이젠베르크-보른의 행렬 공식matrix formulation에 본질적인 개념이었다. 슈뢰딩거의 파동 공식, 즉 무작위성은 1926년 여름 보른이 파동 함수의 절대 스퀘어absolute square를 어떤 입자가 발견될지도 모르는 개연성으로 해석하는 과정에서 인식되었다.[65] 이 통계적 무작위성은 그 성격과 표현에 있어서 너무나 급진적이었기 때문에, 새롭게 발견된 양자역학의 법칙들을 완전히 물리학적으로 해석하려는 모든 시도의 방해물로 여겨질 정도였다. 하지만 물리적 해석은 그 중추적 역할을 하고 있었던 덴마크의 닐스 보어Niels Bohr에 의해 서서히 이루어졌다(이후 "코펜하겐 해석"이라는 이름이 붙었다). 보어는 보른과 하이젠베르크의 생각에 크게 의존했으며, 그리고 자신의 해석을 개량할 때에는 아인슈타인과 나누었던 역사적인 대화에 영향을 받았다.[66]

아인슈타인과 많은 동료 과학자들이 상반되는 의견을 공개적으로 내비쳤던 시기는 '전자와 광자'라는 주제로 1927년 브뤼셀에서 열린 유명한 제5차 국제 솔베이 회의Solvay Congress였던 것으로 보인다. 아인슈타인과 막스 플랑크, 마리 퀴리Marie Curie, 헨드릭 A. 로렌츠Hendrik A Lorentz, 폴 랑게방Paul Langevin, 그리고 샤를르 기Charles Guye와 C.T.R. 윌슨C.T.R Wilson과 같은 구세대 회원들은 물론 보어, 하이젠베르크, 보른, 슈뢰딩거, 디락, 드 브로이 등도 대표로 참석했다(표지 사진 참고). 아인슈타인은 이 회의에서 어떤 공식적인 연설을 하진 않았지만, 보어와의 격렬한 논쟁에 참여했다.

보른은 양자의 무작위성에 열광적인 반응을 보였으며, 아인슈타인에게 보내는 편지에서도 인간의 자유 의지와의 관계를 주장하는 등 자신의 의견을 극단적으로 밀고 나가기까지 했다. "어떻게 당신이 완전히 역학적인 우주와 윤리적 개인의 자유를 결합시킬 수 있는지 이해할 수 없습니다."(편지 83) 아인슈타인의 저항 역시 마찬가지로 강했다. 1924년 초(편지 48), 그는 다음과 같이 조롱했다. "복사로 노출된 전자가 자신의 자유의지대로 고체에서 튀어나오는 것을 결정하고 심지어 그 방향까지 결정한다고 하는 생각은 참을 수가 없습니다. 만약 그렇다면, 나는 물리학자보다는 구두수선공이 되거나 심지어 노름판에서 일하는 사람이 되겠습니다." 20년이 지난 후에도 아인슈타인은 여전히 뜻을 굽히지 않았다. "우리는 우리가 가진 과학적 목표를 가운데 두고 반대편에 선 사람들이 되었습니다. 당신은 주사위 놀이를 하는 신을 믿고 있는 반면, 저는 저의 거친 사고방식으로 포착하려고 하는 객관적인 이 세계의 완전한 법칙과 질서를 믿고 있습니다."

이 마지막 구절은 1931년경 아인슈타인이 개별 물체들을 포괄하는 전체 ensemble를 대상으로 하는 조건에서는 양자역학의 개연성 해석에 대한 수정에 동의했음을 암시한다. 그러나 그럼에도 불구하고 그는 양자역학은 개별 물체들의 움직임을 기술함에 있어서는 불완전하다는 자신의 주장을 굽히지 않았다.[67] 1931년 이후 줄곧 그는 아직 적절한 방법이 개발된 것은 아니지만, 어떤 이론이든 대상의 위치를 엄밀하게 규정하고, 운동량 그리고 다른 물리적 속성 값을 통합해야만 완벽한 이론이 될 수 있다고 믿었다. 그는 자신의 이러한 관점을 객관적 실재Objective Reality라고 불렀다.

아인슈타인은 1936년부터 1954년에 걸쳐 자신의 편지 71, 86, 88, 97, 106, 108, 110, 112를 통해 객관적 실재라는 자신의 관점을 보른에게 설명하고자 했지만, 보른은 이를 제대로 이해하지 못했다. 예를 들어, 편지 71(1936년 말)에서 아인슈타인이 "양자이론의 통계적 방식이 최종적인 결론이라고 여전히 믿지 않고 있습니다"라고 썼다. 이에 대해 보른은 자신의 해설에서 아인슈타인의 이 말을 "아인슈타인은 또다시 통계적 양자이론을 거부한다"라고 해석한다. 보른은 아인슈타인이 전체를 대상으로 적용하는 양자역학의 통계적 해석은 받아들였지만, 전체에 속해 있는 개별 물체에까지 적용되는 좀 더 완전하고 결정론적인 이론을 아인슈타인이 찾고 있었다는 점을 이해하지 못한 것으로 보인다. 보른이 아인슈타인의 견해를 이해하지 못한 사실은 아인슈타인이 자신의 의견을 피력하는 방식의 문제점, 원자핵과 기본 입자를 양자역학의 도움을 통해 설명하려는 물리학자들의 공동체로부터 아인슈타인 스스로가 점점 고립되어 갔던 상황, 1932년 이후 두 사람이 서로 만나지 못했다는 사실을 고려할 때 수긍할 만하다. 그리고 정교한 개념을 사용하는 물리학자들의 의사소통에 있어 직접적인 대화가 커다란 역할을 하는 만큼, 그들이 서로 만나 논의를 하지 못한 사실이 가장 큰 이유였다고 할 수 있다.

아인슈타인이 죽기 직전인 1954년 3월과 4월, 보른은 자신의 옛 제자였던 볼프강 파울리의 중재를 통해 아인슈타인의 관점을 결국 이해하게 된다. 파울리는 얼마 동안 프린스턴에 머물며 아인슈타인과 대화를 나누었고, 3장의 편지에 아인슈타인의 견해를 자세히 기술하여 보른에게 보낸다(편지 112, 115, 116).[68]

보른과 아인슈타인의 서신은 파울리가 개입하기 전까지 그 분위기가 매우 격해 있던 참이었다. 보른은 아인슈타인에게 "수년 동안 양자역학의 일반적 관심사로부터 비판적으로 거리를 둔 당신의 모습을 견디기 힘들었습니다. …하이젠베르크와 제가 세운 기초들은 굳건하며, 이제 다른 길은 없습니다"라고 썼다. 이에 대한 응답으로 아인슈타인은 1953년 1월, 편지 108에서 "당신이 기대할지도 모르겠지만, 저는 이후의 어떠한 논의에도 참여하고 싶지 않습니다. 전 분명히 표명했던 제 의견에 만족하고 있습니다"라고 썼다. 이것은 두 사람 관계의 위기로 보이지만, 보른은 편지 116에 대한 해설에서 "때때로 우리가 서로에게 신랄하게 굴었지만, 이 때문에 우리 관계에 오점이 남지는 않았다"라고 주장했다. 파울리 또한 보른에게 보내는 편지 115에서 "아인슈타인이 선생님과의 문제로 마음 상해 있지 않습니다"라고 말하고 있다.

양자이론에 대한 물리학자들의 이해는 아인슈타인의 타계 이후 더욱 새로운 방향으로 전개되어왔다. 우리는 이러한 새로운 방향 중에서 몇 가지 점을 살피고 이것이 보른과 아인슈타인이 나누었던 서신들과 어떤 관계를 맺는지 살펴본 후 이 절을 마무리하겠다.

◇ **개별 대상에 적용되는 양자역학:** 객관적 실재Objective Reality라는 아인슈타인의 견해는 다음과 같은 주장을 포함하고 있다. 당시 공식화된 것처럼, 양자이론의 개연적 측면은 개별 물체들이 아니라 개별 물체들을 포괄하는 전체ensemble 혹은 체계system에 적용된다는 것이다. 보른은 아인슈타인의 편지 106(1953년 12월)에 대한 자신의 해설에서 이러한 관점을 받아들인다.

현재는 반세기 동안의 기술 발전에 힘입어, 단일한 양자 개체(예를 들면, 원자, 광자 혹은 전자기장적 혹은 나노역학적 진동자의 들뜸 상태mode of excitation)를 반복 측정하는 것이 가능하기 시작한 시기이다. 이러한 반복된 측정들은 1925년에서 26년에 만들어진 개연적 양자 법칙에 의해 제어되며, 양자 정보 과학quantum information theory이라는 새로운 분야의 본질적인 기조가 되었다.[69]

양자 정보 과학은 개별 대상의 양자 상태에서의 정보 암호화(따라서 정보는 고전 논리학이 아닌 양자 법칙을 따른다), 양자 정보의 조작, 특정 위치에서 다른 위치로의 정보 이동(양자 의사소통) 그리고 비밀을 암호화하고 해석하는 양자 방법의 사용(양자 암호법)을 수반하는데, 이 모든 것들은 보른과 아인슈타인이 편지를 나누던 시기에는 꿈도 꾸지 못한 것들이다. 비록 양자이론이 현재 단일 대상들에 광범위하게 적용되고 있지만, 아인슈타인의 객관적 실재라는 관점은 현실화되지 않았다. 아인슈타인의 주장처럼 완벽한 엄밀함을 가지고 개별 대상의 위치와 운동량을 정의하는 새로운 양자 법칙의 성공적인 공식화도 현재 존재하지 않는다.

◇ **거시 대상에 적용되는 양자역학; 양자 비파괴**quantum nondemolition: 아인슈타인이 객관적 실재라는 생각을 갖게 된 이유는 거시 규모의 물리적 세계가 가진 본성에 대한 그의 직관 때문이었다(예를 들면, 그의 편지 97과 106 참고). 보른과 파울리 또한 자신들의 편지에서 거시 물체를 다루는 사유 실험에 호소했다. 실제로 그들은 불확실성 원리uncertainty principle가 그러한 물체들에 대한 정확한 측정을 제약한다고 주장한다. 그러한 정확성을 띤 측정은 오늘날에는 가능하지만, 1950년대의 기술로는 무리였다. 예를 들어, 향후 10년 안에 불확실성 원리가 제약하는 것들이 중력파 검파기gravitational wave detector를 사용하여 실험적으로 드러날 터인데, 이 실험에서 약 40킬로그램의 무게를 가진 거울의 운동이 약 10밀리세컨드[70*]의 시간 단위를 척도로 하여 약 10^{-18}센티미터의 정밀도(원자 핵 직경의 1/100,000)로 관찰될 것이다.[71] 이러한 정밀도를 가진 어떤 측정에 의해 그 위치가 확실히 규정된 거울 파동 함수[72]는 불확실한 운동량에 의해 매우 복잡해지는데, 그 복잡한 정도는 이후 이루어지는 측정 결과와 절충시켜야 할 정도이다. 이러한 불확실성 원리의 영향을 피하기 위해 연구자들은 보른, 아인슈타인 혹은 그들의 동시대 과학자들은 상상하지 못했던 21세기 양자 정보 과학의 또 다른 기술인 양자 비파괴 기술quantum nondemolition techniques을 사용한다.[73]

◇ **양자 디코히어런스**decoherence: 아인슈타인이 객관적 실재라는 생각을 갖게 된 중요한 이유는 다음과 같은 사유 실험이었다. 만약 거시 대상이 충분히 오랜 시간 동안 관찰되지 않은 상태로 방치되었을 때, 그것의 파동

함수는 광범위하게 확산되면서 복잡해진다(전자가 비편재화된다). 이러한 확산 파동 함수라는 관점에서 볼 때, "만약 처음 관찰된 별이나 혹은 파리가 심지어 준국소화quasi-localised된 것으로 나타난다면, 무척 놀랄 일입니다." 이 부분과 보른-아인슈타인-파울리가 교환한 서신들 전체에는 한 가지 결정적인 현상이 간과되어 있었는데, 이는 1980년대 들어서야 물리학자들이 알게 된 양자의 디코히어런스quantum decoherence라는 현상이다.[74] 현실 세계에서는, 거의 모든 대상들이 자신들이 포함되어 있는 환경을 구성하는 다른 물체들과 빈번히 상호 작용을 한다. 예를 들어, 파리는 공기 분자들에 의해 충격을 받는다. 이러한 상호 작용이 대상(예를 들면 파리)과 환경간의 양자 역학적 상호 관계를 만들어내며, 이러한 상호 관계는 대상의 확산 파동 함수를 양자 역학적이라기보다는 고전 물리학적으로 작동하게 만든다. 이는 마치 우리가 대상의 위치를 잘 파악할 수는 있지만, 그것의 본질이 무엇인지 모르는 것과 같다. 즉 우리는 어떤 값을 얻기 위해 이에 대한 고전적 개연성 밖에는 알고 있지 못하다.

우리가 현새 이해하고 있는 이러한 양자의 디고히이런스 개념은 파리라든가 다른 거시적 대상들의 운동을 고적 물리학적인 의미로 파악하는 데에 있어서 중추적인 역할을 한다. 이 개념은 어떻게 양자 대상으로서의 우주가 빅뱅이라는 탄생으로부터 재빨리 고전적인 대상이 되었는지를 설명하려고 하는 양자 우주론자들에 의해 주장되기도 한다. [이러한 생각은 아인슈타인이 보리스 포돌스키Boris Podolsky(1896년~1966년)와 나단 로젠과 함께 쓴 1935년의 고전적인 논문(짧게 줄여서 세 사람의 이름 첫 자를 따와 'EPR'이라고 칭한다)에 소개된 소위 '얽힘 현상entanglement'라는 개념에 궁극적으로 기초하고 있지만, 아인슈타인이 이러한 생각에 어떻게 반응을 했을까라고 생각해볼 수만 있다.[75] 한편 현대 양자 정보 과학자들에게 양자 디코히어런스는 양자 암호법을 손상시킬 수도 있으며, 양자 컴퓨터 및 양자 소통 체계의 기능을 파괴시킬 수 있는 가능성을 지닌 일종의 악마demon이다.[76]

보른과 아인슈타인: 말년의 과학

아인슈타인 신화와는 달리, 1930년대 프린스턴에서 아인슈타인은 상대성과 양자 물리학에 커다란 영향력을 끼쳤다. 그가 발표했던 EIH 논문은 지금도 행해지고 있는 연구 프로그램을 유도했으며, 현대의 중력파 과학에 결정적인 역할을 하고 있다. 원통형 중력파cylindrical gravitational wave에 관해 로젠과 함께 발표한 그의 논문은 이 파동이 자신이 만든 방정식에 대한 선형 근사법linear approximation이라는 가공물이 아니라 일반 상대성 이론 자체에 존재했던 개념이라는 사실을 증명했다. 그가 기여한 것들 중 가장 중요한 업적은 EPR 논문이었다. 이 논문은 양자 디코히어런스를 기초했으며, 이는 아인슈타인의 편지 84와 보른의 편지 106에서 암시되어 있다.[77] EPR 논문으로 인해 닐스 보어는 양자 방정식에 대한 자신의 물리적 해석 중 한 부분을 재공식화하지 않으면 안 되었고,[78] EPR 논문은 21세기 양자 정보 과학의 기초들 중 하나가 되었다.[79]

1920년대 초부터 아인슈타인은 전자기력과 중력을 통합시키는 일군의 물리 법칙들을 공식화하는 데에 여념이 없었다. 편지들의 많은 부분이 이러한 지적 씨름을 언급하거나 기술하고 있다. 통일장 이론unified field theory이라 이름 붙인 이 연구를 아인슈타인은 수년 동안 거듭해서 연구했다(예를 들면 편지 45, 46, 49, 95, 99). 그리고 수차례에 걸친 검토 끝에 아인슈타인은 자신의 이론에서 뭔가가 부족하다는 사실을 발견한다. 흥미롭게도 아인슈타인의 편지에는 이 이론이 거의 완성을 바라보고 있다고 언급하고 있지만, 이 이론에서 부족한 부분이 과연 무엇인지에 대해서 자세히 밝히지는 않는다.[80]

1930년대 이후 줄곧, 보른은 시간-공간이 에너지-운동량과 교환될 때에도 물리학은 변하지 않아야 한다고 요청함postulating으로써 새로운 기초적인 물리 법칙 발견하고자 온 힘을 쏟았다. 그는 이 불변성 원리invariance principle를 상반성 원리Reciprocity라고 불렀다. 몇 십 년간 진행된 연구에도 불구하고(편지 74, 75, 77, 92, 95, 109, 120과 해설들 참고), 보른은 아인슈타인이 통일장 이론에서 거둔 것보다 더 큰 성과를 상반성 연구에서 거두지는 못했다.[81] 적어도 과거를 회고해볼 때, 1940년대와 1950년대의 지도적인 젊은 물리학자들은 그들의 노력을 달갑게 보지 않았다. 예를 들어, 프리만 다이슨 Freeman Dyson(1940대에 양자 전기 역학quantum electrodynamics을 공식화하는데 크게 기여한 물리학자)는 50년 전을 뒤돌아보며 이렇게 말한다.

"1940년대 말과 1950년대 초, 혁명적인 사람들은 늙었고 보수적인 사람들은 어렸다. 늙은 혁명가들은 알베르트 아인슈타인, 디락, 하이젠베르크, 막스 보른 그리고 어빈 슈뢰딩거였다. 이들 각각은 자신들의 이상한 이론들을 가지고 모든 것을 이해하는데 중요한 열쇠가 된다고 생각하고 있었다. 아인슈타인은 자신의 통일장 이론을 내세웠고…, 보른은 그가 상반성 원리라 부른 새로운 양자이론을 내세웠다…. 이 5명의 노인들은 물리학에는 마치 25년 전 그들이 이끌었던 양자 혁명처럼 새로운 근본적인 혁명이 필요하다고 믿었다. 그들 각각은 자신들이 소중하게 여기는 생각이 새로운 거대한 돌파구로 이끌어줄 길을 따라가는데 있어 중요한 첫걸음이라고 믿었다. 나와 같은 젊은이들은 이 대단한 노인들이 스스로를 웃음거리로 만들고 있다고 생각했고, 그래서 우리는 보수주의자가 되었다. 주목할 만한 젊은이들(쉬빙거Scwinger, 파인만Feynman, 토모나가Tomanaga)은 양자 혁명으로부터 물려받은 물리학이 매우 훌륭하다는 사실을 이해했다.… 그들에게는 새로운 혁명을 시작할 필요가 없었다. 그들은 단지 기존 물리학 이론들을 받아들여 세부

사항들을 정리하기만을 원했다. 그 결과는…양자 전기 역학이라는 현대 이론이었다."[82]

오늘날 새로운 일군의 혁명가 집단이 존재한다. 알려진 모든 힘들, 즉 전자기학, 약한 핵력과 강한 핵력을 통일하는 이론을 찾고자 노력하는 집단이 그들이다. 이 혁명가들은 같은 목적을 가지고 아인슈타인이 통일장 이론을 향해 걸었던 걸음을 따라 걷고 있지만, 50년이라는 세월동안 새롭게 등장한 통찰로 인하여 세부적으로는 과거의 이론들과 매우 다르다. 통일 이론의 강력한 후보인 M-이론(끈 이론string theory)의 확장판은 기본적으로 양자역학적이다. 이와 대조적으로, 아인슈타인의 추구했던 이론은 비록 통합 작업을 달성한다면 양자이론도 그 위치를 찾을 수 있을 것이라는 희망에 의해 부분적으로 동기 유발됐지만, 기본적으로 고적전인 통일장 이론을 위한 이론이었다.

과학사가들은 아인슈타인의 통일장 이론 연구를 아직도 제대로 파악하지 못하고 있다. 세부적인 사항들이 발간되지 않은 기록들 및 측정 결과에 묻혀 있기 때문이다. 이제야 시작된 아인슈타인 논문 발행 사업의 일환으로 이러한 것들이 현재 목록화 되고 있다.[83]

한편 비록 자신의 상반성 연구가 어떤 결실을 이루지는 못했지만, 보른은 말년에 에밀 볼프Emil Wolf와 함께 쓴 광학에 대한 논문을 통해 미래의 물리학자 세대에게 큰 영향을 끼쳤다. 1952년 이 분야를 연구하고 있는 그의 모습을 엿볼 수 있는(편지 98과 101) 이 책은 50년이 지난 지금도 기초 물리학과 광학 기술이라는 새롭게 싹튼 영역에서 연구하는 과학자들에게 중요한 사료로 남아 있다.

이 서문을 준비하면서 우리는 보른과 아인슈타인이 자신들의 편지를 가지고 엮어간 폭넓고 매력적인 이 직조물에 다시 한 번 감명을 받았다. 이 편지들은 우리들로 하여금 그들이 실제로 펼친 과학적 탐구를 마치 옆에서 직접 보고 있는 듯한 느낌을 갖게 만들며, 이 두 사람에게 생명을 불어넣어준 정신의 호기심과 관대함을 느끼게 해준다. 우리는 이 책이 새로운 세대에게 거대한 우주와 이 우주를 지배하는 물리 법칙을 탐구하는 길을 따라가게 하며, 동시에 아인슈타인과 보른처럼 인류의 발전을 위해 과학적인 연구를 수행하도록 심오한 영감을 불어 넣어주기를 희망한다.

초판 감사의 글

막스 보른Max Born

아인슈타인의 비서였던 뉴욕의 오토 나단Otto Nathan 박사가 아인슈타인의 편지를 사용하게끔 배려해 준 점에 대해 대단히 감사한다. 또한 이 편지들의 복사본을 준비해주고 유럽으로 보내준 아인슈타인의 비서였던 헬렌 듀카스Helen Ducas에게도 감사한다. 프랑카 파울리Franka Pauli 여사는 친절하게도 고인이 된 남편 볼프강 파울리Wolfgang Pauli 박사의 편지를 사용하도록 허락해주었다. 또한 확인해야 할 사항들을 읽어 볼 수 있도록 도움을 주신 슈투트가르트의 아민 헤르만Armin Hermann 교수에게도 감사의 말을 전하고 싶다. 러셀 경의 따뜻한 마음이 담긴 서설과 베르너 하이젠베르크 교수의 분별력 넘치고 깊은 동정심이 담긴 서언에 감사를 보낸다. 또한 원본 편지를 훌륭하게 번역해준 나의 딸 이레네 뉴턴 존Irene Newton John에게 고맙다는 말을 전한다. 때로는 읽기 곤란했던 이 원고를 꼼꼼하게 입력해 준 헤드비히 가이프Hedwig Geib 여사에게도 감사드린다. 마지막으로 런던에 있는 내 아들 구스타프 V.R 보른Gustav V.R Born에게 이 책의 발간 과정에서 발생했던 문제들을 처리해준 점에 감사의 말을 전한다.

발행인들은 편지들과 해설들을 세심하게 편집해준 폴 앳킨스Paul Atkins에게 감사한다.

보른과 아인슈타인의 편지

1905년 상대성 이론의 기초가 담긴 아인슈타인의 유명한 논문[1]이 세상에 나왔다. 이 논문이 실린 같은 호의 〈물리학 연보Annalen der Physik〉는 광양자[2]에 대한 가설들과 브라운 운동의 통계적 이론에 대해 그가 작성한, 새로운 시대를 연다고 할 만한 또 다른 2편의 획기적인 논문을 담고 있다.[3] 당시 나는 괴팅겐의 학생으로서 수학자인 데이비드 힐버트David Hilbert와 헤르만 민코프스키Hermann Minkowski가 지도하는 세미나에 참석했다. 그들은 움직이는 물체―아인슈타인의 상대성 이론의 출발점이었던―의 전기역학electrodynamics과 광학optics을 가르쳤다. 우리는 로렌츠H. A. Lorenz, 앙리 포엥카레Henri Poincaré 피츠제럴드G. F. Fitzgerald, 라모Larmor 등의 논문을 연구했지만, 그들의 논문에서는 아인슈타인의 이름이 전혀 언급되지 않았다. 내가 배운 것들은 무척이나 매혹적으로 다가왔기 때문에 나는 앞으로 이론 물리학에 집중하겠다고 결심했다. 그러나 전기역학을 좀 더 깊이 연구하려던 나의 계획은 다른 이유들 때문에 연기될 수밖에 없었다.[4, 5, 6] 1906년 졸업을 하고 나서, 나는 잠시 중단했던 학업을 계속해, 영국 케임브리지에서 맥스웰의 전자기장 이론의 최신의 발전 형태에 대해 라모Larmor의 수업을 들었고 전자 이론의 진보에 대해 톰슨J. J. Thomson의 수업을 들었다. 하지만 이 수업들에서도 아인슈타인의 이름은 언급되지 않았다.

이후(1907년~1908년) 고향인 브레슬라우Breslau에 소재한, 룸머Lummer 와 프링스하임Pringsheim이 책임을 맡고 있던 연구소에서 실험 기술을 연마하던 나는 루돌프 라덴부르크Rudolf Ladenburg, 프리츠 라이헤Fritz Reiche 그리고 스타니슬라우스 로리아Stanislaus Loria가 참여한 활동적인 젊은 물리학자 모임에 가입했다. 우리는 최신의 물리학 저작을 읽고 이에 대해 서로에게 보고했다. 내가 괴팅겐에서 열렸던 세미나에서 민코프스키가 기여한 바(1907~8년에 발표된 전자기장의 4차원적 재현representation의 싹을 이미 배태하고 있었다)에 대해 언급하자, 라이헤와 로리아는 나에게 아인슈타인의 논문에 대해 말해주며 읽어보라고 권했다. 나는 그렇게 했고, 곧바로 깊은 인상을 받았다. 우리는 모두 최고의 천재가 등장했다는 사실을 느꼈다. 그렇지만 그가 스위스 베른의 특허청 공무원이라는 사실 이외에 그의 성격이나 삶에 대해 알고 있는 사람은 아무도 없었다. 그러던 와중에 라덴부르크가 휴가 중 여행을 떠나 그를 찾아보리라고 결심했다. 여행에서 돌아와 해준 그의 설명이 내가 인간 아인슈타인이라는 인물에 대해 들은 최초의 정보였다. 나중에 내가 아인슈타인을 만나서 받게 된 인상은 라덴부르크가 했던 말 그대로였다. 아인슈타인은 수수하고 담백하고 겸손하며 친절하고 우호적이면서 동시에 위트와 유머 감각이 풍부한 성격의 소유자였다. 라덴부르크는 열변을 토하며 이 미지의 위인에 대한 나의 호기심을 자극했다.

하지만 나는 어느 정도의 시간이 지나서야 그를 만날 수 있었다. 때는 1909년이었고, 잘츠부르크에서 열린 자연과학자 대회였다. 이때의 일과 우리의 우정이 계속 발전해간 그 이후의 시간에 대해서는 다양한 경로를 통해 이미 기술해 온 터라 여기서는 그 내용을 반복하지는 않고,[6, 7, 8] 단지 우리가 어떻게 만나게 되었는지에 대해서만 회상하고 싶다. 1913년 아인슈타인은 반트 호프J. H. van't Hoff를 대신하여 베를린 과학 아카데미Berlin Academy of Sciences의 연구소장 자리를 이어받기로 예정되어 있었는데, 당시 그는 수학 물리학부의 평회원이었다. 제1차 대전 발발 직후인 1년 후 나는 베를린 대학 이론 물리학과의 조교수가 되었는데, 이 자리는 플랑크Planck의 강의 부담을 줄이기 위해 마련된 자리였다. 이에 대해 특별히 따로 설명할 것은 없다. 그러고서는 나는 바로 군대에 소집되었다. 되베리츠Döberitz 캠프에서 공군 무선 오퍼레이터 양성과정을 속성으로 마친 후, 나는 과학 협력자로서 베를린의 미사일 사찰대에 배속되었다. 사찰대 건물이 있던 쉬피처른슈트라세는 하버란트슈트라세 5번가에 있던 아인슈타인의 아파트와 매우 가까웠다. 그래서 나는 그의 집을 자주 방문해 함께 이야기를 나눌 수 있었다.

우리는 과학적으로뿐만 아니라 정치적으로도, 그리고 인간적인 관계들에 대한 태도에 있어서도 서로를 이해했다. 지금은 아무것도 남아 있는 것이 없기 때문에, 이전 시기에 아인슈타인과 나 사이에 어떤 서신 왕래가 있었는지에 대해서 확실하게 말할 수는 없다. 그렇지만, 내가 테오도르 폰 카르만 Theodor von Kármán과 함께 고체 비열에 대한 아인슈타인 이론의 발전 형태에 대해 연구하던 당시(1912년), 내가 아인슈타인에게 아무런 편지도 쓰지 않았다고 생각하기는 어렵다. 당시 나에게는 다른 사람의 편지를 보관하는 습관이 없었던 것 같다. 아인슈타인이 내 아내와 나에게 첫 번째 편지를 보낸 것은 1916년의 일이었으며, 우리가 아인슈타인에게 보낸 편지 중에 1920년 이전에 쓴 편지는 존재하지 않는다. 그러니까 1965년 이 책에 실린 편지들에 덧붙인 해설들은 전적으로 내 기억에 의존한다. 내가 가지고 있는 첫 번째 편지는 아인슈타인이 내 앞으로 보내 온 엽서로서, 과학과 관련된 문제를 얘기한 엽서였다. 이 엽서는 빌메르스도르프에 있던 아인슈타인의 아파트에서 발송되어 그루네발트의 테프리처슈트라세의 내 아파트로 온 것이 확실하다.

01_ 보른에게

1916년 2월 27일 일요일

오늘 아침 저는 〈물리학 저널Physikalische Zeitschrift〉에 기고하기로 한 당신 논문의 교정 원고를 받았습니다. 한편으로는 약간 당황스러웠지만, 가장 친한 동료 중 한 명이 나를 믿고 이해해주는 데에서 비롯된 행복한 기분으로 원고를 읽었습니다. 논문의 내용과는 별도로 저를 기쁘게 한 것은 논문에서 느껴지는 당신의 긍정적인 선의의 마음입니다. 학자의 책상을 비추는 차가운 불빛 아래에서 그러한 감정이 순수한 모습으로 드러난다 함은 매우 드뭅니다.

당신이 나에게 나누어 준 이 행복감에 대해 너무나 감사하게 생각합니다. 안부를 전합니다.

— A. 아인슈타인

◆

아인슈타인이 이렇게 기뻐했던 논문은 그의 중력 이론과 상대성 이론에 대해 내가 작성한 논문이었다.[9] 여기서 이 주제에 대해 말하고 싶지는 않다. 왜냐하면 그 때 이후로 아인슈타인의 일반 이론이 가진 상대성의 측면을 부차적인 부분으로 간주하고, 중력에 대한 새로운 법칙을 본질적인 부분으로 간주하는 태도가 유행이어 왔다. 나는 특별히 내 러시아 친구이자 옛 동료였던 포크V. Fock에 의해 대변되는 이러한 관점에 동의하지는 않는다. 아인슈타인의 출발점은 관성 질량inertial mass과 중력 질량gravitational mass이 동가라는 경험적 사실이었다. 박스 내부에 갇힌 관찰자는 자신과 함께 박스 내부에 있는 물체의 가속도가 외부의 중력장에 의해 야기되는 것인지 반대로 박스 자체의 가속도에 의해 야기되는 것인지 파악하지 못한다는 결론이 나온다. 따라서 이는 작은 공간 내부의 중력장의 존재와 그 크기는 가속된 특정 기준계reference of system와의 관계에서만 가정될 수 있다. 이것이 이 이론의 역사적인 기초였으며, 내 생각에는 오늘날에도 여전히 합리적인 접근이다. 나는 이 예를 1920년에 처음 출간된 내 책 『아인슈타인의 상대성 이론 Die Relativitätstheorie Einsteins』[10]에서 사용했으며, 최근에 출판된 새로운 판에서도 이 예를 사용했다. 나는 이 예가 아인슈타인의 자신의 의도에 있어서도 물론이고 객관적으로도 정당화될 수 있다고 믿는다.

아인슈타인이 내 아내에게 보낸 다음의 편지는 아인슈타인의 가족과 내 가족의 친밀한 관계를 알아야만 이해할 수 있는데, 내 아내는 몇 년 전 〈벨트보케Weltwoche〉라는 저널에 기고한 글에서 그 내용을 설명했다.[8] 아내의 글은 아내의 시와 '플랑드르의 암퇘지Flemish sow'에 대한 관계를 설명하고 있다. 아인슈타인이 언급한 책은 막스 브로트Max Brod의 책인 듯하다.

02_보른 여사께

1916년 9월 8일

당신이 보내주신 시를 즐겁게 읽었습니다. 당신의 행복감을 느낄 수 있었다는 사실이 가장 큰 이유이지만, 당신이 파르나소스의 뮤즈와 '플랑드르의 암퇘지' 양쪽 모두와 좋은 관계를 맺고 있다는 점을 엿볼 수 있었기 때문입니다. 제게는 가장 매혹적인 색깔들로 보이는 당신과 막스의 동굴에서 편안한 저녁 시간을 보내는 데 굳이 플랑드르의 암퇘지가 필요하지는 않겠지요!

그 책은 매우 흥미진진하게 읽었습니다. 확실히 인간 영혼의 깊이를 파악하고 있는 사람에 의해 재미있게 쓰였더군요. 덧붙여 말하자면, 저는 그를 프라하에서 만난 적이 있는 것 같습니다. 전 그가 철학과 시온주의에 열광하는 사람들이 만든 소규모 서클에 속해 있다고 생각하는데, 그 책을 읽어보면 아시겠지만, 이 서클은 대학 철학자들과 중세 시대처럼 속세를 버린 사람들을 중심으로 만들어진 느슨한 형태의 모임이었습니다.

두 분께 안부를 전하며.

— 아인슈타인

당신이 제게 말했던 2편의 논문을 동봉했습니다. 그 책은 나중에 직접 돌려드리겠습니다.

◆

아인슈타인의 다음 편지는 다시 내 아내 앞으로 온 것이다. 그렇지만 편지의 내용은 우리 부부와 관련된 일을 언급하고 있다. 당시 나는 업무상 필요했던 장기 출장으로 집을 비우고 있었던 듯하다.

03_보른 여사께

1918년 2월 8일

동감과 믿음으로 제 마음을 달래준 당신의 구구절절한 편지를 받고 무척이나 기뻤습니다. 제 대답은 독백의 형태가 될 듯하군요. 이를 통해 '당신'과 '저' 사이에 놓인 보기 좋지 않은 틈이 사라지지 않을까 합니다.

라우에Laue가 이쪽으로 오고 싶어합니다. 얼마 전 그에게 이쪽 연구소에 강의 부담이 전혀 없는 자리를 하나 얻을 기회가 있었습니다. 그 때 그가 베를린에 그렇게 오고 싶어 했던 이유는 강의를 해야 하는 게 너무 싫었기 때문이라고 하더군요. 현재 라우에는 그 계획이 실현될 것 같지 않기 때문에, 당신 남편과 자리를 맞바꾸는 건 어떨까를 생각하고 있답니다. 그가 그렇게 하려는 가장 중요한 동기는 베를린, 동기유발은 아내의 야심일까요? 플랑크Planck는 이 일에 대해 알고 있지만, 교육부는 아직 모르고 있답니다. 저는 아직 이 문제를 두고 플랑크와 얘기를 나눠보진 않았습니다. 제 생각으로는 라우에는 플랑크의 자리를 이어받고 싶어 하는 듯합니다. 불쌍한 사람 같으니. 신경이 많이 쓰입니다. 복잡한 인간관계로부터 자유롭고, 한적한 삶을 살고자 하는 자신의 본성과 자신의 야심이 들어맞지 않으니 말입니다. 이런 점을 염두에 두고 안데르센의 달팽이에 관한 짧은 동화를 읽어보세요.

객관적으로 봤을 때, 라우에가 희망하는 바가 실현되려면 아래의 두 가지 조건을 만족시켜야 하지 않을까 합니다.

1. 당신 입장에서 봤을 때, 라우에의 자리에서 받게 될 급료가 충분한지,
2. 당신 남편이 자리를 바꿀 마음이 있는지.

만약 첫 번째 조건이 만족스럽다면, 당신의 동의 여부가 문제로 남습니다. 어떻게 해야 할 지 물론 걱정스러우실 겁니다. 제 생각을 말씀 드리자면, 무조건 그 제안을 받아들이라는 겁니다.

제가 당신들 두 분을 얼마나 좋아하는지, 그리고 이 불모지에서 당신들과 같은 사람들을 친구로 얻게 되고 서로 유사한 정신을 소유하고 있다는 점에서 제가 얼마나 기뻐하고 있는지 새삼스레 확인할 필요는 없습니다. 완전히 독립된 생활을 영위할 수 있는 그런 이상적인 자리를 거부할 이유가 없습니

다. 그곳이 이곳보다 좀 더 자유롭고 폭넓게 활동할 수 있는 곳이므로 당신 남편이 자신의 능력을 보여줄 수 있는 더 좋은 기회를 얻을 수 있습니다.

플랑크와 가깝게 지낼 수 있다는 사실은 하나의 축복이며, 그 점은 간과할 수 없습니다. 그러나 플랑크가 결국 은퇴를 하게 되더라도, 당신 남편이 그의 자리를 물려받을 수 있을지는 당신들이 플랑크의 곁에 머물러 있다고 하더라도 장담할 수 없습니다. 만약 일이 잘못되어 다른 누군가에게 그 자리가 돌아가게 된다면 분명 유쾌한 일은 아니겠지요. 일어날 수 있는 모든 가능성에 대해 준비를 해야 합니다. 그러나 불필요하다면, 이 문제에 굳이 나서서 좋지 않은 모습을 보일 필요는 없습니다.

제 얘기를 충고로 받아들여 잘 생각해 보셨으면 합니다. 저는 이제 '갑작스런 승진'은 더 이상 가능하지 않으니까요. 당신과, 아이들, 그리고 곧 돌아오게 될 바깥양반께 안부를 전합니다.

— 아인슈타인

◆

아인슈타인이 나중에까지 라우에가 당시 그런 야심을 가지고 있었다고 주장하리라 생각하지는 않는다. 내 생각엔 아인슈타인이 당시 라우에의 인간됨을 잘 모르고 있었다고 생각한다. 나중에 아인슈타인은 편지 81에서 볼 수 있는 것처럼 물리학자로서만이 아니라, 올곧고 존경할만한 한 인간으로서 그를 인정했다. 나중에 라우에는 나에게 자신이 베를린에 가고 싶어했던 이유는 강의하는 게 싫어서가 아니라 존경하는 스승인 플랑크 곁에 있고 싶었기 때문이라 말해주었다.

다음 편지는 수신 주소가 불명확한 편지이지만, 아마도 베를린에 있던 두 군데의 우리 아파트 중 한 군데로 온 것일 것이다.

04_보른에게

1918년 6월 24일

내일 (결혼전 성이 Ronow인 니만Nieman 여사가 계시는) 아렌스후프의 여름 휴양지로 떠나야만 합니다. 이 편지는 진지한 작별 인사입니다. 제가 보낸 선물도 그런 의미입니다. 하버Haber씨의 도움으로 참모부로부터 핀란드 여행 허가를 얻어, 노르트슈트룀Nordström씨를 만날 수 있게 되었습니다. 그는 현재 네덜란드로 돌아가고 싶어 하지만, 유감스럽게도 저는 더 이상 그곳에 가볼 수 있는 입장이 아닙니다. 당신이 이 문제를 해결해 주었으면 합니다. 노르트슈트룀 여사는 가능하다면 네덜란드에서 아이를 출산할 예정이기에 상황이 촉박합니다.

당신과 당신의 작은 악단[1]에게도 행복한 시간이 함께 하기를 빌며.

— 아인슈타인

40 마르크가 무사히 도착했기를 바랍니다. 일반 우편으로 부쳤습니다.

◆

핀란드의 물리학자 노르트슈트룀은 아인슈타인이 일반 상대성 이론에 대한 첫 번째 논문을 발표한 시기와 거의 동시에, 뉴턴의 경우처럼 오직 하나의 스칼라 퍼텐셜scalar potential을 담고 있는 중력에 대한 상대론적 이론을 개발했다. 그렇지만 아인슈타인에 의하면, 대칭 텐서symmetrical tensor의 10가지 구성요소가 중력장을 결정한다. 노르트슈트룀의 생각은 날카롭고 독창적이었다. 나중에 나는 그가 베를린 조교수 자리의 가장 강력한 경쟁자였다는 사실을 알게 되었다.

아렌스후프에서 아인슈타인이 보낸 날짜 미상의 다음 편지는 분명히 노르트슈트룀을 위해 내가 무엇인가를 해주었다고 보이는데, 그를 제대로 도와줬는지 기억이 나지 않는다. 그 이후 노르트슈트룀에 대한 소식은 들은 바가 없다. 아인슈타인의 편지에는 '떠나야만 합니다'와 '휴양지Frische'라는 말에 밑줄이 그어져 있다. 아마도 그가 아렌스후프에서 건강를 되찾을 수 있을지에 회의적이었기 때문이라 생각한다. 그의 사촌이자 두 번째 부인이었던 엘자Elsa가 심각한 병을 앓고 있던 그를 간호하여 죽음으로부터 그를 지켜냈기 때문에, 아인슈타인은 분명히 엘자가 소원하는 바대로 따르고 있었을 것이다.

05_보른에게

날짜 미상

당신이 노르트슈트룀 부부를 도와준 일은 매우 감사하게 생각하고 있습니다. 하버 씨의 요청으로 노르트슈트룀이 이미 해외 여행 허가를 받았다고 사령부에 편지를 써주시면 고맙겠습니다. 그렇게 되면 귀국 여행 허가가 쉽게 나올 것 같습니다. 제가 전에 편지에 썼던 대로, 그는 8월 초에는 귀국해야 합니다.

저는 잘 지내고 있습니다. 전화도 없고, 해야 하는 일도 없고, 평화로운 나날입니다. 당신이 대도시의 삶을 어떻게 견뎌내고 있는지 저로서는 상상하기 어렵군요. 날씨도 매우 좋습니다. 악어처럼 해변에 누워 일광욕을 하고 있습니다. 요새는 신문도 통 읽지를 않아 세상을 향해 욕지거리도 하지 않고 있습니다.

결정 격자crystal lattice 내의 관성inertia에 대해 당신이 말해준 내용에 매우 만족하고 있습니다. 역학의 기초법칙에 따르면, 달리 가정된 힘의 포텐셜 에너지가 관성으로 바뀌지 않으므로, 이는 단지 전기 에너지electrical energy의 문제라고 보이네요. 당신이 이 문제에 대해 더 많은 것을 설명해 주었으면 합니다.

이곳에서 저는 여러 책들 중에서 칸트의 『프롤레고메나Prolegomena』를 읽고 있는데, 이 철학자의 엄청난 제시력을 이해하기 시작하고 있습니다. 선험적 종합판단synthetic a priori judgements에 동의한다면, 그건 덫에 걸리는 겁니다. 저는 칸트를 오해하지 않기 위해서는 '선험적a priori'[2) 라는 말을 '관습적conventional'이라는 말로 대체해 그 의미를 희석시켜야 한다고 생각합니다. 물론 이렇게 한다고 해도 세부적인 것들이 들어맞지는 않겠지만 말이에요. 어쨌든 칸트 책을 재미있게 읽고 있습니다. 칸트에 앞선 흄Hume의 저작보다는 좋지는 않지만요. 흄은 좀 더 건전한 본능을 가지고 있었습니다.

제가 돌아가게 되면, 편안하게 함께 둘러 있어 지금은 전혀 관심을 갖고 있지 않은 그 소란스런 인간사를 당신이 제게 다시 인사시켜 주겠지요. 당신과 부인의 건강을 기원합니다. 저희도 잘 지내고 있고, 어린 하렘small harem도 잘 먹고 잘 크고 있습니다.

안부를 전합니다.

— 아인슈타인

◆

보는 바처럼, 아인슈타인은 결국 아렌스호프를 마음에 들어했고, 그에게는 좋은 일이었다. 결정체 격자에 대하여 그가 한 말은 결정체의 전자기장에 관한 내 연구 결과를 언급하는 것이다. 몇 권의 책과 논문을 통해 결과를 발표한 바 있는 이 연구는 결정 격자crystal lattice의 산란dispersion에 대해 에드발트P. P. Edwald가 완성한 기초 작업을 더욱 발전시킨 것이었다. 다만 내 연구는 그가 사용한 방법과는 다른 방법론을 사용한 연구로서, 이 방법은 힐버트Hibert가 자신의 강의에서 제안한 것이었다. 연구는 새로운 결과를 보여줬는데, 격자 입자lattice particle가 가지고 있는 전하charges의 전자기적 역반응이 결국 관성(전자기적 질량electromagnetic mass)에 영향을 준다는 결론이 유도됐다. 그렇지만, 오직 전기 에너지만이 문제된다는 아인슈타인의 언급은 완전히 옳은 견해이다.

칸트 철학에 대한 아인슈타인의 견해를 담고 있는 이 편지는 칸트에 대한 거부나 마찬가지이다, 당시 그는 완전한 경험론자였으며, 데이비드 흄의 추종자였다. 나중에 이러한 입장이 변화되며, 경험적 기초 없이 이루어지는 사변seculation과 추측 작업이 그의 사고에서 점점 더 큰 역할을 했다.

마지막 '어린 하렘small harem'이라는 말은 무슨 의미인지 모르겠다. 아마도 부인과 자신의 의붓딸들을 말하는 것 같다.

다음 편지는 아렌스후프에서 보내온 그림엽서이다.

06_보른에게

1918년 8월 2일
Ahrenshoop

집으로 돌아갈 시간이 가까워지면서, 편지 쓰기에 게으르다고 한 소리 들을까봐 더욱 걱정이 되는군요. 그렇지만, 하루 종일 빈둥거리며, 만나는 사람도 없고, 기껏해야 하루에 30분 동안을 맨발로 어슬렁거리는 작자가 대체 무엇을 쓸 수 있겠습니까? 마지막의 이 즐거운 버릇을 베를린에 소개한다면 어떨까요? 클로버 잎이 저를 웃음 짓게 합니다. 세 장의 클로버 잎은 형제처럼 우애가 좋지만, 동시에 누구도 말릴 수 없을 정도로 자신들만의 관심사에 집착하는 세 사람을 의미한다는 걸 누군가는 이해할 수 있겠지요. 그들 중 두 사람은 자기 안에 있는 생각들을 파고들고 있으며, 한 명은 무사태평하게 우주를 바라보는 듯합니다. 유럽의 인구가 지난 세기 동안 1억 1천 3백만에서 4억으로 늘었다는 사실을 언젠가 읽은 적이 있습니다. 끔찍한 생각인지는 몰라도 이 때문에 사람들이 전쟁조차 감수하는 것일까요!

다시 만날 날을 위하여!

― 아인슈타인

◆

클로버 잎이 무엇을 의미하는지 기억하지 못하겠다. 인구의 증가와 전쟁에 대한 그의 말은 주목할 만하다.

다음 편지는 스위스의 아로사에서 그가 보낸 엽서이다. 엘자 아인슈타인 여사가 보낸 질저 호수의 사진과 함께 왔다.

07_보른에게

1919년 1월 19일

멋진 풍경과 무엇 하나 두려워하지 않는 만속스런 표정의 시민들. 하지만 이는 겉으로 보이는 모습일 뿐입니다. 불확실함 때문에 당장 내일 닥쳐올지도 모를 위협에 고뇌하는 사람들을 제가 오히려 더 좋아한다는 사실을 신은 알고 있겠죠. 도대체 어떻게 끝나게 될까요? 이미 많이 변했고, 앞으로도 많이 변하게 될 베를린에 대한 생각에서 좀처럼 벗어나기 힘들군요. 만약 사태가 잠잠해진다면, 다른 의미로 이 사태로부터 어떤 선한 의지가 결과되리라 믿습니다. 이 모든 상황을 경험한 젊은이들이 그렇게 빨리 속물이 되지는 않을 겁니다.

안부를 전합니다.

— 아인슈타인

◆

이 해외여행은 전쟁이 끝나고 아인슈타인이 갔던 첫 번째 여행이었을 것이다. 그의 머릿속은 혁명으로 뒤흔들린 베를린에 대한 생각으로 가득 차 있었다. 짧은 엽서의 내용은 새로 들어선 정권인 에베르트Ebert[3) 공화국에 대해 그가 걸었던 희망을 보여준다. 그는 오만한 군국주의를 휘두른 프러시안주의에 아주 질색이었으며, 프러시안주의는 마침내는 패배하며 모든 것이 제 자리를 찾으리라는 믿음을 갖고 있었다. 나 또한 그러한 믿음을 공유했으며, 이러한 믿음이야말로 우리의 우정을 굳건하게 만들어 준 것들 중 하나였다. 그러나 우리의 생각은 완전히 틀렸다. 정세는 더욱 악화되었다. 다음 편지는 그 희망이 가득했던 시간에 대한 기억들이다.

고민 끝에 나는 결국 라우에와 자리를 바꾸기로 결정했다. 우리는 프랑크푸르트의 크론슈테텐슈트라세에 정원이 딸린 괜찮은 집을 구할 수 있었다. 다음 편지는 아인슈타인이 그 주소로 보내온 첫 번째 편지이다.

08_보른에게

1919년 6월 4일
Berlin

부인의 친절한 편지에 아직 답장을 하지 못했는데, 이를 탓하지도 않는 당신의 즐거운 편지가 도착했습니다. 정원이 딸린 아담한 저택에 당신과 가족을 위한 그런 훌륭한 보금자리를 마련하게 되었다니 반가운 소식입니다. 그렇지만 그런 부담스런 것들을 얻는다는 게 반드시 좋지만은 않겠지요. 학생들을 괴롭히고 동료들을 꾸짖는 사람이 되어야 하니까요.

좀머펠트와 했던 약속까지 지킬 생각인가요? 너무 심하다고 생각되는군요. 만약 셰익스피어가 이런 상황에 처했다면, "사랑하는 사람의 새빨간 거짓말에 대해, 그들은 말하고, 쥬피터는 웃는다At lovers' perjuries, they say, Jove laugh"라는 구절을, 조금은 딱딱하지만 "잊고 있었던 리포트에 대한 약속에 대해, 그들은 말하고, 쥬피터는 웃는다"로 바꾸지 않았을까 합니다.

당신이 친구인 오펜하임Oppenheim에게서 들었다는 말, 그러니까 내가 대단한 발견을 눈앞에 두고 있다는 말을 설명하지 않으면 안 되겠군요. 사실은 절대로 그렇지 않습니다. 그루네발트 호수에서 당신에게 말하기도 했던 그 문제를 그에게 조심스레 꺼냈는데, 그의 상상력 덕택에 매우 위험할 정도로 부풀려지고 말았습니다!

양자 이론에 대해서는 당신과 동일하게 느끼고 있습니다. 그 이론의 성공에 대해 누군가는 부끄러워해야 해야 합니다. 왜냐하면, "오른손이 하는 일을 왼손이 모르게 하라"라는 예수회의 금언과 부합되는 형국이기 때문입니다. 정치적 상황에 대해서는 당신의 의견처럼 그렇게 비관적이지는 않습니다. 상황은 어렵지만, 그렇다고 더 악화되지는 않을 겁니다. 현 상황은 자신의 뱃속보다 적들의 눈을 더 만족시킬 겁니다.

루덴도르프Ludendorff가 파리 사람들보다 훨씬 질이 좋지 않다는 것은 의심할 여지가 없습니다. 프랑스 사람들은 공포심에 의해 자극을 받지만, 루덴도르프는 나폴레옹과 같은 욕망을 품고 있었습니다. 프랑스인들의 실수가 초래한 현재의 곤란한 상황들은 과거 제 조국이었던 오스트리아의 경우처럼 시간이 흐르면 차차 개선될 겁니다.* 그리고 결국 자기 이력 현상hysteresis[4])처럼 독일의 위험천만함은 적대국들이 단결함으로써 의심할 여지없이 사라질 겁니다. 완고한 X-형제이자 결정론자가 눈물을 머금고 자신이 인간에 대한 믿음을 잃어버렸다고 말할 수 있을까요?[5]) 정치 문제들에 있어서 이 시대의 사람들이 보여주는 충동적인 행동을 볼 때, 왜 사람들이 결정론을 여전히 믿고 있는지 충분히 이해가 됩니다.

앞으로 몇 년 후는 우리가 지금 겪고 있는 이러한 상황보다는 훨씬 좋으리라 확신합니다.

당신과 부인께 안부를 전합니다.

제 아내도 안부를 전해달라는군요.

— 아인슈타인

1가 금속monovalent metals에 당신의 이론을 적용시킨 하버Haber의 시도는 헛갈리는군요.

* 아마도 아인슈타인은 자신이 독일 대학의 교수로서 프라하에 있었던 때를 의미하는 것 같다. 보헤미아는 당시 오스트리아의 영토였다.

◆

좀머펠트(뮌헨의 이론 물리학과 교수)에게 내가 했던 약속은 『수학 백과사전Enzyklopädie der Mathematik』의 물리학 편에 고체 상태의 원자 이론에 대한 논문을 써주기로 한 것이었다. 이 장문의 논문은 나중에 책으로 나왔다.

나의 친구인 오펜하임은 프랑크푸르트의 유력 사업가(보석상)의 아들이었는데, 그의 아버지는 라우에가 처음에 맡다가 나중엔 내가 맡게 된 이론 물리학과 학과장직을 만들고 기부금을 기증했었다. 오펜하임 자신은 철학에, 특별히 아인슈타인의 이론에 내포되어 있는 철학적 생각들에 관심이 많았다. 당시 그는 아인슈타인이 '통일장 이론unified field theory'을 연구하기 시작했다는 사실을 말하고 있었던 듯하다. 통일장 이론은 중력과 전자기학을 결합하려는 시도로서, 아인슈타인이 일생을 바쳐 매달린 연구였다.

정치 문제에 관한 언급들은 당시 내가 아인슈타인보다 상황을 더 비관적으로 보고 있었음을 보여준다. '완고한 X-형제이자 결정론자'(우리는 미지의 값을 계산할 때 'X-'라는 표현을 쓰곤 했는데, 이는 수학자들 사이에 통용되는 관습이었다)라는 표현은 당시에는 아마도 옳았다. 왜냐하면 몇 년 지나지 않아 나는 비결정론으로 입장을 바꾸게 되었다.

내 연구를 하버가 1가 금속에 적용했다는 말에 대해서는 현재 기억나는 바가 없다.

09_보른 여사께

1919년 9월 1일 일요일

자주 편지를 쓸 수 없어서 두 분께, 특히나 당신에게 너무나 죄송합니다. 할 말을 까먹기 전에 바로 본론으로 들어가겠습니다. 다른 연구자를 지원해 줄 수 있는 여력이 된다면, 카이저 빌헬름 연구소로부터 나오는 자금 중 일부를 당신 남편 쪽으로 돌려 볼 생각입니다. 다른 사람의 방문과 겹치지 않는다면, 곧 당신들의 보금자리를 방문해보려 합니다. 기다리십시오!

오펜하임과의 일이 잘 되지 않았습니다. 제가 받는 학교 월급은 코펠 Koppel씨의 주머니에서 나오는 게 아닙니다. 그 연구소를 세운 사람이 오펜하임의 아버님이었다는 사실은 알고 있었지만 그 분이 당신 남편이 맡고 있는 자리를 만든 줄은 몰랐습니다. 오펜하임(언젠가 한 번 오펜하임의 아버님을 뵌 적이 있습니다)과 저희와의 관계는 상당히 사적인 관계로, 이는 오펜하임이 가진 철학적 관심 때문입니다. 문제가 하나 있는데, 제가 프랑크푸르트에 가면, 당신 두 분의 집에도 머물고 오펜하임의 집에도 머물겠다는 약속을 했는데, 제가 어떻게 할 수 있는 문제는 아니지만, 괜찮겠지요? 알토프 Althoff의 어처구니없는 처사만큼이나 안 좋은 일은 아니니까요. 알토프는 제게 교수직을 약속했으면서, 결국 다른 사람에게 자리를 넘겼었거든요. 그는 들뜬 목소리로 거만하게 "음. 혹시 내가 교수직을 약속한 사람이 당신 하나라고 생각하고 있는 것은 아니겠지?"라고 말하더군요. 어제 슈테른Stern이 저를 찾아 왔었습니다. 프랑크푸르트와 연구소가 매우 마음에 든다고 하더군요. 슈트린트베르크Strindberg의 〈꿈의 거울Traumspiel〉에 비할 바는 아니지만, 〈라우치Rauch〉는 매우 마음에 들었습니다.

자신과 자신의 뮤즈에 대한 비버바흐Bieberbach의 사랑과 숭배는 아주 재미있었습니다. 신이 그를 지켜줄 겁니다. 그것이 가장 최선이니까요. 여러해 전, 학자들이 서로의 연구에 대해 무관심한 채 자신들만의 연구를 계속했을 때, 그 사람처럼 별난 사람들이 대학 교수들 사이에서 표준으로 통했습니다. 그들은 자신들이 다루는 주제에 있어서 자신들과 동일한 위업을 달성한 다른 누구와 인간적인 접촉을 하지 않고 그 주제에만 집중을 했기 때문입니다.

정치적으로, 저는 당신의 의견보다는 당신 남편의 의견에 더 동의하는 편입니다. 저는 국제 연맹의 성장 가능성을 믿고 있으며, 더 나아가 국제연맹이 창설될 때 불거졌던 문제들이 머지않아 해결되리라 믿습니다. 게다가 현재 서로 상충하는 연합군의 이해타산 중 많은 부분이 조정되고 있다는 사실은 고무적입니다(오스트리아에 대한 헌법 분쟁, 연합군의 실레지아 개입). 제 생각으로는 미래에 닥칠 가장 큰 위험은 미군의 철군입니다. 윌슨Wilson이 이를 막을 수 있기를 바랄 뿐이죠.

지금의 인류가 진정으로 변하리라고 믿지는 않지만, 비록 여러 나라의 자주성을 희생시키더라도 무정부상태에 빠진 국제 관계에 종지부를 찍는 게 가능하다고, 아니 사실상 필요하다고 확신하고 있습니다.

철학 얘기를 해보죠. 당신이 '막스Max의 유물론'이라 부르는 남편의 철학은 간단히 말하자면, 사태를 인과적으로 바라보는 시각입니다. 사태를 그런 식으로 바라보는 방식은 언제나 '왜?'라는 질문에 대해서만 대답할 뿐, '무엇을 위해?'라는 질문에는 대답하지 못합니다.[6] 어떠한 공리 원리utility principle나 어떠한 자연 선택설natural selection도 우리로 하여금 이 문제를 넘어서도록 만들지는 못합니다. 그러나 만약 누군가가 "우리가 대체 무엇을 위해 서로 도와야 하며, 서로 평화롭게 지내야 하고, 아름다운 음악을 만들거나 영감어린 생각을 해야 하는가?"라는 질문을 한다면, 그 사람은 "만약 당신이 그것을 이해하지 못한다면, 누구도 그것을 당신에게 설명해줄 수 없다"라는 대답을 듣게 될 겁니다. 이렇게 가장 중요한 진리를 느끼지 못한다면, 우리는 아무것도 아닌 존재이며, 더 이상 살아나가지 않아도 좋습니다. 그렇기 때문에 만약 누군가가 앞에서 말한 것들이 현재는 물론 미래의 인류를 유지시키는데 도움이 된다는 것을 증명하려는 기초 연구를 하고 싶다면, "무엇을 위해?"라는 질문이 자신 앞에 더욱 거대한 모습으로 불쑥 튀어나오게 되며, '과학적' 기초에 근거하여 이 질문에 대답하려는 시도는 가망 없는 과제가 될 것입니다. 따라서 만약 어떤 희생을 치르더라도 이 문제를 해결하기 위해 과학의 방식을 취해 나아가고자 한다면, 우리는 그 목표들을 가능한 한 몇 가지 문제들로 환원시켜reduce, 그것들로부터 다른 것들을 유추할 수 있습니다. 그렇지만, 당신에게 이런 것들은 냉정하게 들리겠지요.

저는 인식cognition에 대한 염세적인 평가에 동의하지 않습니다. 관계들을 명확히 파악하는 행위는 인생에서 가장 아름다운 일 중 하나입니다. 오직 허무주의적 감정으로 인해 우울해 있을 때에만 이런 사실을 거부할 수 있을 겁니다. 그렇지만, 당신의 논점을 밝히고자 성경을 인용할 필요는 없습니다. 루터Luther의 성경 번역본을 보면, 많은 곳에서 다음과 같은 구절을 발견할 수 있습니다. "그리고 그는 그녀를 알았다. 그리고 그녀는 그의 아들을 낳았다. 그의 이름은….” 사람들은 지식의 나무Tree of Knowledge가 이러한 내용을 가리킨다고 생각할지도 모르겠습니다. 따라서 이는 아마도 우리가 공유하는 의미에서 봤을 때, 인식론과 거의 공통점이 없을지도 모르며, 혹은 옛 교부들이 이런 모호한 구절을 인위적으로 해석해 스스로에게 최면을 걸었던 것일지도 모릅니다. 하지만 이는 사변과 논증을 좋아하는 사람들의 경우와는 다릅니다.

멋진 사진들 감사합니다. 남편 사진 중 한 장은 정말 보기 좋습니다. 사진의 주인공도 그리 나쁘지 않네요.

보른은 아직 도착하지 않았습니다. 어서 그를 만나고 싶네요. 저는 요 며칠간 뱃놀이를 즐겼는데, 유감스럽게도 다른 병(위장병)을 얻게 되었습니다. 다시 한 번 며칠 동안 침대 신세를 져야합니다. 그래서 그런지 글에 두서가 없었습니다.

두 분께 안부를 전하며

― 아인슈타인

◆

알토프는 수년 동안 교육부의 대학 관리 부처에서 일한 공무원이었다. 그는 다수의 대학을 건립하는 공로를 세웠지만, 남을 고려하지 않는 무례함으로 유명했으며 이 때문에 사람들은 그를 꺼려했다.

오토 슈테른Otto Stern은 내 조교가 된 실레지아 출신의 젊은 물리학자였다. 실습실 한 개가 딸린 우리 연구소에는 슈미트Schmidt라고 불리는 유능한 기술자가 있었다. 슈테른은 나중에 유명해진 소위 방향 양자화quantization of direction라고 하는 양자의 특수 효과를 위한 실험을 하기 위해 이 실습실을 자주 이용했다. 당시까지 이 효과는 분광학적 관찰을 통해 간접적으로 연역되었다. 슈테른은 고진공에서의 원자 복사를 이용해 이를 직접 증명하는 실험에 착수했으며, 실험 물리학 연구소(이 연구소의 소장은 바흐스무스Wachsmuth 박사였다)의 조수인 발터 게를라흐Walter Gerlach가 이 실험을 도왔다. 슈테른은 이후 이 연구를 통해 노벨물리학상을 수했다. 당시 그의 제안으로 나 또한 내 조수였던 엘리자베스 보르만Elizabeth Bormann과 함께 원자 복사를 통해 원자들의 자유 경로 길이를 직접 측정하는 실험을 성공했다.

〈라우치Rauch〉가 어떤 연극이었는지는 기억나지 않는다.

비버바흐Bieberbach에 대한 일은 다음과 같은 내용이다. 자연과학부 교수회가 구성이 뛰어난 책 하나를 계획했는데, 이를 위해 신참 교수들은 짧은 자전적인 기록들을 적어냈어야 했다. 나는 학부장이었던 수학자 쇤플리스Schoenflies을 통해 이 기록들을 전해 받았는데, 당연히 그중 일부를 읽어봤고 아내에게도 보여주었다. 아내는 매우 재미난 원고를 발견했는데, 그 원고가 바로 젊은 수학자인 비어바흐의 글로서, 자신에 대한 자만심으로 가득 차 있었다. 아내는 그 중에서 재미있는 몇 구절을 아인슈타인에게 적어 보냈다.

과학적 연구가 가진 본성에 대해 아인슈타인이 내 아내에게 해준 설명은 다른 곳에서는 찾아보기 힘든, 그가 가진 자신의 철학의 기초를 간결하고 명확하게 드러내 보여준다. 이 때문에 내 아내와 아인슈타인은 얼마 동안 성서적인 '인식cognision' 개념에 대해 토론을 하게 되었다. 금지된 과일을 지식의 나무에서 따 먹은 행위를 성적인 경험으로 해석한 아인슈타인과는 반대로 내 아내는 정신적인 계몽이라고 주장했다. 창세기 첫 장에는 다음과 같은 구절이 있다. "그리고 신은 그들[남자와 아내]을 축복했다. 그리고 신은 그들에게 명령했다. '자연을 풍성하게 하고 자손을 번식시켜라.'" 이후의 구절에서는 "그리고 신은 땅에서 모든 나무들이 자라게 만들었고······ 생명의 나무 또한 동산 한가운데 자라도록 했으며, 선악에 대한 지식의 나무 또한 자라게 했다······ 그러나 신은 동산 한가운데에 있던 나무의 과실을 가리키며 그것을 먹지 말라고 말했다." 3장에서 뱀이 이브에게 다음과 같이 말한다. "신은 언젠가 네가 그것을 먹고 눈을 뜨게 되며 선과 악을 구별하는 신처럼 되리라는 것을 알고 있다."

다음 편지에서 아인슈타인은 이 점을 아내에게 양보하고 있다. 그렇지만, 논쟁이 마무리된 것은 아니었다.

10_보른에게

1919년 10월 16일

당신은 멋진 친구입니다! 저는 당신의 의견에 동의한다는 의사 표시와 함께 몇 마디 재담을 더해, 당신의 논문을 받아볼 운 좋은 사람들에게 돌렸습니다.

지식의 나무에 대한 부인의 의견이 옳았습니다. 확실히 저는 제 조상들을 실제보다도 더 야만인처럼 만들어버리고 말았습니다. 하지만 저는 당신 부인이 '인식'을 그렇게 생각하도록 내버려두지는 않을 겁니다. 만약 그렇다면 더 나은 어떤 개념이 존재할까요?

그건 그렇고 부인께서는 당신과 같은 멋진 친구와 함께 살면서 주변에 이야기할 사람들이 없어서 외롭다고 불평하는데, 그래서는 안 됩니다. 냉정하게 들리겠지요. 아마도 이러한 제 냉정함이 교육부와의 업무 처리를 기다리고 있는 당신을 더 안달 나게 만들지도 모르겠습니다. 교육부와의 일은 잘 될 겁니다.

덧붙여, 부인께서 보내주신 편지들은 정말 걸작입니다. 부인께 듣기 좋으라고 하는 빈말이 아닙니다.

두 분께 안부를 전합니다.

— 아인슈타인

◆

원본 편지에서는 독일어의 정중체인 '당신'이라는 단어를 지우고자 했던 흔적이 남아있고, 좀 더 친근한 표현인 '너'라는 단어로 대체되어 있다. 이렇게 고쳤던 흔적들이 계속 이어지며, 역시나 친근한 표현인 '너'로 대체되어 있다.

아인슈타인이 '멋진 친구!'라는 감탄을 했던 내 소책자가 어떤 것이었는지 잊어버렸다. 내가 그와 그의 연구를 지지했다는 사실만이 기억날 뿐이다.

'인식'의 문제에 대해 아인슈타인은 내 아내가 옳았다고 거리낌 없이 인정하고 있다. 그렇지만, 에덴동산의 지식의 나무와의 관계에서만 그것을 인정하고 있다. "더 나은 어떤 개념이 존재할까요?"라는 반문이 보여주듯이, 그는 지식의 의미로 '인식'의 가치를 보는 입장에 단호했다.

아인슈타인이 나를 좋게 생각한다는 것을 알고는 있었다 할지라도, 이 편지에서 그가 나를 '너'라고 불렀다는 사실과 다음 편지의 첫 번째 구절에서 볼 수 있듯이 앞으로 서로 '너'라고 부르자는 그의 제안은 나에게 큰 기쁨을 안겨주었다.

11_보른에게

1919년 11월 9일

지금부터 서로 '너'라고 부를까요?[7] 당신이 쓴 원고를 받았는데, 새로운 규칙을 따르자면, 회보에 싣기에는 내용이 너무 길더군요. 플랑크Plank와 이에 대해 얘기를 나눠 볼 생각입니다. 카이저 빌헬름 연구소에 제출한 당신의 지원서는 곧 처리될 테니 조금만 기다려 주십시오.

퇴플리츠Töplitz 건에 대해 말하자면, 저는 다시 문제를 일으키고 싶지 않습니다. 문제를 일으킨다 하더라도 괜히 긁어 부스럼을 만들어 더 좋지 않은 상황을 만들어버릴 것 같기도 하구요. 비록 우리 유태인들에게 유쾌한 일은 아니지만, 유전 형질에 기초한 전형적인 반유태주의는 중대한 사안으로 간주되어야 합니다. 제게 선택권이 주어진다면, 제 자신이 유태인을 동료로 지목하리라는 점은 충분히 상상할 수 있는 일입니다. 다른 한편, 대학 내의 유태인들이 대학 밖의 유태인 연구자들을 원조하는 기금을 마련하고, 그들에게 교수 자리의 기회를 제공하는 시도는 무리한 게 아니라고 생각합니다.

저희는 부인과 만나기를 학수고대하고 있습니다. 그건 그렇고, 부인께 용서를 구하고 싶은 일이 있는데, 제 직업이 정기적으로 지식의 나무에 물을 주는 것임에도 불구하고, 부인이 증명하셨던 것처럼 저는 아직 지식의 나무에 열린 과실들을 충분히 섭취하지 못했습니다. 보내주신 배는 맛있게 먹겠습니다. 당신이 쏟아내는 생각들은 상상할 수 있는 모든 즐거움으로 확장되는군요.

당신이 너무 냉정해지지 않기를 바랍니다. 우리는 이 점에 있어서 놀라울 정도로 빈틈이 없는 사람들입니다.

선물 감사합니다. 곧 다시 뵙기를 빌며.

— 아인슈타인

◆

아인슈타인이 내 자신보다 탁월하다는 사실은 잘 인식하고 있었으나, 그를 '너'라고 터놓고 부르는 것은 의외로 쉬웠다. 그는 담백한 성품에 꾸밈이 없었고 우쭐대거나 하지 않았기에, 형제처럼 친근한 호칭을 사용한 것은 어찌 보면 당연한 일이었다. 물론 그와 그런 친근한 사이가 되었다는 사실은 영광스러운 일이었다. 나중에 우리는 첨예한 과학 논쟁을 하게 되지만—이후의 편지들에 드러난다, 우리의 우정에는 결코 흔들림이 없었다.

아인슈타인이 어떤 원고를 말하고 있는지 기억이 나지 않는다.

퇴플리츠 건은 나의 옛 친구이자 동학이었던 오토 퇴플리츠가 교수 임용 건을 두고 비난을 퍼부은 일을 말하는 것인데, 그는 사태의 원인을 반유태주의에 돌렸다.

퇴플리츠는 뛰어난 수학자였다. 그는 최근 양자역학에서 사용되는 (소위 힐버트 공간Hilbert space에 있어서의) 무한한 변수들을 가진 스퀘어 공식들 square forms에 대한 이론에 큰 공헌을 했다. 또 다른 중요한 기여는 『수학 백과사전』에 또다른 친구이자 동학이었던 에른스트 헬링거Ernst Hellinger와 협동으로 썼던 장문의 논문이었다.

반유태주의에 대한 아인슈타인의 언급은 그가 유태인과 북유럽인 사이의 대립을 잘 인식하고 있었다는 점, 그리고 그들이 서로 혐오했다는 사실을 매우 당연한 것으로 받아들였다는 점을 잘 보여주고 있다. 그는 종종 유태인이 좀 더 바람직한 지위, 특별히 학술적 지위를 얻으려 자신들의 주장을 강조하기 보다는 자신들의 지위가 허락하는 한에서 자신들이 원하는 직업을 스스로 만들어 가야 한다는 주장에 찬성하는 논의를 폈다. 내가 기억하는 한, 나는 이와 동일한 의견을 갖고 있지는 않았다. 왜냐하면, 내 가족은 한편으로는 서구인과의 완벽한 동화를 갈망하는 사람들과 다른 한편으로는 반유태주의적 표현과 그 수단들을 받아들일 수 없는 굴욕으로 간주하는 사람들 그 중간에 서 있었기 때문이다. 비록 그가 당시 반유태주의라는 크나큰 위협과 이것으로 비롯된 충격적인 범죄에 대한 이해로부터 멀리 떨어져 있었다고 할지라도, 역사는 아인슈타인의 의견이 좀 더 심오했음을 보여주었다.

12_보른에게

1919년 12월 9일 월요일

〈프랑크푸르트 신문〉에 기고한 당신의 훌륭한 칼럼을 보고 무척 기뻤습니다. 그러나 저처럼 당신도 언론과 그 밖의 어중이떠중이들에게 박해를 받게 될 겁니다. 아마 당신이 당하는 정도가 덜하겠지만 말이에요. 일을 물론 말도 제대로 할 수 없다니 기분이 좋지 않습니다.

드릴Drill이 기고한 칼럼은 좀 우습던데, 대중들에게 호소하며 열변을 토하는 민주적인 방식을 철학에 도입하기 때문입니다. 계속 북 치고 장구 치게 놔두죠. 일일이 대답하느라 시간을 낭비하기는 싫군요. 괜히 흥분하지 말고 그 작자가 떠들며 돌아다니도록 놔두세요. 선험적 인과성a priori causality에 대한 증명은 정말 걸작이었습니다.

요 며칠간 저는 로스토크Rostock 대학 50주년 기념행사에 참가하기 위해 이곳 로스토크에서 쉴릭Schlick과 시간을 보내고 있습니다. 보기 흉한 몇 가지 정치적 이간질에 대해서도 들었고, 약소국의 정치가 과연 무엇인지를 보여주는 매우 유쾌한 몇 가지의 사례들을 보았습니다. 그것이 가소로운 이유는 아무리 고상한 말을 사용하다고 하더라도 타인을 공격하면, 언제나 터무니없는 불협화음이 뒤따른다는 사실을 인간으로서 그들 서로가 너무 잘 알고 있기 때문입니다.

기념식장으로 사용할 수 있었던 유일한 연회장은 원래 극장으로 사용되던 곳이었는데 기념식 자체를 코미디 같은 분위기로 만들었습니다. 구정부와 신정부의 대표자들이 두 개의 연단에 함께 앉아 있는 모습은 매우 재미있더군요. 당연히 신정부측은 학계의 저명인사들로부터 수긍이 갈만한 빈축을 샀고, 반면 과거 대공이었다는 사람은 끝없는 기립 갈채를 받았습니다. 어떤 혁명도 그런 타고난 노예근성을 타파할 수 없을 듯합니다.

쉴릭은 비상한 머리를 가지고 있는데, 그에게 교수직을 마련해주지 않으면 안 될 정도입니다. 그렇지만 그가 철학의 교회라고 할 수 있는 칸트학파에 속해 있지 않기 때문에 좀 어려워 보입니다.

플랑크에게 닥친 불행으로 저는 무척 우울합니다. 로스토크에서 돌아와서 그를 방문했을 때, 터져 나오는 울음을 참지 못했습니다. 그는 놀랄 정도로 꿋꿋하게 처신하고 있습니다만, 슬픔이 그를 삼켜버렸다는 것을 누구라도 알아볼 수 있습니다.

제 아내에게 보내준 당신의 편지를 즐겁게 읽었습니다. 매우 참신한 데다 정곡을 찌르더군요. 우리의 친구 오펜하임이 산파를 어서 찾았으면 합니다. 당신이 이사가 버리고 난 후, 저 때문에 자신의 상황이 비참해졌다고 하소연하는 친구 하버Haber 또한 부인의 악성 임신으로 고생을 하고 있습니다. 그는 자연의 진리와 한 판 겨루기를 시도하는 데에 유용한 강력한 방법들을 갖고 있습니다만, 물질에 대한 의심 때문에 자신의 직관으로 매번 후퇴합니다. 완전히 미친 야만인이라고 해야 할지 모르겠지만, 언제나 그렇듯이 매우 흥미로운 사람입니다.

정신 나간 로렌츠가 저보고 불필요해 보이는 강의에 참석해야 한다고 명령하더군요. 이 때문에 프랑크푸르트에 가야 합니다. 그는 교수 자리에 앉아 있는 사람들 중에 가장 별난 사람입니다. 유감스럽게도 다른 걱정거리들이 있습니다. 생명이 위중한 어머니께서 조만간 저희와 함께 지내실 예정인데, 제 아이들과 옛 아내가 서로 잘 지내도록 만들어야 합니다. 매번 힘든 일과 머리 아픈 고민거리들만 가득하군요.

연합군의 행동은 심지어 제 기준으로 봤을 때조차 역겨울 정도입니다. 국제연맹에 거는 제 희망이 실현될 것처럼 보이지 않는군요. 철도를 이용한 승객 수송에 대해 행해진 최근의 제한 조치에서 볼 수 있듯이, 석탄 수입에도 불구하고 프랑스가 심각한 고통을 받고 있는 것처럼 보입니다. 이곳에서는 외국인들이 마치 앵글로-아메리칸의 식민지를 만들어버릴 심산인 양 모든 동산과 부동산을 사들이고 있습니다. 우리가 우리의 두뇌를 누군가에게 팔아버릴 필요가 없는 상황이나 혹은 국가의 비상사태를 위해 우리의 두뇌를 희생할 필요가 없는 상황이 어서 와야 할 텐데 말입니다. 지나친 냉정함 때문에 너무 고생하지 말고 건강하게 지내길 바랍니다.

안부를 전하며.

— 아인슈타인

◆

〈프랑크푸르트 신문〉에 기고했던 칼럼을 얼마 전에 발견했었는데, 다시 찾으려고 하니 어디에 있는지 기억이 나지 않는다. 편협한 철학자들에게 내가 가했던 신랄한 비판을 수년이 지난 후 다시 보고도 통쾌해 했다는 기억이 난다. 아인슈타인이 웃기다고 말한 드릴은 아인슈타인에 대한 과격한 적대자였고 그에 반대한 전형적일 인물이었는데, 그에 대해서는 희미한 기억만 남아 있을 뿐이다. 한편 쉴릭은 중요한 철학자였다. 이후에 그는 비엔나로 이주하여 오늘날 논리 실증주의logical positivism라고 알려진 철학 학파의 창시자가 되었다.

로스토크 대학의 기념식에 대한 아인슈타인의 기술은 그의 성격을 단적으로 보여준다.

플랑크의 불행은 첫째 아이를 낳자마자 죽은 자신의 둘째 딸 이야기이다. 둘째 딸에게는 그녀와 매우 닮은 쌍둥이 언니가 있었는데, 언니는 동생이 낳은 아이를 키웠고, 나중엔 동생의 남편과 결혼했다. 그런데, 끔찍한 일이 또 벌어졌다. 이 언니마저 첫 아이를 낳다가 동생과 같은 이유로 죽고 말았다.

아인슈타인이 프리츠 하버Fritz Haber의 성격을 묘사한 것은 상당히 정확하다. 전쟁 기간 중 그와 나의 관계는 깨졌다. 그는 내가 자신이 담당하던 전쟁용 독가스를 연구하는 조직에 합류하기를 원했는데, 그 제안을 나는 퉁명스럽게 거부했다. 이후 우리는 화해를 하게 되었고, 다렘Dahrem에 있는 그의 연구소를 자주 방문했다. 격자 에너지lattice energies를 가지고 화학적 열변화를 측정하는 내 연구를 위해 친구인 프랑크Frank의 실험 데이터를 가져오기 위해서였다. 하버는 내 연구에 큰 관심을 보였으며, 측정 결과를 그래프로 제시하는 방법을 개발해주었다. 이 이론은 나중에 보른-하버 순환 과정Born-Haber-cyclic process이라는 이름으로 물리 화학 문헌에 등록되었다.

나는 아인슈타인이 왜 그를 '미친 야만인'이라고 불렀는지 이해한다. 예를 들어 언젠가 한 번은 우리가 그의 방에서 열띤 토론을 펼치고 있었는데, 계속해서 조교들과 대학원생들 그리고 기술자들이 끼어들며 이 토론을 방해했다. 그들은 연구소의 윗사람이 뭘 생각하고 있는지 알고자 했다. 결국 누군가 노크도 없이 방문을 열었는데, 이에 단단히 화가 난 하버가 손에 들고 있던 잉크병을 그 문을 향해 던져버렸다. 병은 산산조각이 났고 벽과 문은 잉크로 범벅이 되어버렸다. 그런데, 문 앞에 서있던 사람은 다름 아닌 하버의 부인이었다. 부인은 기겁을 하며 사라져버렸고, 우리는 아무 일도 없었던 것처럼 토론을 계속했다.

'정신 나간 로렌츠'는 프랑크푸르트의 물리 화학 연구소의 교수였다. 그는 실제로 약간 흐리멍덩한 구석이 있었지만, 자신의 분야에서는 매우 유능했다. 예를 들면, 내가 쌍극자dipolar 실험을 가지고 미소 이온이 갖는 이온 이동의 변칙성abnormality of ionic mobility을 설명하려 할 때, 그리고 내 제자인 레르테스Lertes가 행한 쌍극싱의 역학적 효과에 대해 실험을 할 때 그로부터 많은 격려와 자극을 받았다.

편지의 마지막 문단은 아인슈타인이 더 이상 자신의 정치적 희망, 즉 그가 나의 정치적 비관주의에 종종 반대하여 균형을 잡아주던 그 희망을 포기했음을 보여주고 있다. 그러나 그는 프랑스가 처했던 곤경에 대해서는 공정한 입장을 취하고자 안간힘을 썼다. 나는 당시에 우리들 중 누구도 독일을 다루는데 있어서 연합군이 보여준 거친 행위, 즉 독일의 민족적 자부심에 대해 상처를 입히는 행위로부터 기인하는 진정한 위협을 인식하지 못했다고 믿는다. 이러한 연합군의 방식은 '칼로 등을 찌르는' 신화의 전개로, 그리고 독일의 비밀스런 재무장으로, 그리고 궁극적으로는 국가 사회주의National Socialism의 부흥으로 사태를 이끌었다.

13_보른에게

1920년 1월 27일 월요일

우선 당신이 베를리너Berliner에게 보낸 편지에서 언급한 바 있는 우리의 젊은 동료 델링거Dehlinger 건입니다. 저희는 제가 담당하는 천문 연구를 위해 마련된 큰돈을 얻게 됩니다. 그가 천체 물리학을 연구하고 싶어 할까요? 저는 우선은 연봉 6천 마르크를 제시하거나, 혹은 그가 현재의 불리한 여건이 마음에 들지 않는다면, 조금 더 얹은 금액을 그에게 제시할 수 있습니다. 그가 이 제안을 받아들인다면 프로인틀리히Freundlich와 일하게 되겠죠. 행성 스펙트럼에 대한 광도 측정연구입니다. 그러나 만약 그가 공학 분야의 자리를 더 선호다면, 다른 연줄을 이용해 다른 자리를 마련해 줄 수도 있습니다. 지금은 과학 연구만을 가지고 생계를 이어가기 힘듭니다. 가능한 한 빨리 더 자세한 내용을 보내주시면 좋겠습니다.

저희는 암울한 상황에 처해 있습니다. 제 집으로 모신 어머니의 병환은 절망적인 상태이며, 어머니는 말로 표현하기 힘들 정도로 고통스러워하고 계십니다. 어머니가 이런 고통에서 궁극적으로 해방되려면 몇 달은 더 지나야 합니다. 엘제가 큰일을 해내고 있지만, 엘제의 고생도 어머니 당신에게는 마음 편한 일이 아닙니다. 이러한 모든 상황들이 큰일을 성취하고자 하는 제

욕구, 그러나 이미 비틀거리기 시작한 이 욕구를 계속 사라지게 만들고 있습니다.

당신은 저와는 다른 삶을 살고 있습니다. 당신의 가족에게도 해결해야 하는 문제들이 있습니다. 이 때문에 부인께서는 비도덕적인 방식을 동원해서라도 문제를 해결하고자 합니다.(기발한 시들과 위트가 넘치는 편지들만이 허용됩니다.) 이에 비해 한 가정의 가장인 막스 당신은 아내가 쏟아내는 걱정거리와 잔소리에는 아랑곳하지 않고, 오직 경제적인 곤궁으로부터 연구소를 구해내기 위해 상대성이론에 대한 강의를 하고 있습니다. 또한 독신남인 양 아파트에서 멋진 고립을 택한 채 논문들을 쓰는 데에 열을 올리고 있습니다. 어떻게 그럴 수가 있습니까?

하버가 파얀스Fajans 문제로 몹시 불만을 터뜨리고 있습니다. 파얀스에 대한 당신의 설명은 충분히 이해합니다. 하지만 그는 자신의 자의적인 가정들이 대체 몇 개나 되는지도 의식하고 있지 못하고 있으며, 논리적으로 모순이 없다고는 해도 실험 결과들의 가치를 너무나 과대평가합니다. 그가 비타협적이면서도 안정적인 방식을 고수하고 있다는 점에서 당신이 옳습니다. 저는 연속체 개념을 포기함으로써 양자에 대한 해법이 발견될 수 있다고 생각하지 않습니다. 그런 식으로 생각을 하여 좌표계를 포기해도 일반 상대성의 결론 도달할 수 있다고 말할 수 있습니다. 실제로 원리상 연속체는 없어도 됩니다. 하지만 어떻게 지점들 n에서의 상대적 운동이 연속체 없이 기술될 수 있을까요?

파울리Pauli는 바일Weyl의 연속체 이론은 물론 다른 사람들의 연속체 이론 또한 반대하고 있습니다. 심지어 전자를 특이성singularity으로 취급하는 사람에 대해서도 반대합니다. 현재 저는 예전과 같이, 미분 방정식을 사용함으로써 다중 결정redundancy of determination을 확보해야 한다고 생각합니다. 해결책 자체가 더 이상 연속체의 성질을 갖지 않도록 하기 위해서 말이죠. 그렇지만 어떻게 해야 할지는 모르겠습니다.

정치적 상황은 볼셰비키에 우호적으로 전개되고 있습니다. 점점 더 지지할 수 없는 상황으로 치닫는 서구의 입장과 비교해 볼 때, 러시아인들이 거둔 엄청난 외적 성과는 거스를 수 없는 추진력을 모아가고 있습니다. 특별히 우리의 입장에서는 더욱 그렇습니다. 그러나 피의 강이 흘러야 뭔가를 성취할 수 있겠지요. 반동 세력 또한 계속해서 더욱 폭력적으로 커가고 있기 때문입니다. 니콜라이Nicolai는 심지어 샤리테Charité에서 더 이상 강의를 할 수 없을 정도로 공격당하며 모욕당하고 있습니다. 또 다시 사람들 앞에서 공개적으로 그를 두둔할 수밖에 없었습니다. (누군가가 〈자신의 의지에 반하는 친구〉라는 새로운 희극을 쓸 수 있겠습니다.) 프랑스는 이런 상황 속에서 매우 유감스러운 역할을 하고 있습니다(호랑이[조르쥬 클레망소Georges Clemenceau]로부터 벗어났다는 사실을 자신들의 명예라고 생각하는 태도는 어찌되든 상관없습니다).[8] 승리는 유지하기가 매우 어렵습니다. 에르츠베르거Erzberger에 대한 재판은 한마디로 코미디입니다. 더럽지 않은 손 (그리고 지갑)을 가진 사람들만이 그에게 돌을 던질 수 있지만 과연 그런 사람들이 세상에 존재합니까? 한편, 그들의 어처구니없는 이론에도 불구하고 볼셰비키가 저에게는 그리 나쁘게 보이지 않는다고 당신에게 고백해야 하겠습니다. 이론적으로 그들의 입장을 살펴보는 것도 매우 재미있을 듯합니다. 어쨌든 그들의 메시지는 효과를 거두고 있다고 보이는데, 연합군이 독일군을 패퇴시키기 위해 사용한 무기들이 러시아에서는 봄눈 녹듯 녹아버리기 때문입니다. 이 친구들은 자신들의 지도자로 훌륭한 정치가를 두었더군요.

최근에 라덱Radek에게 얻은 선전 책자를 읽어보았습니다. 어떤 사람이 그에게 이 책자를 주었다는데, 일을 어떻게 해야 하는지 잘 하는 사람인 듯합니다.

제가 영국에 대해 목소리를 높여야 한다고 생각합니까? 정말 그럴 가치가 있다면 그렇게 하겠습니다만, 그곳 사람들도 자신들의 문제로 심각하게 골몰하고 있습니다. 자신들의 욕구를 떨쳐버리기 위해 과연 그들이 무엇을 할 수 있을까요? 그들과 미국인들이 긴급 구호물자를 보내고 있습니다만 이런 커다란 고통을 근본적으로 해결해주지는 못합니다.

확실히 강화 조약은 너무 멀리 나갔습니다. 조약의 이행은 거의 불가능합니다. 요구 조건들이 객관적으로 볼 때 견딜 수 없는 것이라기보다는 불가능한 것이라 말하는 편이 더 낫겠습니다. 그렇지만 다른 쪽에 있는 시민들은 프랑스인들이 보여준 용기에 대한 보상을 위해 뭔가가 조인되어야 했다는 사실을 인정합니다. 이런 맥락에서 이 조약에 항의하여 들고 일어서는 행위는 제가 모르고 있는 이 조약의 진정한 중요성이 드러났을 때에만 의미가 있습니다.

올 봄에 메달 하나를 받으러 영국에 가는데, 이번 여행을 통해 이 바보 같은 짓거리들의 이면을 자세히 살펴볼 수 있겠네요. 슈펭글러Spengler는 제게 시간조차도 내주지 않습니다. 사람들은 밤에 그가 내놓은 제안들에 동의하다가도 다음 날 아침이 되면 그 제안들에 미소를 보냅니다. 그의 편집증적인 성향은 그가 수학 선생님이었다는 사실에서 비롯한다고 사람들은 믿고 있더군요. 재치 있는 표현이라 말한다면 자화자찬이겠지만, 유클리드와 데카르트의 대립 구도로 모든 것이 초래되었습니다. 만약 누군가가 오늘과는 완전히 다른 내일이 기다린다고 자신 있게 떠드는 모습을 상상하니 웃음이 나옵니다. 그런데 악마만이 그 말의 진실을 알고 있다고 생각하면 더 큰 웃음이 나옵니다.

인과율에 대한 문제 또한 머리를 아프게 하는군요. 도대체 양자 흡수와 빛의 방출이 완전한 인과율 요구를 만족시킬 수 있다고 생각해도 되는 것인가요? 아니면 통계적 나머지에 불과한 것인가요? 저는 이 문제를 자신 있게 뭐라고 말하지는 못하겠습니다. 그렇지만, 완전한 인과율을 단념해야 하는 상황이라면 이는 매우 유감스러운 일이라고 생각합니다. 저는 슈테른의 해석을 이해하지 못하겠는데, 왜냐하면 자연을 '인간이 파악할 수 있다'라는 그의 말을 어떻게 받아들여야 할지 모르기 때문입니다. (비록 이에 대한 정확한 대답이 존재할 수는 없을 지라도, 엄밀한 인과율이 존재하는가 혹은 그렇지 않은가의 문제입니다.) 비록 하늘만이 무의식적인 이유가 무엇인지를 알지라도, 슈테른의 말이 진실 되게 들리지는 않음을 솔직히 말해야 하겠습니다. 좀머펠트의 책은 좋습니다.

교육부에 보낸 당신의 편지가 그들의 목적과 부합한다니 기쁘군요. 당신의 말이 그들에게 잘 전달된 겁니다. 결국 당신은 솔직하게 당신의 생각을 말했습니다. 게다가 당신의 말은 그 이상의 효과를 발휘했습니다. 만약 당신이 과거에 그런 식으로 편지를 썼더라면, 어떤 일이 일어났을 지를 상상해 보십시오. 아마도 정교수인 당신의 독재적인 전지전능함이 현재 끔찍한 종말을 맞게 되고, 저는 그 소식을 나중에 전해 듣게 되었겠지요. 조금만 더 기다리십시오!

그리고 보른 여사, 당신을 위해 한 가지 흥미로운 제안을 하겠습니다. 아이들이 걸어 다닐 나이가 되면, 연구소에서 실험하는 법을 배우십시오. 실험할 수 있는 충분한 시간을 갖는다면 더 없이 좋겠지요. 저는 지금 농담을 하는 게 아닙니다. 1년 혹은 그 이상이 걸린다고 해도 그럴 가치가 충분히 있는 일입니다. 그렇게 할 수 있다면, 남편과 함께 같은 공간에서 일할 수 있을 겁니다. 마음의 기지개를 켜게 할 어떤 것이 당신에게는 필요합니다. 어떻게 생각하시나요?

두 분께 안부를 전합니다.

― 아인슈타인

◆

델링거는 비엔나 출신의 재능 있는 젊은 물리학자다. 그는 결정격자 이론에 대한 내 논문을 자신의 출발점으로 삼아, 단순 이원자 격자simple diatomic lattice에 대한 적외선 내의 빛의 산란dispersion에 관한 공식을 개발했다. 그 이후 그에 대해서는 들은 바가 전혀 없다. 아놀드 베를리너Arnold Berliner는 당시 모든 과학자들에게 〈자연과학Die Naturwissenschaften〉이라는 저널의 설립자이자 편집자로 알려진 인물이었다. 그는 전기를 전공한 기술자였으며, A.E.G(Allgemeine Elektrizitäts-Gesellschaft) 사의 중역이었다. 자신의 저널을 통해 그는 과학자 집단에 상당한 영향력을 행사했다. 그는 필자들과의 광범위한 서신 교환을 통해 그들의 깊은 심리까지 파악했는데, 이를 '호저와 같은 미모사'[9]라는 한마디로 요약했다. 그는 히틀러의 부상을 볼 때까지 살았는데, 나이가 많이 들어 외국으로 탈출할 수 없었고, 이것이 결국 그의 목숨을 앗아갔다.

자신의 어머니가 겪고 있는 커다란 고통과 우리 가정 내의 조그만 문제들(아내와 아이들이 홍역으로 쓰러졌다)에 대해 짧게 언급한 후, 아인슈타인은 프랑크푸르트에서 행한 내 강연에 대해 말하고 있다. 당시 독일 통화의 인플레이션은 심각한 수준으로 연구소의 예산도 충분하지 못했다. 우리는 오토 슈테른이 연구소에서 막 시작한 방향 양자화 실험을 계속 진행시키기 위해 자금이 필요했다. 바흐스무스Wachsmuth가 책임자로 있었던 실험 물리학 연구소 출신인 발터 게를라흐도 이 실험을 돕고 있었다. 나는 당시 은 원자의 빔beam을 가지고 연구를 하고 있었는데, 아인슈타인의 상대성 이론에 대한 대중의 관심을 이용할 기회가 생겼고, 연구소의 자금 마련을 위해 이 주제를 가지고 강의를 개설하고 방청객들로부터 입장료를 받았다. 행성으로부터 나오는 광선이 태양에 의해 굴절된다는 아인슈타인의 예측이 아서 에딩턴이 이끄는 영국 탐사대에 의해 확증되고 이 사실이 영국의 왕립 학회에 발표되자, 사람들은 아인슈타인의 이론에 열광했다. 강의는 경제적으로도 성공을 거두었으며 이후 이 강의들을 바탕으로 책도 나왔다.

물리 화학자인 파얀스와 하버에 대한 언급은 우리의 맥락과는 관계없는 내용이다.

이 보다는 양자 문제에 대한 아인슈타인의 말들이 더 중요하다. 이 편지는 양자역학에 대해 향후 그가 취하게 될 입장의 초기 기초를 담고 있다. 그는 연속체 이론 즉, 미분 방정식은 유지되어야 하며, 다중 결정을 통해 양자 현상을 확보할 것을 무조건적으로 주장하고 있다(불연속성에 대해 연속성을, 그리고 미지의 것보다는 방정식을 강조한 것이다).

이 편지에서 드러난 아인슈타인의 정치적 견해는 특별히 시사하는 바가 있다. 그는 당시 다른 사람들과 마찬가지로 볼셰비키 혁명을 군국주의, 관료적 압제, 금권정치라는 우리 시대의 주요한 해악으로부터의 해방이라고 믿었다. 또한 그는 '그들의 어처구니없는 이론에도 불구하고' 공산주의자들에 의해 상황이 개선될 수 있다는 희망을 가졌다. 그가 마르크스, 엥겔스 그리고 레닌의 저작들을 두루 읽었는지는 모르겠다. 그가 부르주아 편향의 정치학과 경제학 작자들을 잘 알지 못했다는 점은 확실해 보인다. 어쨌든 그가 러시아 혁명에 걸었던 기대는 공산주의 이데올로기가 옳다는 합리적 확신에 기초하기 보다는 증오라고까지 말할 수 있는 서구의 지배 세력들에 대한 그의 혐오에 기반 했다. 나는 바로 이 사실을 강조하고 싶은데, 왜냐하면 현재 공산주의 작자들이 아인슈타인을 자신들 교의의 지지자 혹은 적어도 선구자로 묘사하고 있기 때문이다.

러시아 혁명에 대한 이야기는 앞으로도 종종 등장한다. 어쨌든, 아인슈타인은 독일을 떠나야 했던 때에 러시아가 아닌 미국으로 향했다. 내가 아는 한 그는 한 번도 러시아를 방문한 적이 없다.

실험하는 법을 배우라는 아인슈타인의 제안을 내 아내는 진지하게 받아들이지 않았는데, 그런 일에는 관심이 없었기 때문이다.

다음 편지는 내가 괴팅겐의 교수 자리를 제안 받았다는 소식에 그가 쓴 답장이다. 1차 대전 기간 중 페터 디바이Peter Debye는 내 스승이었던 볼데마르 포이크트Woldemar Voigt로부터 자리를 물려받았다. 내가 강사로 일하던 시기에 물리학과에는 실험 물리학의 E. 릭케Riecke와 이론 물리학의 W. 포이크트, 이 두 명의 정교수가 있었다. 1914년에 디바이를 괴팅겐으로 초빙하기 위해 새로운 조교수 자리가 마련되었다. 포이크트가 새롭게 마련된 자리로 이동했기 때문에 디바이가 정교수 자리를 얻었다. 한편 릭케가 사망한 후 그가 차지했던 정교수 자리는 로버트 포올Robert Pohl에게 돌아갔다. 전쟁이 끝난 후, 디바이는 취리히로 자리를 옮기기로 결정했고, 1920년 공석이었던 그 자리가 내게 제안되었다. 우리가 어떻게 해야 할지를 묻는 내 편지에 아인슈타인은 아래의 답장을 보내왔다.

* 예를 들어, 프리드리히 헤르네크Friedrich Herneck는 『알베르트 아인슈타인Albert Einstein』, Berlin(1953)에서 다음과 같이 말한다. "칼 마르크스 이후 독일이 배출한 최고의 한 사람인 알베르트 아인슈타인은…." 만약 아인슈타인이 이 말을 들었다면 많이 웃었을 것이라 생각한다.

14_보른에게

1920년 3월 3일

어떤 충고를 해드려야 할지 막막합니다. 당신이 어디서 일하든 간에, 당신이 일하는 곳에서 이론 물리학은 발전합니다. 오늘날 독일에서 또 다른 보른을 찾기란 불가능하기 때문이죠. 당신이 즐겁게 일할 수 있는 곳이 어디인지가 문제 아닐까요? 저라면 프랑크푸르트에 남을 것 같습니다. 왜냐하면, 저는 자신만이 중요하다고 외치는 소규모 집단, 그리고 대개의 경우처럼 타인에 대해 불친절한 (그리고 편협한) 학자 집단과 어울릴 수 없기 때문입니다(다른 종류의 사회적 교류도 찾아볼 수 없습니다).

힐버트Hibert가 이런 사람들과 지내면서 감내해야 했던 일들을 기억해보세요. 물론 다른 조건들도 고려해야 되겠지요. 만약 당신이 현재의 불안정한 경제 여건으로 인해 부가적인 수입 활동을 해야 하는 상황에 처한다고 할 때, 괴팅겐보다는 프랑크푸르트에서 사는 것이 비교할 수 없을 정도로 더 좋을 겁니다. 하지만 괴팅겐에서의 삶이 주부들에게는 더 큰 즐거움을 안겨주고 아이들에게도 좋으리라 생각합니다. 그렇지만 이 부분에 대해서는 프랑크푸르트의 상황을 충분히 알고 있지 않기 때문에 확실히 말씀드리기가 힘드네요.

그러나 어디에 정착할지는 그렇게 중요한 문제가 아닙니다. 너무 많이 생각하지 말고 본능에 따라 결정하는 편이 가장 이상적일 것입니다. 게다가 어느 곳에도 뿌리를 내리지 않은 사람으로서 저 자신이 다른 누구에게 충고를 할 만한 자격을 가지고 있다고 느끼지도 않습니다.

제 아버지의 유해는 밀란에 묻혀 있습니다. 바로 며칠 전에 저는 어머니를 이곳에 묻었습니다. 저 자신은 이곳저곳을 끊임없이 떠돌아다니는 처지입니다. 영원한 이방인인 셈이죠. 제 아이들은 스위스에 살고 있기 때문에, 성가신 절차를 밟지 않고는 아이들을 만나지 못합니다. 저와 같은 사람은 제게 따뜻함을 보여주는 곳이라면, 그곳이 어디인지 간에 자신의 이상적인 고향으로 생각해야 합니다. 이런 제가 당신에게 어떤 조언을 할 수 있는 자격이 있다고 생각하지는 않습니다.

이온 이동도에 대한 당신의 실험에 관심이 많습니다. 저는 당신의 생각이 옳다고 믿습니다. 한가한 시간에 저는 언제나 상대성의 관점에서 양자 문제를 골똘히 생각합니다. 연속체가 없이 이 이론은 성립할 수 없다고 생각합니다. 그러나 제가 지지하는 이 생각, 즉 미분 방정식을 사용하고 다중 결정을 통해 양자의 구조를 이해해야 한다는 생각을 구체화시키기란 아직은 불가능하다고 보입니다.

가족의 건강과 행복을 빕니다.

— 아인슈타인

◆

우리는 결국 괴팅겐 행을 결정했다. 나는 교육부와 협의를 하기 위해 베를린으로 가서 교육부 직원 벤데Wende에게 이론 물리와 실험 물리 두 파트를 내가 모두 맡을 수 없지만, 만약 교육부가 나와 밀접한 관계를 맺고 있는 다른 실험 물리학자를 교수로 채용한다면 괴팅겐으로 갈 채비를 하겠다고 설명했다. 벤데는 남아 있는 자리가 없으며, 그 해 예산이 모두 배당되어 있으며 다음 회계년도에 새로운 교수 자리를 만드는 안이 승인되기 어려우리라고 말했다. 자신의 말을 증명이나 하려는 듯 그는 나에게 예산 평가내용이 담긴 두툼한 책을 넘겨준 뒤 방을 나갔다.

나는 괴팅겐 물리학과와 관계된 부분을 주의 깊게 읽어보았는데, 갑자기 다음과 같은 생각이 머리속에 떠올랐다 실험 물리학과에는 두 명의 조교수 자리가 배당되어 있었다. 하나는 포이크트의 자리였고, 다른 하나는 포올의 자리였다. 그런데 내가 확인한 부분에는 다음과 같은 문구가 적혀 있었다. '자리에 있던 교수가 사망한 후에는 그 자리를 폐지한다.' 그리고 앞서 설명했듯이 얼마 전 포이크트가 사망했다. 그런데 놀랍게도 이 조항은 포이크트의 자리였던 조교수 자리 항목에 붙어 있지를 않고(분명히 여기에 붙어 있어야 했던 것으로 보인다), 아직도 멀쩡히 살아있는 포올의 교수 자리 항목에 붙어 있었다. 이는 포이크트가 차지하고 있던 자리를 누군가가 대신해야 한다는 의미였다.

벤데가 방으로 당시 돌아오고, 기쁨에 넘친 나는 이 사실을 그에게 말해주었다. 그러나 그는 어깨를 움츠리며 이는 명백한 출판 편집상의 오류라며, 포이크트의 자리는 그가 사망한 관계로 폐지되는 자리라고 말했다. 그러나 나는 책에 적힌 글자 하나하나를 짚어가며 억지를 부렸다. 결국 벤데는 자신이 책임질 수 있는 사안이 아니니 상부와 협의를 하겠다고 말했다. 교육부 장관인 베커Becker 교수와 국장인 리히터Richter 교수가 내가 있던 방으로 들어왔다. 내가 그들에게 설명하자 그들은 웃음을 지었고, 베커 교수가 다음과 같이 대답했다. "음, 혁명이 여전히 우리와 함께 하고 있는 마당에 이런 류의 실수를 인정하지 않고 빠져나가고 싶지는 않습니다. 저희가 범한 실수에 책임을 지겠습니다. 이 교수 자리에 대해 의견이 있으시다면 말씀을 해주시지요." 이리하여 나는 제안된 자리를 받아들이기로 했다. 물론 정교수 직위는 아니었지만, 어쨌든 곧 임용될 실험 교수직과 동일한 조교수 직위였다. 다음 해에 포올, 새로 임용된 교수 그리고 나를 포함한 세 명이 정교수로 승진했다.

'새로 임용할 인물'을 선택하는 문제는 쉽지 않았다. 그 자리에 요구되는 자격 요건에 맞춰 나는 내 본능을 따라 옛 친구인 제임스 프랑크James Frank를 추천했다. 나는 전자 충돌collision을 통해 원자선 스펙트럼atomic line spetra의 들뜸excitation 현상에 대해 구스타브 헤르츠Gustav Hertz와 공동으로 행하는 그의 실험에 매우 감탄한 바 있었다. 그들은 이 실험을 통해 양자역학의 기초들 중 하나가 된, 보어의 원자 이론이 가졌던 기초적이자 혁명적인 가정들을 확증했다. 1925년 프랑크와 헤르츠가 노벨상을 수상했다는 점과 이후 12년 동안(1921년~1933년) 괴팅겐의 실험 물리학이 만개했다는 사실은 내 선택이 올바른 추천이었다는 점을 보여준다.

이 편지는 물리학에 대한 두 가지 언급과 함께 끝난다. 첫 번째는 내 논문에 대한 것이고 두 번째 것은 좀 더 중요한 것으로, 양자의 본질에 관해 아인슈타인의 생각을 엿볼 수 있는 대목이다. 프랑크푸르트의 물리 화학자인 R 로렌츠Lorenz가 격려해준 이온의 이동도에 대한 내 연구는 수용액 내의 이

온, 특별히 1가 이온이 가진 운동의 변칙성에 대한 연구였다. 즉 미소 이온의 운동 속도가 더 빠른 반면 큰 이온의 속도는 느릴 터라고 사람들은 생각하지만, 그 반대의 현상이 관찰됐다. 화학자들은 약간은 모호한 개념인 수화 hydration[10]라는 개념을 가지고 이를 설명했다. 나는 물 분자 양극dipole이라는 디바이Debye의 이론을 가지고 이 개념을 좀 더 구체적으로 규정했다. 그런 물 분자들 사이에서 움직이는 이온은 물 분자들을 회전하게 만드는데, 지름이 짧은 이온일수록 더 강하게 회전한다.

나는 이를 일반 이론으로까지 발전시켰는데, 현대의 전자유체역학이라는 이름에서 따와 유체역학hydrodynamics이라고 이름붙일 수 있겠다. 또한 내 학생 중 한 명인 레르테스Lertes가 간단한 효과들 중 하나(물로 채운 전기장을 회전시킴에 의해 유도되는 구의 회전)를 실험적으로 증명할 수 있었다.

아인슈타인은 다중 결정으로 보충되는 미분 방정식이라는 통상적 틀을 가지고 양자를 설명하는 데에 수년간 전념했다. 우리는 이 문제를 두고 자주 토론했다. 비록 그러한 생각으로부터 주목할 만한 결과들이 나오지는 않았지만, 그는 양자역학의 발견 이후에도 자신이 매달린 이 생각의 가치를 믿었다. 양자역학에 대한 그의 거부는 아마도 이러한 생각과 연관성이 있다.

이 편지가 나에게 특별히 중요한 까닭은 아인슈타인의 삶과 인격이 잘 드러나기 때문이다.

다음 편지는 베를린에서 보낸 그림엽서이다.

15_보른에게

날짜 미상

같은 우편으로 당신이 요청했던 논문의 최종본을 보냅니다. 토이프너 Teubner가 논문 인쇄 중에 실수로 얼룩을 좀 묻혔습니다. 상대성을 주제로 삼아 작은 책을 냈다니 기쁩니다. 친절하게도 당신은 제게 편지를 계속 보내주었는데 지금까지 저는 답장을 하지 못해 죄송합니다. 요새 우편배달부들의 실수가 잦네요. 괴팅겐은 어떻습니까? 디바이의 논문은 좋더군요.

안부를 전하며

— 아인슈타인

부인께도 안부를 전합니다. 한동안 프랑크푸르트에 가보지 못할 듯합니다. 그 전에 여기서 만나뵈었으면 좋겠습니다.

◆

상대성을 주제로 내가 출판한 책은 프랑크푸르트에서 열었다고 앞에서 말한 강의들을 토대로 저술한 것이었다. 그는 교정 원고를 읽어보았고, 나의 서술방식에 만족감을 보였다. 3판이 연이어 출판되었는데, 44년이 흐른 1962년에 이 책은 영문 보급판으로 다시 출판되었으며, 1964년도에는 유사한 보급판 형태로 독일어판이 나왔다.

크리스티아니아에서 온 다음 편지는 아내에게 보낸 것으로, 내 장모의 죽음에 애도를 표하고 있다. 장모는 당시 온 유럽을 휩쓸었던 이른바 '아시아 유행성 감기'로 프랑크푸르트의 우리 집에서 돌아가셨다. 아인슈타인의 글 밑에는 그의 의붓딸인 일제가 쓴 구절들이 보인다.

16_보른 여사께

1920년 4월 18일

고통스러운 경험을 겪으셨다는 소식이 제 마음을 아프게 하는군요. 죽음을 앞둔 어머니의 고통을 옆에서 지켜봐야 한다는 사실, 어머니를 위해 아무것도 해주지 못하며 단지 죽음을 지켜봐야 한다는 사실이 무엇을 의미하는지 잘 알고 있습니다. 어느 누가 따뜻한 위로의 말을 해주어도 소용이 없다는 점도 잘 알고 있습니다. 그러나 우리들 모두는 이런 무거운 짐을 감내해야 합니다. 이러한 경험을 우리는 결코 피할 수 없습니다. 그리고 이는 친구들이 서로 모여 함께 지고 나갈 수 있도록 도와야 할 인생의 부담스러운 짐 중 하나입니다. 그렇지만 다른 한편 우리가 이와는 다른 행복한 경험들을 공유한다는 점도 사실입니다. 돌아가신 어른들은 젊은이들의 마음에 살아 있습니다. 당신의 아이들을 바라볼 때, 당신의 슬픈 마음속에도 이 사실이 느껴지지 않습니까?

저는 엘제와 이곳에 머물면서 학생들을 위해 강의하고 있습니다. 매우 활발하고 의기투합한 젊은이들입니다. 주변 풍경은 아름답지만 상상조차 하지 못할 무시무시한 더위가 계속되고 있습니다.

당신과 막스에게 안부를 전합니다.

— 아인슈타인

보른 아주머니, 저 또한 아주머니의 슬픔이 제 일처럼 다가옵니다. 깊은 애도를 표합니다. 언제나 아주머니를 생각하고 있습니다.

— 일제 아인슈타인

◆

아인슈타인이 보관하고 있는 편지 중에 우리가 보낸 편지들 중 가장 빠른 날짜로 보낸 편지는 아인슈타인이 아닌 그의 아내에게 보낸 편지이다. 이 편지와 내가 아인슈타인에게 보낸 그 다음 편지를 해설할 필요는 없어 보인다.

17_ 아인슈타인 여사께

1920년 6월 21일
Frankfurt a.M.

당신이 보내주신 친절한 편지를 라이프치히에 머물고 있는 제 아내에게 보냈습니다. 아내는 지금 그곳에서 장인과 함께 지내고 있습니다. 지난 몇 주 동안 계속 우울해 했지만, 세세한 부분까지 당신에게 모두 말씀드릴 수는 없네요. 헤디는 흥분과 고통 그리고 과로에 의해 완전히 무너진 상태입니다. 그런 상태임에도 아내는 라이프치히로 향했습니다만, 역시 침내에 누울 수밖에 없었습니다. 지금은 기력을 회복하는 중이며 몸 상태도 호전되고 있습니다. 따뜻한 위로의 말이 담긴 알베르트의 편지가 크리스티아니아에서 방금 도착했습니다. 따님인 일제 양도 위로를 해주었습니다.

한 가지 부탁이 있습니다. 제가 상대성 이론을 다룬 좀 두꺼운 대중서를 낸다는 얘기를 알고 계실 겁니다. 이 책에 남편의 생애와 성품에 대해 짧게 설명을 할 생각인데, 여사께서 베를리너Berliner 박사로부터 교정 원고를 받아 그 전기 부분을 끝까지 읽어봐 주시지 않겠습니까?

성의를 다해 썼지만, 저의 논조가 맞는지 자신이 없습니다. 게다가 잘못된 사실이 있을 수 있습니다. 가차 없는 비판을 해주시고 수정이 필요한 부분에 대해 말씀해 주신다면 고맙겠습니다. 무엇보다도 아인슈타인이라는 우상에게 아첨을 한다는 인상을 풍기고 싶지는 않습니다. 남편분도 그런 것을 원하지 않을 테니까요. 가능하면 빨리 여사의 의견을 들어보고 싶습니다.

한 가지 또 다른 부탁이 있습니다. 두 번째로 교정된 원고가 며칠 안으로 남편 분께 전달될 예정입니다. 물론 저는 남편분이 이 책이 출간되기 전에 교정본을 읽어볼지, 적어도 한 번만이라도 훑어보고 수정할 사항을 제게 알려줄지 상당히 걱정됩니다. 아마도 그가 당장 이 일을 처리하기 힘들지는 모르지만, 출판을 지체시킬 수는 없는 상황이라 교정 원고를 빨리 확인받아 돌려주지 않으면 안 됩니다. 그가 가장 빠른 수단으로 교정본을 받아 최대한 서둘러 읽고, 특급 우편으로 저에게 보내는지 확인해주시면 고맙겠습니다. 이 책에 싣게 될 알베르트의 사진을 골라 보내준 당신에게 너무나 감사하고 있습니다.

햇살처럼 저를 감싸고 있는 제 아이들이 너무나 사랑스럽습니다. "괴팅겐이 마음에 듭니까? 아닙니까?"라는 질문을 하셨는데, 큰 문제입니다. 저희는 아직도 어떻게 해야 할지 결정하지 못했습니다. 혹시 저희에게 충고를 해주실 수 있다면 그 비밀을 알려주십시오.

당신과 따님께 안부를 전합니다.

— 보른

18_아인슈타인에게

1920년 7월 16일
Institute for Theoretical Physics
University of Frankfurt a.M.
Robert Mayer Str. 2

만약 교수단이 제안한 자리를 프랑크가 받아들인다면, 괴팅겐으로 가게 될 확률이 매우 높습니다. 현재 제 후임자를 구하는 일이 긴급한 문제가 되었습니다. 쉰플리스가 편지로 당신의 노련한 의견을 구하려고 합니다. 물론 저는 슈테른이 후임으로 왔으면 합니다. 그러나 바흐스무스는 제 의견을 반대하고 있습니다. 그는 제게 "슈테른을 높게 평가합니다. 그는 유태인에게서 볼 수 있는 분석 능력을 가지고 있습니다"라고 말했습니다. 이 말에는 적어도 반유태주의를 받아들이는 태도가 숨어있습니다. 쉰플리스와 로렌츠는 제 생각을 지지하고 있습니다. 바흐스무스는 코셀Kossel을 후임자로 추천했는데 했는데, 매우 지능적인 제안입니다. 왜냐하면, 코셀이 수학에 무지하다는 것을 제외하고는(엄청난 결점이죠), 사람들이 후임자로서 그를 마땅히 반대할 이유가 없습니다. 하지만 저는 슈테른이 이 작은 연구소의 수준을 높여 주었기 때문에 당연히 후임자가 될 자격이 있다고 생각합니다. 물론 그가 얼마나 유능한 인물인지에 대해 당신에게 굳이 설명할 필요는 없을 테지요. 렌츠Lenz와 라이히Reiche도 후임자로 고려되고 있으며, 물론 연구소 외부의 인물도 고려할 수 있습니다. 선택의 여지가 참으로 다양합니다! 라우에Laue에게도 의견을 제시해 달라고 부탁했습니다. 아마도 당신이 이 문제에 대해 그와 대화를 나눈 후 그와 당신이 동의하는 결론을 낸다면 그 의견이 최상일 겁니다.

요새 저는 무척 게으르게 지내고 있습니다. 거의 아무 일도 하지 않습니다. 열의를 가지고 하고 있는 일은 은 핵의 자유 경로 길이를 측정하는 실험밖에 없습니다. 제 조수가 일을 매우 잘 처리하고 있습니다. 저희가 얼마 전에 실험 기구를 하나 만들었는데, 휴가가 끝나야 본격적인 측정 작업에 들어갈 듯합니다. 저와 제 가족은 8월 6일 이탈리아의 티롤 남부의 줄덴을 향해 출발합니다. 정말 하루라도 빨리 이곳에서 벗어나 아름다운 풍경들을 즐기고 싶습니다. 아내는 장모가 돌아가신 후 겪어야 했던 힘든 시기를 조금씩 극복하고 있습니다. 아내의 건강에 도움이 되는 여행을 종종 하곤 합니다. 내일은 아내가 한 번도 가본 적 없는 라인 강을 둘러 볼 생각입니다. 제 아이들도 잘 지내고 있습니다. 유감이지만 괴팅겐 행을 결정하지 못하고 있습니다. 그곳에 정착할 아파트도 아직 없습니다. 아내가 다음 주에 집을 보러 괴팅겐으로 갑니다. 독일 남쪽에 방문할 예정은 전혀 없으십니까? 당신과 만나 대화를 나눴으면 좋겠습니다.

당신의 사랑스런 아내와 어린 딸들에게도 안부를 전합니다.

— 막스 보른

◆

다음 편지는 아인슈타인이 보관한 편지 중 내 아내가 아인슈타인에게 보낸 첫 번째 편지인데, 따뜻한 마음이 담긴 사려 깊은 편지로, 이 편지 때문에 이후 아인슈타인이 우리들이 보낸 편지를 보관하게 되었다고 생각한다.

19_아인슈타인씨께

1920년 7월 31일
Frankfurt

막스가 당신의 편지에 무척 고맙게 생각하고 있다며 감사의 말을 전하라고 합니다. 당신의 의견은 그에게는 매우 중요합니다. 후임자 선택에 있어서 바흐스무스가 반유태주의에 기대어 슈테른에 반대하도록 사람들을 선동하고 있습니다. 이 때문에 유태계 폴란드인인 엡스타인Epstein마저 강한 반대에 부딪힐 것 같습니다.

막스는 매우 열심히 일하고 있습니다. 그의 연구(원자의 지름이 어떻다더라?)는 거의 막바지에 다다랐고, 측정 작업 때문에 저녁 8시까지 연구소에 남아 있습니다. 막스는 당신이 나우하임에 온다는 얘기를 듣고 무척 기뻐하고 있답니다. 며칠 동안 저희와 함께 지내시면 좋겠습니다. 저는 어머니가 돌아가신 이후, 제게 남은 사람들과의 진정한 정신적 관계를 필요로 하고 있습니다. 어머니가 돌아가신 시간이 흘러 사라지면서 어머니에 대한 갈망이 더욱 커져만 가고, 죽음이라는 수수께끼는 어둠 속으로 빠져들어 점점 더 이해하지 못하게 됩니다. 그렇게 강인했던 한 인격체의 종말과 갑작스런 생명의 소멸로 인해 언제 사라질지 모르는 괴로움에 저는 휩싸여있으며, 앞으로 어떻게 살아나가야 할지 제게 쓰라린 의문을 던집니다. 그렇지만, 이는 우리들에게 좀 더 의식적으로 삶을 살아 나가라고, 그리고 좀 더 깊고 강하게 모든 것을 느끼라고, 그리하여 현재 자신이 가지고 있는 모든 것을 꽉 붙들라고 가르쳐줍니다.

그렇게 하지 않는다면, 우리들은 상실한 희망과 염세적 고통으로 가득 찬 비트만Widmann의 『마이캐퍼 코미디Maikäfer-Komödie』가 보여주는 정신 태도로 침잠하게 됩니다. 혹시 이 희곡을 알고 계신가요? 난생 처음 겪은 슬픔의 쓰라림을 앓고 있는 저의 망상으로부터 이 작품의 이미지는 좀처럼 떠나질 않습니다. 끝없이 계속되는 5월이라는 환상 속에서 한 사람이 살고 있습니다. 그리고 온 세상에는 그가 자신을 위해 가꾼, 싹이 난지 얼마 안 되는 촉촉하고 부드러운 풀들이 끝없이 펼쳐져 있습니다. 그런데 갑자기 놀라운 속도로 그 일이 일어납니다. 그리고 그 사람은 비로 흠뻑 젖어버린 진흙탕 길 위에서 삶에 지쳐 버려 절름발이가 된 자신을 발견합니다. 저는 지금 제가 그 진흙탕 속에 있다고 생각했습니다. 그리고 여전히 이 5월은 아직도 끝나지 않았다고 생각합니다. 그렇기 때문에 누군가가 저를 그 곳에서 끌어당기도록 제 자신을 허락하면 안 됩니다.

저희는 괴팅겐 행을 결정했습니다. 그러나 어디에서 살아야 할지는 아직 정하지 못했습니다. 교육부가 아직도 늑장을 부리고 있기 때문에 아마도 겨울은 이곳에서 보내야 할 것 같습니다.

다른 얘기입니다만, 막스가 이틀 정도 나우하임에 머무르면서 동료들과 저녁 시간을 보내고 싶어 합니다. 당신도 그렇게 하시겠어요? 아니면 매일 저희 집에서 그쪽으로 이동을 하시겠어요?(한 시간 거리입니다) 어쨌든 호텔 방을 하나 예약해 드려야 할 듯한데, 며칠이나 예약해 드릴까요? 그렇지만 나우하임에서 모임 전후의 시간은 무슨 일이 있더라도 저희와 함께 보내셔야 합니다. 만약 그렇게 하시지 않는다면, 당신의 안녕을 신에게 기도할 수밖에 없습니다! 6월 6일 여권과 리라, 그리고 필요한 짐을 챙겨 뮤니치, 메라노 그리고 볼차노를 경유해 이탈리아 티롤의 줄덴 호텔로 떠날 계획입니다. 당신이 독일 남부로 떠나시기 직전 부인께서 제게 편지를 쓰려고 했었는데, 연락이 없으시네요. 부인께선 어떻게 지내시나요? 따님들도 건강하지요? 여러분 모두에게 안부를 전합니다.

— 막스와 헤디 보른

◆

다음 편지는 내 아내가 아인슈타인에게 보낸 편지인데, '언론에 대한 태도', 즉 언론의 공격이나 미화에 대해 반응하는 그의 태도를 문제 삼는 편지로서, 그녀와 아인슈타인의 논쟁이 시작되는 계기가 된다. 그 편지들 중 첫 번째 것은 특별히 헤디가 그런 종류의 짜증스런 일을 대하는 아인슈타인의 태도와는 전혀 다른 의견을 가지고 있음을 보여준다. 우리 부부는 헤디가 말한대로 '과학이라는 격리된 성지'를 아직도 믿는다. 앞으로 소개될 편지들에서 볼 수 있듯이 처음부터 박진감 넘치는 갈등이 전개된다.

20_아인슈타인씨에게

1920년 9월 8일
Cronstettenstr. 9

나우하임에는 언제 오시나요? 정확하게 언제 당신을 만나 뵐 수 있을까요? 당신이 나우하임에 머문다는 정보는 아무에게도 발설하지 않겠습니다. 만약 원하신다면, 이 일을 전혀 모르는 사람이 될 수도 있습니다. 파울첸 오펜하임Paulchen Oppenheim은 아직 돌아오지 않은 것 같습니다. 엽서로 당신의 일정을 알려주세요.

당신을 괴롭히는 불쾌한 사건에 저희도 기분이 착잡합니다. 분명 그 일 때문에 힘드셨겠죠. 그렇지 않다면, 신문에 다소 부적절한 대응을 하여 스스로 고통을 자초하시지는 않았을 테니까요. 당신의 친구들이 그 일을 유감스럽게 생각하면서 당신과 함께 고통을 나누고 있습니다. 저희는 당신이 그 저질적인 이간질에 큰 심려를 하고 있음을 알고 있습니다. 당신을 모르는 사람들은 이 사건을 통해 당신에 대해 잘못된 그림을 그리겠죠. 그것 또한 상처입니다. 한편, 저는 당신이 늙은 디오게네스가 되어 통 속에 들어가 있는 당신에게 무례하게 구는 짐승 같은 사람들을 향해 말없이 미소를 보내기를 희망합니다.[11] 그 사람들은 당신의 평온한 마음을 뒤흔들어버리고 실망시켜 제 마음 속의 제단 위에 모셔놓은 당신의 이미지와 어긋나게 할 정도로 당신으로 하여금 짜증스러운 반응을 내보이도록 자극할 수 있습니다.

최악의 경우 당신의 인생의 부침에서 당신을 해방시키고 동료들과 같은 환상, 같은 행복 그리고 평화를 꿈꾸게 해주었던 당신의 성지, '과학이라는 격리된 성지'로 다시 돌아올 수 없었을지도 모릅니다. 만약 세계의 더러운 파도가 당신의 성지에까지 밀려들어 오면, 그냥 문을 닫고 웃어주세요. 그리고 "그렇지만 헛되이 이 성지에 들어온 게 아니야"라고 말하세요. 화내지 마세요. 계속해서 그 성지의 성자가 되어주세요. 그리고 독일에 머물러 주세요. 더러움은 세상 어디에나 널려 있습니다. 그러나 당신의 애정 어린 친구들만큼 열정적이고 자부심이 강한 이 여자 설교자는 그렇게 더러운 물이 들지는 않았답니다.

— 헤디 보른

추신: 보세요! 당신이나 엘자가 빨리 저희에게 연락하지 않으면, 저는 당신과 싸우는 반상대성 조직에 가입하든가 아니면 그런 조직을 만들 겁니다.

라빈드라나드 타고르의 『고향과 세계The Home and The World』라는 책을 꼭 읽어보세요. 제가 읽어본 책 중 가장 아름다운 소설입니다.

21_보른 부부에게

1920년 9월 9일

너무 심하게 책망하지 말아 주십시오. 어떤 사람이든 때때로 신과 인류를 기쁘게 하기 위해 멍청함이라는 제단에서 자신을 희생해야 할 때가 있으니까요. 저는 제가 기고한 칼럼을 통해 철저하게 희생했습니다. 제가 사랑하는 모든 친구들로부터 받은 격려의 편지들이 이 사실을 잘 보여주었습니다. 위트가 넘치는 한 지인은 언젠가 이렇게 말하더군요. "아인슈타인에게 있어서 모든 것은 언론을 위한 것이다. 베이란트 주식회사Weyland G.m.b.H는 아인슈타인이 만들어낸 최신의 그리고 가장 약삭빠른 속임수이다." 이 말은 맞습니다. 적어도 부분적으로는 맞습니다. 자신이 손대는 어떤 것이든 황금으로 변화시키는 동화 속의 남자처럼, 제가 말하는 모든 것이 신문을 통해 한바탕 소동으로 변하니까요. 각자의 몫은 각자에게 suum cuique.

첫 번째 공세를 취한 후 저는 도피를 할까도 생각했습니다. 그러나 곧바로 그런 행동을 해봤자 무의미하다는 깨달음과 함께 무기력이 찾아왔습니다. 저는 요새 요트와 강기슭의 별장 구입에 대해서만 생각하고 있습니다. 베를린 근처의 어떤 곳에.

만약 이런 저를 다시 받아들여 주신다면, 두 분이 계신 곳에는 18일경에 도착할 겁니다. 그런데 만약 제가 그 과학자 모임 기간 동안 나우하임에 있어야 한다면, 보른 당신이 이쪽으로 오지 않겠습니까? 그렇게 된다면 우리가 좀 더 친밀한 시간을 보낼 수 있을 듯합니다. 저희 쪽에서는 아무것도 예약하지 않겠습니다. 당신 두 분이 제게 가장 좋은 것이 무언인지 판단해 주실 테니까요. 가능하다면 잠시라도 두 분과 함께 지내고 싶습니다. 그렇게 되면 이렇게 편지를 주고받는 매력적인 친구들과 신나게 떠들어 댈 수 있겠지요. 성가신 잉크 얼룩 때문에 편지가 잘 안 써지네요. 일제도 동행하지만, 딸은 오펜하임 가족들과 함께 지낼 예정입니다.

28일에는 슈트트가르트에 가야 합니다. 그곳에서 국립 천문대 후원으로 진행되는 강의가 있습니다. 그 후에는 제 얼굴을 보고 싶어 하는 자식들을 만나러 슈바비아로 갑니다.

안부를 전합니다.

— 아인슈타인

◆

독일 의사·과학자 협회라는 중요한 회합이 1920년 9월 나우하임에서 개최되었다. 아인슈타인은 크론스테테르슈트라세에 있는 우리 집에서 함께 지냈다. 우리는 매일 아침 나우하임에 갔다가 저녁에 돌아왔다. 나우하임은 아인슈타인과 그의 적대자들이 눈에 불을 켜고 마주친 장소였다. 적대자들은 과학적인 순수한 어떤 것이 아니라 반유태주의와 강하게 결합된 동기를 가지고 있었다. 물리학 분과에서 필립 레너드Phillip Lenard가 아인슈타인에 대해 신랄하고 악의로 가득한, 반유태주의를 숨기지 않은 공격들을 주도했다. 아인슈타인은 이에 무척 자극을 받아 통렬한 대응을 했으며, 나는 그를 지지했던 것으로 기억한다.

아인슈타인은 나중에 내게 보낸 편지(편지 26)에서 이 사건을 되돌아보며 감정 조절을 제대로 하지 못하고 흥분한 채 대응했던 자신을 후회한다. 이때 이후, 레너드는 아인슈타인에 대해 체계적인 박해를 해갔다. 그는 '독일인' 물리학자와 '유태인' 물리학자간의 차이점을 날조했다. 나중에 노벨상을 받은 또 다른 유력한 물리학자 요하네스 슈타르크Johannes Stark는 나치 정권 하에서 과학자들을 관리하는 지도적인 역할을 수행했으며, 모든 유태인 학자를 제거하는 임무를 맡았다. 그 당시 나우하임은 독일 과학계에서 반유태주의라는 거대한 위기의 윤곽이 처음으로 드러난 곳이었다.

22_아인슈타인에게

1920년 10월 2일
Frankfurt a.M.

당신이 보내준 엽서로 볼 때, 헤힝겐Hechingen은 분명 당신이 이곳과 나우하임에서 감내할 수밖에 없었던 그 흥분 사태를 가라앉히기에 안성맞춤인 매력적이고 조용하며 아담한 동네라고 생각합니다. 제 감정을 토로하는 편지로 당신의 평온한 휴식을 방해하고 싶지 않습니다. 친구들의 존재를 잠시 잊는 것도 때로는 좋은 일이며, 지금이 저희가 잠시 사라져야 하는 때라 생각합니다. '누군가에 의해 고통을 당한다'는 것보다 더 방해되는 일은 없습니다. 이는 친구의 삶에 대한 하나의 침해이자 정신적 방해이며, 나중에 친구를 방해한 자신은 이에 대해 부끄러워하겠지요.

펀치Punch[12)]처럼 당신의 시야로부터 사라지기 전에, 당신께 부탁드릴 2가지 요청 사항이 있는데, 엘자 여사 당신께서 남편분에게 제가 드린 부탁을 때때로 상기시켜 주세요.

1. Güntersburg Allee 57의 호프Hoff 여사께 편지를 써주세요. 그분 같은 사람을 만나기는 쉽지 않습니다. 시간 낭비가 되지는 않을 겁니다.

2. 제 남편이 미국에서 금송아지를 잡아 괴팅겐에 자신이 필요한 조그만 집을 지을 만큼의 돈을 벌고 싶어 합니다. 만일 그곳에서 강의할 만한 누군가를 추천할 기회를 갖게 되신다면 막스를 추천해주세요. 막스는 2월부터 4월까지 시간을 낼 수 있습니다. 미국에 가게 되면 브로드웨이에 대한 갈증도 풀 수 있을 겁니다(막스가 왜 브로드웨이를 동경하는지 모르겠지만, 그를 이해해 주세요).

이제 야단법석은 그만 마치고, 두 분이 다시 발견할 때까지 인형 상자에 보관해 둔 이 펀치와 주디는 재빨리 사라지겠습니다.

— 막스와 헤디 보른

◆

내가 왜 '브로드웨이에 대한 갈증'을 느끼게 되었는지 나도 잘 이해가 안 된다. 어쨌든 당시 미국 방문은 실현되지 않았다.

다음 편지는 내가 이미 언급한 바 있는 '언론을 다루는 태도'라는 문제를 담고 있다. 나우하임에서 아인슈타인의 적대자들이 자기선전의 형태로 그를 공격했을 때, 아인슈타인의 이름이 또다시 언론을 통해 보도되었다. 우리는 나우하임에서 돌아와서는 매일 저녁 이 문제에 대해 아인슈타인과 논의를 했는데, 우리는 그가 기자들에게 너무 호의적이라고 판단했다. 아인슈타인은 자신이 누리는 인기를 자신의 아내가 기뻐했기 때문에 그렇게 했을 것이다.

얼마 지나지 않아 새로운 사건이 발생하였고 우리는 이에 주목하지 않으면 안 되었다. 작가이자 기자인 어떤 사람이 아인슈타인을 방문하여 자신을 가련한 유태인이라고 호소해 아인슈타인과 엘자로부터 동정심을 얻어내고는『아인슈타인과의 대담집 Conversation with Einstein』이라는 책을 쓰고 이를 출판하려고 했다. 우리는 아인슈타인에게 이를 허락하지 말라고 조언을 했지만 허사였다. 다음 편지는 이 소식을 들은 내 아내의 맹렬한 반응이다. 아내는 처가가 있는 라이프치히에서 이 편지를 보냈고, 나는 아내가 이렇게 따로 그에게 편지를 보냈는지 전혀 몰랐다. 편지의 내용이 꽤 길고 내용이 세세하기에 조심스럽게 줄였다.

23_아인슈타인씨에게

1920년 10월 7일
Leipzig

오늘 저는 당신에게 친구로서 진지하게 한 마디 해야 할 듯합니다. 가능하다면 당신의 휴가를 방해하고 싶지 않지만, 이 문제는 나우하임 사건 이래로 당신의 친구들을 궁지에 몰아넣는 중요한 결과를 포함하는 그런 문제입니다.

『아인슈타인과의 대담집 Conversations with Einstein』 출판을 X에게 허락한 결정을 철회하셔야 합니다. 지금 당장, 그것도 등기 우편으로 말이에요.

무슨 일이 일어나더라도 수단과 방법을 가리지 말고 이 책이 해외에서 출판되는 일도 반드시 막아야 합니다. 제게는 천사와 같은 웅변의 호소력이 없기 때문에 이로부터 파생되는 문제들을 당신에게 자세하게 밝히겠습니다. 아주 우연히…… [X가 쓴 어떤 책]이 제 손에 들어왔습니다. 이 책의 수준이란 구역질이 날 정도였고, 저는 편지에 동봉한 글을 보셨듯이 혹평을 한 편 썼습니다. 만약 당신이 그에게 내어준 허가를 취소하지 않는다면 저는 이 평론을 발표할 겁니다. 그리고 제 친구의 명예와 존경을 회복시켜야 하는 문제라면, 다른 것도 폭로할 수 있습니다. 저는 지금 사태를 단순히 부정적으로 보며 말하고 있는 게 아닙니다.

[X씨가 그간 써왔던 책들의 목록이 이어진다]

이 책은 그 자체로서는 괜찮다고 할 만합니다…….

그러나 내용이 문제입니다. 이 사람은 당신 품성이 얼마나 진지한지, 그리고 당신과 저희가 무엇을 소중하게 여기며 가치를 두는지 전혀 모릅니다. 그랬다면 이 작가는 이 책을 쓰지도 않았을 뿐더러 당신에게 동의를 얻기 위해 당신의 친절한 성품을 이용하지도 않았을 겁니다. 당신의 '대담집'은 그렇기 때문에 저질적 수준으로 떨어질 겁니다. 선정적인 저급 신문이 그 내용을 입수해서 대중에게 당신에 대한 불쾌한 그림을 제공할 게 뻔합니다. 그렇게 되면 여기저기서 당신의 이름이 나돌며, 결국 사람들이 그 책을 읽었다는 것을 보여주기라도 하듯이 당신 스스로가 던졌던 농담들은 미소를 지으며 당신에게 되돌아 올 게 뻔합니다. 그리고 당신에게 경의를 표하는 노래들이 만들어질 겁니다. 당신이 이 모든 것들에 대해 메스꺼움을 느끼게 될 때까지, 독일에서는 물론 모든 곳에서 새로운 형태의 훨씬 악화된 유태인 박해의 물결이 봇물처럼 터져 나올 겁니다.

그렇다면 당신의 좋은 친구들인 저희가 어떻게 당신을 옹호할 수 있을까요? 보세요, '겸손한 친구'인 아인슈타인 씨. 당신은 분명 그에게 출판 동의를 했습니다." 그렇다면 아무도 믿지 않을 당신의 나약함과 선한 본성으로 인해 당신이 동의를 해주었다는 사실에 우리가 저항해봤자 쓸모없는 일입니다. (이는 제 아버지가 확인해 준 사실입니다. 아버지는 제게 그 사람에 대해 많은 것을 말씀해 주셨습니다.) 사실은 너무나 명백합니다. 40대 초반의 한 남자가, 비교적 젊은 한 남자가 어떤 작가에게 자신과 나눈 대화를 기록하도록 동의를 했다는 사실입니다. 만약 당신을 잘 모르는 사람이라면 저는 분명 이 일이 순수한 동기에서 일어났다는 주장에 동의하지 않을 겁니다. 그보다는 오히려 일종의 허영심에서 이 책이 나왔으리라 생각할 겁니다. 이 책을 출판하는 행위는 네다섯 명 정도 되는 당신의 친구들에게 당신의 도덕성이 사망했다고 선고하는 짓이나 다름없습니다. 이 책은 자기선전이라는 죄과에 대한 최고의 신앙고백입니다.

당신의 친구들인 저희들은 이런 점을 느끼고 큰 충격을 받았습니다. 이 책이 만약 나쁜 곳에서 출판된다면 당신의 평화로운 삶에 마침표를 찍는 일이 됩니다, 모든 곳에서 그리고 영원히…….

밤낮으로 저희를 괴롭히는 이 걱정거리를 없애주세요. 막스가 제게 보낸 편지를 방금 받았다고 합니다. "프로인틀리히Freundlich가 특급우편으로 X로부터 받은 대답을 보내왔는데, 물론 대답은 부정적이야. 어떻게 해야 할지 모르겠어. 당신과 이 문제에 대해 논의하고 싶군. 매일 고민을 하고 있어."

제발 저희의 걱정을 덜어주세요. 저희의 충고와 요구를 물리치지 마세요. 제가 드린 말씀에 대해 당신은 어느 누구와도 얘기를 나눠보지 않겠지요. 왜냐하면, 여자가 당신 문제에 관여하는 것을 당신이 무척 싫어한다고 들었기 때문입니다. "여자는 요리만 하면 돼, 다른 건 필요 없어." 그렇지만 여자들이 끓어 넘칠 때도 종종 있답니다[독일어로 한 말놀이다. '요리'는 Kochen, '끓어 넘치다'는 Über-kochen이다].

— 헤디 보른

24_ 아인슈타인에게

1920년 10월 13일
Frankfurt a.M.

제가 동봉한 문서는 여러 사람들로부터 받은 자료로서 그 출판사가 내고 있는 경제 신문의 일부입니다. 설명이 너무 많습니다. 당신은 당신 친구들이 받은 충격만큼 이 일에 흥분했다고 보이지 않습니다. 아내가 이 문제에 대해 제가 생각하는 것과 동일한 내용이 담긴 편지를 당신에게 이미 보냈다고 하더군요. (아내는 당신의 이름을 이용해 저를 미국으로 보내어 돈을 벌어보려 했던 것이 지나쳤다고 후회하고 있답니다. 불쌍하게도 여자들이 생계의 부담을 짊어지고 있어서 지푸라기라도 잡고 싶은 심정인가 봅니다.) X를 뒤흔들어야 할 겁니다. 그렇지 않으면 바이란트Weyland가 도처에서 이길 테고, 레너드Lenard와 게르케Gehrcke가 승리를 거둘 겁니다.

전문가들의 조언에 따르면, 다음과 같이 하는 것이 최선입니다. X에게 강한 논조로 그 대화집을 출판하는데 동의할 수 없다고 편지를 쓰십시오. 당신이 여론 몰이에 의해 피해를 받고 있으며, 그 출판사가 발행하는 경제 신문의 광고가 당신의 적대자에게 당신을 쓰러뜨릴 수 있는 새로운 지렛대로 사용되었다는 이유를 드십시오. 예상하는 바이지만, 만약 X가 거부한다고 해도, 검찰로부터 책의 출판을 정지시킬 수 있는 임시 명령서를 받을 수 있는데, 신문에 이 사실이 보고가 되었는지를 확인해야 합니다(저희들이 이 일을 대신 처리해 드릴 수 있습니다).

어느 곳으로 서류를 넣어야 하는지에 대해서는 그 구체적인 정보를 보내드리겠습니다. 다른 사람의 사진을 허락 없이 인쇄하지 못하는 것처럼, 대화 중에 표현된 생각들을 출판할 수 없도록 전문가들이 법을 제정했습니다. 교정 원고를 당신이 받아서 검토하는 것보다는 이것이 더 나은 방법입니다. 그렇게 해야 그 책이 무슨 내용을 담고 있든 간에 당신이 책임질 게 전혀 없으니까요. 반대로 만약 책의 서론 부분에 당신이 그것을 읽고 동의했다는 언급이 들어가게 되면, 그 책이 배출한 오물들은 모두 당신에게 떨어지게 됩니다. 부디 제가 말씀드린 대로 하시길 바랍니다. 만약 그렇게 하지 않는다면, "아인슈타인, 안녕!"입니다. 당신의 유태인 '친구들'은 반유태주의자 일당들의 기도를 반드시 제압할 겁니다.

주제넘은 제 편지를 용서하십시오.

그렇지만 이는 제가 (그리고 플랑크와 라우에 같은 사람들이) 소중히 여기는 것을 지키기 위한 행동입니다. 당신은 이 문제를 제대로 이해하지 못하고 있습니다. 이런 문제에 있어 당신은 정말 어린 아이 같습니다. 저희 모두는 당신을 사랑합니다. 그러니 제발 (당신 아내의 말이 아닌) 사리 판단을 할 줄 아는 친구들의 말을 들으세요. 이 모든 일을 처리하는 부담에서 벗어나고 싶다면, 전권을 넘기겠다는 문서를 써서 저에게 주세요. 필요하다면, 베를린, 아니 북극에라도 가겠습니다.

— 보른

25_보른에게

1920년 10월 11일

부인께서 X가 쓴 책에 대해 논하는 편지를 급하게 보내셨더군요. X에 대한 가혹한 평가는 논외로 치더라도, 객관적으로 봤을 때 부인의 의견이 옳습니다. 등기 우편으로 그에게 그 훌륭한 작품이 인쇄되어서는 안 된다고 말했습니다.

두 분께 안부를 전합니다.

— 아인슈타인

진심으로 고맙다는 말을 부인께 전하고 싶습니다.

◆

결국 아내는 그 책이 출판된다면 그에게 위협이 되리라는 점을 그에게 납득시켰다. 1920년 10월 26일 네덜란드에서 온 다음의 엽서가 이 사실을 확인해 준다.

26_보른에게

날짜 미상

X가 펴내려고 했던 책의 출판을 단호하게 금지시켰습니다. 에렌페스트 Ehrenfest와 로렌츠는 법적 절차에 반대한다며 조언 아닌 조언을 했습니다.

그들은 이번 사태를 확대시키는 데에만 힘을 쓰고 있습니다. 모든 것들이 동요하고 있으며 모든 사람이 각자의 의견을 가지고 있기에, 이번 사건 전체는 저에게 있어서 일종의 무관심의 문제입니다. 아무 일도 일어나지 않을 겁니다. 어쨌든 법적인 수단과는 다른, 즉 특별히 우리의 관계를 망가뜨릴 수 있는 위협을 제외하고 저는 제가 사용할 수 있는 가장 강력한 조치를 취했습니다. 그러나 저는 여전히 레너드Lenard와 빈Wien보다는 X가 더 낫다고 생각합니다. 그 둘은 말다툼을 위한 말다툼만 하고 있는데 반해, X는 오직 돈을 위해서만 이 일을 하고 있습니다. (그것이 좀 더 낫고 좀 더 상식적입니다.) 저는 마치 상점 안의 무관심한 구경꾼처럼 제게 닥친 이 사태를 지켜볼 생각이고, 다시는 나우하임에서 그랬던 것처럼 이성을 잃는 일은 없도록 할 생각입니다. 어떻게 그렇게 불량한 사람들 앞에서 그 정도까지 제 유머 감각을 잃게 되었는지 지금도 이해가 되지 않습니다. 로렌츠가 어제 자신의 강의 도중 격자 평형 상태lattice equilibrium에 대해 언급을 하더군요. 제 이론 또한 언급하더군요. 정말 누구나 존경할 만한 사람입니다!

당신과 당신의 부인께 안부를 전합니다.

이곳 라이덴에서 즐거운 시간을 보내고 있습니다. 바이스Weiss와 랑게방Langevin도 이곳에 머무르고 있습니다.

◆

H. A. 로렌츠는 라이덴Leiden의 이론 물리학과 교수였으며, 당시 이 분야의 선두 주자로 일컬어졌다. 당시 그는 고전적인 전자 이론에 최종적인 결론이라 여겨지는 공식을 제시했다. 비엔나에서 태어나고 (그곳에서 그 중에서도 특히 볼츠만Bolzmann과 하세뇔Hasenöhl과 함께) 이론 물리학을 교육받

은 에렌페스트는 러시아로 이주해 러시아의 천부적인 여성 물리학자와 결혼했다. 그는 특별히 통계 물리학 분야에서의 걸출한 비판 작업과 독특한 교수법 그리고 번뜩이는 재치로 폭넓은 명성을 얻게 되었다. 로렌츠는 은퇴하면서, 자신의 후계자로 에렌페스트를 지목해 이를 밀어붙였다. 편지 말미에 언급된 두 사람인 바이스와 랑게방은 프랑스의 물리학자들로서, 바이스는 스트라스부르크, 랑게방은 파리 출신이었다. 두 사람은 자기학 영역에서 기초적인 연구를 수행했는데, 랑게방은 다른 분야에서도 중요한 업적을 이뤄냈다.

아인슈타인이 다른 사람들의 의견에 대해 관심을 갖지 않겠다고 명확하게 말한 것이나 저명한 두 사람의 물리학자들보다 그 유태인 기자의 동기가 더 낫다고 한 부분은 그의 전형적인 성격을 보여주는 대목이다.

이렇게 하여 X 사건은 사실상 막을 내렸다. 물론 때때로 이후의 편지에서 이 사건이 언급되기는 한다. 한편 우리의 편지 교환에서 과연 이 문제가 이렇게 큰 부분을 차지할 만한 것인가를 묻는 질문이 당연히 제기될 수 있다. 사실 내 아내의 격정적인 편지(편지 23)는 원래 무척 길었다. 나는 후반부의 절반 부분을 잘라냈는데, 그 부분은 아인슈타인의 동의가 어떤 가능한 결과를 초래시킬 수 있는지를 설명하는 그로테스크한 기술과 함께 내 장인이 해준 법적인 조언을 담고 있다. 나머지 부분에 대해서는 우리가 아인슈타인이라는 최고의 지성을 존경하면서도 일상생활에서 드러나는 그의 행동을 왜 비판할 수 있었는지 말하는 것으로 충분히 설명이 되리라 믿는다.

지금의 독자들은 '별 것 아닌 것으로 너무 야단법석을 떤 것이 아니냐'고 생각할 수 있다. 요새는 우리가 과거 대항해 싸운 언론의 문제는 상식적으로 받아들여지고 있으며, 누구에게도 예외는 없다. 우리 모두는 신문, 라디오 그리고 텔레비전과의 인터뷰를 통해 혹은 팸플릿이나 서적에 자신의 이름이 거론됨으로써 일반 대중 앞에 자신의 모습을 노출시킨다.

그러나 당시는 이와는 사정이 달랐다. 오직 중대한 발견이 있었을 때만 신문에 사실 보도가 되었는데, 그것마저도 아주 간략한 보도 형식이었다. 1890년 뢴트겐의 발견이 어떤 식으로 언론에 보도되었는지 상기해볼 수 있다. 뢴트겐이라는 사람 자체에 대해서는 거의 언급된 바가 없다. 내 경험을 얘기하자면, 『아인슈타인의 상대성 이론Einstein's Theory of Relativity』이라는 책에서 그러한 관례들을 어기는 조그만 시도를 한 바 있다. 1920년의 초판의 속표지 옆에 나는 그의 사진을 싣고 그 아래에 그의 학문적 성취를 포함해 그의 성품에 대해 적은 짤막한 전기적인 기록을 담았다. 이 책이 출판되자마자 막스 폰 라우에Max v. Laue로부터 편지를 받았는데, 그는 자신과 다른 내 동료들이 그런 사진이 실린 전기에 대해 반대한다고 적었다. 그러한 행위는 좀 더 폭넓은 독자 대중을 대상으로 했을지라도 과학적 저작에 어울리지 않는다고 했다. 이 의견에 자극을 받아 나는 곧이어 출판될 새로운 판에서는 이 아인슈타인의 개인사적인 부분을 뺐다. 나는 아마도 아인슈타인과의 인터뷰를 통해 과학적인 주제들뿐만 아니라 모든 주제를 한 권의 책으로 담아낸다는 X의 계획에 대해 매우 민감했을 것이다. 상대성 이론을 다룬 내 책을 통해 그 장본인을 한 인간으로서 기술하려 했던, 해가 되지 않는 나의 서술을 내 동료들이 거부했기 때문이다.

그러나 나와 내 아내를 이토록 반대하도록 만들었던 주요한 이유는 이 책의 출판이 반유태주의와 연관되었기 때문이다. 아인슈타인의 이론들은 그것들을 이해하지 못하는 동료들에 의해 '유태인 과학'으로 낙인 찍혀 있었다. 그리고 경박한 제목들로 이미 몇 권의 책을 낸 바 있는 어떤 유태인 작가가 나타나 이제 아인슈타인에 대해서 자신이 과거에 냈던 책들의 수준과 유사한 책을 쓰고 싶어 했다. 이것이 우리를 경악시켰다는 점은 이해할 만한 일이다. 아인슈타인은 아마 이 책에 의해 초래될 일들에 대해서는 아무것도 고려하지 않았을 것이다. 그는 전시의 궁핍한 시기에 몸져누워 지냈던 자신을 도와준 X에 대해 감사의 표시를 하고 싶었을 뿐이었다. 그러나 그는 우리의 견해를 이해했고 이 책의 출판을 막기 위한 조치를 취했다. 하지만 아인슈타인의 이러한 시도도 결국 책의 출판을 막지 못했다. 그 책이 지금 내 앞에 놓여 있다. 나는 이 책을 조금 훑어보고 내가 생각했던 것만큼 아주 나쁘지는 않다고 생각했다. 과학에 대한 부분은 조야했고 그에 뒤따른 오해들도 자주 눈에 띈다. 그렇지만 다른 점에서 볼 때, 이 책은 아인슈타인의 성격을 보여주는 재미있는 다양한 이야기 거리들과 일화들을 소개한다. 아인슈타인에 대해 쓰인 최신의 서적들은 이 책에서 많은 부분을 인용하고 있다.

따라서 이 문제에 대해 우리가 흥분하여 아이슈타인에게 보냈던 편지들은 결국 더 이상 의미는 없다. 덧붙여 말하자면, 반유태주의와 흥미 유발에 초점을 둔 언론의 행태와 같은 굵직한 움직임들은 아인슈타인이 자주 인용했던 결정론 법칙에 따라 시들해졌다.

27_아인슈타인에게

1920년 10월 28일
Frankfurt a.M.

X가 쓴 책에 반대하는 효과적인 조치를 취했다니 다행입니다. 그 조치가

다른 문제들을 막을 수 있을 만큼 충분한 것인지는 두고 볼 일입니다. 골치 아픈 문제로 당신의 평온한 삶을 망가뜨리지 않겠다고 결심하신 점이 무엇보다 중요합니다. 그러나 이러한 조치를 통해 모든 것이 언급되고 행해졌다고 해도, 이 문제에 관계된 사람이 당신만이 아닌 것은 분명합니다. 감히 당신의 친구들이라고 말하는 저희들도 그런 불쾌한 악취에 영향을 받기 때문이며, 저는 당신이 이전에도 그랬던 것처럼 그 악취에 그냥 콧구멍만 틀어막는 무력한 처지에 처해질까 두렵기 때문입니다. 아무것도 걱정하지 말고 그냥 네덜란드로 가십시오. 저희가 바이란트, 비인 그리고 나머지 친구들을 맡을 테니까요.

포커Fokker씨의 주소가 필요해서 네덜란드에 있는 당신에게 이렇게 급하게 편지를 씁니다. 그가 젊은 날 제가 지은 죄 중 하나를 대속해주는 멋진 논문을 보내왔습니다. 주소가 분명 봉투에 적혀 있었는데, 천식으로 침대에 누워있느라 간수를 제대로 못한 사이 아이들이 장난을 치다 봉투를 못 쓰게 망쳐버렸습니다. 그에게 감사의 말을 꼭 전하고 싶습니다. 에렌페스트가 그의 주소를 알고 있을 겁니다.

에렌페스트에게 제가 보낸 보그슬라프스키Boguslavski의 편지 복사본을 보여 달라고 하시고, 불쌍한 그 친구를 도울 방법을 생각해 주셨으면 좋겠습니다. 플랑크는 그를 기꺼이 돕겠다고 말했지만, 정작 베를린에서는 공식적으로 할 수 있는 일은 아무것도 없다고 생각하고 있습니다. 현재 저는 폴프 슈켈Volfskehl 재단을 통해 보그슬라프스키를 초청하는 안을 가지고 힐버트와 협상을 하고 있습니다.

네덜란드에 있는 당신의 주변 상황들이 잘 돌아가고 있다니 반갑군요. 그러나 최근의 사태로 인해 인간 본성에 대한 감정사로서 제가 당신을 의심하고 있다는 사실에 화를 내지는 말아 주십시오. 저는 당신처럼 로렌츠를 존경하지는 않습니다. 당신은 레너드와 비인에게서는 악마를 보며 로렌츠에게서는 천사를 보고 있습니다. 그렇지만 저는 그런 시각에 동의하지 않습니다. 앞의 두 사람의 행동은 선천적인 악함으로부터 비롯된 것이라고 단정할 수는 없지만, 가난에 신음하고 있는 우리나라에서 매우 일반적으로 찾아볼 수 있는 정치적 질병 때문이라고 여길 수 있습니다.

얼마 전 괴팅겐에 있었을 때, 룽게Runge를 만났습니다. 피골이 상접한 그의 얼굴을 알아보지 못할 정도였습니다. 마음이 쓰라렸습니다. 제 주변에 무슨 일이 일어나고 있는지 이제 확실해졌습니다. 로렌츠에 대해 말하자면, 이 사람은 프랑크의 60세 생일에 아무것도 쓰지 않겠다는군요. 정말 기분이 좋지 않습니다. 조용하게 그를 좀 타일러주세요. 플랑크에 동의하지 않는 사람도 있을 테지만, 비정상적인 사람만이 그의 정직하고 고상한 성격을 의심할 수 있을 뿐입니다.

로렌츠는 정의로움에 관심을 갖기 보다는 연합군 중에서도 잘 먹고 잘 사는 자신의 친구들을 잃을까봐 전전긍긍하는 게 분명합니다. 그가 자신의 강의에서 제 격자lattice 측정 결과를 도용하는 것에는 별로 신경 쓰지 않습니다. 그것이 제가 그를 좋게 생각하지 않는 유일한 이유는 아니니까요. 다른 사람을 중상하기 위해 이 편지를 쓰고 있는 건 아닙니다. 하지만 당신이 '………'의 저자와의 교류보다는 로렌츠, 에렌페스트, 바이스, 랑가방과의 교제에서 더 큰 행복을 느끼고 있다는 점을 지적하지 않으면 안 되겠습니다.

아마 그곳에서 러시아에서 온 출란코프스키Chulankovski를 만나실 것 같은데, 그에게 G. 크루트코프Krutkov에 관한 정보를 얻어주셨으면 합니다. 그 사람이 제게 점진 불변량adiabatic invariants에 대한 자신의 논문을 보내왔는데 훌륭했습니다. 그 사람에 대해 들어본 적은 없습니다만, 뛰어난 이론가임이 분명합니다.

아내가 저보고 당신에게 인사를 전해 달라고 합니다. 몇 주 전에 (셀 수 없을 정도의) 절도와 사기 행각이 드러난 저희 집 요리사를 해고시키지 않으면 안 되었기 때문에 헤디가 무리를 하고 있습니다. 저는 어제부터 천식으로 궁상맞게 침대 신세를 졌는데, 처음엔 간호를 받아야 할 정도였습니다. 아이들은 건강하게 잘 지내고 있습니다.

안부를 전합니다.

― 막스 보른

◆

보그슬라프스키는 러시아 출신의 내 제자로 재능도 매우 뛰어나며, 매력적이고 함께 지낼만한 사람이었다. 그는 폐결핵으로 고생을 했는데, 귀족 가문 출신이었기 때문에 러시아 혁명 기간 중 큰 곤경을 당했다. 결국 그는 나에게 도움을 청했고, 나는 플랑크, 아인슈타인 그리고 다른 사람들의 힘을 빌려 그를 도우려 했었다.

28_아인슈타인에게

1920년 12월 8일
Institute for Theoretical Physics
University of Frankfurt a.M.
Robert Mayer Str. 2

동봉한 책은 〈수학 연보Mathematische Annalen〉의 회람입니다. 저는 이 출판물에 실린 논문을 본 적도 없고 이에 대해 아는 바도 전혀 없습니다. 그래서 어떤 사견도 덧붙이지 않았습니다.

제 학생이자 친구인 보그슬라프스키가 러시아에서 보낸 편지의 복사본을 또한 동봉합니다. 저는 이 편지를 얼마 전에 받았는데, 당신이 관심을 가질 만한 내용이 들어 있습니다. 이 불쌍한 사람을 독일로 초청하는 시도, 그를 굶어 죽지 않게 하는 시도가 행해져야 한다는 제 생각을 이해하실 수 있을 겁니다. 가능한 모든 것을 시도해봤습니다. 우선 플랑크에게 그리고 괴팅겐의 클라인과 힐버트에게 학교측으로 하여금 보그슬라프스키에게 초청장을 보내게 해달라는 부탁을 했습니다. 그러나 그들 모두가 거절을 했습니다. 힐버트의 표현을 빌리자면, 그들은 '외교 문제'에 휘말리고 싶지 않다는 군요. 당신이라면 좋은 방법을 생각해주실 수 있을 것 같습니다. 보그슬라프스키의 편지는 자신이 진행한 연구에 대해 쓰고 있습니다. 그 중 일부는 분명히 말이 되지 않습니다만, 그건 아마도 그가 처한 비참한 환경 때문이 아닐까 생각합니다. 그는 매우 명석한 사람입니다. 그건 그렇고 어떻게 그랬는지 잘 모르겠지만, 우리 친구인 뷔르츠부르크의 볼차Bolza 박사가 적십자를 통해서 보그슬라프스키에게 몇 가지 물건을 보내려고 했습니다.

다른 주제입니다. 도움을 청하고 있었던 엡스타인으로부터 받았는데, 그의 편지를 얼마 전에 당신에게 보냈습니다. 그 사이에 이 문제를 두고 편지를 보냈던 미국의 루이스G. N. Lewis로부터 답장이 왔습니다. 그는 캘리포니아 대학 버클리 캠퍼스에 엡스타인을 위한 자리를 마련하고 이를 그에게 제안했습니다. 그러나 엡스타인이 이 제안을 받아들일지 아닐지 그로부터 어떤 대답도 듣지 못했습니다. 아마도 스위스가 그를 먼저 잡으려고 하겠죠. 제 후임자로 그를 이곳에 데려오는 계획은 교수회의 반대로 무산되었습니다. 슈테른을 후보자 1순위로 만드는 것도 실패했습니다. 바흐스무스가 마델룽Madelung을 원했기 때문입니다. 슈테른은 현재 두 번째 후보이며, 코셀Kossel이 세 번째입니다.

과학에 대해서 말하자면, 어떤 것에 대해서도 열정을 얻지 못한 채 그냥 이것저것 시도하고 있습니다. 그나마 관심이 생기는 건 디바이가 제안한 적이 있던 결정체crystal의 비가역 과정irreversible processes을 설명하는 적절한 이론입니다. 연구소에서 행하고 있는 자유 경로의 길이 측정은 제법 잘 진행되고 있습니다. 30분 동안 은의 증발을 위해 가스의 압력을 일정하게 유지하는 게 핵심입니다. 5퍼센트 징도의 성공률을 보이며 이 측정이 진행하고 있습니다. 그러나 침전된 은의 두께를 정확하게 측정하는 일을 끝내지는 못했습니다. 왜냐하면 광학 설비들을 힘들게 조금씩 한 곳으로 모아야 했기 때문입니다.

최근 하이델베르크에서 열린 회의에 참석한 란데Landé에 따르면, (별명은 레너드인) 람사우에르Ramsauer가 어제 상대성 이론에 대해 쓴 제 책을 강하게 비판했다는데, 이유는 (목성의 위성으로부터 태양계의 절대 운동을 결정하기 위한) 맥스웰Maxwell의 제안이 사실상 부정적인 결과를 동반하며 수행되었다는 인상을 제가 제공했다는 것입니다. 이 비판은 전혀 허튼 얘기는 아니기 때문에 레너드나 그의 패거리들 중 한 명이 호들갑을 떨며 공격을 해 올 것 같습니다.

네덜란드로 보냈던 편지에서 말씀드렸던 대로 몇 주 동안 건강이 좋지 않았습니다. 정치적 상황이 제 자신이 인정하고 싶은 것보다 더욱 저를 우울하게 만들고 있지만, 지금은 다시 몸이 좋아졌습니다.

안부를 전합니다.

— 보른

__보른에게

1920년 8월 18일
Saratov

마침내 해외로 편지를 보낼 수 있는 기회를 얻게 되어 이렇게 당신에게 편지를 쓰고 있습니다. 거의 2년 동안 저는 지금 이곳 사라토프에 있는 한 현지 대학의 교수로 와 있었습니다. 비록 모스크바가 제안한 약 1년 반 정도의 임기가 보장된 자리를 수락했지만, 굶어죽을 것 같아 그 쪽으로는 감히 되돌아 갈 엄두가 나질 않습니다. 올해 심한 흉작으로 러시아의 남동부에 있는 저희조차도 매우 좋지 않은 시기를 보낼 듯합니다. 요새 저는 다시 한 번 해외로 나가는 꿈을 꾸고 있습니다. 제 건강과 과학적 관심이 이를 필요로 하고 있습니다. 이곳 사회주의 천국에서의 삶은 제게는 아무것도 의미하는 바가 없습니다. 거의 6개월 동안 몸이 좋지 않아 요양소에서 신세를 지고 있습니다.

이곳에서의 과학적 삶은 거의 숨을 거두었습니다. 어떤 저널도 출판되지 않고 있으며, 그 어떤 것도 출판될 기회가 없습니다. 최소한의 과학적인 연구가 행해지고 있기는 하지만, 그런 것을 하고자 하는 사람은 곧바로 굶게 됩니다. 지난 3년 동안 외국에서 발행된 어떤 저널도 받아보지 못했습니다. 과학자 집단이 현재 논의하고 있는 주제가 대체 무엇인지 저희는 거의 알 수가 없습니다. 물론 제 자신은 지난 수년 동안 많은 연구를 해왔으며 기회가 된다면 이에 대해 말씀드리고 싶습니다만, 현재 제 몸 상태가 매우 좋지 않아 그나마도 포기하지 않으면 안 되는 상황입니다. 제 책에서 저는 여러 형태의 전자기장에서 일어나는 전자의 운동에 대해 포괄적인 기술을 하고자 했습니다. 제 책의 두 번째 부분은 원자 이론에 대한 개요를 담아내는 것이었습니다. 저는 처음에 가정되었던 몇 가지 운동의 형태를 연구했습니다.

언젠가 저는 아직도 제가 검증할 수 없는 다음과 생각을 가지고 있었습니다. 즉 중원자의 핵은 대전점일 필요가 없다는 생각입니다. 핵의 포텐셜potential이 $1/r$의 힘으로 전개되고 $1/r$과의 관계만을 유지한다는 사실에 의해 핵을 플러스 대전섬과 쌍극사[13]로 취급할 수 있습니다. 이러한 핵의 장 내에서 일어나는 전자의 운동 문제는 엄밀하게 해결될 수 있습니다. 단위 구체로의 전자의 경로의 투영은 따라서 구형 진자의 궤도가 되는데, 여기서 중력은 쌍극자 축에 평행하게 작용합니다. 이 운동(양자 적분)을 표현하는 타원 적분[14]은 일련의 쌍극자 모멘트[15]의 힘으로서 전개될 수 있으며, 이 쌍극자 앞에서 스펙트럼선의 위치가 결정될 수 있습니다. 해법은 야코비Jacobi의 편미분방정식을 이용하여 가장 쉽게 적을 수 있는데, 왜냐하면 극좌표에 대해 변수들이 분리될 수 있기 때문입니다.

요즘 저는 다음과 같은 일련의 생각들에 많은 관심을 갖고 있습니다. 아직 긍정적인 결과를 얻지 못했지만 저는 중요한 것으로 생각하고 있는데, 열역학과 전자기학만으로는 복사 공식을 개발하는 게 불충분하다는 생각입니다. 복사압[16]이 연구의 완성을 위해 (모든 진동수를 위해) 필수 구성 요소로서 사용되어야 합니다. 현재 저희는 선택적 흡수 (그리고 반사) 물질을 가지고 있습니다. 즉, 다른 것들은 통과시키지만 특정 스펙트럼 범위내의 복사는 완벽하게 반사시키는 피스톤을 이상적인 제한 개념으로서 사용할 수 있을 겁니다. 그러한 피스톤은 마치 반투성 막이 다른 종류의 분자를 분리시키는 동일한 방식으로 다른 진동수를 가진 복사를 분리시킵니다. 이러한 개념은 확실히 전자기학과 열역학의 기본 법칙과 전혀 모순되지 않습니다. 이런 피스톤과 플랑크의 분탄 입자를 이용한다면, 제2에너지 보존법칙을 구성하기 쉬워집니다. 그리고 이는 모든 복사 법칙에도 적용됩니다. 현재 복사 법칙은 온도 개념에 대한 정의로 간주될 수 있습니다. 왜냐하면 온도는 '에너지'와 '진동수'의 역학량 함수로서 복사 법칙으로부터 유도될 수 있기 때문입니다. 그렇다면 열역학 2법칙[17]과 모순되지 않으면서 그러한 온도가 정의될 수 있을까요? 대답은 다음과 같습니다. 온도는 에너지와 관계없이 진동수만을 고려하여 단순 증가시키는 함수입니다. 예를 들어 $T = a\gamma$. 이 모든 것이 터무니없게 보이지만, 흥미롭기도 합니다.

더 많은 것을 쓸 수는 없습니다. 개인적으로 만나서 당신과 얘기를 나눌 수 있기를 바랄 뿐입니다. 베를린으로부터 공식 초대장을 얻어 그곳에서 몇 개의 강의를 할 수 있도록 해주십시오. 초대장은 가능한 한 최대한 공식적인 문서로 보이도록 해야 합니다. 그래야 이 나라를 떠나는 여권을 얻을 수 있습니다. 저는 지금 수개월이 걸려야 회복할 수 있을 정도로 건강이 악화되어 있기 때문에 만약 제가 독일로 갈 수 있다면 저는 당신께 큰 신세를 지는 겁니다. 당신이 러시아로 초청장을 보낼 수 있도록 옆에서 아인슈타인이 도울 수 있습니다. 모스크바의 제 주소인 Pokrova, Little Upanski 8이나 이곳(사라토프 대학)으로 보내주시면 됩니다.

저희의 생계 상황에 대해 말하는 것은 어렵습니다. 교수로서 저는 매달 약 1.5×10^4 루블을 벌고 있습니다. 이 액수로는 매일 약 1파운드 정도의 빵을 살 수 있습니다. 이곳 사람들은 통제 가격으로 150그램의 빵만을 구입할 수 있지만 그 정도를 구입하는 것도 다행스러운 일입니다. 그 밖의 모든 물건은 '투기' 가격으로 구해야만 합니다. 모두가 알고 있듯이 통상적인 의미에서의 거래 활동은 이곳에 존재하지 않습니다. 단지 지하 '매매'만이 존재하여 이를 통해 사람들은 생필품을 조달합니다. 1파운드의 버터는 약 2×10^3 루블이며, 설탕은 이 보다 약간 더 주어야 합니다. 부츠 한 켤레는 3-6×10^4 루블이 드는 등등. 하루 밤 사이에 한 달 월급 전부를 쓰는 사람을 만나기도 합니다. 돈에 대한 이런 연속 방정식의 제곱들이 얼마나 헛갈리는지. 지폐 제조가 수지에 맞는 일이 아니기 때문에 현재 통용되는 돈을 공식 발행권이라고 받아들여야 합니다. 상삭이 킬로그램 덩 약 100루블 입니다! 그러나 소수의 사람들만이 이 금액을 지불할 수 있습니다. 대부분의 사람들은 자기 집 마당의 나무를 베어야만 합니다. 전체적으로 볼 때, 대다수의 사람들에게 삶이란 아주 견딜 수 없는 것입니다. 저희는 4, 5도 정도 밖에 안 되는 추운 방 안에서 앞으로 다가올 매서운 겨울을 어떻게 견뎌야 할 지 잔뜩 긴장하고 있습니다.

물리학자 대회가 10일 후 모스크바에서 열릴 예정입니다. 유감스럽지만 저는 건강 상태 좋지 못해 그곳에 갈 수가 없습니다.

만약 괴팅겐 친구들 중 아무라도 만나게 된다면, 제 안부를 전해주십시오. 특별히 볼차와 카르만을 다시 만나보고 싶습니다. 제가 아직 살아 있다는 얘기와 물리학연구소의 제 책장을 잘 보관해달라는 얘기를 디바이에게 전해주십시오. 해외로 보낼 수 있는 편지는 한 번에 한 통밖에 허락되지 않기 때문에 그에게는 편지를 쓰지 않을 생각입니다.

부인께 안부를 전해주십시오. 여러분들은 모두 운이 좋은 분들입니다. 이곳의 비참함이 어느 정도인지 여러분들은 상상도 하지 못할 겁니다. 건강하십시오.

— S. 보그슬라프스키

(Dorpat, Estland, Taichstr 19에 살고 있는 M. 바스메르M. Vasmer 박사에게 답장을 보내주십시오.)

◆

길버트 N. 루이스Gibert N. Lewis는 로스앤젤레스의 걸출한 물리 화학자였다. 나는 프리츠 하버를 통해 그를 알게 되었는데, 나중에 내가 캘리포니아를 방문했을 때, 루이스와 엡스타인 두 사람은 친절하게도 내게 환영회를 열어주었다.

아인슈타인이 보낸 다음 편지는 '당신'이라는 존칭어의 복귀와 함께 시작된다. 이는 아마도 이전에 보낸 내 편지에서 풍기는 도덕적으로 주제넘은 어조와 관계가 있는 듯하다. 나중에 나는 그런 어조로 편지를 썼던 이유를 당시 내가 앓고 있던 병에 돌렸다. 그러나 '화해'라는 아인슈타인의 언급은 이와는 아무 관계가 없으며 오히려 사실상 나는 아무것도 몰랐던 내 아내와의 편지 교환과 관계가 있었다. 아인슈타인은 마치 기사도를 발휘하듯이 자신의 아내를 옹호했다. 다음의 내 편지에도 이런 내용이 많이 들어 있다.

29_보른에게

1921년 1월 30일

오늘 저는 오직 화해를 하고 싶다는 소망으로 이렇게 편지를 씁니다. 부인과 저는 저 때문에 일어난 문제를 두고 작은 말다툼을 했습니다. 부인께서 제 아내에게 쓴 다소 과장된 어조의 편지가 주된 촉발제였습니다. 그러나 그 때 이후로 많은 일들이 일어났고 우리와 같은 사람들이 그런 사소한 문제로 관계를 끊는다는 것은 잘못된 일이라고 생각합니다. X의 불행한 작품은 (지금까지) 어떤 지각 변동도 일으키지 않았으며, 저 자신도 그것을 읽어보지 못한 채 세상에 나오게 되었습니다.

제가 보그슬라프스키에게 동정심을 느끼는 만큼 그를 위해 무엇을 할 수 있을지 모르겠습니다. 복사 이론에 대해 그가 하고 있는 말은 좀 이상하더군요. 부분 반사막을 가지고 행해질 수 있는 것에 대한 어떤 오해에서 비롯됐다고 보입니다.

최근에 저는 몇 가지 사소한 것들을 생각해냈습니다. 이것들 중에 가장 괜찮은 생각은 복사장에 관한 실험적 의문입니다. 복사에 대한 통계적 법칙들은 맥스웰장이 복사 내에 진정으로 존재하는가를 사람들로 하여금 의심하게끔 합니다. 고온 복사에서의 평균장의 힘은 100V/cm의 차수입니다. 즉 그러한 장이 존재한다면, 원자를 방사하고 흡수함에 있어서 상당 정도의 슈타르크 효과[19]가 분명 나타납니다. 그러나 만약 통계적 복사 법칙의 이러한 장 효과에 다른 분포를 적용한다면, 이 효과는 오직 소수의 분자에서만 일어나야 합니다만 이 효과가 너무 강하기 때문에 샤프 라인sharp line 옆에 나타나는 매우 미약한 확산 효과만이 관찰됩니다. 저는 이 문제를 프링스하임

Pringsheim과 함께 연구할 생각입니다만, 쉽지는 않습니다. 〈물리학 저널〉에 실린 대응 상태 법칙과 양자에 대해 비크Byk가 쓴 소논문을 보세요. 훌륭한 논문입니다. 상대성 이론에 대해 당신이 쓴 소책자는 많은 사람들이 이 주제를 이해하는데 도움이 되었습니다. 예를 들면 외무부 직원의 절반이 그 책을 열심히 읽으라는 명령을 받았다네요(이제 이 책으로 더 이상 문제가 일어나지 않을 겁니다).

정치적 상황으로 그렇게 속상해 할 필요는 없습니다. 어마어마한 배상금 지불과 위협들은 단지 자신들에게 이 상황을 더욱 장미 빛으로 보이게 하는 프랑스의 사랑스런 대중을 위한 일종의 도덕적 자양분일 뿐입니다. 상황들이 더욱 악화될수록, 그들이 아무런 행동을 취하지 않으리라는 사실은 더욱 확실해집니다. 건강하시길 빕니다. 당신과 부인께 안부를 전합니다.

— 아인슈타인

◆

이 편지는 몇 가지 주목할 만한 과학적 주장들을 담고 있다. 무엇보다 통계적 복사 이론과는 화해될 수 없는 맥스웰의 복사장에 대한 의심이 드러나 있다. 자신이 초기에 발표한 논문 중 한 논문에서 아인슈타인은 로렌츠의 측정 결과에 의존한 복사에 대한 파동 이론에는 복사 에너지의 평균 제곱 변위가 평균 에너지 밀도와 비례한다는 사실이 함축되어 있음을 보여주었다. 복사를 광자를 구성하는 일종의 가스로 표현하는 빛에 대한 아인슈타인의 양자 이론은 이상 기체 안에서 평균 제곱 변위가 평균 에너지 밀도 자체에 비례한다는 점을 보여준다. 그러나 플랑크가 경험적으로 얻어낸 복사 법칙에 따르면, 평균 제곱 변위는 이러한 두 항의 총합이다. 이는 복사가 파동이나 입자로만 구성되는 것이 아니라 두 가지 것으로 함께 구성됨을 의미한다. 이것이 바로 그 유명하면서 동시에 악명 높았던 '파동-입자 이원성'이었다. 아인슈타인은 그때 이후 언제나 이 문제를 고심했으며, 이번 편지를 포함하여 앞으로 보게 될 편지들에서 이에 관한 많은 생각들을 언급하게 된다. 하지만 그는 그런 생각을 최종적인 결론이라고 여기지 않았다. 이 편지에서 그는 온도 복사장에 대한 슈타르크 효과가 입자 이론과 파동 이론 중 하나를 택하게 할 수 있다는 생각을 가지고 맥스웰의 장을 제거하고 싶어 한다. 그가 프링스하임과 함께 계획했던 실험을 정말로 수행했는지에 대해서는 들은 바가 없다. 외무부 직원의 절반이 상대성에 대한 내 책을 읽는다는 말을 듣고 아주 크게 웃었던 것 같다.

30_ 아인슈타인에게

1921년 2월 12일
Frankfurt a.M.

당신의 친절한 편지에 곧장 답장을 보냈어야 했지만, 살게 될 집을 찾을 수 있는 희망이 보여서 급하게 괴팅겐에 가야만 했습니다(조만간 그 집을 얻을 것 같습니다). 제 아내가 어느 날 제가 몰랐던 비밀을 공개했고, 부인과 제 아내 사이에 유쾌하지 못한 편지가 오간 사실에 대해 어렴풋이 알게 되었습니다. 아내는 신랄하고 가혹한 단어들로 편지를 쓴 것에 죄송한 마음을 갖고 있습니다. 저는 이 문제를 제가 기억할 수 있는 다른 어떤 것들보다도 가슴속 깊이 진지하게 받아들였습니다. 당신과 관계된 모든 것들이 저에게 크게 영향을 끼치기 때문입니다. 정말입니다. 만약 그렇지 않았다면, X 사건에 대해 제가 그렇게 동요하지는 않았을 겁니다. 세상은 공교롭게도 그렇게 떠들썩하지 않습니다. 그러나 게시판마다 붙은 광고를 볼 때마다 기분이 그리 좋지는 않습니다. 이제 이 문제는 그만 얘기하죠. 제 자신이 가지고 있는 시간의 척도가 적용되지 않기 때문에(제 시간의 척도는 매우 짧습니다), 세상과 맺고 있는 이러한 관계들에 대해 저는 아마도 또 다시 화를 내게 될지도 모릅니다. 곧 알아차릴 수 있으실 겁니다.

베를린에 있는 당신조차도 보그슬라프스키를 도울 수 있는 방법이 없다면, 저로서도 더이상 어떻게 해볼 도리가 없군요. 기껏해야 누군가가 우리의 서명이 적힌 개인적인 초청장을 보낼 수 있고, 그것으로 잘하면 여권을 얻을 수도 있을 겁니다. 만약 그가 이곳에 오게 된다면, 저는 그가 몇 개월 동안 자신의 삶을 살아갈 수 있는 수단을 제공할 수 있겠죠. 그의 이론적 생각들은 기대한 만큼 가치가 있지는 않습니다. 복사에 관한 그의 주장에서 그는 확실히 반사 피스톤에 의한 압축이 진동수를 변화시킨다는 사실을 잊었습니다. 저는 과거에 이 문제를 두고 많은 생각을 했었고, 반투성 막이 해답을 주지 못한다는 점을 알고 있었습니다. 장의 통계적 특성을 결정하기 위해 열복사 내에서 장에 대한 슈타르크 효과를 이용한다는 당신의 과감한 생각은 아주 좋습니다. 그 생각이 성공을 거두기를 빕니다. 비크의 논문을 읽고 이에 대해 슈테른과 논의를 했습니다. 그러나 우리는 특별히 이에 대해 크게 열광하지 않았습니다. 결국 이는 한 이론에 대한 시작의 시작일 뿐입니다.

이번 학기가 끝나기 전에 연구소 내에서 모든 연구를 마감해야 하기 때문에 저희 모두는 바쁘게 지내고 있습니다. 조금 있으면 새로운 주인인 마델룽 Madelung이 오겠지요. 불행히도 슈테른에게 아무런 자리도 마련해주지 못했습니다. 그의 미래가 현재의 반유태주의 상황 아래서는 매우 어둡기 때문에 그는 이에 무척 낙담하고 있습니다. 저는 미친 생각이라고 여기고 있는데, 그는 현재 산업체 쪽으로 자리를 옮기는 게 어떨까 고려하고 있습니다. 그는 올 여름 몇 주 동안 휴가를 얻어 괴팅겐으로 올 생각입니다. 보아도 6월 초부터 괴팅겐에 머무를 예정입니다. 당신은 어떠십니까?

제가 하고 있는 경로-길이 측정은 여전히 만족스럽지 않습니다. 비록 저는 은 복사를 가지고 미미한 비율 내로 일정한 압력을 유지하는 요령을 터득하고, 마찬가지로 미미한 비율 내에서 침전층의 두께를 측정할 수 있게 되었지만, 여전히 제 기술은 완벽하지는 않습니다. 저는 비이너Wiener가 망원경을 위한 광학 용도로 개발한 간섭 방식을 이용해 두께 측정을 하고 있습니다. (약 $1\mu m$ 정도 되는) 층의 두께를 ($1mm^2$의 시계로) 거의 한 층 한 층씩 측정할 수 있습니다. 저는 이 방법을 극소 결정의 탄성 상수를 측정하는데 사용하고 싶습니다. 다이아몬드에도 이를 적용하고 싶은데 성공할지도 모르겠습니다. 파울 오펜하임이 0.5cm 길이의 다이아몬드 조각을 제게 조달해주었습니다. 포이크트의 후임자로서 저는 이런 식으로 뭔가를 시도하지 않으면 안 됩니다.

이론적 작업은 거의 하지 못했습니다. 최근에 카라테오도리Carathédory의 열역학에 대한 설명을 썼는데, 〈물리학 저널〉에 곧 발표될 겁니다. 이에 대해 당신이 어떤 말을 해줄지 상당히 기대됩니다. 제 원고를 스미르나에 있는 카라테오도리에게 보냈는데, 제가 자신을 제대로 이해했다고 생각하더군요. 저는 또한 저를 끊임없이 혼란스럽게 했던, '만약 NaCl형의 격자에서 양이온과 음이온이 어떻게든 교환된다면, 정전기 격자 에너지는 언제나 증가한다'는 명제도 증명했습니다. NaCl 격자는 따라서 그러한 교환 과정에서 최소 에너지를 갖게 되며, 이는 또한 그것의 빈도 발생을 설명하게 됩니다. 제가 염두에 두고 있는 소금의 용해 이론을 위해 이 명제가 필요합니다. 이 명제를 통해 저는 용해 과정에서 서로 뒤범벅이 되는 이온을 시각화합니다. 그러나 역시 쉽지 않습니다! 하지만 당신이 느낄 수 있듯이 그리 대단한 연구는 아닙니다.

또한 백과사전에 들어갈 논문을 위해 저의 개인 조수인 브로디Brody 박사와 함께 연구를 하고 있습니다. 그는 매우 똑똑한 사람입니다. (안타깝게도 그는 독일어를 거의 모르는데, 듣기는 더 안 됩니다.) 그는 포엥카레의 적분 불변식을 이용하여 새로운 일반 양자화 방법을 찾아냈습니다. 그가 당신에게 이에 대해 말했다고 하네요. 아마도 이 안에 어떤 진실이 숨어 있을 것 같습니다. 게를라흐Gerlach가 지금 저희와 함께 있습니다. 그는 정말로 대단합니다. 매우 활동적이며, 박식하고, 창의력까지 갖추고 있어서 저희에게는 큰 도움이 되고 있습니다. 그는 얼마 전 칠레 정부로부터 그곳(산티아고)의 물리학과와 전자공학과를 맡아 달라는 제안을 받았습니다. 그 제안을 받아들이는 게 현명한 일인지는 모르겠습니다. 제 생각으로는 여기서도 그는 괜찮은 전망을 가지고 있지만, 모험심이 강한 사람이라 이런 종류의 해외 임용에 적합한 인물이기도 합니다. 프랑크가 현재 괴팅겐에 정착했습니다(비록 당분간은 코펜하겐에 있는 보어와 함께 지내야 하지만). 그가 그곳에서 할 일을 구하지 못했기 때문에 확실하기 저는 서둘러서 그를 위한 돈을 마련하고 있습니다. 현재 68,000마르크를 가지고 있는데, 우리의 연구를 가지고 비전문가들의 관심을 끄는 일은 결코 쉽지 않습니다. 좀 더 돈을 모아야 합니다. 비인은 뮤니치의 자신의 연구소의 장비를 새로 교체하는 데에 위한 큰 액수의 지원금을 얻어냈습니다. 저는 비인이 받은 만큼의 돈을 프랑크도 받아야 한다고 믿습니다.

슈프링거Springer가 두 번째 판을 발간하려고 하기 때문에, 상대성 이론에 대한 제 책을 다시 검토해야 합니다. 그러나 이번 학기에는 충분한 시간이 없을 겁니다. 만약 당신이 실수나 누락된 부분을 발견했다면, 기꺼이 저에게 알려주시기 바랍니다. 백과사전에 싣기 위해 파울리가 쓴 논문이 완성되었는데, 논문의 무게가 2.5 킬로그램이나 나간다고 하더군요. 그의 지적 무게가 얼마나 나가는지를 보여주는 지표입니다. 이 어린 친구는 명석할 뿐만 아니라 부지런하기까지 합니다.

이곳에서 얼마 전 재미있는 일이 있었습니다. 겉으로 볼 때는 큰 도둑이 들었다고 말할 수도 있지만, 이 악당은 문의 빗장을 부수고 지하실 창문으로 통해 안으로 들어와 다량의 은, 아마포, 자전거 두 대, 심지어 1층에 있던 제 옷과 신발까지 들고 도망쳤답니다. 그때 이후로는 잠을 제대로 잘 수가 없고 집에 있을 때도 왠지 불안한 느낌이 듭니다. 경찰 측으로부터는 감감 무소식이구요.

비록 시대기 그렇게 부정적이리고 믿지는 않지만, 저는 정치 문제에 있어서는 당신의 낙관론에 동의하지 않습니다. 독일은 요구받은 배상금을 지불하지 않을 겁니다. 저는 이러한 연합국의 무력 외교가 독일인들의 마음에 어떤 영향을 줄지 알고 있습니다. 돌이킬 수 없는 분노와 복수심 그리고 증오심만을 불러일으킬 따름입니다. 이렇게 조그만 마을인 괴팅겐에서도 그런 분위기를 느낄 수 있습니다. 물론 저는 이해할 수 있습니다. 제 이성은 이런 식으로 반응하는 것은 멍청한 짓이라고 말하고 있지만, 제 감정적 반응은 다른 사람들과 같은 심정입니다. 이 모든 것으로부터 불가피하게 새로운 재앙이 뒤따를 것으로 보입니다. 세상은 이성으로 지배되지 않습니다. 사랑으로는 더더구나 아니지요. 우리의 유대감이 다시는 흔들리지 않기를 바랍니다. 아내와 함께 안부를 전합니다.

— 막스 보른

◆

마델룽은 내 옛 친구였으며, 특출 난 물리학자였다. 매우 최근인 1963년 코펜하겐 대회에서 나는 그가 쓴 논문 중 하나를 결정격자에 대한 역학 이론의 기원으로서 인정해야 한다고 제안했다.[8] 내 예측대로 슈테른은 위대한 물리학자가 되었다. 그가 원자 물리학에 도입한 분자 복사 방식은 오늘날 행해지고 진행되는 연구에 활용되는 주요 도구들 중 하나가 되었다. 그의 학설은 세계 전역으로 퍼져나갔으며, 노벨상감은 물론 최고 수준의 수많은 발견들을 유도했다.

보르만Bormann 여사와 내가 은 침전물 박층thin layer을 측정하기 위해 사용했던 미시 측장기는 예나의 칼 차이스Carl Zeiss[20]가 만든 제품으로, 수년 동안 그들의 상품 목록에 올라있었다. 다이아몬드의 탄성 상수를 측정하지는 못했다. 약 30년 후, 인도의 물리학자인 바가반탐Bhagavantam은 완전히 다른 방식으로(초음파학으로) 이를 성공시킨 첫 번째 물리학자가 되었다. 한 세대가 지나서야 마침내 나의 옛 공식들 중 하나가 옳았다는 것이 증명되었다.

카라데오도리의 열역학 이론에 대한 내 해석이 고전적인 방식을 대체할 수 있을 것이라 희망했던 결과를 이끌진 못했다. 내 생각엔 고전적인 방식은 뭔가 어색하고 수학적으로 불분명했다. 최근에 들어서야 이를 사용하는 교과서가 등장했다.

프랑크에 대한 재정 보조에 관해서 말하자면, 68,000마르크의 대부분은 레클링하우젠의 실업가 칼 슈틸Carl Still이 지원해준 것이었다. 쿠랑Courant이 그를 먼저 알게 되었는데, 나중에 쿠랑이 그를 우리에게도 소개해 주었다. 슈틸은 베스트팔렌 농부의 아들이었다. 그는 밑바닥 기술자부터 시작해 근면함과 아이디어로 거대한 공장을 세웠다. 이 공장에서는 코크스 제조 가마와 모든 석탄 부산물을 재생하는 설비들이 생산됐다.

그는 과학에 매우 관심이 많았는데, 심지어 자신이 고안한 증류 공정으로 우리의 연구를 돕고 싶어 했다. 그는 종종 우리를 방문해 수학자인 힐버트와 룽게 그리고 우리의 아내들과 함께 마그데부르크 근처 엘베에 있는 로개츠의 광대한 사유지에서 사슴 사냥을 하곤 했다. 우리는 총을 쏘거나 하지는 않았지만, 들판의 끝자락에서 고무장화를 신고 내 앞에 서 있던 힐버트의 모습을 아직도 기억한다. 우리 모두는 항상 토끼 한 마리나 살찐 거위 한 마리를 받아서 집으로 돌아오곤 했다.

우리는 막스 플랑크를 슈틸에게 소개했다. 행운이었는지 전쟁 기간 중 그 루네빌트(베를린)의 그의 집이 폭격을 당했을 때, 그와 그의 아내는 로개츠를 피난처로 삼을 수 있었다. 그들은 러시아군이 가까이 진군할 때까지 그곳에 머물다가, 이후 미군에 의해 괴팅겐으로 후송시켰다. 전쟁이 끝나고 독일을 처음 방문했을 때, 우리는 칼 슈틸을 한 번 더 만났다. 그는 이미 중병을 앓고 있었으며, 얼마 지나지 않아 곧 사망했다. 내 나이와 거의 비슷한 그의 아내와의 우정은 계속 지속되었으며, 지금은 우리 자식들 세대로까지 그 우정이 이어지고 있다. 현재 그 공장은 그의 아들인 칼 프리드리히 슈틸Carl Friedrich Still이 이어 받았으며 여전히 번창하고 있다. 슈틸 부자는 아헨 기술 대학교로부터 명예박사 학위를 수여받았다.

슈틸의 지원은 개인적 차원에서 재정 지원을 하던 흔하지 않은 경우 중 하나였다. 물론 이 지원은 프랑크의 연구를 위한 것이었지 내 연구를 위한 것은 아니지만 나는 이를 지지했다. 아인슈타인과 마찬가지로 나도 이론물리학자는 종이와 연필 그리고 몇 권의 책만 있으면 된다고 주장해왔다. 괴팅겐 연구소 전체를 관리하는 소장 자리를 제안 받았을 때에도 나는 골방 하나만을 사용했다. 나중에 옮겨간 에든버러에서도 그럴 수밖에 없는 처지였기도 했지만 달라진 것은 없었다.

이 편지는 정치 문제에 대한 몇 가지 단상으로 끝을 맺고 있다. 이 편지를 다시 읽어본 오늘날 당시에 내가 얼마나 상황을 정확하게 평가하고 있었는지를 보고는 놀랐다. 나는 점점 커져만 가는 독일인들의 고통을 경험했으며, 이로부터 파국으로 치닫게 될 전쟁이 도발되리라고 느꼈다. 결국 파국은 피할 수 없었다.

31_아인슈타인에게

1921년 8월 4일
Göttingen

8월 29일 세상에 제 아들인 구스타프 보른이 세상에 나왔습니다. 아내는 매우 건강하며, 당신에게 안부를 전해달라고 합니다. 저는 이곳에서 몇 주간 더 머무른 후 휴식을 취하고자 이곳을 떠날 예정입니다.

유감스럽게도 저널 등 기타 문제로 예나에서 있을 물리학자 대회에 참석하지 않으면 안 됩니다. 다른 대회에는 다시는 참가하지 않겠다고 맹세를 했습니다. 아우에르바흐Auerbach가 자신과 함께 지내자고 초대를 했고, 당신도 그곳에서 우리와 함께 지내야 한다고 제게 편지를 썼습니다. 좋은 제안입니다. 프랑크는 9월에 코펜하겐에 있는 보어를 방문할 겁니다. 저는 브로디와 함께 고체 상태에 대한 방정식을 연구하고 있습니다. 이를 위해 저희는 결정을 설명하는 엄밀한 이론을 개발 중입니다. 어려운 일입니다만 잘 진행되고 있습니다.

당신과 가족에게 안부를 전합니다.

— 막스 보른

32_보른에게

1921년 8월 22일

내게 자세한 얘기를 들려주어 감사합니다. 카이저 빌헬름 연구소의 일처리가 다소 늦을 겁니다. 연구비 문제로 동료들 모두를 소집해야만 하기 때문입니다. 당신이 요구한 사항은 이곳에 있는 재원을 몽땅 내어달라는 말입니다만, 소집의 결과가 좋을 수도 있으며 제가 그렇게 조정할 수 있기를 바라고도 있습니다. 조금만 참으십시오.

빛의 방출의 본질에 대한 매우 흥미롭고 단순한 실험을 생각해 보았습니다. 이 실험을 조만간 직접 해봤으면 좋겠습니다. 한편 저는 또다시 저주스런 우편물의 노예가 되고 있습니다. 하나하나 다 읽어볼 수 없을 정도로 많은 편지들이 쇄도합니다. 호숫가에서 제 아이들과 행복한 시간을 보냈습니다. 당신과 부인께 축하한다는 말씀과 함께 안부를 전합니다.

— 아인슈타인

33_아인슈타인에게

1921년 10월 21일
Göttingen

오늘 제가 이렇게 당신에게 편지를 쓰는 이유는 저희가 신청한 X선 장비 건으로 카이저 빌헬름 협회의 전능하신 물리학 연구소장께 드릴 말씀이 있기 때문입니다. 프랑크가 이미 당신에게 이에 대해 설명했다고 하더군요. 그런데 문제가 생겼습니다. 열흘 전 파이파-베르케Veifa-Werke사의 대표가 이곳에 와서는 한꺼번에 물건을 모두 주문하면, 현재 가격으로 장비를 납품하겠다는 제안을 했습니다. 카이저 빌헬름 연구소의 결정안이 저희에게 전달되지 않는다고 해도, 10월 31일까지는 주문을 취소할 수 있습니다(3주 지불 유예). 하지만 만약 19월 31일 이후에 주문한다면, 통화 평가절하로 인해 거의 50퍼센트에 육박하는(!!!), 인상된 금액을 지불해야 합니다. 저희는 이 보조금 허가서가 3주 안에 카이저 빌헬름 연구소로부터 도착하리라는 희망을 갖고 그 제안을 받아들여 물건을 주문했었습니다. 최종 기한인 10월 31일이 점점 다가오고 있으며, 저희는 여전히 결정안을 기다리고 있습니다. 포올Pohl과 프랑크가 당신에게 편지를 써서 연구소의 입장이 어떤지, 10월 31일 안에 주문을 취소해야 하는지 혹은 보조금이 나오더라도 그 액수가 충분한 금액인지 확인해보라고 저에게 물었습니다. 장비 가격이 150,000마르크로 인상된 다음에 100,000마르크를 받게 된다면 유감스러운 일이 됩니다. 빨리 답을 받고 싶습니다.

한편 저희는 장비, 수집품들, 변기 등을 옮기기가 너무 복잡해서, 독립적으로 사용하던 방 2개를 비우고 이를 X선 연구 용도로 사용할 예정입니다.

내과 클리닉을 담당하는 퀸스트너Künstner 박사가 열악한 조건하에서 연구하고 있습니다. 그곳에는 파이파사의 장치들이 있기 때문에 박사는 이 장치들에 익숙합니다. 저희에게는 지금 많은 문제들이 산재해 있기 때문에, 부디 이 장비들도 함께 받았으면 좋겠습니다.

공적인 용무가 끝났으니 개인적인 문제를 말씀드리겠습니다. 휴가 기간 동안 저는 몸이 좋지 않았습니다. 7월 말 경에 카타르catarrh[21]에 걸려서, 티롤의 에르발트에서 3주 동안이나 쉬었는데 아직도 완전히 회복하지 못했습니다. 카타르 그 자체는 위험한 병은 아니지만, 이미 천식을 앓던 몸에 이 병이 더해지니 제게는 큰 짐입니다. 몇 개월 동안은 천식으로 밤에 제대로 잠을 자지 못했습니다. 그러나 지금은 많이 좋아졌고 앞으로 몇 주 안에 병이 완전히 낫기를 바라고 있습니다. 시간이 흘러 머지않아 대학 학기가 시작하게 됩니다. 이곳은 언제나 좋은 일들이 계속되고 있습니다. W. 파울리Pauli가 이제 제 조수입니다. 놀랄 정도로 똑똑하고 유능합니다. 게다가 21세(21세라면 평범하든지 혹은 게이gay든지, 아니면 아직 어린 티를 벗어나지 못한 친구들 밖에 없습니다)임에도 불구하고 매우 어른스럽습니다. 유감이지만 그는 자신이 이미 말했던 대로 내년 여름에는 함부르크의 렌츠로 가기를 원합니다. 브로디도 저와 함께 있습니다. 매우 영리하고 다른 사람에게 자극을 주는 인물입니다. 하지만 그에게는 생계에 충분한 월급이 딸린 자리가 필요합니다. 지금 저는 (프랑크, 쿠랑 그리고 제가 유치한 기금으로) 약간의 수당밖에 주지 못하는 형편입니다.

　과학에 대해서는 특별히 말씀드릴 것이 없습니다. 열역학에 대해 쓴 장문의 논문이 인쇄를 기다리고 있습니다만, 기본적인 논증이 불안정해 보여서 저는 벌써부터 인쇄가 되기 않기를 바라고 있습니다. (불안한 기초임에도 불구하고 우연히 옳다고 생각한) 결과가 호기심을 자극하기는 합니다. 에너지와 열팽창의 비례라는 그뤼나이젠Grüneisen의 생각은 저온 상태에서는 참이 아닙니다. 즉 후자의 경우에서는 T^4-법칙이 아니라 T^2-법칙이 적용됩니다. 물론 경험적으로 실험을 해봐야 합니다(네른스트Nernst?). 수학적으로 흠잡을 곳이 없는 격자 포텐셜에 대한 저의 다른 논문도 인쇄를 기다리고 있습니다. 파울리와 제가 진동자 체계의 예를 가지고 〈물리학 저널〉에 기고한 논문을 위해 브로디와 제가 발전시킨 근사법을 사용하여 원자에 대해 수행한 몇 가지 양자 측정으로 씨름하고 있습니다. 어떤 결과가 나오겠지요. 이 문제 외에도 여러 가지 많은 것들을 생각하고 있지만 대부분 큰 수확은 없습니다. 양자 연구는 희망도 보이지 않는 진흙탕 속을 헤매는 행위나 마찬가지 입니다.

　제 아내와 아이들은 건강합니다. 아이들은 괴팅겐이 잘 맞나 봅니다. 새로 태어난 막내아들도 잘 자라고 있습니다.

　정치 문제가 또다시 큰 걱정입니다. 객관적인 태도를 유지하려는 저의 선한 의도에도 불구하고, 구역질이 날 정도로 위선적인 연합군의 모습을 보고 있자니 이에 대한 제 반감은 커져만 갑니다. 독일인들이 기회가 될 때마다 다른 나라를 약탈하고 도둑질했던 것은 사실입니다만, 그들은 '문명 구출'과 같은 가소로운 말은 하지 않습니다. 이렇게 흥분하면 편지를 계속 쓰지 못하니 이쯤에서 이 얘기는 그만두렵니다.

윌슨 산Mount Wilson[22]에 있는 사람들이 적색 이동을 확증했다는 보고가 사실입니까? 이미 발표가 되었습니까? 발표가 되었다면 어디에 되었나요? 〈물리학 저널〉의 편집자인 저에게 글라저Glaser가 편지를 보내 자신이 동봉한 원고를 수락해 달라는 부탁을 했습니다. 디바이 또한 이 원고의 수락을 제게 추천했습니다. 하지만 저는 원고를 읽으면서 글라저가 세련되지 못한 방식으로 그레베Grebe와 바흐만Bachmann을 공격하고, 당신에 대해서도 중상모략성의 표현을 하고 있는 구절들을 발견했습니다. 저는 이 부분을 수정해 줄 수 있겠냐는 요청과 원고를 그레베에게 미리 보여줘도 괜찮겠냐는 양해가 담긴 질의서를 동봉해 원고를 돌려보냈습니다. 적색 이동을 확증한 윌슨 산의 발표가 이번에 나올 저널에 함께 실리게 되면 일이 매우 재미있어질 겁니다. 글라저는 세인트존스에서 발표된 부정적인 결론에 근거하여 자신의 주장을 펼치고 있기 때문입니다. 저널을 위해 그들에게 짧은 보고서를 보내달라고 요청해 주실 수 있겠습니까? 아, 정말 그만 해야겠습니다.

당신과 가족 분들께 안부를 전합니다. 또한 공손하고 겸손한 자세로 제 아내도 당신께 안부를 전합니다.

— 보른

◆

이 편지는 매우 중요한 문제를 다루고 있다. 즉 중력장 내의 스펙트럼의 적색 이동이 관찰됨으로써 일반 상대성 이론이 확증되었다는 발표를 언급하고 있다.

내가 말한 금전적인 문제들은 오늘날의 기준으로는 이해하기 힘들다. 그러나 독일 통화의 인플레이션이 시작되었다는 사실을 기억해야 한다. 당시는 두세 달 만에 돈의 가치가 절반으로 떨어졌다. 나중에는 며칠 밖에 걸리지 않았다. 이 때문에 X선 장비를 구입하는데 문제가 생긴 것이다.

정부 기관과 공공 기업체들은 이 상황을 이해하지 못했다. 법원은 융통성이라곤 찾아볼 수 없는 재판을 통해 이 통화 재앙을 지지했다. 나는 내가 상속한 유산의 대부분을 잃었다. 모기지mortgage 때문에 내게 빚을 진 어떤 사람이 나에게 모기지의 전체 액면 가격(50,000마르크로 기억한다)을 당시 1마르크 정도의 가치 밖에 없었던 팽창 통화 단 한 장의 지폐로 지불했다. 위법 행위가 아니었다. 대법원이 1마르크는 1마르크라고 결정했기 때문이다. 이를 포함한 유사한 경험들을 겪게 되니, 중산계급의 아들로서 자라면서 자연스럽게 갖게 된 금융 전문가와 법률 전문가의 지혜에 보내는 나의 신뢰는 크게 떨어졌다.

그러나 당시 프랑크와 내가 괴팅겐으로 이사를 할 때만 하더라도 상황이 그렇게 아주 나쁜 편은 아니었다. 하지만 우리는 연구소를 운영하기 위해 많은 시간과 정력을 낭비하지 않으면 안 되었다. 상황은 우리의 아내들에게는 더욱 좋지 않았다. 아내들은 우리들의 급여로 음식, 의복 그리고 다른 생필품 등을 바로바로 구입하지 않으면 안 되었다. 얘기가 옆으로 많이 샌 것 같다.

과학적 문제에 대해 얘기하자면, 내 젊은 조수였던 파울리와 공동으로 행했던 원자 구조의 측정에 대해 언급한 부분이 가장 흥미로운 주제이다. 이 연구의 목적은 양자 가설을 역학 체계에 적용하기 위해 마련된 보어-좀머필드Bohr-Sommerfiled 규칙이 올바른 결과를 이끌어 내는지 확인하는 작업이었다. 우리는 포엥카레가 천체 섭동astronomical perturbation[23] 측정 결과에 근거하여 만든 적절한 근사법을 이용했다. 그러나 결과는 부정적이었고 그래서 양자 연구가 '희망이 보이지 않는 진흙탕'으로 느껴졌던 것이다.

하지만 얼마 지나지 않아 나는 이 문제에 대해 다른 각도에서 자문하게 되었다. 수소 원자와 이와 유사한 다른 단순계에서 거둔 보어 이론의 성공이 우연이었다는 것이 가능할까? 그것과는 다른 더 나은 이론이 존재할 수는 없을까? 이 문제는 특별히 하이젠베르크가 파울리의 자리를 이어받고 나서부터 우리의 연구 프로그램이 되었다. 우리는 보어의 이론이 적용되지 않는 사례들을 체계적으로 살펴보기 시작했고, 곧바로 헬륨 원자에서 그 한 가지 사례를 발견했다. (다른 사례들은 이미 결정체 격자 역학에서 드러났다. 평면 전자 궤도plane electron orbits를 가진 보어의 원자로 만들어진 원자의 격자는 완전히 잘못된 압축성compressibilities을 유도했다.)

최근 들어서는 누구나 아인슈타인의 결론을 검증할 수 있게 되었지만, 적색 이동은 오랫동안 모호한 현상으로 남아 있었다. 태양 대기에 대한 면밀한 연구 끝에 이것이 가능해졌는데, 이를 통해 발견된 태양 대기의 상승 기류와 하강 기류들은 통상적인 도플러 효과에 의해 생겨나는 중력장의 비밀을 밝혀주었다. 또한 상대적으로 조용히 태양 대기를 맴돌며 순수 형태의 중력 효과를 보여주는 나트륨 증기 구름이 발견되었다. 마지막으로 적색 이동 또한 감마선에 의해, 즉 뫼스바우어 효과Mösbauer effect[24]에 의해 지구에서 직접 검증되었다. 설명이 주제에서 너무 많이 벗어난 듯하다.

헤디가 새로 태어난 막내아들을 안고 있는 사진엽서가 다음에 이어진다. 자신이 전에 보였던 무례함에 용서를 구하는 짤막한 사과의 편지이다.

34_

1921년 11월 1일

안녕하세요. 저는 구스타프 보른입니다. (1) 아저씨의 착한 마음씨와 사랑에 호소하며 부탁드려요. 그 아저씨 문제와는 아무런 관계가 없는 제 어머니에게 (2) 원한을 품지 말아주세요.

XXX 서명: 구스타프

35_아인슈타인에게

1921년 11월 29일
Göttingen

연구소는 당신이 아직도 이탈리아의 어느 따스한 지방에 머무르며 휴가를 즐기고 있는지 아니면 이미 베를린에 돌아왔는지 모른다고 하더군요. 만약 이탈리아에 계속 계신다고 하더라도 곧 돌아오시겠지요? 그런 생각으로 당신께 이 편지를 쓰고 있으며, 머지않아 이 편지를 받아보았으면 좋겠습니다.

우선 우수한 성능을 지닌 X선 장비를 마련할 수 있게 해주신 것에 감사를 드립니다. 이 장비는 요즘 괜찮은 연구소라고 한다면 갖추지 않으면 안 되는 물건이기도 하고, 이 장비가 없다면 종종 발생하는 문제들을 해결할 수 없기 때문에 프랑크와 포올 그리고 저는 무척 기뻐하고 있습니다. 포올이 공식적인 감사 편지를 쓸 테지만, 이렇게 개인적으로 감사의 말씀을 먼저 전합니다. 이 소중한 선물은 베를린에 계신 여러분들이 저희들에 대한 변하지 신뢰를 보여주는 상징일 테며, 저희는 이에 대해 매우 만족스럽게 생각하고 있습니다.

포올이 이 장비의 구입과 관련된 제반 책임을 지고 있는데, 지금까지 장비 설치에 요구되는 공간 부족 문제라든지 공장 측이 저희에게 보낸 불신을 달래는 등 고심이 많았습니다. 특히 파이파Veifa 쪽의 거래 방식은 우리가 그들로부터 물건을 구매하기 힘들게 만듭니다. 포올이 잠시 베를린에 가서 지멘스Siemens와 협상을 할 예정입니다. 왜냐하면 저희는 의료 용도로 설계된 장비 세트를 구입하는 대신, 가능하다면 최상의 장비들을 따로 사들여 저희가 생각하는 대로 조립하고 싶습니다.

별로 유쾌하지 않은 소식이 있습니다. 제 몸 상태가 여전히 좋지 않은데, 티롤에서 보낸 여름휴가가 크게 도움이 되지 않았던 것 같습니다. 휴가지에서 돌아온 이후 저의 거의 매일 밤 천식으로 고생하고 있으며, 상태는 점점 더 악화되고 있습니다. 3주 전에는 기관지염을 동반한 심각한 발작 증세를 보였고, 이 때문에 오랫동안 침대 신세를 지지 않으면 안 되었습니다. 천식에 일가견이 있는 특별 의료진(특별히 마이어E. Meyer)으로부터 치료를 받았습니다만, 여전히 심한 카타르로 고생하고 있습니다. 이 상태로는 강의를 할 수 없을 정도입니다.

파울리가 이 때문에 제 역할을 대신하고 있는데, 21살 먹은 젊은이임에도 불구하고 매우 잘 해나간다고 보입니다. 다른 것들은 다 잘 돌아가고 있는데, 이렇게 몸이 따라주지 않으니 답답할 노릇입니다.

프랑크와 일하는 것은 하나의 기쁨이라 말씀드리고 싶군요. 포올과도 좋은 관계를 유지하고 있습니다. 파울리는 다른 사람에게 여러 면에서 자극을 주고 있는데, 이렇게 훌륭한 다른 조수를 또다시 얻을 수 있으리라고는 생각하지 못할 정도입니다. 유감스럽게도 그는 내년 여름에 함부르크의 렌츠로 가고 싶어 합니다.

최근에 진지한 자세로 연구에 임할 수 없었습니다만, 섭동perturbation 이론을 보다 잘 이해하게 되었고 보어가 하고 있는 작업에 대해 어렴풋하게나마 알게 되었습니다. 또한 결정 연구를 체계적으로 진행하고 있습니다. 여름에 쓴 몇 개의 논문이 최근 〈물리학 저널〉에 실렸습니다.

반응 비율rates of reaction를 주제로 폴라니Polanyi가 쓴 논문에 대한 당신의 의견을 듣고 싶습니다. 그는 아직 알려지지 않은 에너지-전달energy-transmission(역학적 상호작용이 없이 단순히 공간을 점프하면서 한 분자에서 다른 분자로부터 양자 에너지가 전달되는 것)과 같은 개념을 상정하지 않는다면 이 현상을 설명하지 못한다고 주장합니다. 프랑크와 저는 그의 생각을 믿지 않습니다.

랭뮤어Langmuir가 현재 이곳에 와 있습니다. 이 사람 또한 폴라니와 유사한 생각을 하고 있는데, 저희는 역시 그의 의견도 믿지 않습니다. 말이 나와서 하는 말인데, 저희는 그를 무척 좋아했습니다. 그는 물리학에 대해 많은 것을 알고 있습니다. 장력tensile strength에 대한 폴라니의 또 다른 논문 역시 말이 안 된다고 생각하지만, 최소한의 진실은 담겨 있다고 보입니다. 이 문제를 두고 당신과 무척이나 얘기를 나누고 싶습니다!

제가 가르치는 학생 중에 한 명(민코프스키의 조카인데 이름이 같습니다)이 저속 전자(가장 느린 $h\nu$보다 더 느린 속도)의 흐름에 관한 정확한 이론을 만들어 냈습니다. 이는 다음과 같은 프랑크의 생각에 기초하고 있습니다. 즉 극진공extreme vacuum에서 차일드-랭뮤어 방정식Child-Langmuir equation은 $J \propto V^{3/2}$ 의 전압 함수와 같은 전류를 줍니다. 그리고 만약 여기서 가스를 더하면, 전자가 방출되어 공간 전하 밀도space charge density[25])는 증가되고 J/V 법칙은 변하게 됩니다. 기존 이론에 따를 때, 이러한 변화가 발생하면 가스 내의 전자의 자유 경로 길이도 변화되어야 합니다. 그러나 흥미롭게도, 정말 말이 안 되는데, 예나의 람사우어가 주장하는 견해에 따르면, 아르곤 가스 내에 있는 전자의 경로 길이는 점점 줄어드는 속도와 함께 무한대가 된다는 것입니다. 이는 저속 전자들이 자유롭게 원자를 통과한다는 말입니다! 저희는 이러한 생각을 거부하고 싶습니다.

제 이론적 아이디어는 다음과 같습니다. 우선 맥스웰-볼츠만 충돌 방정식 Maxwell-Boltzmann collision equation으로 시작합니다.

$$\frac{\partial F}{\partial t} + \zeta \frac{\partial F}{\partial x} + ... + \frac{X}{m}\frac{\partial F}{\partial \xi} + ... = \iint \text{collisional integral}$$

이 방정식은 보통 적분되어 좌변이 0과 동일하게 되며, 첫 번째 근사치에서 맥스웰의 분포함수distribution function 때문에 적분은 사라지게 됩니다. 두 번째 근사치에서 이 분포가 좌변으로 들어가게 됩니다. 그런 다음 반대로 합니다. 첫 번째 근사치에서는 모든 충돌과 통상적인 공간 전하 분도포는 무시하면서, 아래의 방정식을 집어넣고

$$X = -e\frac{\partial \psi}{\partial X}$$

두 번째 방정식인 $\Delta \psi = -\varepsilon \int F d\xi d\eta d\zeta$ 을 사용하는 것이 필수적입니다. 두 번째 근사치에서는 하나의 충돌 사례를 고려합니다. 이런 식으로 계속 작업을 진행합니다. 이 생각대로라면 잘 될 것 같습니다. 민코프스키가 스포너 Sponer양과 함께 몇 가지 실험을 하려고 하는데, 분명 어려울 겁니다.

저희는 레너드Lenard가 졸트너Soldner에 대해 쓴 논문 때문에 크게 웃었습니다. 〈프랑크푸르트 신문〉에 난 이 논문에 대한 기사를 보셨는지 모르겠군요. 사실 보도만 달랑 나온 건 아닙니다. 레너드의 논문에 대해 한편으로는 라우에Laue, 다른 한편으로 힐버트Hilbert와 저의 응답이 실려 있습니다.

저는 라우에가 쓴 책의 두 번째 권을 읽고 있습니다. 전체적으로 봤을 때 훌륭합니다. 그러나 백과사전을 위해 쓴 파울리의 논문이 이보다는 더 훌륭한 성과물입니다.

헤디는 커다란 종기로 침대에 누워있지만 이것만 빼고는 잘 지내고 있습니다. 새로 태어난 막내아들에게 젖을 주고 있는데, 젖을 주는 사람이나 젖을 받아먹는 아이나 별 탈 없어 보입니다. 두 딸도 잘 크고 있습니다.

부인과와 어린 따님들께도 안부를 전해주십시오.

베를린에 있는 친구들에게도 안부를 전합니다.

— M. 보른

◆

'젊은 파울리'에 대한 내 설명에 빠진 부분이 있다. 파울리는 늦잠 자기가 일쑤였는데, 한 번은 11시 강의를 빼먹은 적도 있다. 우리는 그가 일어났는지 확인하기 위해 10시 반에 사람을 보내곤 했다. 의심할 여지없이 그는 최고의 천재였지만, 앞으로 그만한 훌륭한 조교를 얻지 못하리라는 나의 생각은 틀렸다. 파울리의 후임자였던 하이젠베르크는 자신의 재능 이상으로 성실하기도 했다. 우리는 아침마다 그를 깨울 필요도 없었고, 그가 해야 할 일을 일일이 재확인시킬 필요도 없었다.

물리 화학자 폴라니에 대한 나의 설명은 사람들이 관심을 갖기에는 너무 오래된 이야기다. 폴라니에 대한 다른 이야기가 좋겠다. 히틀러가 정권을 잡자 그는 영국으로 건너가 맨체스터에서 화학이 아닌 철학과 사회학으로 자리를 얻었다. 그는 다방면에 걸쳐 유능했고 상상력이 풍부한 사람이었다.

아르곤 가스 안에 있는 원자의 자유 경로 길이가 점점 줄어드는 속도와 함께 늘어난다는 람사우어의 주장은 당시 말이 되지 않는 듯 했다. 하지만 결국 그의 주장은 옳았다고 판명됐다. 이는 우선 브로이Broglie의 파동역학으로 설명된다. 즉 전자의 물질파matter wave[26]는 속도에 비례하는 파장 wavelength를 가진다. 만약 원자와의 충돌을 일종의 회절 현상diffraction phenomena[27]으로 간주한다면, 저속 전자는 즉, 긴 파장을 가진 저속 전자는 장애물로서의 원자의 영향을 덜 받는다는 사실이 분명해진다. 당시 나는 이런 부분을 알아채지 못했으며, 그렇기 때문에 그렇게나 중요했던 실험을 '말이 안 된다'고 했던 것이다. 아인슈타인은 이미 이에 대한 심도 있는 통찰을 하고 있었는지 모른다.

독일의 수학자이자 측지학자인 졸트너Soldner 아인슈타인이 예측했던 시기보다 훨씬 선인 1801년, 태양에 의해 빛이 굴절된다는 예측을 했다. 그는 실제로 광선을 뉴턴의 법칙을 따라 움직이는 행성으로 여겼다(이는 그럴듯한 생각인데, 왜냐하면 가운데에 있는 물체에 의해 끌어 당겨지는 작은 물체의 경로는 그 질량에 의존하지 않기 때문이다). 그는 이 문제를 다룬 자신의 첫 번째 논문에서 아인슈타인이 만들었던 동일한 공식으로 끝을 맺었다. 그러나 이는 아인슈타인의 마지막 공식과는 두 가지 부분에 있어서 차이가 난다. 아인슈타인의 공식은 일반 상대성 이론이 요구하듯이, 태양 근처의 중력장 내에서의 변화를 고려한다. 당연히 졸트너의 작업은 아인슈타인의 적대자들에 의해 끝까지 이용됐다.

36_보른에게

1921년 12월 30일

새해 인사를 드립니다. 막내아들 사진을 보고 저희 모두가 기뻐했습니다. 아마존 부족들간의 싸움은 벌써 잊혀 졌습니다. 보른, 당신의 건강이 그렇게 안 좋다니 걱정이 많이 됩니다. 어서 건강을 회복하기를 빕니다.

파울리는 21살이라고는 하지만 훌륭한 청년으로 보입니다. 백과사전을 위해 쓴 논문에 자긍심을 가져도 되겠더군요.

폴라니의 생각은 저를 공포로 벌벌 떨게 합니다. 그렇지만 폴라니가 제가 지금까지 해결책이 없었다고 생각한 문제들에 대한 답을 발견했습니다. 특별히 저는 복사-분자 균형radiation-molecular balance과 관계된 수치 분석 numerical analysis으로 골머리를 앓고 있습니다. 결정체의 세기strength에 관한 폴라니의 생각에는 많은 진리가 담겨 있을 수 있겠지만, 가스로까지 이를 확장하겠다는 말은 제게는 엉뚱한 소리로 들립니다. 전류에 대한 당신의 연구는 흥미롭게 보입니다. 〈프랑크푸르트 신문〉에 기고한 글을 보았습니다. 졸트너에 대한 당신의 대답이 무척 마음에 드는군요.

가이거Geiger와 보데Bothe가 옆에서 거들어 준 덕분에 빛의 방출light emission에 대한 실험을 성공적으로 마쳤습니다. 결과는 이렇습니다. 움직이는 커낼선canal ray[28]의 입자에 의해 방출된 빛은 엄밀하게 말해면 단색 monochromatic이지만, 파동 이론에 따르면 기본적으로 방출을 통해 나타나는 색은 방출된 방향에 따라 달라야 합니다. 따라서 파동장wave field은 정말로 존재하지 않는다는 사실과 보어의 방출 설명은 진정한 의미로 볼 때에는 일시적인 현상이었음을 분명히 입증했습니다. 이는 최근 수년간을 통틀어 제게 가장 인상적인 과학적 경험이었습니다.

에렌페스트가 보어의 원자 이론에 대해 뭔가를 열심히 쓰고 있습니다. 그가 보어를 찾아갈 예정이라고 하던데, 만약 에렌페스트가 뭔가를 확신했다면 거기엔 분명히 중요한 의미가 있는 겁니다. 굉장히 의심이 많은 친구이니까요. 막내아들에게 인사를 전해주십시오, 새해에는 두 분께 좋은 일이 많이 일어나기를 빕니다.

— 아인슈타인

◆

백과사전을 위해 파울리가 썼다는 논문은 상대성 이론에 관한 글이었다. 원래는 좀머필드가 쓰기로 했었는데, 파울리에게 이 작업을 도와달라고 해놓고는 모든 부담을 그에게 넘겨줘버렸다. 하지만 파울리는 훌륭하게 작업을 수행했다. 21살 먹은 어린 학생이 그렇게 기초가 튼튼한 논문을 쓸 수 있다니 정말 놀랄 일이다. 깊이와 철저함으로 평가했을 때, 그 논문은 이후 30년 동안 상대성 이론을 주제로 한 다른 발표물들을 완전히 압도했다. 내 생각으로는 심지어 아서 에딩턴Arthur Eddington 경이 쓴 그 유명한 책도 이에 비견될 수 없다.

보데와 가이거와 함께 아이슈타인이 양극선positive rays[29]을 가지고 빛의 방출 문제를 다룬 아인슈타인의 실험은 이후의 편지에서 다시 언급된다. 하지만 이 실험은 큰 실패로 끝나고 만다.

37_아인슈타인에게

1922년 1월 1일
Göttingen

멍청하게 실수를 저질러 양극선 실험 장치를 재조립할 수 없게 되어버렸지만, 당신의 편지 내용에 저희들은 많은 자극을 받았습니다. 저희 머리는 수많은 문제들과 의견들로 가득한데 이를 진정시키려면 당신이 필요합니다. 장문에 달하는 편지를 쓰고 이 보다 더 긴 답장을 기대한다는 것은 분명 무리이기 때문에, 폴프슈켈Volfskehl 재단에 그 비용을 부담시켜 당신을 괴팅겐으로 공식 초청하여 비공식적인 강의를 부탁한다는 멋진 아이디어를 생각해냈습니다. 이는 당신이 힐버트의 60회 생일 파티에 참석한 의미이기도 합니다. 이 노인께서는 저희가 생각해낸 아이디어를 듣고는 무척 기뻐하셨습니다. 생일날은 1월 23일이며, 강의는 24일에 열 수 있습니다. 적어도 22일까지는 이쪽으로 오시도록 일정을 잡아주시기 바랍니다. 부인도 동행하고 싶어 하실 겁니다. 함께 오시면 좋겠습니다. 부디 저희의 초청을 뿌리치지 마시기를 빕니다. 새해 복 많이 받으십시오.

— 보른과 프랑크

38_보른에게

1922년 1월

기꺼이 당신을 만나러 가겠습니다. 개인적으로는 힐버트의 생일을 축하하고 싶기도 하고, 다른 한편으로 말씀드린 그 실험에 대해 당신과 나눌 말이 있기 때문입니다. 문제는 이겁니다. 파동 이론에 따르면, 양극선 입자는 방향에 따라 색깔이 계속 변하면서 방출됩니다. 이러한 파동은 위치 함수인 속도를 가지고 확산 매질dispersive media을 돌아다닙니다. 따라서 파동의 표면은 지구의 굴절terrestrial refraction안에서와 마찬가지로 휠 수밖에 없습니다. 하지만 실험 결과는 부정적입니다. 프랑크와 당신의 가족에게 안부를 전합니다.

— 아인슈타인

39_아인슈타인에게

1922년 1월 7일

우선 따뜻한 우정이 담긴 새해 인사에 대해 감사를 드립니다. 당신이 진정으로 원하는 모든 소망들이 이루어지기를 거듭 빕니다. 당신이 보내준 엽서를 들고 서둘러 힐버트를 찾아갔었습니다. 당신이 온다는 말을 그는 처음엔 믿지 않았지만, 금세 어린아이처럼 기뻐했습니다. 힐버트가 생일날인 23일 금요일에 정말로 당신이 이곳에 도착하여 저녁 파티에 참석할 수 있는지 다시 한 번 확인해달라고 부탁했습니다.

강의는 그 다음 주 수요일 당신이 원하는 시간에 하실 수 있습니다. 별똥별처럼 휙 하니 지나쳐버리시지 말고 저희 집에서 며칠 동안 지내셨으면 좋겠습니다. 그렇게 하시면 저희 가족이 여기서 얼마나 잘 지내고 있는지 보실 수 있겠지요. 당신께 좋은 음식을 대접할 생각입니다. 부인께서도 함께 오신다면 대환영입니다.

막스는 오늘하고 내일 브라쉬케Blaschke와 함께 지낼 예정입니다. 막스의 몸 상태가 그리 좋지 않습니다. 당신이 한 번 더 막스와 만나 기쁨을 주셨으면 합니다. 너무 세세한 부분까지 신경 쓰는 것처럼 보여 당신께 부담을 드려서는 안 되겠네요. 당신과 가족 분들에게 안부를 전합니다.

— 헤디 보른

40_보른과 프랑크에게

1922년 1월 18일

무거운 마음으로 여러분들의 초대를 거절할 수밖에 없는 저를 용서해 주십시오. 정말 어쩔 수가 없습니다. 박식한 사람들로 가득한 엘도라도에서 잠시나마 즐거운 모험을 할 수 있으면 좋으련만, 써야 할 것들과 처리해야 할 일들이 너무나 많습니다. 힐버트에게는 편지를 보내 저의 무례에 용서를 구하겠습니다. 쿠랑Courant에게도 이 소식을 전해주십시오. 제가 파티의 연주자로 참여하기를 원했습니다.

라우에는 제 실험에 대해, 아니 제 해석에 대해 거세게 반대하고 있습니다. 그는 파동 이론에 따르면 어떠한 선rays의 굴절될 수 없다고 주장합니다. 그는 큰 산란dispersion 현상을 보이는 모세관 파동capillary waves를 이용하여, 엄밀하게 발전시키기에는 한계가 있는 현재의 파동 이론을 제가 내

세운 파동 굴절이 대체할 수 있는지 실험해 보자는 제안을 했습니다. 오늘 토론회에서는 이에 대한 논쟁이 있었고, 토론회에서는 이 문제를 앞으로도 논의할 예정입니다.

화내지 마십시오. 우리의 만남을 다음으로 연기하는 것이 만남을 단념하는 것이라고는 생각하지 않습니다.

당신과 부인께 안부를 전합니다.

— A. 아인슈타인

매력적인 사진을 보내주신 보른 여사께 감사의 말을 전합니다. 어느 저녁 날 부인께서 저희에게 보내준 시를 라우에와 베가드Vegard에게 모두 읽어주었습니다. 무척 즐거워들 했고, 부인의 실력이 대가인 부쉬Busch에게도 견줄만하다는 칭찬들을 해주었습니다. 우리가 서로 다투었던 지난 과거를 생각하면서, 저는 부인께 제 마음을 담은 감사의 말씀을 특별히 전하고 싶습니다.

◆

이 편지는 양극선 실험이 기초하고 있는 아인슈타인의 생각에 막스 폰 라우에가 처음으로 의심을 던졌다는 사실을 보여주고 있다. 라우에는 당시 광학 분야에 있어서 아무도 의심할 수 없는 최고의 권위자였다. 프랑크와 나는 아인슈타인의 실험을 통해 우리들이 품었던 생각을 확인할 수 있었다기보다는, 아인슈타인이 또 다시 중요한 일보를 내딛었다는 생각으로 이 실험을 설명해주는 아인슈타인의 편지에 기뻐했다.

41_아인슈타인에게

1922년 4월 30일
Göttingen

라우에가 얼마 전 이곳에 왔었습니다. 함께 즐거운 시간을 보냈습니다. 그가 당신이 네덜란드에 곧 간다는 얘기를 해주더군요. 이 편지가 그 전에 당신에게 도착했으면 좋겠습니다. 우선 당신께 다시 한 번 도움을 구합니다. 이번에는 브로디에 관한 문제입니다. 작년 크리스마스에 베를린에서 당신과 얘기를 나누었을 때, 당신이 코프노에 그를 위한 자리를 마련할 수 있겠다고 말씀하지 않았습니까? 저는 최근 코프노와의 연락을 담당하고 있는 베를린의 I. 슈어Schur와 함께 이 문제를 논의했습니다. 그가 이 문제를 처리하고자 노력하고 있습니다만, 그전에 해결하지 않으면 안 되는 문제가 있습니다.

브로디의 가족을 보살피는 제 아내의 말에 따르면 그의 가족들이 매우 비참한 환경에서 살고 있다고 합니다. 저희가 보조 받고 있는 민간 기금(매월 2,000마르크) 중 일부를 그에게 지급하고 있습니다만, 그 액수는 그의 가족의 생계에 큰 도움이 되지 않습니다. 또한 이와는 다른 수단을 통해 저희가 해줄 수 있는 가능한 범위 내에서 그에게 도움을 주고도 있습니다. 하지만 저는 그를 이러한 비참한 상황에서 근본적으로 구출해야 한다고 생각합니다. 저는 그를 물리학자로서 매우 높게 평가합니다. 만약 그가 좀 더 기운을 내고 좋은 환경 속에서 살게 된다면, 앞으로 큰일을 해내리라 믿습니다.

그가 수행했던 훌륭한 연구 결과가 〈물리학 저널〉에 곧 실릴 예정이며, 현재 그는 열팽창을 주제로 저와 함께 연구를 하고 있습니다. 힐버트도 그를 높게 평가하고 있으며, 특히 세미나에서 그의 발표는 매우 훌륭합니다. 다른 사람에게 뭔가를 부탁하지 않고 이곳에서 그에게 강사직을 맡긴다면 더할 나위 없이 좋겠지만 그건 불가능한 생각입니다. 왜냐하면 헝가리 출신의 유태인으로서 유태인적 생활방식을 고수하는 그에게 어떤 자리도 제공되지 않을 테니까요. 저는 굶어 죽기 일보 직전인 폴 헤르츠Paul Hertz 문제로 이미 버거운 책임을 지고 있습니다. 브로디를 위해 네덜란드에 적당한 자리를 만들어주실 수 있으신지요? 네덜란드가 안 된다면, 다른 곳이라도 상관없습니다. 제가 이미 학술원조회에 그를 위한 지원비를 신청해두었지만, 그쪽에서는 아직 대답이 없습니다. 학술원조회에 추천의 말씀을 해주실 수는 없을까요? 그게 안 된다면 다른 방법은 없을까요?

다른 말씀을 드리겠습니다. 백과사전을 위한 격자론 논문을 쓰느라 많은 시간을 보내고 있습니다. 5월까지는 이 작업을 끝마치고 싶습니다. 손이 많이 가는 작업입니다. 불행히도 결정 상태 방정식에 대해 최근 발표한 제 이론에 실수가 있음이 드러났습니다. 저는 발표한 논문에서 에너지와 팽창의 비례도proportionality라는 그뤼나이젠 법칙이 모든 사례에 적용되지 않고 저온 상태의 경우에는 다르다고 주장했습니다. 즉 전자의 경우는 T^4에 비례하고 후자의 경우는 T^2에 비례한다고 주장했습니다. 그러나 이런 주장은 바보 같은 생각이었고, 저의 큰 실수에 근거해 있었습니다. 저처럼 노련한 사람이 이런 실수를 했다는 사실에 속이 많이 상합니다. 물론 실수가 발견되었다는 사실이 다행이겠지요.

이 연구가 얼마나 수행하기 까다로운 작업이었던가 하고 제 자신을 위로합니다. 더구나 파울리와 브로디도 제 논문을 검토해 주었지만, 그들도 제 실수를 발견하지 못했다는 점이 아쉬움으로 남습니다.

파울리가 유감스럽게도 함부르크의 렌츠로 가버렸습니다. 저희는 최근

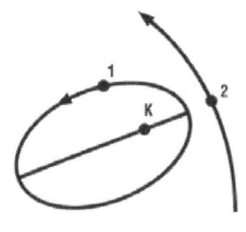
합동 논문을 시작했습니다. 이 합동 논문은 비조화 진동자non-harmonic oscillator의 양자화 문제를 두고 브로디와 함께 연구하여 발표한 적이 있었던 논문의 연장선상에 있는 작업입니다. 이 연구를 통해 개발한 근사법은 비섭동 체계unperturbed system가 준주기적quasi-periodic이며, 동시에 흐름 함수flow function를 매개변수의 범위 powers of a parameter 내에서 전개시킬 수 있는 모든 체계에 적용 가능합니다. 비섭동 체계가 약해지는degenerate 경우도 포함시킬 수 있으며, 보어의 영구 섭동secular perturbation 방법으로도 엄밀하게 유도시킬 수 있습니다. 저희는 현재, 부분적이겠지만 보어의 생각을 이해하고 있습니다. 또한 오르토-헬륨ortho-helium, 동일 평면상의 2개의 전자coplanar electron 문제에 관한 측정을 시작하여 보어가 과거에 했던 주장 즉, 중심축이 바깥쪽에 있는 전자를 향해 천천히 돌며, 안쪽에 있는 전자는 타원 궤도를 빠르게 돈다는 주장도 확증할 수 있었습니다.

파울리가 이 논문을 들고 함부르크에 갔는데, 그곳에서 마무리 짓고 싶어 합니다. 제가 백과사전을 위해 쓰고 있는 논문 때문에 시간을 낼 수가 없기 때문입니다. 게다가 이런 작업에 요구되는 조용한 사색을 방해하는 달갑지 않은 학기가 곧 시작됩니다.

프랑크의 연구소는 그의 지도하에 훌륭히 연구를 수행하고 있으며, 박사과정 학생들로 넘쳐나고 있습니다. 힐버트는 현재 스위스에 머물고 있는데, 앞으로 8일 정도 그곳에 더 머무르겠다고 합니다.

불쾌한 날씨가 연일 계속되고 있지만 제 가족은 잘 지내고 있습니다. 아내의 따스한 마음을 담아 당신게 인사를 대신 전합니다. 네덜란드와 베를린의 동료들에게도 안부를 전합니다.

— 보른

◆

통화 가치의 하락 속에서 쥐꼬리만한 급료에 의존하는 브로디 같은 젊은 사람들이 처했던 곤경은 참으로 비참했다.

고체에 대해 썼던 논문에서 범했던 내 실수는 아인슈타인이 다음 편지에서 말하고 있는 중대한 실수의 전주곡인 셈이었다.

42_보른에게

Berlin

현재 이론 물리학자들에게 자리를 마련해 주기란 쉬운 일이 아닙니다. 네덜란드도 생산 과잉으로 인한 공황 탓에 곤란한 상태에 빠져 있습니다. 브로디가 지금까지 보여준 성과들은 흔치 않는 의미들을 지니고 있기 때문에 이쪽에서 뭔가를 해 줄 수 있는 기회를 얻을 지도 모르겠습니다. 이쪽 감나지아에는 적당한 강의를 얻은 (포커Fokker와 같은) 몇몇 우수한 이론 물리학자들이 일하고 있습니다.

몇 달 전 저는 파사데나에 있는 밀리칸Millikan과 엡스타인에게 브로디 문제로 편지를 썼습니다만, 아직 답장을 받지 못했습니다. 크게 잘못 생각하는 것이 아니라면, 비상공동체Notgemeinschaft[30]에 다소 영향력을 발휘하고 있는 라우에게 이야기를 꺼내 볼 참입니다. 베커Becker의 논문(강사 자격을 위한)을 통해 당신이 말하는 섭동 방식perturbation method에 대해 알게 되었습니다. 재미있게 읽었습니다.

저 또한 얼마 전에 기념비적인 대실수를 범하고야 말았습니다만(양극선을 통한 빛의 방출 연구), 실수했다는 사실을 너무 심각하게 받아들여서는 안 됩니다. 죽음만이 실수로부터 사람을 구해낼 수 있으니까요. 보어가 행한 모든 연구 결과에서 느껴지는 그의 확신에 찬 본능에 대해 저는 매우 탄복하고 있습니다. 당신이 헬륨을 연구하고 있다는 소식은 제게는 좋게 들렸습니다. 현재 제가 가장 흥미를 느끼는 실험은 게를라흐와 슈테른의 실험입니다. 현재의 추론에 따를 때, 충돌이 없는 원자의 방향 설정orientation은 복사로 설명할 수 없습니다. 방향 설정은 100년 이상 갈 겁니다. 에른페스트와 함께 이에 대해 약간의 측정을 해봤습니다. 루벤스Rubens는 이 실험 결과를 절대적으로 신뢰할 만한 것으로 여기더군요.

X선 장비를 구입하는데 그 돈을 어서 사용하십시오. 시간이 너무 오래 걸리는 듯합니다.

여러분 모두에게 안부를 전합니다.

— 아인슈타인

◆

여기서 아인슈타인은 '기념비적인 대실수'라는 말을 함으로써, 양극선 실험을 하게끔 만들었던 자신의 생각이 틀렸다는 점을 인정한다. 부연 설명을 좀 더 할 필요가 있다.

현재(1965년) 옛 편지들을 다시 읽어보던 중 편지를 다 읽어보기도 전에 아인슈타인의 의견 중 이해할 수 없고 지지할 수 없는 부분을 발견했다. 물론 이는 아주 간단한 문제이다. 왜냐하면 우리는 지난 40여 년 동안 빛의 전파propagation에 대해서 많은 것을 배웠다. 투명 매질 내에서의 빛의 전파 법칙은 양자와는 관계가 없지만, 파동 이론에 의해 정확하게 기술될 수 있다는 생각(움직이는 물체에 대한 맥스웰의 방정식과 이 방정식의 상대적 일반화) 또한 마찬가지로 옳다. 라우에는 당시 이미 이 사실을 깨달았으며, 이를 아이슈타인의 의견에 반대하는 논의를 위해 사용했다고 보는 의견도 가능하다.

지금도 내 귀엔 아인슈타인의 모든 적대자, 상대성 이론에 반대하는 사람들이 "우리가 당신에게 뭐라고 말했습니까? 아인슈타인 또한 실수를 합니다. 왜 우리가 상대성 이론이라는 정신 나간 이론을 믿어야 합니까?"라고 말하는 소리가 들린다. 이에 대한 대답은 우리 모두가 실수를 한다는 것이다. "죽음만이 실수로부터 사람을 구해낼 수 있으니까요." 무엇보다도 상대성 이론에 대해 아무것도 알고 싶어 하지 않는 과학자들이 수없이 존재했다. 이 보수적인 사람들은 자신들이 신봉하는 철학적 원리로부터 자유로울 수 없었다. 물론 그러한 사람들이 자신들의 논증을 적절하게 펼칠 수 있다면, 우리가 이를 반대할 이유는 없다.

아인슈타인 자신도 나중에 이러한 성향을 가진 사람들 편에 속하게 되었다. 그는 물리학에 있어서 자신이 믿는 굳건한 철학적 신념에 위배되는 새로운 생각들을 더 이상 받아들이지 못했다. 그러나 아인슈타인은 주관적이며 악의적인 논쟁에 참여하지는 않았다. 자신들과는 다른 배경이나 조상, 그리고 종교 등을 가졌다는 이유를 들어 새로운 생각들을 거부할 정도로 과학적이거나 철학적이지 못한 선입견을 신봉하는 과학자들은 언제나 존재하는

법이다. 반유태주의적 입장에서 아인슈타인을 반대했던 사람들이 이런 부류의 인간들이었으며, 이후 나를 포함한 다른 많은 사람들이 이 때문에 고통을 당했다.

마지막으로 말 그대로 심술쟁이들이 있었다. 그들은 모든 사람들이 확실하다고 여기는 과학적 성과물에 대해서는 꼬투리를 잡지 않았지만, 아인슈타인의 상대성 이론과 같은 새로운 이론에 대해서는 결점들을 찾아내고자 열을 올리던 아웃사이더들이었다. 사람들은 시간이 흐르면서 이런 사람들의 숫자가 점점 줄었으리라 생각할 것이다. 그러나 사실은 그렇지 않다. 수십 년 동안 수많은 최고의 물리학자들과 수학자들이 상대성 이론을 철저히 따졌다. 그러나 결국 그들 중 어느 누구도 상대성 이론에서 잘못된 점을 발견하지 못했다. 오늘날은 아인슈타인의 상대성 이론에서 결점을 발견했다고 믿는 누군가의 의견을 진지하게 받아들이지 않는다. 오히려 나는 이런 부류의 심술쟁이들이 쓴 논문들에서 나타나는 오류를 드러내는 데 수고를 아끼지 않았는데, 내가 밝혀낸 결점들에 대해 아인슈타인처럼 자신의 실수를 인정하는 사람은 그들 중에서 한 명도 찾아볼 수 없었다.

베를린 대학의 실험 물리학과 교수였던 H. 루벤스Rubens는 적외선 실험 및 이 실험의 결과를 플랑크의 복사 공식에 적용한 연구로 이름을 날렸다.

아인슈타인이 나에게 슈테른과 게를라흐의 실험을 가장 흥미롭게 받아들인다고 한 점은 의외의 사실이다. 그는 이 실험이 나와의 토론 결과에 힘입어 프랑크푸르트 연구소의 내 앞에서 이루어졌다는 점과 상대성 이론에 대한 나의 강의에서 얻은 수익으로 이 실험이 경제적으로 보조되고 있었다는 사실을 잊고 있었던 듯하다.

내 기억이 옳다면, 슈테른은 아인슈타인이 에렌페스트와 함께 한 바 있던 소규모 측정도 함께 했다. 이는 좀머펠드에 의해 예측되고 슈테른-게를라흐 실험을 통해 실험적으로 증명되었는데, 자기장magnetic field 내에서의 원자의 방향이 고전적인 방식으로는 해석될 수 없다는 내용을 담고 있었다.

43_ 아인슈타인에게

1920년 7월 16일
Göttingen

최근에 네덜란드에 거주하고 있는 한 여성 물리학자가 저희를 찾아왔었습니다. 마이컬슨Michelson 실험이 긍정적인 성과를 거두며 미국에서 반복하여 수행되고 있다는 이야기를 꺼내더군요. 로렌츠가 아마 그 이야기를 그녀에게 들려준 것이 아닌가 합니다. 이에 대해 들으신 바가 없습니까? 마이켈슨 실험은 확실히 선험적*a priori*으로 보이는 실험들 중 하나입니다. 저는 소문은 믿지 않습니다. 당신이 정확히 알고 계신 바를 전해주신다면 감사하겠습니다.

프랑크와 쿠랑이 당신의 근황에 대해 얘기해주었습니다. 저희는 교수 임용 문제로 걱정이 많습니다. 포올이 괴팅겐에 남기로 결정했습니다. 이 때문에 한 시름 덜었습니다만, 프랑크가 베를린으로 가버릴까 봐 걱정입니다. 저는 한편으로는 진심으로 그에게 그 자리가 주어지기를 바라지만, 다른 한편으로는 그 제안을 받아들이는 것은 바보 같은 짓이라 생각합니다. 쿠랑은 당신도 저와 같은 의견이라고 하더군요.

과학적으로 크게 중요한 일은 없습니다. 조교인 휘켈Hükel과 함께 저는 적외선 띠infra-red bands를 측정하고 있는데, 다원자 분자polyatomic molecules의 양자화 때문에 많은 곤란을 겪고 있습니다(예를 들면 H_2O). 저희는 올바른 근사법을 가지고 있지만, 측정이 매우 복잡합니다. 이번 달 내로 백과사전을 위한 논문을 끝내고 싶습니다. 정말 진저리가 납니다. 분자 형성에 관한 양자 이론에 많은 생각을 해봤습니다. H_2 분자를 주제로 제가 〈자연과학Naturwissenschaften〉에 기고한 짧은 발표문은 이 분야의 권위자들이 연구했던 내용에 관심을 가질만한 결과를 담고 있습니다. 그러나 제 결과물의 주장이 명쾌해 보이면 보일수록, 전체 체계는 점점 더 말이 안 됩니다. 원리의 문제에 있어서, 제가 선택한 방향이 올바르지 않다고 느껴집니다.

아내와 아이들은 건강합니다. 제 두 딸은 예전에 저희 집 가사를 돌봐주던 분과 함께 시골에 머물고 있습니다만, 곧 돌아올 예정입니다. 저희는 9월 중순 쯤에 라이프치히에 갔다가 그곳에서 다시 이탈리아로 가려고 합니다. 제 책의 번역비로 받는 22파운드를 리라로 환전했습니다. 이 돈이 여행 경비로는 충분하지 않지만, 이번 남쪽 나라 여행에 저는 큰 기대를 하고 있습니다. 당신과 가족 분들께 안부를 전합니다. 제 아내도 안부를 전해달라고 합니다.

— 당신의 M. 보른

◆

미국의 물리학자인 밀러Miller는 마이컬슨Michelson 실험을 했는데, 처음엔 평지에서 했지만, 나중엔 고도가 높은 윌슨 산의 정상에서 실험을 행했다. 먼저 그는 마이켈슨 간섭계Michelson interferometer를 이용하여 소위 에테르 바람aether wind을 발견했다고 주장했다. 그러나 언제부터인가 이 주장을 철회했다. 그 주장의 기초가 되었던 간섭무늬interference fringe의 이동이 상당히 미약했기 때문이었다. 나는 당시 그가 그 이유를 태양계의 운동에 돌렸다고 생각한다. 1925년에서 1926년 내가 미국에 머물렀을 때, 밀러의 측정이 사람들의 입에 자주 올랐다. 그래서 나는 윌슨 산 정상에 설치된 장치를 통해 나왔다는 그 증명을 직접 확인하기 위해 파사데나를 방문했다. 체격이 왜소한 밀러는 겸손한 사람이었는데, 그 거대한 간섭계를 만져보도록 허락해주었다. 나는 기계가 매우 불안정하여 결과를 신뢰하기 힘들다고 생각했다. 손을 조금만 움직이거나 가냘픈 기침 소리가 나도 판독을 불가능하게 만들만큼 불안정한 간섭무늬를 만들어냈기 때문이었다.

그때 이후로 나는 밀러의 실험 결과를 믿지 않았다. 1912년 시카고를 방문했을 때 보았던 마이컬슨의 장치가 오히려 더 신뢰할 만하고 그의 측정이 정확하다고 생각했다. 시간이 흐르면서 나는 더 이상 이에 대해 의심을 하지 않게 되었고, 에테르 바람이 실제로 존재하지 않는다는 마이컬슨의 결과는 오늘날 보편적으로 받아들여지고 있다.

다음의 편지에서는 양자 이론이 안고 있는 특별한 문제들을 다루있던 내 연구가 짤막하게 얘기되고 있다. 이 문제들은 오늘날에는 더 이상 중요하지 않다.

44_보른 부부께

1922년 12월 23일

눈부신 태양이 함께 하는 크리스마스입니다. 섬세하고 감수성이 풍부한 사람들로 가득한 행복하고 아름다운 나라입니다. 29일 출발해 광대한 바다를 건너, 자바, 팔레스타인 그리고 스페인을 둘러보고 돌아갑니다. 4월에나 도착할 것 같습니다.

새해 인사를 전합니다.

― 아인슈타인

◆

일본에서 보낸 이 엽서는 그가 세계 여행기간 중 우리에게 보낸 유일한 메시지였다. 이 여행을 통해 그와 그의 아내는 중국, 일본, 팔레스타인 그리고 그 밖의 여러 나라들을 방문했다. 여행에 나서기 전에 그는 상대성 이론이 아니라 자신이 개발한 광자 이론을 통해 광전자 효과photoelectric effect를 설명한 공로로 노벨상을 수상하게 되었다는 소식을 들었다. 이에 대한 자세한 내용은 칼 제리크Carl Seelig가 쓴 전기나 다른 전기에서 찾아볼 수 있다.[17]

45_아인슈타인에게

1923년 4월 7일
Göttingen

당신이 여행에서 돌아왔다고 들었습니다. 환영 메시지를 보내고 싶었지만, 너무 늦었네요. 환영 인사보다 중요한 일이 있지요. 늦었지만 노벨상 수상을 진심으로 축하드립니다. 당신과 보어 이외에 달리 수상할 만한 자격이 있는 사람을 찾을 수는 없습니다. 저희는 그 소식을 듣고 마치 펀치Punch마냥 기뻐했습니다.

일본에서 보내주신 예쁜 엽서에 진심으로 감사드립니다. 당신이 계신 주소를 몰랐기 때문에 답장을 할 수 없었습니다. 시간이 되신다면, 이제 당신과 다시 의견을 교환하고 싶습니다. 멋진 여행에서 얻은 경험담도 듣고 싶네요. 이번 달 말에 제 학생들의 학업을 지원하는 미국인 친구이자 후원자를 만나러 며칠 동안 베를린에 갑니다. 그 때 만나뵙고 싶습니다. 저희는 이곳에서 매우 평온하게 지내고 있습니다. 중요하다고 할 만한 일은 홀데인 Haldane 경이 방문한 일뿐입니다. 예전부터 한 사람의 유럽인으로서 그가 가진 교양과 성품의 폭은 저희(힐버트, 프랑크, 쿠랑 그리고 저)에게 언제나 깊은 인상을 남겼었는데, 이번에 만난 그의 얼굴에는 수심이 가득해 보였습니다.

지난 6개월간 출간된 과학 저널지들을 훑어본다면 제가 그 동안 얼마나 부지런히 연구하고 많은 학생들을 독려했는지 아시게 될 겁니다. 그렇지만 발표한 결과물들은 제가 씨름하고 있는 주제들 중 정말 일부에 지나지 않습니다. 매일 매일 열심히 노력하고 있지만, 양자라는 거대한 신비에는 조금도 다가가지 못하는 것 같습니다. 정확한 측정을 통해 보어의 모델로부터 관찰된 항term 값을 얻을 수 있는지를 결정하기 위해, (포엥카레의) 섭동 이론을 살펴봤습니다. 그러나 이 이론은 수많은 다주기 궤도multiple periodic orbits 가 드러났던 헬륨의 사례에서도 판단할 수 있듯이 확실한 이론이 아닙니다. (좀머펠트가 미국에 갔기 때문에) 겨울에 하이젠베르크를 이곳으로 데려왔습니다. 그는 분명 파울리와 같은 재능을 가지고 있습니다만, 좀 더 유쾌한 성격의 소유자입니다. 또 피아노에도 재능이 있습니다. 헬륨에 대한 연구와는 별도로, 저희는 특히 원자 모델에서의 위상 관계phase relations와 보어의 원자 이론과 관계된 몇 가지 원리 문제를 함께 연구했습니다(〈물리학 저널〉). 백과사전에 실릴 격자 이론 논문을 결국 끝마쳤습니다. 분량이 250쪽으로 늘어나버렸는데, 제가 예전에 펴냈던 책의 두 번째 판으로 출간됩니다. 제 바람으로는 5월 안에 출간이 되었으면 하는데, 출간 후에는 보어의 시각을 채택하여 단극 결합력homeopolar binding forces 문제를 해결할 때까지 격자를 다루는 작업은 당분간 접어둘 생각입니다.

유감이지만 단극 결합력 개념을 밝히려는 모든 시도가 실패했습니다. 실제로 이 문제는 지금 저희가 생각하는 것과는 완전히 다르다고 확신합니다. 그러나 보어의 생각을 채택하여 수많은 정성적인qualitative[31] 결론들을 끌어내는 일도 가능합니다. 프랑크가 훌륭하게 그 일을 해내고 있으며, 이 작업이 끝난 후에 다른 몇 가지 실험을 해 볼 생각입니다. 프랑크가 베를린에 자리를 얻어 떠나갈까 저는 불안에 떨며 살고 있고 있습니다. 그가 이곳에 남는 편이 그를 위해서나 물리학을 위해서, 그리고 저를 위해서는 물론이며 베를린을 위해서도 좋은 일이라고 생각합니다. 현재 그는 네덜란드의 헤르츠에 가 있습니다.

중력과 지구의 자기장과의 관계를 밝힌다는 목표로, 즉 중력장과 전기장의 연관에 관해 당신이 새로운 이론을 개발하고 있다는 말을 들었습니다. 내용이 무척 궁금합니다. 최근 발표된 상대성 이론에 관한 대부분의 논문에는 별로 관심이 없습니다. 미에Mie가 내놓은 수준 낮은 논문은 생각만 해도 끔찍합니다. 힐버트는 이런 생각들에 그다지 관심이 없습니다. 현재 그는 논리학과 수학을 위해 자신이 개발하는 새로운 기초 이론에 몰두하고 있습니다. 힐버트의 연구는 그 분야에서 있어서 사람들이 상상할 수 있는 가장 큰 일보를 내딛는 작업입니다. 그러나 당분간 대부분의 수학자들은 이를 인정하지 않을 겁니다.

당신이 국제연맹에 등을 돌렸다고 신문들이 떠들더군요. 정말인지 알고 싶습니다. 현재와 같은 전시 상황에서는 체계적으로 진실이 왜곡되고 있는 만큼, 정치 문제에 관해 합리적 의견에 도달하기란 거의 불가능합니다. 독일의 민족주의를 강화시키는 반면 공화정을 약화시키는 프랑스의 어리석음이 저를 슬프게 합니다. 저는 복수전에 참가하게 될 운명으로부터 제 아들을 구하기 위해 제가 할 수 있는 일이 과연 무엇일까를 생각하고 있습니다. 그러나 저는 미국인이 되기에는 너무 늙었고, 전쟁 히스테리는 이곳보다 그곳에서 더욱 기승을 부리고 있다고 보입니다. 언젠가 계몽적인 논증을 담고 있는 쿠덴호프-칼레기Coudenhove-Kalergi[32]의 「기술 시대를 위한 변명Apology for Technical Age」이라는 짧은 논문을 읽었습니다. 이 논문을 못 읽어 보셨다면 꼭 구해서 읽어보십시오.

지난 3월 베를린에 갔었습니다. 플랑크와 이야기도 나누었고 친구들과 즐거운 시간을 보냈습니다. 한편 제가 언젠가 강의도 한 바 있는 독일 물리학회에는 더 이상 사람들의 참여나 토론의 흔적을 찾을 수 없는 불모지입니다. 루벤스가 무척 그리웠습니다. 침착하고 조심성 있는 성격임에도 불구하고, 과학에 있어서만큼은 매우 흥미로운 사람입니다. 제 가족들은 잘 지내고 있습니다. 당신과 가족 분들께 안부를 전합니다.

— 막스 보른

◆

미국인 친구이자 후원자인 헨리 골드만Henry Goldman은 뉴욕의 유명한 은행가 골드만삭스Goldman, Sachs & Co.의 사장이었다. 내 옛 친구가 전쟁 후 약혼녀와 결혼하기 위해 미국에 갔을 때 그를 알게 되었다. 나는 반농담조로 그에게 인플레이션으로 심각한 곤란을 겪는 내 연구소에 재정적 지원을 해 줄 수 있는 부유한 독일계 미국인을 찾아달라고 부탁했다. 몇 주 후, 뉴욕에서 엽서를 한 장이 날아왔다. "당신이 원하는 사람을 찾았습니다. 그의 이름은 헨리 골드만입니다. 현재 그는……." 아내의 도움을 얻어 나는 골드만에게 보낼 편지의 초안을 훌륭하게 잡았고, 몇 주가 지나서 그로부터 답장을 받았다. 이 편지에는 몇 백 달러짜리 수표도 함께 들어 있었는데, 당시 독일 통화 기준으로는 상당한 금액이었다. 나는 이 후원자를 만나기 위해 베를린으로 갔다. 골드만이 그 만남 이후 어떻게 지냈는지 짧게 회상하고 싶다.

골드만은 그가 유태인임을 단번에 알아차릴 수 있는 그런 외모인데, 풍채가 매우 좋은 신사였다. 그의 조부는 땡전 한 푼 없이 헤센에서 미국으로 이민을 갔는데, 이유는 그곳의 유태인에 대한 처우가 유별나게 혹독했기 때문이라고 한다. 미국에서 그는 방문판매원 일을 시작했고 생을 마칠 때에는 조그만 은행의 주인이 되었다고 한다. 그의 아들들과 손자들이 그 조그만 은행을 울워스Woolworth Co.에 자금을 융통해주는 거대한 회사로 키워냈다.

독일에 대한 이 가족들의 기억은 특히 헨리 골드만에게는 많은 것을 의미했으며, 1914년 전쟁이 발발했을 때 그는 비난 받아야 할 나라는 독일뿐이라고 생각하지 않았다. 심지어 그는 이 문제로 가족들과 사이가 틀어지기도 했다. 이후 그는 그 어려웠던 시절의 독일을 원조하기 위해 그가 할 수 있는 모든 일을 했다. 나는 아인슈타인에게 골드만을 소개했고 두 사람은 나중에 괴팅겐을 방문하여 우리 집에서 함께 지냈다. 1926년 우리가 미국으로 여행을 떠났을 때, 내 아내와 나는 골드만 가족을 방문하여 그들과 함께 뉴욕 5번가에 위치한 우아한 그의 아파트에서 크리스마스 전야를 함께 보냈다. 그는 미국인들의 비난으로부터 독일인들을 평생 옹호했으며 지원했다. 그는 범죄 정부의 강령에 반유태주의가 채택될 때까지 살았다. 나는 헨리 골드만이 사망하기 전, 런던에 있는 그의 호텔에서 그를 한 번 더 만났다(1934년 혹은 1935년). 그는 당시 많이 노쇠했으며 얼마 지나지 않아 세상을 떠났다.

홀데인 경의 방문 이야기는 이런 내용이다. 그는 괴팅겐에서 수학한 적이 있었고, 독일 문화와 언어를 좋아했다. 영국이 프랑스, 러시아와 동맹을 맺은 1914년에 영국 전쟁상British War Minister의 자리에서 그가 사임한 데에는 그럴만한 이유가 있었다. 1914년에서 1918년까지 지속됐던 전쟁이 끝나자마자, 그는 학생시절 하숙 신세를 졌던 슈로테Schlote라는 노부인을 찾기 위해 괴팅겐을 다시 방문했다. 아내는 이 노부인과 알고 지내는 사이였고, 이런 연유로 홀데인이 괴팅겐에 우리가 살고 있다는 사실을 알게 되었다. 그는 아인슈타인을 매우 존경했으며, 내가 저술한 상대성에 대한 책도 읽었다. 그 스스로도 『상대성의 지배The Reign of Relativity』라는 책을 쓰긴 했는데, 이 책은 사실 아인슈타인의 상대성과는 전혀 관계가 없고 오히려 '모든 것은 상대적이다'라는 평범한 명제를 확대시킨 내용이었다. 그의 방문은 괴팅겐에서 조용하게 지내는 우리들에게 활력소가 되었다.

이후 나는 홀데인을 다시 만났다. 나는 윌리스H. O. Willis가 운영하는 담배 제조 회사가 내놓은 기부금으로 설립된 브리스톨 대학의 물리학 연구소의 개소식에 초대를 받은 적이 있다. 그곳에서 나는 러더포드 경Rutherford, 윌리암 브랙William Bragg 경, 아서 에딩턴Arthur Eddington 경, (파리 출신인) 랑게방Langevin 등과 같은 많은 유명 물리학자들과 나란히 처음으로 명예박사 학위를 수여 받았다. 축제 같은 분위기였지만, 추운 식장에서 의식을 집행한 부대법관이 놀랍게도 홀데인 경이었다. 그는 나를 마치 옛 친구처럼 반갑게 맞이해주었다. 그도 나처럼 독감으로 고생을 하고 있었기 때문에 우리는 추운 식장에서 열린 저녁 축하연에 참가하는 대신 온기의 환상만을 주는 화덕이 놓인 조그만 방에서 저녁식사를 함께 했다. 나는 당시 그가 독일과 영국 사이의 해군력 군비 경쟁을 종식시키기 위해 (홀데인 미션으로 알려진) 베를린에서 자신이 이끌었던 협상에 대해 거의 모든 시간을 할애하여 이야기를 들려주었다. 그러나 결국 이 협상은 실패했다. 이는 알프레드 폰 티르피츠Alfred von Tirpitz와 카이저의 완고한 태도 때문이었는데, 홀데인은 이때의 상황을 생생하게 전해주었다. 많은 역사가들은 그러한 조약이 이루어졌다면 1차 세계대전을 피할 수 있었을지도 모른다고, 그리하여 유럽의 역사는 완전히 다른 길을 걸었을지 모른다고 생각한다.

섭동 이론에 대해 말하자면, 천문학자들은 통상적으로 단순하고 잘 검증된 기술을 이용하는데, 그들은 앙리 포앵카레가 체계적으로 발전시킨 놀라운 이론에 그다지 주목을 하지 않았다. 그러나 원자의 전자 궤도 이론과 관계된 섭동 문제는 좀 더 정밀한 일반 이론을 요구했다. 따라서 우리는 닐스 보어가 코펜하겐에서 했던 것처럼 포앵카레의 이론을 연구했는데, 보어는 이를 주기 체계 요소 해석을 위한 기초로서 이용한 바 있다. 그러나 하이젠베르크와 나는 다른 목표를 설정했다. 우리는 독창적이긴 하지만 좀처럼 이해하기 힘든 보어의 양자 규칙과 고전 역학과의 결합을 의심했으며, 또한 그럴만한 근거도 가지고 있었다. 그리하여 헬륨 원자의 이중체 문제(두 개의 전자를 가지고 있는 원자)를 정밀하게 측정하기 위해 포엥카레의 엄격한 근사치 기술을 사용했다. 결과는 부정적으로 나왔고, 이 때문에 우리는 고전 역학으로부터 등을 돌리고 새로운 양자역학을 수립하기 위해 나아간 것이었다.

아인슈타인이 새로운 연구를 하고 있다는 소문은 맞았다. 그는 자신의 중력 이론과 맥스웰의 전자기장 이론을 통합하고자 했다. 당시 그는 통일장 이론을 개발하려는 시도를 시작했는데, 이 시도는 성과를 제대로 내지 못한 채 지난하게 반복 수행되었다.

수학을 위해 새로운 기초를 찾아내려 했던 힐버트의 노력은 처음부터 나의 관심을 사로잡았다. 이후 나는 더 이상 그의 연구를 따라가지 못했다. 그러나 이 연구가 힐버트와 네덜란드의 수학자인 브라우어 사이의 논생의 원인이 되자, 이 문제에 놓고 아인슈타인과 편지를 주고받았다(편지 58).

아인슈타인은 철학자 앙리 베르그송Henri Bergson이 의장직을 맡았던 지식인 공동연구 위원회의 회원 자격을 포기하면서 국제연맹과의 관계를 끊었다. 이는 정치적인 이유이라기보다는 시간 부족과 잦은 여행에 대한 그의 혐오 때문이었다. 만약 내 기억이 틀리지 않다면, 퀴리Curie 부인이 아인슈타인의 역할을 이어받았다.

46_보른 부부께

1923년 7월 22일

두 분이 보내주신 친절한 편지에 답장을 하지 못한 죄송한 마음으로 결국 이렇게 저와 아내가 게으른 몸뚱이를 움직입니다. 그러나 저를 움직이게 한 진짜 이유는 보른 여사께서 보내주신 엽서입니다. 답장을 쓰지 못한 죄송한 마음에서 비롯되는 양심의 가책만이 제가 현재 당신을 떠올릴 때 갖게 되는 불쾌한 감정입니다. 당신은 저희를 언제나 친절하게 대해 주십니다. 당신의 유쾌한 성격과 물리학, 음악, 시 그리고 산문에 기여한 당신의 공로는 인간이라고 하는 이 묘한 존재의 정신을 풍성하게 하는데 있어서 더할 나위 없습니다. 저희는 잘 지내고 있습니다.

과학에 대해 말씀드리자면, 저는 아핀 장affine field 이론과 관련된 매우 흥미로운 문제의식을 가지고 있습니다. 현재 지구의 자기장과 지구의 정전기 질서electrostatic economy를 이해할 수 있는, 그리고 이 개념을 실험적으로 연구할 수 있는 전망을 저는 가지고 있습니다.

친절하게도 저희 둘을 초대해주신 데에 아내와 저는 진심으로 감사하고 있습니다. 하지만 방문객들과 편지 그리고 전화로 정신 사나운 이 곳, 연구자들로 북적대는 이곳에 한동안 머물러야 합니다.

랑게방이 반전 집회를 열기 위해 이곳에 왔습니다. 대단한 친구입니다. 정의와 선이 힘을 발휘하고 있지는 못하지만, 그것들만이 삶을 가치 있는 것으로 만들어준다 함은 누구도 부정하지 못합니다. 두 분과 자제분들이 행복한 휴가를 보내시길 바랍니다.

— 아인슈타인

제 아내가 안부를 전해달라고 합니다. 아내는 요새 매우 바쁘게 지내지만 다음번에는 당신에게 꼭 편지를 쓰겠다고 합니다. 얼마 전까지 이곳에 머물렀던 프랑크가 제게 말하기를, 이온화 기체ionized gas를 측정한 결과로 볼 때, 제가 찾고 있는 효과가 찾을 수 없다고 합니다. 그렇다면 지구의 자기장을 이해할 가능성이 없습니다. 편지가 틀림없이 전해지도록 이 편지를 당신에게도 부칩니다. 보내주신 애정을 저희 두 사람은 감사하게 여기고 있습니다. 저희의 게으름에 화내지 마시라고 당신이 부인께 편지를 써 주십시오.

47_아인슈타인에게

1923년 8월 25일
Institute for Theoretical Physics of the University
Göttingen
Bunsenstr. 9

보내주신 친절한 편지로 저희 모두는 매우 기뻐했습니다. 고맙습니다. 한 가지 여쭤볼 문제가 있습니다(빠른 답변을 주신다면 고맙겠습니다). 저는 요새 헬름홀츠Helmholtz 협회, 독일 물리학 협회 등등으로부터 본에서 열리는 물리학자 대회에 참석하라는 공식적인 연락을 계속 받고 있습니다. 다른 곳이었다면 이러한 연락에 눈길조차 주지 않았을 텐데, 본이 프랑스의 점령지라는 점으로 판단할 때 이곳을 방문하는 많은 참석자들에게는 큰 중요성이 부여되는 것으로 보입니다. 프랑크는 예의상으로라도 참석해야 한다는 의견을 내놓았습니다. 저는 점령 지역에서 대회를 열지 않는 편이 현명하다고 생각합니다. 왜냐하면 어찌되었든 과학자들의 모임에 정치가 섞인다함은 좋지 않은 일이기 때문이죠. 그러나 이 어리석은 일은 이미 벌어졌고, 이제는 참가할 필요가 있느냐의 문제만이 남았습니다.

분명히 여행 금지 등의 문제부터 시작해서 큰 난관들이 있을 수 있습니다. 저는 많은 물리학자들이 참여하는 그런 모임에는 별로 관심이 없습니다. 특히 북해로부터 돌아온 지 얼마 되지 않은 터라 조용히 연구를 하며 지내고 싶습니다. 당신을 포함한 베를린의 물리학자들(특별히 플랑크, 라우에, 하버, 마이트너Meitner 등등)이 어떤 연구들을 하고 있는지 그리고 그 대회가 참석할만한 가치가 있는지 당신의 생각을 듣고 싶습니다. 대답에 따라 여권을 바로 받을 수 있도록 빨리 답변을 주셨으면 좋겠습니다.

제 아내가 5주가 넘게 아이들과 함께 랑게우크에 있었고, 저도 지난 3주 동안 그곳에 있었습니다. 저희는 완전히 기력을 회복했습니다. 특히 아이들이 기운을 얻게 되어 매우 보기 좋습니다. 목욕도 많이 했습니다. 대부분의 시간은 그냥 해변가에 누워 빈둥대기만 했죠. 새로운 환경에는 곧바로 익숙해졌지만, 바로 심한 카타르에 걸리고 말았습니다. 그냥 괴팅겐에서 조용하고 평화로운 휴가를 즐겼다면 어땠을까 하는 생각도 들었습니다. 휴가에서 돌아오자마자 3일 후에 옥스포드에서 온 영국인과 뮤니치의 그림Grimm이라는 두 명의 방문객을 맞이했습니다. 내일부터는 죽은 척하며 아무도 만나지 않을 생각입니다. 특별한 어떤 것이 없으니까요. 언제나처럼 절망적으로 헬륨과 다른 원자들을 측정할 비법이 무엇일까 골몰하며 양자 이론에 대해 생각하고 있습니다. 그렇지만 역시 수확은 없습니다. 백과사전을 위한 쓴 제 논문이 얼마 전에 출간되었고 그중 한 부를 당신에게 보내겠습니다. 일이 아니라면, 저는 독서를 하거나 산보를 합니다. 또 악기를 연주하거나 아이들과 시간을 보내기도 하지요. 참, 본격적으로 악기 연습을 시작했는데 실력이 많이 느는 것 같습니다. 그렇지만 이곳에서는 3인조나 4인조 악단을 꾸리기란 쉽지 않네요.

해리 속도dissociation velocity에 대한 당신의 이론을 검증하는 그뤼나이젠과 괸스Goens의 논문이 실려 있는 〈연보Annalen〉[33]의 최근호에 수성의 근일점에 관해 게롤트 폰 글라이히Gerold v. Gleich가 쓴 논문이 실려 있습니다. 글의 논조가 전혀 마음에 들지 않더군요. 이에 대한 생각을 말씀해 주시겠습니까? 한 이론이 가지고 있는 본래적 개연성에 대해 그렇게 많은 사람들이 아무 것도 느끼지 못한다니 이상한 일입니다. 연구 중인 아핀affine 세계에는 진척된 사항이 있습니까? 아내와 함께 부인께 안부를 전합니다.

— 보른

48_보른 부부께

1924년 4월 29일

보른 여사, 당신의 편지는 정말 훌륭하더군요. 일본 사회와 예술을 통해 과연 잘 산다well-being는 것이 무엇인지 그 느낌을 얻게 되었습니다. 왜냐하면 그곳 사람들은 자신을 둘러싼 보다 넓은 환경에 조화롭게 통합되어 있는데, 이 환경 속에서 개인은 자기 자신으로부터 경험을 얻는 것이 아니라 주로 공동체로부터 얻는다는 점입니다. 어릴 적에는 우리도 이런 것을 갈망했지만, 우리는 이것을 오래 전에 포기했습니다. 집단의 구성원들이 거의 존재하지 않는 진정한 탐구자들의 모임을 제외하고는, 우리에게 주어진 공동체들 중에 자신을 던지고 싶은 공동체는 존재하지 않기 때문이겠지요.

나폴리 방문을 취소했습니다. 가벼운 두통이 가져다준 이 기회에 저는 기뻐했습니다. 그 대신에 저는 킬에 갈 예정입니다. 복사에 대한 보어의 의견은 매우 흥미롭습니다. 그렇지만 저는 지금까지 주장해왔던 엄격한 인과성을 보다 더 강하게 옹호하지는 못하지만, 그렇다고 완전히 포기하는 상황으로 내몰리고 싶지는 않습니다. 복사로 노출된 전자가 자신의 자유 의지대로 고체에서 튀어나오는 것을 결정하고 심지어 그 방향까지 결정한다고 하는 생각은 참을 수가 없습니다. 만약 그렇다면, 저는 물리학자보다는 구두수선공이 되거나 심지어 노름판에서 일하는 사람이 되겠습니다. 확실히 양자에 분명한 형태를 부여하려는 저의 시도는 계속해서 실패해왔지만, 그렇다고 희망을 버리지는 않습니다. 비록 그 시도가 제대로 이루어지지 못하더라도 성공하지 못하는 이유는 언제나 제가 부족하기 때문이라고 위안합니다.

햇살 가득한 그곳의 아름다움을 만끽하시기 바랍니다.

― 아인슈타인

광고 대행업체에 관해 제가 했던 말은 매우 무의식적인, 제가 아주 기분 좋았을 때 했던 말입니다. 당신이 이 문제와 결부되었는지는 몰랐습니다. 결혼까지 한 여성에게는 죄송한 말이지만, 당신의 자상한 편지를 받고 당신 머리를 쓰다듬어 주고 싶다는 생각이 들었습니다.

◆

아인슈타인에게 보낸 아내의 편지는 남아 있지 않다.

통계적 법칙의 타당성을 두고 우리가 논쟁했던 기본적인 이유는 다음과 같다. 아인슈타인은 물리학은 객관적으로 실재하는 세계에 대한 지식을 우리에게 제공한다고 굳게 믿었다. 원자 양자 현상의 영역에서 얻은 경험을 통해, 나는 다른 많은 물리학자들과 함께 아인슈타인의 의견에 동조하지 않는 지점에 이르게 될 정도로 의견이 바뀌었다. 주어진 어떤 순간에도, 객관적 세계에 대한 우리의 지식은 단지 대략적인 근사치에 불과하다. 양자역학의 개연성 법칙과 같은 특정 규칙을 적용함으로써 얻은 그러한 근사치만으로 미지의 상황을 (예를 들면 미래의) 예측할 수 있다.

49_아인슈타인에게

1925년 7월 15일
Göttingen

당신의 친절한 편지가 저희에게 큰 기쁨을 주었습니다. 그저께 제 아내는 아이들과 함께 엔가딘의 실바플라나[34)]로 떠났는데, 그쪽에서 아내가 당신께 편지를 쓰리라 생각합니다. 그건 그렇고 당신에게 저희 소식 몇 가지를 알려드리고 싶습니다.

먼저 물리학에 대해 말씀드리자면, 제 연구에 대해 해주신 좋은 말씀은 당신의 친절한 배려에서 나온 것임을 잘 알고 있습니다. 또한 저는 제가 현재 연구하고 있는 것이 당신의 생각이나 보어의 생각과 비교했을 때, 지극히 평범한 수준이라는 점도 잘 알고 있습니다. 제 생각이 담긴 상자는 매우 불안정한데다 그 안에는 그리 많은 것들이 들어 있지도 않습니다. 게다가 제 생각들은 그 상자 안에서 이리 저리 덜컥거리며 점점 더 복잡하게 뒤얽힙니다. 이에 반해 신만이 알고 있다고 말할 수 있는 당신의 두뇌 활동은 훨씬 산뜻해 보입니다. 당신의 두뇌가 내놓는 작품들은 명확하고 단순하며 그리고 본질을 말합니다. 운이 좋다고 해도 저희들은 그 작품들을 몇 년 후에나 이해할 수 있을지도 모릅니다. 이러한 일이 당신과 보어의 기체 축퇴gas degeneracy 통계학의 사례에서 일어난 것입니다. 다행히 에렌페스트가 이곳에 나타나 이 문제에 대해 저희에게 약간의 빛을 던져 주었습니다. 그래서 저는 루이 드 브로이Louis de Broglie의 논문을 읽고, 이 문제들이 현재 어디까지 왔는지 차츰 깨닫게 되었습니다. 저는 물질에 대한 파동 이론이 매우 큰 중요성을 갖고 있다고 믿습니다. 제 연구소의 엘라서Elasser가 생각하는 바는 아직 제대로 모양새를 갖추지 못했습니다. 우선 그가 계산에서 큰 오류를 범했다는 점을 말씀드려야 하지만, 저는 그가 말하려고 했던 핵심, 특히 전자의 반사에 대한 생각은 살려내야 한다고 여전히 믿고 있습니다. 또한 저는 드 브로이의 파동에 대해 좀 더 생각해 보고 있습니다. 저는 이 생각과 반사에 대한 다른 매혹적인 설명 즉, 콤프턴Compton과 듀안Duane이 제안하고 엡스타인과 에렌페스트가 좀 더 심화시킨 '공간' 양자화'spacial' quanisation를 이용한 회절과 간섭 사이에 형식적으로 완벽한 연관성이 존재한다고 보고 있습니다. 그러나 저의 주요한 관심사는 오히려 원자 구조를 설명하는 양자 이론이 기초한다고 여겨지는 매우 불가사의한 미분학differential calculus입니다. 조단Jordan과 저는 (비록 최소한의 정신적 노력이지만) 고전적인 다중 주기계multiple periodic system를 양자 원자 간의 상응 관계에 대해 체계적으로 연구하고 있습니다. 원자에 끼치는 비주기적 장non-periodic fields의 영향에 대해 연구한 논문이 곧 나올 것입니다. 이는 원자 충돌에서 발생하는 변화 추이(형광 소멸quenching of fluorescence, 프랑크 식의 증감 형광sensitized fluorescence 등)를 탐구하기 위해 마련한 예비적인 연구입니다. 저는 현재 일어나고 있는 사태의 본질적인 특성들을 사람들이 이해할 수 있다고 생각합니다. 원자들의 상이한 운동은 그것이 (평균) 쌍극자 모멘트dipole moment, 사중극자 모멘트quadrupole moment, 혹은 고도의 전자 평형electric symmetry을 여전히 갖는지의 여부에 의존합니다. 조단의 논문에 대해 당신이 제기한 반론과 관련하여, 저는 제 자신의 의견을 아직 확신하지 못하는 상태입니다. 그러나 제 관점이 다소 복잡하게 얽혀 있다고는 하지만 조만간 그것들을 이해하게 되리라고 봅니다. 전반적으로 볼 때 당신의 의견이 옳습니다. 비록 조단의 의견은 다른 연구에 다소 기초하고 있고 정합적인 선다발bundle of rays를 허용하는 반면, 당신은 비정합적인 부분들을 지적할 따름입니다.

비록 저도 현재 사람들이 그럴 가능성이 높다고 생각하고 있는 것처럼 조단이 이러한 점에서 실수를 했다고 생각하지만, 그는 보기 드물 정도로 명석하며 기민하고 저보다 훨씬 더 빠르고 믿음직스럽게 생각할 수 있는 능력이 있습니다. 전반적으로 보았을 때, 제가 거느리고 있는 젊은 친구들인 하이젠베르크, 조단 그리고 훈트Hund는 매우 뛰어납니다. 때로는 단순히 그들의 생각을 따라잡는 것만 해도 제 입장에서는 벅찰 정도입니다. 그들의 소위 '항 동물학term zoology'은 놀랄 만합니다. 곧 발표될 하이젠베르크의 최근 논문은 당혹스럽다기보다는 확실히 틀림이 없으며 심오합니다. 이 논문을 이용해 훈트가 전체 주기계를 복잡한 다중항multiplet으로 체계화할 수 있었습니다. 훈트의 이 논문도 곧 발표될 예정입니다. 저는 제가 가르치는 몇몇 학생들과 함께 격자 이론을 수차례 반복하여 계산하는 작업을 하느라 정신이 없습니다. 저희는 볼노우Bollnow가 쓴 논문을 방금 막 다 읽었는데, 이 논문은 정방 체계tetragonal system내에 있는 두 결정체, 즉 격자가 정전기적 평형상태delectrostatic equilibrium에 있어야 한다는 조건에 기초한 TiO의 두 형태인 루타일rutile과 아나타제anatase의 결정학적 축들crystallographic axes의 관계를 계산하는 논문입니다. 결론이 매우 만족스럽습니다.

마침내 전기역학으로 중력을 통합하는 작업이 결국 성공적이었다는 당신의 의견을 듣고 저는 너무나 기뻤습니다. 당신의 실험 지침은 매우 간결해 보입니다. 여유가 있기 때문에, 조단과 저는 이 실험을 몇 가지로 변형해 시도해볼 생각입니다. 이 주제에 대해 쓰신 논문을 가능하면 빨리 보내주신다면 고맙겠습니다. 이런 종류의 연구들은 저희가 아무리 노력을 한다고 해도 그 깊이가 너무 깊고 따라가기에도 벅차기 때문에 감히 이 문제를 두고 당신과 겨룰 생각은 없습니다.

이번 학기에는 방문객들이 너무 많습니다. 말씀드린 것처럼 크레이머스Kramers가 이곳에 8일간 머물렀고, 에렌페스트는 저희 두 사람과, 특히 제 아내와 매우 친해졌습니다. 지난주에는 케임브리지에서 카피차Kapitza, 레닌그라드에서 조페Joffé가 왔었습니다. 저희는 그에게서 깊은 인상을 받았습니다. 그는 매우 대단한 연구를 하는 듯한데, 아직까지 발표된 결과물은 거의 없습니다. 다른 많은 사람들을 포함해 필립 프랑크Philipp Frank도 현재 자신의 아내와 함께 이곳에 머무르고 있습니다.

이러한 방문들로부터 저희가 많은 자극을 받는 것도 사실이지만, 저희의 아내들이 감당하기 어려운 일이기도 합니다. 그래서 아내들이 종종 도망 다니기 일쑤입니다. 제 아내와 쿠랑 부인은 이미 여행을 떠나버렸고, 프랑크 부인도 이틀 후에 여행을 떠날 예정입니다. 그렇지만 이 때문에 당신이 환영

받지 못하리라는 생각은 하지 마십시오. 저희는 당신의 방문을 학수고대하고 있으니까요. 그렇지만 좀 더 조용한 때였으면 좋겠습니다. 7월이 되면 대부분의 외국인들이 휴가철을 보내기 위해 벌떼처럼 이곳으로 몰려듭니다. 잘 알고 계실 테지요. 내일 큰 일이 있습니다. 새로운 기체역학 연구소를 책임지게 되는 프란틀Prandtl의 취임식이 있는데, 연구소를 돌아보는 행사, 공식 만찬 그리고 축하연주회가 있습니다. 내일 하루를 또 날리게 생겼습니다.

저도 이곳에서 탈출할 계획입니다. 7월 30일 게를라흐와 란데를 위해 튀빙겐에서 강의를 하고 나서 엔가딘에 있는 가족과 합류합니다. 10월에는 카피차의 초청으로 케임브리지에 갑니다. 내년 겨울에는 그와 함께 모스크바에서 열릴 러시아 물리학자 대회에도 갈 것 같습니다. 조폐가 경비를 대준다는군요. 제 설명으로 이미 눈치 채셨겠지만, 일본이나 아르헨티나처럼 멀리는 아니더라도 너무 자주 돌아다니는 것 같습니다. 한 가지 더 드릴 말씀이 있군요. 오늘 있었던 천문학 토론회에서 키늘Kienle이 (제 생각으로는 윌슨 산에서) 훌륭한 연구 결과를 새롭게 발표했습니다. 시리우스 위성은 28,000 밀도의 엄청난 질량을 가진 작고 신비로운 왜성 중의 하나이며, 또한 에딩턴에 따르면 순수naked 핵들과 전자들의 집적물입니다. (약 20km/s 속도의) 적색 이동이 현재 확인되었고, 이는 그 엄청난 밀도(와 짧은 반경)에 완전히 비례합니다. 아, 이제 그만 해야겠습니다.

부인과 따님들에게 안부를 전합니다.

― 보른

◆

이 편지는 지금까지 보아 왔던 편지 중에서 가장 의미가 있으며 나에게 가장 중요한 편지이다. 아인슈타인은 인도의 물리학자 보즈Bose[35]가 제안한 가스 축퇴gas degeneracy를 즉각 받아들여 자신의 기념비적인 논문에서 이를 더욱 발전시켰다. 아인슈타인은 통상적인 (볼츠만의 분포)와는 그 통계적 성질이 다른 '광자 가스photon gas'로부터 얻은 복사의 통계적 운동을, 통상적인 운동(축퇴)으로부터 유래되는 변형variations들이 저온 상태에서 드러나게 되는 일반적인 가스들에 적용시켰다. 그러나 여기서 가장 중요한 부분은 물질에 대한 드 브로이의 파동 이론과의 관련성이다. 아인슈타인의 조언에 따라 나는 몇 년 전에 발표되었던 브로이의 이론을 연구했다. 우연인지 모르겠으나, 때마침 미국의 물리학자인 데이비슨Davisson으로부터 한 통의 편지가 왔는데, 그는 금속 표면의 전자 반사로부터 당혹스런 결과들을 얻었다. 이 결과들은 그래프들과 표들로 제공되었다. 프랑크와 함께 이 편지에 대해 논의하던 중, 데이비슨이 제공한 곡선에서 볼 수 있는 최대점을 결정격자에서 나타나는 전자 물질파의 회절을 통해 설명할 수 있을지 모른다는 생각이 갑자기 떠올랐다. 우리는 드 브로이의 공식들을 가지고 행한 대략적인 계산을 통해 비교적 정확한 범위의 파장을 얻어냈다. 처음엔 프랑크와 함께 실험 작업을 했으나, 이론 물리학으로 전공을 바꾸고 싶어 했던 학생인 엘라서에게 이러한 생각의 결과물을 넘겨주었다. 이 편지에서 언급된 난관들에도 불구하고 엘라서는 결국 성공했다. 나는 그의 논문이 브로이의 파동 역학을 최초로 확증한 논문으로 인정받아야 한다고 생각한다.

내가 제안한 듀안과 콤프턴의 '공간 양자화'의 연관성은 실제로 존재한다. 드 브로이의 스핀 양자spin quantum 조건은 '공간 양자화'와 정확하게 동일한 것이지만, 다른 방식으로 그리고 좀 더 직관적으로 표현된 것이다. 듀안은 복사 과정을 구성 요소들로 해체하는 개념적 작업을 수행했으며, 드 브로

이는 그 구성 요소들을 입자들을 대체한다고 여겨지는 실질적이자 물질적인 파동으로 간주하고 있다. 이후에도 계속하여 나는 다른 방식으로 입자와 파동의 관계를 설명했는데, 오늘날 파동이 입자의 현존presence에 대한 개연성의 범위를 재현한다는 사실이 일반적으로 받아들여졌다. 하지만 여기서 이러한 문제에 대해 자세히 살펴볼 수는 없다. 또한 원자에 대한 양자 이론의 기초가 되는 '매혹적인' 미분 방정식에 대해서도 설명할 수 없다.[19] 이에 대해서는 반 데르 베르덴van der Waerden이 쓴 책을 살펴보길 바란다. 이 책은 그것들 사이의 관계에 대한 완벽한 소개는 물론 양자역학의 기원을 다루는 더 중요한 논문들을 포함하고 있다.[20]

나의 젊은 동료들인 하이젠베르크, 조단, 훈트에게 했던 칭찬은 충분히 그럴 만했다. 그들은 모두 오늘날 지도적인 물리학자의 반열에 올라서 있다. 우리는 스펙트럼 선들spectral lines에 대한 실험 자료들과 '항들terms'로 그것들을 해체하는 과정을 기술하기 위해 '항 동물학term zoology'이라는 용어를 사용했는데, 보어에 따르면 이 항들은 원자 들뜸excitation of atoms 상태에서 나타나는 에너지의 단계들을 가리킨다. 당시에는 이런 식으로 발견되는 규칙성을 설명하는 어떤 만족스러운 이론도 존재하지 않았다. 따라서 동물학에서 종들의 특성을 구별하는 것처럼 그것들을 경험적 사실들로서 받아들여야 했다.

이제 가장 중요한 문제로 이어진다. '당혹스럽게' 보였지만 그럼에도 불구하고 옳았던 하이젠베르크의 논문을 언급한 부분이다. 이 논문은 분명 그가 양자역학의 기본 개념들을 공식화하고 이를 위해 간단한 예들을 들어 설명한 논문이다. 물리학적 사고에 있어서 혁명의 시작을 알렸던 그 당시에 대한 내 기억이 뚜렷하지 않기 때문에 데르 베르덴 교수에게 편지를 보냈고, 그는 내 기억이 옳다고 확인해 주었다. 그의 책은 독자들로 하여금 사건의 전모를 완벽하게 훑어볼 수 있게 해준다. 여기서는 아인슈타인의 편지와 직접적인 관계가 있는 문제들만을 언급하겠다.

하이젠베르크는 7월 11일 아니면 12일에 내게 그 원고를 주었는데, 논문이 더 이상 진척되지 않았기 때문에 그는 나에게 논문의 내용이 괜찮은지 그리고 발표해도 괜찮은지를 물었다. 나는 매우 피곤해 있었기 때문에 바로 읽어보지는 않았지만, 7월 15일 아인슈타인에게 편지를 쓰기 전에는 분명히 읽어 보았다. 이 논문이 담은 내용은 당혹스러웠음에도 불구하고 내가 이것이 옳다고 주장할 수 있었던 확신은 하이젠베르크가 행한 훌륭한 계산이 실제로는 잘 알려진 행렬 계산에 불과한 것이라는 사실을 내가 이미 알고 있었기 때문이다. 게다가 나는 하이젠베르크의 의례적인 양자 조건의 재공식화가 행렬 방정식의 대각선 원소diagonal element를 보여준다는 점과 따라서 $pq-qp$ 양의 나머지 요소는 0이 되어야 한다는 점을 이미 알고 있었다.

$$pq - qp = \frac{h}{2\pi i}$$

만약 이것이 옳다고 해도 나는 이를 아인슈타인에게 언급하지 않았는데, 왜냐하면 비대각선 원소의 소멸을 먼저 증명했어야 했기 때문이다. 반 데르 베르덴의 책은 내가 조단의 도움을 받아 어떻게 이를 성공시켰는지 그리고 어떻게 하이젠베르크와 조단 그리고 내가 이 논문을 완성시켰는지를 보여주고 있다. 그건 그렇고 내가 양자역학 공식을 '비가환' 기호'non-commuting' symbols로 쓴 최초의 물리학자였다는 점이 너무나 자랑스러운 나머지, 아인슈타인과 직접적으로 관계가 없음에도 불구하고 이 문제들을 너무 자세하게 다룬 것 같다.

더 나아가 두 가지의 중요한 과학적 문제들이 이 편지에 언급되어 있다. 즉 전기역학을 가지고 중력을 통합시키고자 했던 아인슈타인의 장이론과 시리우스 위성이다. 아인슈타인이 가졌던 생각의 성공에 내가 보낸 열망은 무척이나 진지했다고 생각한다. 당시 우리 모두는 아인슈타인이 사망하기 전까지 추구했던 그 목표가 달성될 수 있으며, 그 목표는 매우 중요하다고 생각했다. 그러나 다음과 같은 사실들과 함께 물리학에서 다른 유형의 장들이 등장하면서 우리들 다수가 아인슈타인의 생각에 더욱 의심을 품게 되었다. 우선 첫 번째 것은 유카와Yukawa[36]의 중간자 장으로서, 이는 전자기장에 대한 직접적인 일반화이자 핵력nuclear forces을 기술한다. 이밖에도 다른 소립자에 속하는 장들도 존재했다. 이후 우리는 아인슈타인이 쏟아부었던 노력을 비극적인 실수로 간주하게 되었다.

괴팅겐을 방문한 사람들에 대해 몇 마디 하겠다. 크레이머스는 보어의 제자로서 재능이 무척 뛰어나고 호감이 가는 네덜란드 사람이었다. 카피차는 러시아의 물리학자로서 어려서 케임브리지에서 공부하던 중, 볼셰비키 혁명이 일어나자 영국에서 도피 생활을 했다. 그는 카벤디쉬 연구소에서 일했으며 트리니티 칼리지의 특별 회원이 되는 등 경력이 매우 좋았다. 이후 그는 러시아로 돌아가 공산당에 협력하여 높은 지위를 얻었다. 나이가 우리보다 한 세대 정도 위였던 조페는 러시아에 남아서 소비에트 연방의 지도적인 물리학자가 되었다고 한다. 필립 프랑크는 프라하에 세워진 독일 대학의 이론 물리학자였는데, 나중에 미국으로 건너갔다. 한편 그는 프라하에서 아인슈타인과 친구 사이가 되었고 이후 아인슈타인에 대한 매력적인 전기를 썼다. 키늘은 괴팅겐의 천문학 교수였다. 내가 언급한 강의는 가스 축퇴에 관한 보즈와 아인슈타인의 이론을 확증하는 증거로 간주될 수 있는 천문학의 관찰 결과에 대한 강의였다. 그러나 이 편지에 이런 관계에 대해서 분명히 언급되지 않았던 것으로 보아, 키늘이나 우리들이 이를 명백한 사실로 받아들이지 않았을 것이라고 생각한다.

50_보른 여사께

1926년 3월 7일

당신의 편지는 짧지만 매우 유쾌했습니다. 웃느라고 배가 다 아플 지경이었습니다. 글에 자신감이 묻어나오더군요. 진정으로 강한 사람들만이 그렇게 할 수 있을 겁니다.

그건 그렇고 당신 남편에게서 얻을 것이 많기 때문에, 남편의 여행에 동행하신 건 분명히 더할 나위 없는 좋은 경험이었으리라 생각합니다. 준만큼 받는다면 받는 것은 매우 즐거운 일입니다. 하이젠베르크와 보른의 생각은 저희 모두로 하여금 숨죽이게 만들었고, 이론 물리학을 연구하는 모든 사람들에게 깊은 인상을 심어주었습니다. 나태한 저희들을 무감각하게 포기하게 만들지 않고 긴장감을 갖도록 해주었습니다. 당신은 이 모든 것들에서 드러나는 심리적인 측면만을 경험하고 있습니다만, 물론 좀 더 유물론적인 시각을 가진 사람과 비교했을 때 당신의 그러한 태도가 분명 좀 더 순수한 형태를 띠고 있다고 생각합니다. 현재 당신에게 무엇보다 중요한 일은 건강을 완벽하게 회복하는 일일 겁니다. 그래야만 햇볕을 즐기며 자유롭게 돌아다닐 수 있고, 거칠 것 없이 지낼 수 있습니다. 한동안 식물처럼 지내는 보십시오. 평온하고 만족스러운 삶이지요. 건강 회복에 도움이 될 겁니다. 대부분의 여성들과는 달리 당신은 그런 요령을 터득하지 못했습니다. 저는 당신 스스로도 무기력을 원하지 않는다고 생각합니다. 아시아의 과거를 기억해 보십시오. 모든 생명체에게 위안을 주는 몽롱한 상태를 경험하게 될 테고, 곧 몸도 회복될 겁니다. 건투를 빕니다.

— 아인슈타인

◆

　미국으로 함께 간 여행에서 병에 걸린 아내를 걱정하고 회복하는 방법까지 친절하게 조언해 준 것 외에도, 아인슈타인의 이 편지는 양자 역자에 대한 그의 태도를 보여주는 편지로도 주목할 만하다. 이 편지를 받고 하이젠베르크와 나는 기뻐했지만, 분위기가 싸늘해지게 되는 상황이 곧 닥치게 된다(편지 57).

　다음 편지는 내 아내가 아인슈타인에게 다시 보낸 편지이다.

　1925년에서 26년으로 넘어기는 겨울, 우리는 보스턴 근치의 게임브리지에 있는 매사추세츠 공과대학MIT에 있었다. 나는 그곳에서 결정격자 역학과 양자역학이라는 2개의 주제로 강의를 했다. 이 강의는 소책자 형태로 MIT와 슈프링거Springer에 의해 각각 영어판과 독어판으로 출판되었다. 이 소책자는 아마 양자역학을 다룬 최초의 서적이 아닐까 한다. 이 책에서 나는 양자역학의 많은 성과를 하이젠베르크에게 돌렸는데, 이 때문에 최근까지도 양자역학에 끼친 나의 영향은 거의 주목받지 못했다. 1926년 초엽에 강의가 끝이 났고, 우리는 아리조나의 그랜드캐니언을 지나 캘리포니아에서 끝내는 미 대륙 횡단 여행을 떠나고 싶어 했다. 그러나 아내가 병에 걸려 유럽으로 먼저 돌아가게 되었다. 그래서 나는 홀로 여행을 할 수밖에 없었고 여러 대학들을 방문해 새로운 양자 학설을 공표했다. 그 결과, 이후 수년간 많은 미국인들과 다른 외국인들이 괴팅겐을 방문했다. 내 아내는 독일로 먼저 돌아와 '치료'를 위해 프랑크푸르트의 잘 알려진 폰 노르덴v. Noorden 교수의 요양소에 입원했다.

51_아인슈타인씨께

1926년 4월 11일

당신의 친절한 편지에 대한 인사가 늦었습니다. 프랑크푸르트에서 보낸 지난 3주의 기간은 매우 즐거운 나날들이었습니다. 5개 이빨에 금을 씌우고, 3개는 빼고 턱뼈 수술 받는 등. 이 기간 동안 제 이빨 말고는 다른 일들에 대해서는 생각할 겨를이 없었습니다. 이렇게 지내는 와중에 재미있는 일이 있었습니다. 어느 날 이를 뽑으러 가는 길이었습니다. 이빨 생각으로 넋이 나가 있었는데, 한 신사가 다가와 나지막하게 말하는 것이었습니다. "봄을 생각하세요." 곧바로 저는 냉정하게 대답했죠. "싫어요. 의사 선생님." 우리는 서로 씽긋 웃어 보이고는 서로 다른 길을 향해 헤어졌답니다.

친구인 엘리 로젠베르크Elli Resenberg(철학자 후설의 딸로 결혼 전 성도 후설이었습니다)에게 미국에 대해 제가 쓴 글의 복사본을 당신에게 부쳐달라고 부탁했습니다. 남는 시간에 이따금씩 보시면 좋겠습니다. 막스도 독일에 돌아왔습니다. 보스톤과 샌프란시스코에서 온 편지들은 대부분 물리학자들이 보내 온 것들입니다. 5월 초에 베를린에 짧게나마 다녀올 수 있었으면 좋겠습니다. 그렇게 되면 윌슨 산에서 조심성 없이 실험을 하는 밀러의 모습에 막스가 아연실색 했다는 얘기를 포함해, 그동안 있었던 일들에 대해 좀 더 많은 얘기를 들려드릴 수 있겠지요.

오늘밤은 조금만 생각을 해도 머리가 너무 아프네요. 두뇌 활동의 결과물이 체지방 증가 및 감소와 관계가 있다는 말을 들었는데, 이 말에 괜히 신경이 쓰이네요. 20파운드 정도 빠졌던 체중을 아직 회복하지 못했기에, 지금 제 생각들이 얼마나 짧은지 알아보실 겁니다. 지금처럼 천국을 확신해 본 적이 없답니다(산상수훈을 보세요. 축복받은 자는 영혼이 가난합니다).

건강하세요.

— 헤디 보른

52_보른에게

1926년 12월 4일

조금만 기다려 주십시오. 제 사위가 부인께서 쓰신 희곡을 읽고 편지를 쓸 겁니다. 저는 가능하면 빨리 희곡에 대한 의견을 써 보내라고 그에게 주의를 환기시켰습니다. 하지만 이 불쌍한 친구는 심장이 좋지 않아서 무리한 일을 시키면 안 됩니다. 이 희곡의 초반부가 저는 무척 마음에 드는데, 이 부분을 읽고 제가 받았던 인상을 그도 받으리라 생각합니다.

양자역학은 확실히 주목할 만합니다. 그러나 제 안의 어떤 목소리가 양자역학은 확실한 것이 아니라고 제게 말하고 있습니다. 이 이론은 많은 것을 말하고 있지만, '과거의 이론'이 가진 비밀의 근처로 우리를 인도해 주진 않습니다. 어쨌든 저는 신이 주사위 게임을 하지 않는다고 믿습니다. 3차원 공간에서의 파동, 그 속도는 포텐셜 에너지(예를 들면 고무 밴드)에 의해 조절되는…… 저는 특이성들singularities로 간주되는 질점material point의 운동 방정식을 일반 상대성 이론을 위한 미분 방정식으로 열심히 연역하는 작업을 하고 있습니다.

안부를 전합니다.

— 아인슈타인

◆

헤디는 아인슈타인에게 「미국의 아이A Child of America」라는 자신의 희곡을 보내 그의 의견을 물었다. 아인슈타인의 의붓딸 중 장녀인 일제와 결혼한 아인슈타인의 사위는 당시 명성을 날리던 존경받는 작가이자 비평가인 루돌프 카이저Rudolf Kayser였다.

양자역학에 대해 내린 아인슈타인의 평가는 나에게는 일종의 충격이었다. 그는 어떤 구체적인 이유도 들지 않고 '내부의 목소리'를 이유로 들어 양자역학을 거부했다. 이러한 거부는 이후에 주고받은 편지들에서 중요한 역할을 하는데, 이는 서로가 가진 철학적 태도의 기본적인 차이에 기인한다. 이러한 차이는 비록 내가 아인슈타인보다 몇 살 정도밖에 어리지 않지만, 내가 속해 있다고 생각하는 젊은 세대와 아인슈타인을 구분시키는 차이였다.

53_아인슈타인씨에게

1926년 12월 14일

당신이 적절하게 이름 붙인 것처럼 오늘 저의 '빌Bill'이 '새로운 코'를 달고 도착했습니다. 1막을 보고 즐거워했던 것처럼 나머지 막들도 마음에 드셨으면 좋겠습니다. 재미있게 읽으셨다는 얘기를 듣고 무척 기뻤으며 제게는 큰 자극이 되었답니다. 대개 자기 자신의 창작물을 충분한 거리를 두고 보기란 불가능합니다. 작품을 쓰느라 열을 내며 지냈던 사람이 망설임 없이 그것과 떨어지기란 힘들지요.

다른 일을 계획하고 있지 않는 지금, 저는 나른함을 느끼며, 목표나 목적도 가지고 있지 않은 채 예술사 강의를 몇 개 듣는 것으로 제 자신을 마비시키고 있습니다. 평범한 예술 작품을 시작한 사람에게조차 대가의 창작품은 다른 눈으로 보입니다.

빌을 읽고 나서 제게 몇 마디 평가를 해주신다면 기쁘겠습니다. 점심 식사 후에 빌과 함께 소파에 앉아보시는 것은 어떠세요?

마고Margot가 제게 편지를 보냈는데 부인의 몸이 많이 안 좋으시다는 소식이 있었습니다. 속히 완쾌하시길 빌며, 여러분 모두 평온한 크리스마스를 맞이하시길 기원합니다. 막스와 함께 여러분께 안부를 전합니다.

— 헤디 보른

54_보른 부부께

1927년 1월 6일

당신이 쓴 희곡을 무척 재미있게 읽었습니다. 우리 시대의 모습에 대한 하나의 풍자로서 매우 훌륭한 작품이라 생각합니다. 제가 보았을 때, 하나의 예술 작품으로서 이 작품은 남성과 여성이 가진 창작력 근원이 서로 다른 부분에 위치한다는 진리[37]를, 즉 기록에 의해 충분히 입증된 이러한 진리를 많은 부분에서 확인시키지는 않지만, 당신의 작품은 처음부터 끝까지 재치가 넘치고 매우 유쾌합니다. 하지만 당신은 마치 꼭두각시처럼 등장인물들을 춤추게 만듭니다. 다시 말하면, 우리 시대의 아이들에게 당신의 의견을 제시하기 위해 당신은 등장인물들을 당신의 손 안에서 움직이는 꼭두각시로 만듭니다. 그것이 전부입니다. 그들은 자기 자신의 삶을 살고 있지 않습니다. 그들은 추상적이며 유령처럼 투명합니다. 물론 당신의 재치가 이러한 결점들을 구해내고 있습니다. 버나드 쇼Bernard Shaw가 이와 비슷한 작품을 쓴 적이 있습니다. 그리고 모든 사람들이 그의 불꽃놀이를 즐겼습니다. 루돌프가 당신의 작품을 읽었는지는 모르겠습니다. 그 불쌍한 사람은 종이더미 속에 파묻혀 살고 있습니다만, 제가 걱정하고 있는 그의 건강은 좋아진 상태입니다.

당신의 작품을 예스너Jessner씨에게 건네줄 생각입니다. 당신 작품이 재치가 넘치고 재미있으며 현대적이라는 제 생각을 그에게 전하고, 제가 느낀 다른 몇 가지 감상도 말해줄 생각입니다. 좋은 결과가 나왔으면 좋겠군요.

당신과 남편께 안부를 전합니다.

— A. 아인슈타인

◆

예스너는 당시 베를린 국립극장의 매니저였다.

55_아인슈타인씨에게

날짜 미상
Göttingen, Plankst. 2

당신이 해주신 비평에 감사를 드립니다. 당신이 말씀하신 부분에 대해 많이 생각해 보았습니다. 지금까지 저는 각 막들이 가진 상대적인 가치에 대해 여러 종류의 비평을 받았습니다. 때로는 그 의견들이 제시하는 방향이 완전히 다를 때도 있습니다. 하지만 저는 당신이 해준 비평과 같은 근본적인 비평에 특별히 관심이 많습니다. 저는 이미 다른 종류의 의견들은 충분히 들었습니다. 예를 들면 힐버트는 빌을 하나의 등장인물로서 인정했습니다. 그러나 저는 현재 대체 빌에게 무엇이 잘못이었는지를 알아보기 위해 제가 낳은 자식으로부터 충분한 거리를 두고 있습니다. 저의 등장인물들이 너무 지적이라는 당신의 생각이 옳기를 바랍니다. (메피스토펠레스를 하나의 인격체로 등장시키지 않는 한, 저는 어떤 풍자에서든 그런 점은 불가피하다고 생각합니다.) 제게는 인간과 인간의 운명이 아닌, 만약 제가 가지고 있다면, 작가의 이념이 가장 중요합니다. 적어도 그 이념은 특정 등장인물과 밀접하게 얽혀 있습니다. 이는 핀셋과 가위를 가지고 제 머리 속에서 들어낼 수 있는 게 아닙니다. 특히나 그러한 이념은 강렬한 감성적 경험을 하면서 자연스럽게 생겨나는 것입니다. 언젠가 저는 마고에게 만약 우리 시대(제가 공격하고 싶은 대상)에 대해 제가 구토를 느끼지 못했다면, 무엇인가를 표현하는 힘을 얻지 못했을 것이라고 쓴 적이 있습니다. 제가 어떻게 하여 이런 감정을 이토록 압도적으로 경험했는가에 대해서는 말씀드리기가 쉽지는 않습니다. 지금에 와서 이 희곡을 쓰게 했던 진정한 목적을 발견하기란 역시 어려울지도 모르겠습니다. 비록 제게는 하나의 행운일지는 모르겠지만, 이는 모든 긴장과 고통이 미소로 해소되어버리는, 제가 가진 광적인 모순들 중의 하나입니다.

우리 시대의 모습에 대한 풍자가 그 정의상 일시적인 흥미 거리에 불과하다는 점을 저는 잘 알고 있습니다. 만약 제가 시간을 넘어서는 문제(운명에 직접적으로 영향을 미치고 운명을 조종하는)에 형태를 부여할 수 있다면, 그러한 소리에 알맞은 음표를 발견하기를 희망합니다. 그렇지만 분명히 희망하고 있습니다만 제 자신에 대해 어떤 환상을 가지고 있지는 않다고 말씀드리고 싶습니다. 당신이 제게 친절하게도 재치가 넘친다고 말씀하신 것과 마찬가지로, 제 자신의 본성에 대해 제가 맹목적이리라 생각하시지는 않을 겁니다.

제 자신의 눈으로 제 작품의 등장인물을 볼 수 있고 또한 보게 된 것을 굳이 말씀드릴 필요는 없을 것 같습니다. 저는 제가 만들어낸 등장인물들에 '사로 잡혀 있습니다.' 그렇지 않다면 그들이 극 중에서 말했던바 그대로 그들로 하여금 말하도록 할 수는 없었을 것입니다. 하지만 제가 사람들로부터 가장 흥미롭게 느끼는 부분은 그들의 운명에 대한 것이라기보다는 삶에 대해 그들이 가지고 있는 정신적 태도입니다. 소위 비극적 운명이라고 하는 것의 대부분은 냉혹하리만큼 파란만장한 삶에 다름 아닙니다. 또한 그것은 완전히 우연적으로 특정 개인과 연결되어 있습니다. 예를 들어 제가 당신을 생각할 때 경탄하게 되는 이유는 당신의 개인적 재능이나 성취 때문이 아니라 당신이 삶 자체를 얼마나 훌륭하게 살아가고 있는지를 알기 때문입니다. 당신이 언젠가 제게 해준 말을 기억하고 있습니다. 제 생각으로는 이는 당신의 성격이나 사고방식을 이해하는 데 있어서 핵심적인 것입니다. 당신이 심각한 병으로 몸져누웠을 때, 이렇게 말했습니다. "저는 모든 생명체와 어떤 연대감을 가지고 있습니다. 생명체 각각의 유래가 어디인지 그리고 나중에 어디로 사라지게 되는지는 저에게는 문제되지 않습니다." 아마 당신은 제가 기억하는 것보다는 더 멋지게 말을 했던 것 같습니다만 어쨌든 이것이 당신이 의미했던 바였습니다. 막 하나하나가 저에게 의미하는 바는 없습니다. 그것들은 단지 순간적인 조명의 점등에 불과합니다.

"남성과 여성의 창작력의 근원이 서로 상이한 부분에 위치한다"라는 창작력에 관한 당신의 익살스런 의견에 대해 이야기해보죠. 여기에서 '머리'와 '마음'이라는 흔한 해석은 적용되지 않습니다. 왜냐하면 무엇보다도 당신은 저의 '재치'를 인정했습니다. 좀 더 거칠게 말하면, 당신의 말은 장소적인 해서인가요? 당신이 진짜로 그렇게 생각하리라 생각하지는 않습니다. 그러나 심지어 이 경우에도 여전히 위에서 말한 모순이 적용됩니다. 왜냐하면 재치는 머리에서 나오는 것이니까요. 그렇다면 무로부터 나온 희곡에 상상력이라는 노력이 필요할까요? 희곡을 쓰는 것에는 정말로 창조적 활동이 필요하지 않은 것인가요? 제 말씀을 오해하지 말아주세요. 지금 저는 저 자신을 방어하는 것이 아니라 당신이 말하는 것을 정말로 이해할 수 없기 때문입니다. 당신이 의미하는 바가 여자는 세련된 등장인물을 만들 수 없다는 의미로 받아들일 수는 없습니다. 지크리트 운트세트Sigrid Undset가 쓴 『크리스틴 라바란스토히터Kristin Lavaranstochter』를 알고 계신가요(특별히 제1권)? 저

203

는 모든 창조적인 인간은 자신의 등장인물을 통해 자신에게 가장 중요한 것을 드러낸다고, 그리고 바로 이런 과정을 통해 자기 자신과의 투쟁이 존재한다고 생각합니다. 정열적인 사람은 정열을 과도하게 강조합니다. 황홀경에 빠진 사람은 황홀경을, 분열된 인격의 소유자는 그 분열을 강조합니다. 이 모든 것을 결합하는 셰익스피어와 같은 사람은 분명 독보적인 인간입니다.

제 희곡을 읽어주신 데에 감사드립니다. 지금까지 드렸던 제 말씀에 당황스러워 하지 않으시길 바랍니다. 제 아이들의 특별 요청이 있는데, 저희가 어제 했던 글쓰기 놀이의 결과를 동봉합니다. 동봉한 것을 보시면 아실 텐데, 한 사람이 머리를 그리고, 다른 사람이 몸통을, 그리고 마지막 사람이 다리를 그렸습니다. 다른 사람들이 어떻게 그렸는지는 모릅니다. 마지막으로 그렇게 모은 그림들 아래에 누군가의 이름을 써 놓습니다. 이렇게 완성된 당신의 초상화에 무척 기뻐하시리라 생각합니다.

막스와 함께 여러분 모두에게 안부를 전합니다.

― 헤디 보른

56_보른 여사께

1927년 1월 15일

며칠 전 꼼꼼히 읽어보겠다고 약속한 예스너에게 당신의 원고를 건네주었습니다. 제 농담을 말 그대로 받아들이실 필요도 없고, '양자택일의 문제'로 받아들이실 필요도 없습니다. 그렇게 진지한 어떤 것을 의미하는 게 아니었으며, '미소를 지은 후 다시 하루 일과를 시작했다'와 같은 말처럼 분명한 뜻을 담은 주장도 아니었습니다. 제 생각으로는 제 농담에 적용되는 바가 그림이나 희곡에도 적용됩니다. 저는 작품은 논리적 도식의 냄새를 풍기기보다는, 관객들의 입장에 부합하는 다양한 색깔들로 빛나야 한다고, 향기로운 삶의 내음이 나야 한다고 생각합니다. 만약 어떤 사람이 이러한 모호함으로부터 벗어나고 싶다면, 그는 수학을 선택해야 합니다. 심지어 수학을 선택했다 하더라도 명석함이라는 해부용 칼로 완전히 비현실적인 사람이 되어야만 자신이 설정한 목표에 도달하게 됩니다. 삶의 문제와 명석함은 정반대의 것입니다. 그것들은 서로 멀리 떨어져 있습니다. 저희는 현재 이 문제를 물리학 안에서 매우 비극적으로 경험하고 있습니다.

어쨌든 저에게 당신의 작품을 옹호할 필요는 없다고 생각합니다. 왜냐하면 저는 이 작품에 경의를 표하며 동시에 재미있게 읽었으니까요. 당신과 같이 매력적이고 풍성한 생각으로 가득한 사람을 발견하기란 드뭅니다.

당신의 작품과 당신 그리고 가족 분들께 행운이 함께 하기를 빕니다.

— A. 아인슈타인

보내주신 제 초상화, 너무나 감사합니다.

57_보른에게

날짜 미상

동봉하려 했던 글을 깜빡하고 보내지 않았다는 사실을 이제야 알았습니다. 당연히 나머지 부분이 이해가 안 되었겠지요? 양해해 주시겠습니까?

지난 주 저는 프러시아 과학 아카데미에 소논문 하나를 제출했습니다. 그 논문에서 저는 통계적 해석을 전혀 사용하지 않고서 미세한 운동을 슈뢰딩거의 파동 역학에 귀속시키는 것이 가능함을 보였습니다. 이 논문이 조만간 발표될 겁니다.

안부를 전합니다.

— A. 아인슈타인

◆

내가 보지 못했던 글은 에렌페스트가 아인슈타인에게 보낸 편지에 따로 덧붙인 글이었다. 그들은 교수 임용 건으로 걱정을 하고 있었는데 이 문제는 오늘날 더 이상 중요한 문제는 아니다.

이 편지는 아인슈타인이 단지 '내부의 목소리' 때문에 양자역학의 통계학적 해석을 거부한 것이 아니라는 점을 보여준다. 그는 슈뢰딩거의 파동 역학에 대해 비통계적인 해석을 시도했으며, 프러시아 과학 아카데미에 그 내용을 담은 논문을 제출했다. 다른 작가들처럼 나도 이 논문의 내용에 대해서 기억하는 바가 없다. 그 논문은 흔적도 없이 사라졌다.

이때부터 1년 반이라는 오랜 시간이 흐른 뒤 편지 왕래가 재개된다. 편지들을 잃어버린 것인지 아니면 정말로 침묵이 우리 사이를 지배했던 것인지 모르겠다.

58_아인슈타인에게

1928년 2월 20일
Institute for Theoretical Physics of the University
Göttingen
Bunsenstr. 9

엄밀히 말하자면 제 문제는 아닙니다만, 이번 학기에 괴팅겐에 머물고 있는 헤럴드 보어Herald Bohr에게 자문을 얻어 저를 놀라게 하고 불편하게 했던 문제를 당신께 알려드리고자 합니다. 힐버트와 브라우어에 대한 일입니다. 지금까지 저는 거리를 둔 채 이 문제를 지켜봤는데, 최근에 보어와 쿠랑을 통해 문제의 전모를 알게 되었습니다. 이 과정에서 저는 당신이 브라우어에게 보낸 힐버트의 편지에 대해 중립적인 입장을 고수했다는 사실도 알게 되었습니다. 당신이 취한 이런 입장은 설령 어떤 사람이 바보가 되더라도 그 사람이 원하는 대로 하게 놔둬야 한다는 당신의 생각이 깔려 있습니다. 물론 이런 태도는 합당한 것이지만, 당신이 몇 가지 사안을 모르시는 것 같아 이에 대해 짧게나마 알려드리고자 합니다. 이 문제를 논의하기 위해 슈프링거의 집에서 모임을 가질 듯한데, 보어는 편집진 내부에서 공통된 의견을 제시하는 게 중요하다고 말해 주었습니다. 그래서 저는 당신이 지금까지 취해오신 중립적인 입장을 앞으로도 유지해주시길 바라며, 힐버트와 그의 동료들에 대해 반하는 어떤 행동도 취하지 마시도록 부탁드립니다. 그렇게 하시겠다는 편지를 보내주신다면 보어와 다른 많은 사람들의 정신 건강은 물론 저의 정신 건강에도 큰 도움이 될 겁니다.

이 문제에 제가 왜 관심을 갖고 있는지 짧게 말씀드리겠습니다. 이 사태는 솔직히 말씀드려 제가 힐버트를 걱정하고 있기 때문에 문제가 될 뿐입니다. 힐버트는 심각한 병을 앓고 있으며 아마도 그리 오래 살지는 못할 겁니다. 어떠한 흥분도 그에게는 위험하며 이는 그의 삶과 연구에 남겨진 얼마 되지 않는 시간마저 단축된다는 뜻입니다. 그는 여전히 삶에 대한 강렬한 의지를 가지고 있으며, 남은 정력을 모두 쏟아 붓더라도 수학을 위한 새로운 기초를 완수하는 것이 자신의 의무라고 여기고 있습니다. 또한 그의 정신은 그 어느 때보다도 청명합니다. 하지만 힐버트가 계속 무반응으로 일관하고 있다면서 브라우어측이 끊임없이 그를 자극하고 있습니다. 그가 얼마나 힐버트의 상태에 대해 나 몰라라 하는지를 보여주는 대목입니다. 쿠랑과 힐버트의 다른 동료들은 병을 앓고 있는 이 사람을 흥분시켜서는 안 된다고 계속 말하고 있는데, 브라우어는 이 말을 힐버트의 행동과 의견을 진지하게 받아들일 필요가 없다는 식으로 왜곡시켰습니다. 이에 대해 힐버트는 브라우어에 대항할 진지한 행동마저 계획하고 있습니다. 몇 주 전에 그는 자신의 생각에 대해 구체적이라기보다는 일반적인 말로 뭉뚱그려 설명해 주었습니다. 그의 의견으로는 브라우어는 〈수학 연보Mathematische Annalen〉를 책임지는 사람으로는 생각될 수 없을 정도로 편향되어 있으며 사회에 제대로 적응하지 못할 정신적 문제를 가진 사람입니다. 저는 브라우어에 대한 힐버트의 평가가 브라우어가 보여준 가장 최근의 행동에 비추어 봤을 때, 올바른 지적이라고 생각합니다. 제 경험으로 힐버트의 판단은 거의 언제나 명확하며, 그것이 인간사에 대한 것이라면 더욱 그렇습니다.

    볼로냐 대회 방문을 둘러싼 언쟁을 포함해 저는 거리를 두고 이 사태의 전모를 살펴보았습니다. 그렇지만 이 대회의 참가는 힐버트에게 있어서 커다란 부담이었습니다. 병을 앓고 있는 그에게 이런 종류의 일은 감당하기 매우 힘든 일입니다. 힐버트는 정치적으로 좌익은 아닙니다. 저나 당신의 성향에서 볼 때는 오히려 반동적이라고 할 만합니다. 그러나 다른 나라 과학자들과의 교류에서 발생하는 문제에 부딪쳤을 때, 그는 모두를 위해 가장 좋은 의견을 내놓는 매우 날카로운 시야를 갖고 있습니다. 우리 모두의 의견과 같이 힐버트는 이 사건에 있어서 자신의 행동을 완전히 바보 같은 짓이라고 생각하고 있습니다. 힐버트의 행동은 독일인보다도 더 민족주의적이었습니다.

그러나 이보다 더 안 좋은 최악의 일은 베를린의 수학자들이 브라우어의 어리석은 생각을 완전히 받아들였다는 점입니다. 저는 볼로냐에서의 일은 단지 브라우어를 제명하자는 힐버트의 결정을 위한 기회였을 뿐, 결정적인 행위가 아니었다는 점을 덧붙여 지적하고 싶습니다. 에르하르트 슈미트 Erhard Schumidt의 경우를 보면 제 말을 이해하실 수 있습니다. 왜냐하면 그는 언제나 자신의 기본적인 감정에 기대 정치에 있어서 우익 편에 섰습니다. 그러나 미제스Mises와 비버바흐Bieberbach의 경우는 매우 유감스러운 징후입니다. 저는 지난 8월 러시아 방문 시 이 문제를 두고 미제스와 얘기를 나누었습니다. 그는 저희 둘이 나누었던 대화의 초두에서 괴딩겐에 있는 사람들은 맹목적으로 힐버트를 따른다고 말했으며, 저는 아마도 더 이상 그의 말에 응수를 하지 않았던 것으로 기억합니다.

그런데 힐버트의 정신이 많이 쇠약해졌다는 말이 심지어 그때에도 나돌았습니다. 당시 미제스와의 대화를 즉각 그만두었는데 왜냐하면 저는 그가 힐버트에 대해 자유롭게 판단하도록 놔둘 만큼 그를 중요한 사람으로 여기지 않았기 때문입니다. 페르디난트 슈프링거Ferdinand Spinger가 보어와 쿠랑에게 보냈던 논문을 동봉합니다. 이 논문은 슈프링거가 민족에 대한 충성심이 부족하다는 이유를 들어 브라우어와 비버바흐가 그를 위협한 사실과 힐버트의 의견에 계속 동조를 한다면 그에게 해를 끼칠 수도 있다는 일종의 협박을 보여주고 있습니다. 장문의 편지로 당신을 방해한 것 같아 죄송합니다. 저의 유일한 바람은 다른 불필요한 흥분 상태로 엇나가지 않고 힐버트의 진지한 의도가 실현되는 상황을 지켜보는 일입니다. 만약 당신이 제가 보낸 이 편지가 옳다고 판단하여 이 편지 전부나 혹은 일부를 슈미트에게 보여주어도 상관하지 않겠습니다. 슈미트의 옛 친구 중 한 사람으로서 저는 심지어 그가 다른 의견을 가지고 있다고 하더라도 그와 성공적으로 협의를 하는 것이 가능하다고 믿고 있습니다. 당신의 기분이 한결 나아지기를 바랍니다. 마고가 제 아내에게 보내는 편지를 보고 때때로 당신이 어떻게 지내시는지 듣고 있습니다. 마고와 제 아내는 서로 잘 어울리는 친한 친구가 되었습니다. 저는 지난해부터 써오고 있는 양자역학에 대한 책을 마무리하느라 분주하게 지내고 있습니다. 유감스럽게도 이 작업 때문에 제 몸을 약간은 혹사시켰기 때문에 1월 중에 잠시 다른 곳에 휴양차 다녀올 생각입니다. 강의와 교수로서 처리해야 할 다른 업무들 때문에 이런 일을 처리하기 위한 시간과 힘을 내기가 정말 쉽지 않습니다.

아내와 함께 가족 분들에게 안부를 전합니다.

— 막스 보른

◆

물리학자 닐스 보어의 형제인 헤럴드 보어는 괴팅겐의 우리를 종종 방문했던 훌륭한 수학자였다.

내가 존경했던 스승이자 친구였던 데이비드 힐버트는 당시 (그리고 여전히) 최고의 수학자로 여겨졌다. 그는 버트란트 러셀과 다른 사람들이 무한

집합이론에서 발견한 내재적인 모순을 전통적인 수학적 지식을 보존하면서 제거하기 위해 수학을 위한 좀 더 안정적인 논리적 기초를 찾느라 여념이 없었다. 이를 통해 그는 참된 수학이란 자의적인 공리를 사용하는 기호 논리 게임이라는 생각에 도달했다. 그러나 이 공리들은 명백하고 확실한 결론에 기초를 둔 '메타수학'에 의해 적용되어야 했다. 브라우어는 이러한 수학 개념을 거부했고, 직관주의라고 이름붙인 다른 개념을 제안했다. 이런 두 개의 사고방식은 한 가지 본질적인 결론에서 차이가 났다. 힐버트의 개념은 소위 존재 증명existence proofs을 정당화했는데, 존재 증명을 통해 특정 수나 수학적 참을 가진 것이 존재한다면 그 반대의 것을 가정하는 것은 모순이라는 사실로부터 연역된다. 그러나 브라우어는 수학적 구조의 존재가 만약 어떤 방법이 있어서 이 방법을 통해 그 구조가 구성된다는 사실을 밝힌다면, 당연한 얘기가 되는 것이 아니겠느냐고 주장했다. 실제로 힐버트의 위대한 수학적 업적들 대부분은 엄밀히 말해 그러한 추상적 존재에 대한 증명들이었다. 그것들은 한동안 수학자들 세계에서 받아들여졌을 뿐만 아니라 위대한 업적으로 칭송받았다.

따라서 브라우어의 행동은 힐버트를 매우 화나게 했으며 그가 명백한 어조로 이에 대한 반대 의사를 표시했다는 것에는 의문의 여지가 없다. 이에 대해 브라우어는 더욱 무례하게 응수를 했다. 설상가상으로 정치적 논쟁이 과학적 논쟁 꼭대기에서 터져 나왔다. 1914년에서 18년까지 치룬 전쟁이 끝나고 나서 모든 주요 과학 분과에 '국제 과학자 연합International Unions'이 만들어졌다. 그러나 독일은 이러한 활동에서 배제되었다. 시간이 흘러 독일을 향한 증오심이 점차적으로 줄어들면서, 이 편지가 쓰인 시기(1928년)에 독일 수학자들은 볼로냐에서 열릴 대규모 수학자 대회를 계기로 '국제 수학자 연합'에 가입할 예정이었다. 그러나 한 '민족주의적인' 독일 수학자 집단이 이를 거부했다. 그들은 지금까지 오랜 시간 동안 배제되었는데, 자신들을 배제시킨 행위를 문제 삼지도 않고 연합에 가입하는 것은 옳지 않으며, 볼로냐 대회에 참석해 마땅히 이러한 제안을 거부해야 한다고 주장했다. 3명의 주요한 베를린 수학자들이 이러한 움직임의 지도적 위치에 서 있었다. 훌륭한 분석가인 비버바흐, 이론 물리학에도 관심이 있었던 선임연구원인 리하르트 폰 미제스, 그리고 이들 셋 중에 가장 탁월한 에르하르트 슈미트가 그들이었다. 슈미트와 나는 학생시절부터 줄곧 친구였으며, 비록 정치적으로는 다른 입장을 견지했지만 언제나 좋은 관계를 유지했다. 그러나 무엇보다 네덜란드 사람인 브라우어가 이 세 사람보다 더욱 민족주의적이었다. 힐버트는 심각한 병을 앓고 있는 몸을 이끌고 볼로냐로 향했으며 자신의 적대자들과 대면했다. 내가 기억하는 한, 결국 그가 이겼고 독일은 연합에 가입했다. 그러나 전체 사건은 그가 〈수학 연보〉의 관리 책임에서 브라우어를 제명시켰을 정도까지 그를 괴롭혔다. 이 사태는 독일 수학자들 사이에 새로운 폭풍을 일으켰다. 그러나 힐버트가 결국 우위를 점했다.

전체 사건은 엄밀히 말하자면 나와는 관계가 없었다. 그러나 이 편지에서 내가 말한 것처럼, 나는 힐버트의 건강 상태에 대한 걱정으로 이 문제에 개입하게 되었다. 힐버트는 악성 빈혈로 고생하고 있었기 때문에 미국의 미노트Minot 사가 특효제인 간 추출물liver extract을 개발하지 못했더라면 분명히 얼마 못 가서 목숨을 잃었을 것이다. 당시 이 약은 시중에서는 구할 수 없었는데, 괴팅겐 수학자인 에드문트 란다우Edmund Landau의 부인이 살바르산Salvarsan이라는 이 화학 치료제의 기초를 확립한 사람이자 발견자인 폴 에를리히Paul Ehrlich의 딸이었다. 힐버트는 란다우의 알선으로 정기적으로

이 추출물을 공급받을 수 있었고 수명을 연장할 수 있었다.

아인슈타인에게 보낸 내 편지가 이 커다란 수학자들의 논쟁의 과정에 어떤 영향을 끼쳤다고는 생각하지는 않는다.

수학의 이러한 기본적인 문제를 둘러싼 이후의 전개에 있어서, 브라우어는 헤르만 바일Hermann Weyl과 같은 중요한 인물들을 포함해 처음부터 많은 지지자들을 확보하고 있었다. 그러나 그럼에도 불구하고 점차적으로 힐버트의 추상적인 해석이 훨씬 심오한 것으로 인식되었다. 그러나 괴델Gödel이 증명이 불가능한 것으로 증명될 수 있는 수학적 공리를 발견하자[38] 사태는 새로운 전기를 맞이했다. 오늘날 수학은 이전보다 더욱 추상적이며, 이론 물리학도 이와 마찬가지로 동일한 방향으로 나아가고 있다.

언급한 러시아 여행은 일종의 수학자들의 방랑 대회였다. 이 대회는 전에 얘기한 적이 있는 조페가 레닌그라드에서 조직한 모임으로, 레닌그라드에서 시작한 이 대회는 모스크바로 이어졌으며 다시 니즈니-노프고라드에서 계속되었다. 참가자들은 배를 타고 볼가 강을 따라 여행을 했는데, 대회가 계속될 때까지 비교적 규모가 큰 마을들에 정박했다. 이 대회는 매우 매력적이고 자극적이었지만, 무척이나 피곤한 대회였다. 나는 사라토프까지 가서 그곳에서 다시 기차를 타고 독일로 돌아왔다.

편지 말미에 언급한 양자역학에 대한 책은 몇 년에 걸쳐 조단과 공동으로 쓴 책이었다.

59_아인슈타인에게

1929년 8월 12일
Göttingen

얼마 전 러시아의 한 젊은이가 6차원 상대성 이론을 들고 찾아왔었습니다. 저는 여러 5차원 이론에 대해 이미 당혹스러워 하고 있었고, 그 이론들 중에서 건질만한 것을 찾을 수 없다고 확신하고 있었기 때문에 그가 들고 온 6차원 이론에 대해서도 매우 회의적이었습니다. 그러나 이 젊은이는 자신의 이론을 매우 조리 있게 설명하였고 저는 곧 이 남자의 생각에 뭔가가 있을 것이라고 생각했습니다.

비록 이 문제에 대해서는 ε이상 이해하지 못했지만, 그의 논문을 괴팅겐 아카데미에 제출했습니다. 당신에게도 이렇게 사본을 동봉하여 이를 빨리 훑어보시고 평을 해주십사 하는 부탁을 드립니다. 루머Rumer라는 이름의 이 남자는 상대성 이론에 대한 대접이 좋지 않아(정말입니다!) 러시아를 떠났습니다. 상대성 이론은 공식 '유물론' 철학에 배치되는 것으로 여겨지고 있으며, 조페가 제게 말해 준 것처럼 상대성 이론을 옹호하는 사람들이 박해를 당하고 있습니다. 루머는 독일로 왔고 어떤 식으로든지 올덴부르크의 기술학교에서 공부를 하려고 하며 현재 기술 시험을 준비하고 있습니다. 이후 그는 가능한 한 이곳에서 삶을 꾸려가려 하지만, 만약 제대로 되지 않으면 남아메리카로 갈 생각이랍니다.

만약 그 논문이 당신에게 좋은 인상을 준다면, 이 사람을 위해 적당한 조치를 취해주시기 부탁합니다. 그는 리만Rieman의 기하학에서부터 가장 최신의 출판물에 이르기까지 수학 문헌들에도 정통하므로 당신에게는 이상적인 조수라고 할 만합니다. 그는 유쾌한 성격의 소유자이며 매우 똑똑하다는 인상을 줍니다. 그가 러시아인인지 유태인인지는 모르겠습니다만, 유태인 일 가능성이 높아 보입니다. 그의 주소는 Georg Rumer, Oldenburg, Am Festungsgraben 8입니다.

제 몸은 그리 좋지 않습니다. 발덱에서 8일 동안 머물렀지만 무척 시끄러워서 제대로 쉴 수가 없었습니다. 지금은 매우 신경이 곤두 서 있는 상태입니다. 다음 주에는 피어발트슈태터 해변으로 혼자 여행을 갑니다. 아는 사람(스위스 법무관)이 케르지텐-뷔르겐슈톡에 별장과 모터보트를 가지고 있습니다(그곳의 제 주소는 쉴러 호텔입니다). 배 위에서 〈일러스트리에르테 Illlustrierte〉의 지난 판에 실린 당신의 사진을 보았습니다. 햇볕에 좀 탄 것처럼 보이더군요.

헤디가 대장염으로 고생하고 있으며 병원에서 지시한 엄격한 식이 요법을 지키고 있답니다.

부인과 마고에게도 안부를 전해주십시오.

— 막스 보른

루머가 쓰려고 하는 책 내용의 개요를 동봉합니다.

◆

나는 루머의 6차원 상대성 이론을 심상치 않은 것으로 생각했다. 이후 우리는 핵에 대한 짧은 논문을 공동으로 집필했다. 이 논문이 가진 순수한 사변적 성격은 그의 정신세계가 좀 더 반영된 결과였다.

상대성 이론에 대해 공산주의 공식 철학이 보인 적대적인 태도는 매우 오랫동안 지속되었다. 아마도 루머의 운명은 이것과 연결되어 있었다. 전쟁이 막 끝난 1945년 6월 소비에트 과학원 25주년 기념식에 참가하기 위해 나는 망명한 영국 과학자 회원 자격으로 모스크바를 방문하여 루머에 대한 소식을 사람들에게 물었는데, 그가 정부의 눈 밖에 나서 사라졌다는 사실을 알아차릴 수 있었다. 나는 내 75회 생일날 노보시비르스크에서 그가 보낸 축하 편지를 받기 전까지 그로부터 어떤 소식도 받지 못했다. 나는 그에게 무슨 일이 있었는지를 묻는 편지를 보냈고, 그는 과거 유형을 가게 되었고 북극해 근처의 소름끼치는 캠프 중 한 곳에서 수년 동안 지냈다는 장문의 편지를 보내왔다. 그는 한 친절한 간호사의 도움이 없었더라면 살아남을 수 없었는데, 그 간호사가 지금의 아내라고 했다. 스탈린 사망 후, 나는 그로부터 또다시 전보를 받았는데, 그는 자유를 되찾았을 뿐만 아니라 모스크바로 불려가 노보시비르스크에 세워질 새로운 과학 센터의 물리학 연구소장으로 임명되었다고 적혀 있었다. 그는 현재 소비에트의 과학계에서 가장 중요한 인물 중 한 명이다.

묘한 사실은 그가 북 시베리아에서 그렇게 오랜 기간 고생을 했음에도 불구하고 정권에 대한 신랄함이나 적대감이 전혀 없었다는 점이다. 심지어 그는 내게 정치적으로나 경제적으로 심지어 도덕적으로도 소비에트 체제가 서구 체제보다 훨씬 우월하다는 긴 편지를 보냈다.

60_아인슈타인에게

1929년 1월 13일
Institute for Theoretical Physics
Göttingen
Bunsenstr. 9

학기가 시작되어 다소 분주했던 관계로 지금까지 당신이 보내준 장문의 편지에 대답할 시간이 없었습니다. 저 또한 조단과 함께 당신이 말씀하신 부분을 가지고 논의하고 싶었습니다. 그가 최근 이곳에 도착했습니다. 저희는 당신의 비판에 무척 감사하고 있으며 문제가 되는 단락을 수정했습니다. 물론 가능한 미래에 결정론이 받아들여진다거나 혹은 거부된다는 시각이 논리적으로 정당화될 수 없다는 점에서 당신이 절대적으로 옳습니다. 왜냐하면 언제나 우리가 알고 있는 것보다 더 깊은 층을 확립하는 해석이 나올 수 있기 때문입니다(마치 거시 이론에 반대하는 운동학 이론을 하나의 예로서 당신이 들었던 것처럼). 솔직히 조단과 저는 그러한 주장을 믿고 싶은 마음은 없지만, 엄밀한 근거도 없이 뭔가를 주장해서는 안 됩니다. 그렇기 때문에 저희는 지적하신 대로 문제의 구절을 수정했습니다.

저는 현재 상대성 이론에 대해 읽고 있습니다. 제 학생들을 가르치기 위해서가 아니라 이 분야에서 다시 편안한 마음을 얻고 싶기 때문입니다. 당신이 가장 최근 발표한 논문이 보여준 수준까지 나아가고 싶기 때문에 그것들을 조심스럽게 연구하고 나중에 제 생각을 말씀드리고 싶습니다.

루머가 이곳 괴팅겐에 머무르고 있습니다. 그는 함부르크의 바르부르크로부터 연구비를 받았습니다. 이로써 그는 이곳에서 좀 더 오래 공부를 할 수 있게 되었습니다.

제 아내는 이제 매우 좋아졌습니다. 마고가 이곳을 방문하기를 무척 바라고 있습니다. 당신과 비밀스러운 계획을 하나 짜고 싶습니다. 헤디의 생일은 12월 14입니다. 마고가 그날 아무도 모르게 저희를 방문할 수 있을까요? 만약 가능하다면 저희 가족에게 큰 기쁨이 될 겁니다.

부인과 마고에게 안부를 전합니다.

— 막스 보른

◆

우리가 쓴 책의 한 문단에 대해 아인슈타인이 비판했던 편지는 안타깝게도 잃어버렸다. 그러나 아인슈타인이 했던 얘기의 요점은 내 편지로 볼 때 어떤 내용인지 확실하다. 먼저 이 책에 대해 몇 마디하고 싶다. 양자역학의 발견 직전에 나는 프리드리히 훈트(당시 내 조수)와 공동으로 책을 발간했다.[22] 이 책은 여전히 보어-좀머펠트 이론에 기초했다. 이 이론은 양자 조건을 고전 역학 법칙에 접목시킨 것이었다. 이 책은 피셔Fisher와 하트리Hartree가 영어로 번역했는데, 미국에서 최근 재출간되었다. 서문에는 다음과 같은 구절이 있다. "나는 이 책을 1권이라 불렀다. 2권은 '궁극적인' 원자역학에 대해 좀 더 심화된 내용을 담을 예정이다. 그런 2권을 약속한다는 것이 무모한 일임은 잘 알고 있다. 왜냐하면 당분간 원자들의 속성을 설명하기 위해 고전적인 법칙들에 행해질 수밖에 없었던 수정의 본질에 대해서는 약간의 모호한 지적밖에는 할 수 없기 때문이다." 그러나 그 해가 저물어가기 직전에 하이젠베르크, 조단 그리고 내가 쓴 논문이 발표되었는데, 이는 새로운 역학의 기초를 확립한 것이었다. 따라서 나는 조단의 도움으로 약속했던 2권을 부지런히 시작할 수 있었다. 2권의 서문에서 나는 다음과 같이 썼다.

"당시 원자 법칙의 본질적 구조를 여전히 가리고 있었던 베일이 곧 걷히리라는 나의 희망은 오히려 너무나도 빠르고 철저하게 실현되었다." 이런 와중에 슈뢰딩거의 파동 역학이 등장했고, 이는 이론 물리학자들의 찬성을 얻어냈다. 특별히 슈뢰딩거가 파동 역학과 행렬 역학이 수학적 등가물임을 보여준 후에는 우리들이 고안한 행렬 방법은 완전히 힘을 잃게 되었다.

그러나 조단과 나는 우리의 방법이 훨씬 나은 방법으로서, 우리는 슈뢰딩거의 파동 방정식은 전통적인 수리 물리학의 관념들(진동 체계의 고유값 문제)을 그 출발점으로서 취했기 때문에 사람들이 선호하는 것이라고 확신했다. 반면 슈뢰딩거 자신도 심지어 자신의 이론을 통해 양자 점프와 같은 양자 이론의 특이성들을 해결했다고 주장했으며, 일생동안 이 생각을 견지했다. 우리의 생각으로는 하이젠베르크의 방법이 좀 더 깊은 부분까지 꿰뚫는 방법이었다. 3차원 이상의 차원을 다루는 파동 방정식에서는 '고전적 개념들로의 회귀'가 가능하지 않다. 특별히 내가 입자들과 다른 입자들의 충돌을 파동의 산란으로 간주한 논증을 통해 양자역학에 대한 나의 통계적 해석을 지지했다는 지적은 사실이다. 그러나 이는 단순히 3차원적, 직관적 기술도 사용될 수 있는, 이도저도 아닌 사례에 불과한 것이다. 조단과 나는 양자역학을 케임브리지의 디락의 이론과는 독립적인 것이며, 보어의 상응 원리를 보완하는 것으로서 괴팅겐의 우리가 개발한 것으로 여겼다. 우리가 쓴 책이 닐스 보어에게 바쳐진 까닭도 바로 여기에 있다. 우리는 파동 역학을 적절한 위치에 배속시키려 했던 3권을 계획했지만 그렇게까지 나아가지는 못했다. 2권을 완성하는 데에는 우리가 예상했던 것보다 더 많은 시간이 소요됐으며, 이 책의 출판과 함께 우리들이 걷는 길은 분명히 달라졌다. 슈뢰딩거의 생각에 찬성하는 일반적인 경향 때문에 우리가 썼던 2권은 호의적으로 받아들여지지 않았다. 특별히 파울리가 발표한 리뷰가 기억나는데, 그는 우리 책에 완전히 부정적이었다.

현재 상황은 변화하고 있는 것처럼 보인다. 1965년 여름 린다우에서 열린 노벨 물리학상 수상자들 회의에서 디락이 행한 한 강연에서 그는 무한 재규격화ininite renormaliation와 같은 그로테스크한 편법을 사용하게 하는 등 양자장 이론quantum field theory이 커다란 난제들을 가지고 있는 이유는 부분적으로 하이젠베르크의 생각이 아닌 슈뢰딩거의 생각을 출발점으로 사용했기 때문이라고 말했다. 그는 심지어 "양자 전기 역학을 창시하는데 있어서 슈뢰딩거의 이론이 아닌, 하이젠베르크의 이론이 좋은 이론이다"라고 얘기했다. 나는 디락의 이러한 말이 옳으며, 슈뢰딩거의 이론이 채택된 이유는 그가 물리학자들에게 친근한 사고에 입각한 연구했기 때문이라고 믿는다. 우리의 펴냈던 옛 책은 따라서 르네상스를 즐기고 있는 것인지도 모른다. 그러나 한편 출판된 거의 모든 교과서들은 파동 역학을 주요하게 다루고 있다.

물리학 얘기로 많이 흘렀는데, 다시 아인슈타인의 편지로 돌아가야겠다. 양자역학에 대한 그의 부정적인 태도가 바뀔지도 모른다는 희망을 가지고 조단과 나는 분명히 그에게 우리 책의 교정 원고를 보냈다. 그러나 이러한 우리의 희망은 실현되지 못했다. 그는 특별히 우리가 물리학의 통계적 해석을 최종적인 결론이라고 언급한 이 책의 한 구절(아마도 서론의)에 대해 반대 의사를 표현했다. 우리는 그가 원하는 대로 우리 자신의 의견을 바꾸지는 않았지만, 그의 요청에 따라 문제의 구절을 수정했다. 하지만 오늘날 이러한 우리의 견해는 대다수의 물리학자들이 공유하고 있다.

61_보른에게

1929년 12월 14일

　당신의 밝은 편지가 저를 기쁘게 하는군요. 완전한 인격은 중요한 행위는 물론 중요하지 않은 행위에서도 그 기품이 드러나는 법입니다.

　루머가 무척 마음에 듭니다. 다차원 처리를 사용하는 그의 생각은 독창적이며 형식적으로도 잘 전개되어 있습니다. 그의 논리가 가진 약점은 우리에게 알려진 법칙이 불완전하다는 점과 그것들을 완성하기 위한 논리적 법칙이 아직 발견되지 않았다는 사실에 기인합니다.

　어쨌든 누군가가 그로 하여금 과학 연구를 할 수 있게끔 해주는 것도 좋지만, 그에게 일상적인 업무를 맡기면서도 독립적으로 연구할 수 있는 여유 시간을 제공한다면 가장 이상적일 것입니다. 그렇지만 유감스럽게도 그러한 기회는 현재 찾아내기 어렵습니다. 수업 시간과 임금을 줄여서 중학교에 강사 자리를 만들거나 이와 유사한 공무원 임용을 시켜보는 방안은 어떨까요? 제한된 기간 동안 연구비를 지원받는 것보다는 이편이 훨씬 만족스러워 보입니다. 왜냐하면 지식의 출산 시기가 가까워졌음에도 불구하고 출산한 아이를 날라다 줄 날을 받아들이지 않는다면, 그 황새는 보헤미안이 되기 때문입니다.[39]

　안부를 전합니다.

— [서명 없음]

62_아인슈타인에게

1929년 12월 19일
Institute for Theoretical Physics
Göttingen
Bunsenstr. 9

루머를 당신 곁에 두고 싶다는 말에 무척 기뻤습니다. 그러나 그에게 일상적인 업무를 맡겨 그에게 과학 연구를 할 수 있는 여유 시간을 주도록 한다는 생각은 이상적으로는 좋은 이야기이지만 실제로는 매우 어렵습니다. 강의 시간을 줄이고 급여를 낮춰서 중학교에 강사 자리를 하는 만든다는 방안도 바람직한 일이지만 역시 힘들기 때문에 아마도 몇 년간은 예비 교사로서 일을 해야 할 겁니다. 저와 교육부의 관계가 그리 밀접하지 않기 때문에 이런 방향으로는 얻어 낼 게 별로 없습니다. 당신의 영향력이라면 성공할지도 모르겠지만 말입니다. 저에게 이런 일은 젊은이들을 위해 당신의 이름이 가진 무게감을 발휘하는 실천적인 문제로 보입니다. 당신이 교육부의 종신 과장인 리히터Richter을 만나 이 일을 그에게 맡겨 보는 방안은 어떨까요?

하지만 무모해 보이는 그런 바람들로 당장 루머를 돕지는 못합니다. 말이 나온 김에 말씀드리자면, 그는 올덴부르크의 기술학교에서 연수 과정을 마쳤고 최종 시험도 통과했습니다. 이제 취업 자격을 갖췄다는 얘기가 되겠습니다만, 현실적으로는 높은 실업률로 인해 외국인이 독일에서 일자리를 찾을 기회는 없다고 봐야합니다. 그래서 저는 적어도 1년간의 연구비를 얻어 주는 것 외에 그를 위해 해줄 수 있는 것이 없다고 생각합니다. 제 아내가 말해주더군요. 당신과 에렌페스트가 록펠러 재단에 연구비를 요청한 경험이 있다고 말이죠. 저는 현재 어떤 형식으로든 그들에게 접근하고 싶지는 않습니다. 왜냐하면 지금까지 그들은 저를 제대로 대우해주고 있지 않습니다. 티스데일Tisdale이 지난여름에 이곳에 왔었는데, 제 신경쇠약 증세가 심각하다고 느꼈는지 록펠러 재단 부담으로 몇 개월간이지만 저에게 캘리포니아에 가지 않겠느냐는 제안을 했습니다. 그렇지만 저는 근처에서 휴가를 보내면 충분히 몸이 회복되리라 생각했기 때문에 그의 제안을 거절했었습니다. 그러나 길었던 휴가가 끝나고도 몸이 좋아지지 않아서 티스데일에게 다시 편지를 써서 그의 제안을 환기시켰습니다. 그렇지만 본부로 보낸 제 지원서를 후원해 달라는 제 부탁에 그는 매우 퉁명스럽게 거부했습니다. 저는 한 가지 이유밖에는 생각할 수 없습니다. 즉, 록펠러 재단 사람들이 괴팅겐에 대해 반감을 가지고 있다는 것이죠. 수학 연구소가 설립되는 동안 제가 모르는 어떤 일이 있었는지도 모르지요. 이런 이유로 저는 현재 그에게 그런 부탁을 하고 싶지가 않습니다.

당신이 티스데일(The Rockefeller Foundation, 20 rue de la Baume, Paris)에게 편지를 써서 당신이나 저, 혹은 다른 어떤 사람이라도 상관없는데 그를 조수로 두겠으니 1년간의 연구비를 보조해 달라는 지원서를 써주시면 고맙겠습니다. 그리고 에른페스트와 제가 이러한 생각에 전적으로 동의한다는 말을 덧붙여 주십시오. 그러나 저는 당신이 그런 제안을 하는 데 있어서 어려움이 없다고 말하진 않겠습니다. 왜냐하면 일반적으로 록펠러 재단은 장학금을 지급하는데 있어서 해당 국가에서 확실히 급여를 받는 위치에 있다고 증명할 수 있는 사람들에게만 장학금을 지급하는 규칙을 철저하게 준수하고 있습니다. 따라서 루머의 경우에는 해당 사항이 없습니다. 그렇지만 당신의 명성이 예외 상황을 만들 수 있지 않을까도 조심스레 점쳐 봅니다.

라우에가 내년 1월에 베를린에서 열리는 물리학 협회에서 강연을 해달라는 매력적인 초청장을 보내왔습니다. 저는 오랜만에 당신이나 그곳 동료들을 다시 만날 수 있다는 생각으로 이 제안을 기쁘게 받아들였습니다. 유감스럽게도 물리학에 대해 당신께 전해드릴 특별한 소식은 없군요.

헤디가 여러분께, 특별히 마고에게 안부를 전해달라고 합니다.

— 막스 보른

◆

아인슈타인은 지식에 대한 탐구와는 별도로 먹고 사는 직업을 병행해서는 안 되지만, 연구는 개인적인 여유 시간을 확보하여 행해져야 한다는 생각을 끊임없이 주장했다. 아인슈타인 자신도 자신의 위대한 논문들 중 최초의 작품을 생계를 위해 베른의 스위스 특허청 직원으로 일하면서 썼다. 그는 오직 이러한 방법만이 연구자의 독립성을 유지하는 길이라고 믿었다. 루머를 위해 중학교 시간 강사 자리를 만들어보자는 그의 제안은 자신의 이러한 생각에 부합하는 것이었다. 그렇지만 그가 간과한 부분은 거의 모든 직업군에 존재하는 조직의 엄격함이었으며, 개인들에게는 할당된 업무의 의의이다. 이런 것들이 없다면 직업적 자부심은 개발되지 못한다. 취미 활동으로 과학 분야에서 성공하려면 그 사람은 아인슈타인과 같은 정도의 능력을 가진 사람이어야 한다.

63_

1931년 2월 5일
Pasadena

지난 5주 동안 저희는 이곳 지상 낙원에서 빈둥거리고 지내고 있습니다. 그렇다고 친구들을 잊지는 않았습니다.

안부를 전합니다.

— A. E

64_아인슈타인에게

1931년 2월 22일

캘리포니아에 입성하는 당신의 모습이 영상을 통해 흘러나올 때, 헤디는 당신이 미국인들의 열광적인 소란 속에 완전히 홀려버렸다고 생각했답니다. 그렇기 때문에 오늘 당신이 보내주신 엽서를 받은 저희들은 무척 기뻤습니다. 당신이 저희를 때때로 생각해준다는 점을 느낄 수 있어서 기뻤습니다. 당신은 그곳에서 우주론과 우주의 팽창 그리고 이와 유사한 문제들에 대해 고민하고 계시겠지요? 천문학 세미나에서 그 문제들에 대한 강의를 들었습니다. 바일이 설명조의 논평을 가지고 토론에 참여하는데, 전체적으로 보아 그는 우리 모임에서 가장 값진 식구입니다. 그는 종종 물리학 토론회에 참가하는데, 제가 주관하는 이론 물리학 세미나에도 정기적으로 방문하며 토론에 참여합니다. 그리고 자신의 연구 분야와 관련된 내용이기 때문에 그가 하는 말 한마디 한마디는 대개가 생생하며 지적이고 독창적입니다. 제 학생들은 그에게서 많은 것을 배우지만, 반대로 그 또한 우리의 세미나에 자극을 받아 군론group theory을 분자와 원자가valencies에 적용하는 것을 논하는 두 개의 짧은 글을 〈괴팅겐 뉴스Göttinger Nachrichten〉에 기고했습니다. 우리 가족과 바일 가족과의 친분 또한 매우 좋습니다. 양쪽 가족이 모두 다양한 문학적 관심사를 가지고 있다는 점에서 헤디와의 관계가 더욱 돈독해집니다.

학기가 곧 끝나기 때문에 기분이 좋습니다. 정말 열심히 일했거든요. 저는 요새 양자 전자 역학으로 고심을 하고 있습니다. 이미 미래를 향한 확실한 출발을 했다고 느끼고 있지만, 지독하게 어려운 상황입니다. 저를 괴롭히고 있는 문제는 원자의 무한 자기 에너지infinite self energy와 이와 관계된 모든 문제를 해결하는 작업입니다. 덧붙여 돈을 좀 벌기 위해 나중에 출판하고 싶은 광학 강의록을 조금씩 써두고 있습니다. 이것들 말고는 괴팅겐에서 일어나는 일에 대해서 말씀 드릴만한 건 거의 없습니다. 때때로 저희는 저희가 모르는 세상이 얼마나 아름다운지 느끼기 위해 극장에 갑니다. 보내주신 오렌지 나무들로 가득한 엽서는 머나먼 미지의 곳에 대한 향수를 불러일으킵니다. 제 기억으로는 몇 년 전 코모에서 밀리칸Millikan이 제게 6개월 정도 파사데나에 가보지 않겠냐고 물은 적이 있습니다. 그 때 저는 아이들이 아직 어리기 때문에 그렇게 오랜 기간 동안 떨어져 있기는 싫다고 대답했습니다. 기회가 되신다면 당신이 밀리칸에게 18개월이나 2년 후에 저를 고용할 수 있겠냐고 물어봐 주실 수 있겠습니까? 몇 가지 이유들 때문에 그보다 더 일찍 갈 수는 없습니다. 내년 10월부터는 1년 동안 학장 자리를 맡아야 합니다. 지난 10년 동안 그런 사무적인 일에는 어수룩하다는 이유를 들어 회피했었는데, 더 이상은 불가능합니다. 올해도 어떻게든 잘 버텼으면 좋겠습니다. 당신에게 편지로 말한 적이 있는 루머가 제 조수로 1년 더 저와 함께 지낼 수 있게 되었습니다. 하이틀러Heitler가 이번 여름 미국 오하이오 주의 콜럼버스에 갑니다. 그래서 루머가 그 자리를 얻게 되었습니다. 겨울을 나기 위해 저는 여기저기에 돈을 구걸하고 다녔습니다.

크리스마스엔 실업가인 제 친구를 방문해 스위스에 12일간 있었습니다. 돌아오는 길엔 취리히도 방문했지요. 그곳에서 학생회의 초청으로 강의를 할 기회가 있었는데, 근처 술집으로까지 자리가 이어졌고, 우연히 그곳에서 당신의 아들을 만났습니다. 꽤 마음에 들었는데, 건강하고 똑똑해 보이는 젊은이였습니다. 멋들어지게 웃는 모습이 당신과 똑같았습니다. 그건 그렇고 제게 해주실 얘기가 없으십니까? 유럽의 상황은 정치적으로나 경제적으로도 유쾌하게 보이지는 않는군요. '난민으로 전락한' 친지들 때문에 다른 많은 사람들처럼 저희도 걱정거리가 많습니다. 히틀러와 그의 측근들이 설쳐대고는 있지만, 상황이 분명히 좋아지고 있습니다. 에렌페스트가 헤디에게 편지를 보내는데 자신의 여행을 생동감 있고 세세히 설명해 주고 있습니다. 그가 보내주는 편지 덕분에 캘리포니아에서 벌어지는 일들에 대해서도 잘 듣고 있습니다. 풍부한 관찰력으로 경험한 내용을 어찌나 그렇게 훌륭하게 그려내는지 혀를 내두를 지경입니다. 편지를 읽으면서 저는 사랑스러운 사람들, 특별히 톨만 가족, 엡스타인 그리고 밀리칸의 모습은 물론 제 앞에 펼쳐진 캘리포니아의 풍경을 똑똑히 볼 수 있습니다. 그들에게도 제 안부를 전해주십시오. 헤디가 제가 지금 쓰고 있는 편지 밑에 몇 마디 안부 인사를 전하리라 생각합니다. 이 편지는 당신의 생일을 축하하는 편지입니다. 늦지 않게 당신에게 전달되기를 바랍니다.

부인께도 안부를 전합니다. 마고로부터는 소식을 거의 듣지 못했답니다.

— 막스 보른

아인슈타인 가족께

여러분들께 인사드립니다. 두 분 모두 안녕하신지요. 샌디에이고에서는 아름다운 바다의 요정들이 올라탄 꽃배를 선물로 받는 모습 등, 매주 방영되는 이런 종류의 뉴스 영화를 통해 당신의 모습도 보고 당신의 목소리도 들을 수 있어 기쁩니다. 세상엔 즐거운 면도 있네요. 외부에서 볼 때는 그런 모습들이 어처구니없는 일로 느껴질 수도 있지만, 저는 언제나 신만이 자신이 진정으로 무엇을 하고 있지 알고 있다고 생각합니다. 그레첸이 파우스트 안에 있는 악마를 느꼈던 것과 동일하게, 신이 당신 안에 있는 아인슈타인을 느끼게 만들어 줍니다. 그러나 그곳에 있는 사람들은 상대성 이론은 철저하게 연구했을지 모르지만, 그들 중 누구도 결코 진정으로 당신이 누구인지는 알지 못할 겁니다.

신의 가호가 있기를. 어린 마고는 침묵, 침묵하고만 있네요.

따뜻한 우정을 전합니다.

— 헤디 보른

오렌지 나무와 청명한 하늘이 부럽습니다.

◆

우주론과 우주의 팽창에 대한 언급은 당시 큰 반향을 일으켰던 미국의 천문학자 허블Hubble의 발견을 말하는 것이다. 그는 흔히 우리가 은하수라고 부르는 것과 거의 흡사한, 소위 은하계라는 행성계star system의 거리가 멀면 멀수록 우리들의 눈으로 확인했던 그 위치에서 훨씬 더 멀어진다는 사실을 보여줬다. 이 발견의 결과로서 아인슈타인에 의해 촉발된 우주론에 대한 새로워진 관심에 한층 더 탄력이 붙었다.

나처럼 당시 괴팅겐의 학생이자 시간 강사였던 헤르만 바일이 힐버트의 자리를 물려받았다. 바일은 이론 물리학과 천문학에 관심을 가진 탁월한 수학자들 중의 한 사람이었다. 그는 양쪽 학문에 중요한 기여를 했다. 히틀러가 정권을 잡자 그는 아인슈타인이 이미 가 있었던 프린스턴의 '고등학술원'으로 떠났다.

내가 학장이 된 해는 내 학문 인생에서 최악의 해들 중 한 해였다. 총리 브뤼닝Brüning이 이끄는 독일 내각은 미국 금융 체제의 붕괴에 따라 유럽이 위기를 맞자 극도의 긴축 조치를 취하지 않으면 안 되었다. 대학에는 수많은 젊은 조교들과 유급 직원들을 해고하라는 명령이 떨어졌다. 우리 교직원들 중 많은 사람들이 이 조치를 충격적으로 받아들였다. 그들은 대부분이 갓 결혼하여 발버둥치는 젊은이들이었는데 빈약할 대로 빈약한 수입을 그들로부터 빼앗는다는 행위는 너무나 가혹한 처사였다. 더 나아가 이는 연구소 활동을 정지시키는 조치였다. 우리는 위원회를 결성하여 우리 급여의 10퍼센트가 조금 안 되는 금액을 각자의 주머니에서 자발적으로 부담하는 형태로 정부 명령으로 인해 타격을 받게 될 사람들 대다수의 급여를 지불하자고 전체 교수회의에서 제안했다. 이 제안으로 인해 교수회에서 벌어진 싸움은 지금도 나를 몸서리치게 만든다. 끝날 줄 모르는 회의에서 결국 과반수가 훨씬 넘는 투표수 획득으로 우리의 제안이 통과됐다. 그러나 투표에 진 사람들은 이전에 경험한 적 없었던 적대심을 보였다. 그들 중에는 몇몇 역사가들도 포함되어 있었지만, 대부분은 농학과 삼림학에 종사하던 사람들이었다. 6개월 후에 우리는 그들의 실체가 무엇이었는지를 알게 되었다. 그들은 변장한 나치였다. 그들은 과학 연구소들이 쓸데없이 너무 많다고 생각하는 것처럼, 해고 문제로 인한 걱정거리들을 개인적인 문제로만 간주하는 사람들이었다. 긍정적이었던 유일한 일화는, 내가 개인적으로 대학의 평의원이었던 게하임라트 발렌티너Geheimrat Valentiner에게 교수회의 결정을 얘기해주었을 때였다. 그는 감동하여 눈물을 흘리면서 "만약 모든 단체들이 당신들의 교수회의가 보여준 것처럼 비이기적으로 행동한다면, 우리나라는 이런 문제들을 곧 극복하리라"고 말했다.

발터 하이틀러Walter Heitler는 로타르 노르트하임Lothar Nordheim과 함께 수년 간 내 조수로 연구했다. 노르트하임은 히틀러가 정권을 잡은 후 미국캘리포니아로 갔고, 하이틀러는 처음에는 영국으로 갔다가 이후에는 더블린의 고등학술원의 교수가 되었다. 그는 양자 복사 이론을 다룬 훌륭한 책을 출간했고, 화학적 구성요소에 관한 양자 이론과 우주 복사에 대해 런던F. London과 공동으로 연구한 중요한 결과물을 발표했다. 그리고 나중에 이러한 공로를 인정받아 취리히의 교수가 되었다.

이 편지에서 언급한 실업가 친구는 편지 30에 대한 해설에서 언급한 바 있었던 레클링하우젠 출신의 칼 슈틸이었다. 정치적 상황을 바라보는 나의 낙관론에 대해 말하자면, 이 편지는 내가 순간적으로 희망이라는 마법에 걸렸던 시기 중 한 시기에 쓰였음이 틀림없다. 내가 완전한 절망에 자주 빠져들었던 만큼 반대로 희망을 자주 걸었다는 사실을 잘 기억하고 있다. 편지들에서 종종 언급되는 내 신경 쇠약 증세는 과로와 다른 걱정거리, 주로 정치적인 걱정 때문이었다. 내 기억으로 1929년 초에 나는 콘스탄체 호수가의 콘스탄체 요양원에 입원했다. 처음에는 침대에 누워 있어야 했지만, 나중에는 라운지에 앉아 사람들과 얘기도 나눌 수 있었다. 그러나 제조업자, 의사, 변호사 등 어쨌든 중상류계급 출신의 환자들이 나누는 대화는 거의 모두가 히틀러 및 히틀러에게 걸고 있는 그들의 희망에 대한 것뿐이었는데, 대화 중간 중간 유태인에 대한 악의에 찬 공격도 들렸다. 이런 대화를 도저히 참지 못하고 나는 내방으로 돌아오곤 했다. 이 요양소에서 퇴원해 슈바르츠발트의 쾨니히스펠트로 가고 나서야 나는 비로소 건강을 회복할 수 있었다. 홀로 외롭게 스키를 타는 와중에 내 건강은 조금씩 회복되어 갔는데, 퇴원이 다가오던 어느 날 나는 알베르트 슈바이처 박사를 만나게 되었다. 산책을 하는 도중 교회를 지나던 참이었는데, 우연히 교회에서 아름다운 오르간 소리가 흘러나오는 것이었다. 그래서 나는 안으로 들어가 보았다. 그리고 그곳에서 나는 사진을 통해 얼굴이 익은 슈바이처 박사가 오르간 앞에 앉아 있는 것을 발견했다. 나는 그가 연주를 그만두고 잠시 쉴 때마다 그에게 말을 걸었다. 몇 차례의 긴 산책을 함께 하면서 그는 나에게 람베렌[40]에서의 삶과 연구에 대한 얘기를 들려주었다. 이는 내가 정신석 평성을 되찾는데 도움이 되었다. 이 편지에서 드러난 내 정치적 낙관론은 아마도 이런 일화와 연관이 있었을 것이다. 에른페스트가 미국에서 보낸 편지와 관련해 내가 언급했던 미국 친구들은 모두 지위가 높은 물리학자들이었다. 주로 상대성 이론과 우주론을 연구한다고 알려진 톨만, 보어의 원자 구조에 대한 기여를 통해 이름이 알려진 엡스타인, 전기의 미립자 구조에 대한 최종 확증과 전자의 변화에 대한 정확한 측정으로 유명한 밀리칸이 그들이다.

65_아인슈타인에게

1931년 10월 6일
Institute for Theoretical Physics
Göttingen
Bunsenstr. 9

　같은 우편으로 루머가 쓴 새 논문을 당신께 보냅니다. 제가 보기에 그 논문은 그가 오랫동안 추구했던 방향에서 이루어낸 진정한 진보라고 생각합니다. 저는 당신이 이와는 완전히 다른 생각을 가지고 있다는 사실을 잘 알고 있지만, 루머의 논문을 한 번 살펴보는 편이 좋으리라 생각합니다. 저는 리만 공간을 가정함으로써 불가피하게 물질 텐서matter tensor에 대한 가정으로 나아가게 되고, 필연적으로 기묘한 물질에 대한 장 이론으로 나아가게 된다는 그의 말이 옳다고 생각합니다. 그의 취한 방향을 받아들여 이러한 장 이론을 정교화시킬 것인가 아니면 당신이 시도하는 것처럼 완전히 새로운 기하학으로 방향을 전환해야 하는가가 관건입니다. 저는 이에 대해서는 어떠한 의견도 가지고 있지 않습니다. 그러나 모든 경로를 탐험해봐야 한다고 생각합니다.
　안부를 전합니다. 제 아내도 안부를 전해달라고 합니다.

— M. 보른

◆

　이 편지에 이어 다음 편지가 올 때까지 18개월이 흐른다. 이 기간 동안 과학적 연구를 더 이상 할 수 없게 된 많은 일들이 발생한다. 독일의회를 구성하기 위해 몇몇 선거들이 열렸는데, 이를 통해 나치 의원들의 숫자가 늘어났고 히틀러의 힘도 커졌다. 그의 갈색 무리들은 나라를 공포의 도가니로 몰아넣었다. 얼마 지나지 않아 사태는 히틀러의 권력 장악으로 이어졌다. 어느 날 (1933년 4월 말) 신문을 보는데, '시민으로서 적당하지 않은 사람들' 명단 가운데서 내 이름을 발견했다. 이는 새로운 '법률'에 따른 조치였다. 프랑크는 이 명단에 들어있지 않았다. 1차 대전에 참전했던 최전방 전사였다는 점이 인정되어 당분간 이러한 조치로부터 면제된 것이었다.

아인슈타인은 이 기간 동안 미국에 있었다. 그는 1933년 봄에 유럽으로 돌아왔지만, 목숨이 위태로울 수 있었던 독일이 아니라 벨기에를 거쳐 영국으로 갔다.

나는 며칠간의 '휴가'를 얻어낸 후, 즉시 독일을 떠나기로 결정했다. 우리는 그뢰드너 계곡의 폴켄슈타인(이탈리아 이름으로는 발 가르데나의 셀바이다)에 페라토너라는 가명을 써서 한 농부로부터 여름휴가용 아파트를 빌려 두었었는데, 더 일찍 가도 상관없었다. 그래서 우리는 5월 초(1933년)에 사춘기에 접어든 딸들을 학교에 남겨두고 12살 난 아들 구스타프만을 데리고 티롤 남부을 향해 떠났다. 그 전에 나는 셀바에서 네덜란드에 있었던 에렌페스트를 통해 아인슈타인에게 편지를 썼다. 다음의 편지가 이에 대한 그의 답장이다.

66_ 보른에게

1933년 5월 30일
Oxford

에렌페스트가 당신의 편지를 보내왔습니다. 두 분(당신과 프랑크)이 학교를 그만두었다니 다행입니다. 당신이 위험에 빠지지 않은 데에 신에게 감사를 드립니다. 그렇지만 젊은 사람들을 생각하면 가슴이 아파옵니다. 린데만Lindemann이 괴팅겐과 베를린으로 갔습니다(약 1주일간). 아마 에렌페트스에 대한 소식을 그에게 편지로 전할 수 있을 겁니다. 현재 팔레스타인(예루살렘)에 괜찮은 물리학 연구소를 설립하는 사업이 고려되고 있다고 들었습니다. 지금까지 팔레스타인은 말이 안 될 정도로 엉망진창이었고, 한 마디로 완전히 사기나 다름없었습니다. 하지만 만약 이 사업이 진지하게 고려되고 있다고 보이면, 당신에게 자세한 내용을 즉각 편지로 전하겠습니다. 바람직한 일이 그곳에서 이루어질 수 있다면 좋겠습니다. 세계적인 명성을 가진 연구소로 발전할 가능성이 없지는 않으니까요. 그렇지만 지금으로서는 그 사업의 진행 여부에 대해 크게 신뢰하고 있지는 않습니다.

2년 전에 저는 보조금을 분배하는 어처구니없는 방식을 두고 록펠러 재단의 양심에 호소했었습니다만, 유감스럽게도 성공하지는 못했습니다. 보어가 현재 망명 생활을 하고 있는 독일 과학자들을 위해 적절한 행동을 취해 달라는 취지로 그를 만나러 갔습니다. 그가 뭔가를 성공시켰으면 하는 바람입니다. 린데만은 런던과 하이틀러를 옥스포드로 데려가려는 모양입니다. 그가 자신의 계획을 위해 영국의 모든 대학의 상황을 살피는 단체를 만들었습니다. 이름이 있는 사람들 모두에게는 이미 어떠한 형태로든 가능한 자리가 마련되었다고 확신합니다만, 그렇지 않은 젊은 학자들은 아무런 기회도 잡지 못할 것 같습니다.

제가 독일인들에 대해 (도덕적으로나 정치적으로) 특별히 우호적인 생각을 하지 않는다는 점을 당신도 잘 알고 계시리라 생각합니다. 그리고 이번에 그들의 잔인함과 비겁함에 심한 충격을 받았다고 고백해야만 하겠습니다.

저는 처음에 망명자들을 위한 대학을 만들어야겠다고 생각했습니다. 그러나 곧 넘을 수 없는 장애물들이 존재한다는 사실과 이런 방향으로 시도되는 모든 노력이 개별 국가들의 노력을 방해한다는 사실도 명백해졌습니다.

다음번에는 정말로 좀 더 구체적인 소식들을 가지고 당신에게 편지를 쓸 수 있기를 바랍니다. 당신과 당신 가족이 그 산맥[41]에서 평화로운 시간을 갖기를 바랍니다.

— 아인슈타인

독일에서 저는 '사악한 괴물'의 위치로 승격했습니다. 그리고 제 모든 재산이 압류되었습니다. 그렇지만 저는 돈이란 결국엔 다 없어지는 것이라고 자위합니다.

◆

독일식 이름을 가지고 있지만 완전한 영국인인 린데만Lindemann은 친구 사이이나 다름없었기 때문에 그에 대해서는 나도 잘 알고 있었다. 그는 당시 강사였는데, 베를린에서 네른스트와 함께 공부했고 종종 괴팅겐을 방문했다. 그의 연구는 무척 훌륭하여 옥스포드의 크라이스트 처치 칼리지의 특별 회원, 클라렌든 연구소의 실험철학 교수이자 연구소장의 자리를 얻을 만큼 빠르게 성장했다. 2차 대전 중에는 처칠에게 가장 큰 영향력을 발휘했던 과학계의 조언자였다. 대도시의 중심에 공습을 가하여 독일인들의 사기를 떨어뜨리자는 방안도 그의 생각이었다. 1933년에 그는 독일을 방문하여 해임된 독일 학자들을 데리고 갔다. 그는 특별히 옥스포드 물리학과의 활동을 촉진시키고 싶어 했다. 옥스포드는 전통적으로 인문학이 강세였고 반면 뉴턴의 대학인 케임브리지는 과학이 만개했다. 린데만은 독일 전역을 돌아다니며 옥스포드를 위해 저명한 물리학자들을 데려가려고 했다. 심지어 7월에는 나와 교섭을 벌이고자 셀바(가르데나)에까지 찾아왔다. 그렇지만 나는 케임브리지로부터의 초청을 받아들였다. 아인슈타인의 편지 또한 린데만이 하이틀러와 런던을 옥스포드로 데려가는 방안을 고려했다고 쓰고 있다. 이미 언급한 것처럼 하이틀러는 수년 동안 괴팅겐에서 내 조수로 있었다. 런던은 내가 브레슬라우에서 학생으로 공부하고 있었을 당시 수학과 교수들 중 한 명의 아들이었는데, 뮌헨에서 주로 좀머펠트와 함께 공부했다. 런던과 하이틀러는 최초로 양자역학을 이용하여 물리학적 용어로 화학적 (비극 non-polar) 원자가valency의 힘을 설명한 기초 저작을 공동으로 출판했다. 그 이후 이 이론을 미국의 화학자인 리누스 폴링Linus Pauling이 받아들여 성공적으로 발전시켰다. 그는 이를 통해 노벨상을 수상했지만, 하이틀러와 런던은 그렇지 못했다. 그들 중 어느 누구도 옥스포드로 가지는 않았다. 대신 린데만은 브레슬라우의 물리 화학과 교수인 프란츠 시몬Simon과 멘델스존Mendelssohn과 쿠르티Kürti 그리고 쿤Kuhn과 같은 몇 명의 젊은 연구자들을 옥스포드로 데려갔다. 이들은 곧 클라랜던 연구소를 만개시켰다. 나중에 시몬은 린데만의 자리를 이어받고 프란시스 경이라는 작위까지 얻었다. 그의 연구소에서는 주로 저온 상태를 연구였다.

아인슈타인의 편지로 볼 때, 당시 내가 에드워드 텔러Edward Teller를 위해 뭔가를 하려고 했다는 점이 분명한데, 무엇인지 기억이 나질 않는다. 그는 내가 광학(라만 효과에 대한 이론)에 관한 책을 쓰고 있던 괴팅겐에 머무르면서 한 챕터의 완성을 도왔다. 이후 그는 미국에서 '수소 폭탄의 아버지'로 유명해졌고, 동과 서의 화해에 반대하여 힘의 정치를 조장하는 여론 형성에 자신의 영향력을 끊임없이 발휘했다.

독일인에 대한 아인슈타인의 가차 없는 평가에 대해서는 히틀러에 의해 추방당한 우리 모두가 찬성했다. 그러나 당시 우리가 경험한 것은 이후에 일어난 일들과 비교했을 때, 아이들 장난에 지나지 않았다. 지금 나는 독일에 다시 돌아와 살고 있다. 이후의 편지들은 이러한 사태가 어떻게 일어나게 되었는지 보여줄 것이다. 아인슈타인 자신은 다시는 독일 땅을 밟지 않았다.

이 편지와 다음 편지 사이에 아인슈타인이 보낸 편지가 하나 더 있었는데 잃어버렸다.

67_아인슈타인에게

1933년 6월 2일
Selva-Gardena
Villa Blazzola

당신의 편지에 감사드립니다. 망명한 젊은 물리학자들 및 그들과 같은 처지에 처한 사람들을 당신과 함께 돕고 싶지만 유감스럽게도 제 처지도 그들과 같은 형편입니다. 제 신경쇠약 증세(잠을 제대로 자지 못하는 게 문제입니다)를 회복하는 데에 그리고 물리학에 관해 이런저런 것들을 생각하는 데에 대부분의 시간을 보내고 있습니다. 이번 일을 통해 한 가지 좋은 점이 생기긴 했습니다. 한동안 마음대로 할 수 있는 시간을 얻었다는 것이지요. 그러나 도서관이 없기 때문에 쉽지만은 않습니다. 제 학생 중에서 영국인 학생 한 명이 이곳에 머무르며, 제가 하고 있는 작은 연구를 돕고 있습니다.

저의 미래 아니 저희 가족의 미래에 대해 걱정해주셔서 감사합니다. 제가 할 일은 제 여생을 안락하게 보내는 게 아니라 오히려 제 아이들의 삶을 좀 더 살만한 가치가 있도록 만드는 것이 아닌가 생각하고 있습니다. 저는 아직 포기하지 않았습니다. 젊은이들이 무엇인가를 이룩할 수 있는 보다 좋은 기회를 얻어야 한다는 에렌페스트의 의견에 동의합니다. 그렇기 때문에 그들의 인생에 대한 전망이 이렇게 좋지 않은 지금을 볼 때, 저는 더욱 슬퍼집니다. 제 아내와 아이들은 지난 6개월 동안 유태인으로 살아간다는 것 혹은 그 유쾌한 전문 용어를 사용한다면, '비아리안계'로 살아간다는 것을 별로 심각하게 받아들이지 않습니다. 심지어 저 자신도 특별히 저를 유태인이라고 생각해 본 적이 없습니다. 물론 현재 저는 실제로 우리가 다른 사람들에 의해 유태인으로 인식된다는 사실 뿐만 아니라 유태인에 대해 자행되는 억압과 부정의가 저로 하여금 분노와 저항을 일으키도록 만들기 때문에 제가 유태인이라는 사실을 너무나 똑똑하게 인식하고 있습니다. 저는 제 아이들이 서유럽 국가의, 가능하다면 영국의 시민이 되었으면 좋겠습니다. 왜냐하면 영국이 가장 예의를 갖춘 관대함으로 난민들을 받아들이기 때문입니다. 게다가 저는 26년 전에 영국에서 공부했기 때문에 그들의 언어를 알고 있으며 친구들도 많이 있습니다. 그러나 제가 생각하는 바대로 미래가 다가올지는 확신하지 못하겠습니다. 당신이 팔레스타인에 세워질 물리학 연구소에 저(혹은 프랑크?)를 추천하려 한다고 보입니다. 그러나 비록 제가 팔레스타인의 삶과 환경에 대해 거의 아는 것이 없다고 인정할지라도, 제 아내와 아이들의 입장을 고려할 때 그러한 제안을 수락하고 싶지는 않습니다.

현재 저는 몇 곳으로부터 초청장을 받은 상태입니다. 하나는 란데가 있는 오하이오의 콜럼부스에 몇 개월 동안 가 있는 것이며, 다른 하나는 수업 부담 없이 1년 동안 프랑스에 가 있는 것입니다. 말할 것도 없이 두 번째 제안이 저와 헤디에게 더욱 매력적이지만, 제시된 급여로는 아내와 3명의 자식을 데리고 1년을 살아가기에는 너무 빠듯합니다. 제가 파리로 간다면 제 재산도 모두 압류당하겠지요. 당신이 큰 괴물이라면 저는 작은 괴물이 되겠지요. 그렇다고 해도 만약 파리로 갈 수 있다면, 저희는 무척 기뻐할 겁니다. 생각해 보십시오. 괴팅겐에서 10년을 보낸 후 파리라! 또 다른 가능성도 있습니다. 베오그라드(유고슬라비아)에 저를 위한 자리가 마련되었다는(혹은 마련될 것이라는) 소식을 받았습니다. 그러나 받은 편지가 공식적인 것이 아니었습니다. 헤디는 유고슬라비아에서 겪을 수 있는 위험하고 기이한 경험에 끌리고 있습니다. 저는 그곳이 과학적 불모지(혹시 과학이라는 것이 여전히 남아있을시 모르겠습니다)라는 점과 언어 문제 때문에 결정을 보류한 상태입니다. 언어에 대한 재능이 없기도 하며 이제 와서 슬라브 언어를 배운다는 건 거의 불가능한 일입니다. 그러나 불가피하다면 슬라브 언어에 도전해 볼 생각입니다. 그러나 젊은 사람들, 적응을 쉽게 할 수 있는 사람들에게 그런 자리가 돌아가야 한다고 생각합니다.

텔러의 일에 관해 린데만에게 편지를 쓰려고 하는데, 당신이 편지를 받을 수 있는 주소를 제게 주지 않았기 때문에 그에게 편지를 잘 간수해 달라고 부탁할 생각입니다. 어느 날 저는 제 영국인 학생으로부터 프랑크와 바일 그리고 제 딸들에 대한 소식을 직접 들을 수 있었는데, 바일 가족과 함께 지내고 있는 이레네는 현재 벌어지고 있는 사태에는 신경 쓰지 않고 즐겁게 지낸 다는군요. 역시나 행복한 젊음입니다! 그렇다고 천박하다는 의미는 아닙니다. 쿠랑이 헤럴드 보어를 찾아가 코펜하겐에서 며칠을 함께 보냈는데, 그의 건강이 조금 회복된 듯 보이더군요. 프랑크는 독일에서 자리를 구할 수 있는 일말의 가능성이 있는 한(비록 공무원이 아니더라도), 외국으로 나가지 않겠다고 결심을 한 듯 보입니다. 물론 독일에 그런 기회는 없을 테지만, 그는 괴팅겐에 남아서 계속 기회를 찾고 있습니다. 저는 그런 모습에 태연할 수가 없을 뿐더러 무슨 의미가 있는지 모르겠습니다. 프랑크와 쿠랑 두 사람은 저보다 더 두드러진 유태인적 특성을 지니고 있음에도, 마음으로는 그 누구보다도 독일인입니다.

헤디를 대신해 당신과 가족 분들에게 안부를 전합니다. 당신이 저희 가족을 위해 힘써주고 있는 데에 감사하고 있습니다.

— M. 보른

◆

셀바로 나를 찾아온 학생은 남아프리카 출신의 유태인인 모리스 블랙맨 Maurice Blackman이었다. 그는 이후 값진 연구를 했으며, 현재는 런던 임페리얼 칼리지의 교수이자 왕립 학회의 회원이다. 곧 다른 영국인 학생인 톰슨 Thomson이 옥스포드에서 도착했다. 나는 우리 집 앞에 있는 벤치나 발 룽가 협곡의 숲 속에서 그들에게 강의를 하곤 했다. 우리는 이 작은 셀바 대학을 무척 자랑스러워했다.

나는 한 번도 예루살렘 행 제안을 진지하게 고려하지 않았다. 이유는 이 편지에서 언급한 그대로였는데, 이에 대해 몇 마디 더 설명을 하고 싶다. 내

부모는 두 분 모두 유태계였다. 내 어머니는 내가 아직 어린아이였을 때 돌아가셨고, 브레슬라우 대학의 해부학과 발생학 교수였던 내 아버지는 유태인 공동체의 회원이었다. 하지만 그는 지난 세기의 자유주의자로서 종교 문제에 있어서는 중립적이었다. 비록 그는 직업에 있어서 반유태주의에 의해 한 차례 이상 고통을 겪었지만, 그렇다고 종교를 바꾸지 않았다. 집안의 분위기는 도시 풍이었으며 모든 면에서 관용적이었다. 나는 이런 가정에서 자라났으며 내 집안에서도 이러한 분위기를 유지하려 했다. 따라서 내가 유태주의와 관련이 있다고는 말하기 힘들다. 내 아내의 경우는 심지어 이보다 더 했다. 유명한 법률가였던 장인 빅토르 에렌베르크Victor Ehrenberg는 유태인 직계 자손이었음에도 불구하고 프리스란드[42] 혈통이자 세계적으로 유명한 법률가 루돌프 폰 예링Rudolf von Ihering[43]의 딸을 아내로 맞이했다. 내 아내는 자신의 이름 이상[44]가는 기독교 신자가 되었다. 에든버러의 프렌드 교회(퀘이커 교도)에 들어가고 나서부터는 그녀의 종교적 믿음은 더욱 깊어졌다. 그녀는 물론 우리 아이들도 유태인 친척들에 대한 사랑을 제외하고는 유태주의와는 관계가 없었으며, 당연히 시오니즘이나 팔레스티인과도 전혀 관계가 없었던 것이다.

우리는 유고슬라비아 행을 진지하게 생각했다. 나는 발칸 지역의 나라들에 대해 잘 알고 있는 비엔나의 한 동료에게 편지를 써서 그의 의견을 구했다. 그는 베오그라드의 상황을 익살맞게 전했다. 모든 것이 얼마나 인간관계에 의존하고 있는지, 그리고 연구를 하는 것보다는 포도주 잔을 들고 재미있는 이야기로 장관을 기쁘게 하는 것이 더 중요하다는 것이었다. 이 편지를 받고 우리는 유고슬라비아 행을 단념했다.

얼마 있지 않아 영국에서 초청장이 도착했다. 다음 편지는 케임브리지에서 아인슈타인에게 보낸 것이다, 그곳에서 아내는 아담한 집을 빌렸다.

68_아인슈타인에게

1934년 3월 8일
Cambridge

바일을 통해 때때로 당신 소식을 듣고 있습니다. 당신도 아마 그를 통해 저희 소식을 듣고 계시겠지요. 추방된 독일 학자들 그리고 특별히 물리학자들을 위해 미국이 어떤 원조를 행할지 궁금하여 이렇게 케임브리지에 오자마자 당신에게 편지를 쓰고 있습니다. 의심할 여지없이 당신은 어느 정도의 거리를 두고 있지만 따뜻한 마음으로 이 모든 재앙을 세심하게 살피고 있습니다. 제가 있는 이곳은 괜찮습니다. 거의 매주 불행한 일을 당한 가련한 사람들이 제게 찾아옵니다. 그리고 독일에 남겨져 아무것도 할 수 없는 사람들로부터 매일 편지도 받습니다. 하지만 저는 영국의 손님인 처지이고 제 이름이 널리 알려져 있지 않기 때문에 이에 대해서는 완전히 속수무책입니다. 런던에 있는 학술지원협회나 취리히에 있는 비상공동체에 자문을 구하는 것 외에는 할 수 있는 일이 아무것도 없습니다. 게다가 그런 단체들 중 어느 곳도 충분한 자금이 없습니다. 알버트 홀에서 있었던 당신의 연설[45]을 통해 러더포드Rutherford가 큰 자금을 모으는 운동이 진행되기를 바랐습니다. 그러나 이로부터 만족할 만한 성과는 나오지 않았습니다. 학술지원협회로부터 나오는 연구비 대부분이 가을 말에 끝나는데, 다시 기간을 갱신할 수 없습니다. 이런 와중에 도움이 필요한 많은 사람들이 속속 이곳에 도착하고 있습니다다만, 아무도 이들을 위해 손을 쓸 수 없습니다.

제가 알고 싶은 것은 다음입니다.

1. 미국이 여전히 사람들을, 특히 젊은 사람들을 데리고 갈 수 있습니까? 어떤 직업을 가진 사람들이 그 대상인지요? 물리학을 가르치는 사람들도 그 대상인지요? 어디로 지원해야 하는지요?(듀간 위원회?)

2. 당신의 명성을 활용하여 말 그대로 막대한 자금을 모아, 이를 학술지원 협회의 활동을 위해 러더포드에게 보내는 방안이 가능한지요? 만약 그렇다면, 자금 관리 역할에 제 모든 시간과 정력을 투자하겠습니다(이런 저의 의지를 러더포드에게 편지를 써서 말씀해 주십시오). 때로는 가장 유능한 사람이 아니라 가장 열의가 있는 사람이 이런 역할에 필요합니다.

3. 다른 가능성이 존재하는지요? 남아메리카에서 일반 대중을 상대로 한 운동을 벌일 수는 없는지요? 예루살렘의 입장은 어떤가요?

부분적인 제 도움으로 취리히의 비상공동체가 비교적 좋은 전망을 제시하는 러시아 및 인도와의 연락 루트를 뚫었습니다.

라만[46)]이 제게 방갈로르의 교수직을 맡지 않겠냐고 제안해 왔습니다. 그러나 제 천식 문제도 있고, 케임브리지 사람들이 저를 원하는 한 갑작스런 기후 변화는 되도록 피하고 싶습니다.

이곳에 마련한 집에서는 꽤 편하게 지내고 있으며 괴팅겐에서보다 연구를 잘 할 수 있습니다. 헤디는 아직 이곳 생활에 익숙해지지 못했습니다. 헤디의 건강, 특별히 신경 상태는 전혀 만족스럽지 못합니다. 제 딸들이 2주 후에 영국에 도착하는데, 한동안 저희 집에 머물고 싶어 합니다. 그 후에 헤디는 요양소에 들어갈 예정입니다.

일전에 〈왕립 학회 회보〉에 실린 제 논문을 당신에게 보냈습니다. 논문은 그리 만족스러운 편이 아닙니다. 그러나 현재 인쇄되고 있는 두 번째 논문에 대해서는 꽤 만족하고 있습니다. 이 논문은 장 이론에 대한 저의 '고전적' 취급을 담고 있는데, 이 논문에서 우연히도 모든 것들이 아주 완벽하게 맞아 떨어지게 되었습니다. 그러나 중력 문제는 다루지 않았기 때문에 당신이 이 논문에 동의하지 않을 수도 있습니다. 그러나 이는 통일장 이론에 대해 쓴 당신의 논문이 표현한 생각들과는 구별되는 원리의 문제입니다. 되도록 빨리 중력에 대한 제 생각을 발전시켰으면 좋겠습니다. 저의 장 방정식들에 대한 양자화에는 다소 진척이 있었지만, 여전히 매우 높은 장벽에 직면하고 있습니다.

이번 여름에 유럽에 오실 예정입니까? 저는 돈이 궁한 관계로 이곳에 남을 것 같습니다. 헤디가 마고의 주소를 알고 싶어 안달입니다. 부인께서는 어떻게 지내시는지요? 부인과 프린스턴의 제 동료들에게도 안부를 전해주십시오.

— 막스 보른

◆

아인슈타인은 높은 급료를 받는 확실한 자리를 프린스턴에 얻었던 반면 내가 얻은 케임브리지는 일시적인 자리였다. 그러나 나는 금세 석사 학위와 '스토크스 강사'라는 직위를 받았다. 나는 카벤디쉬 연구소의 조그만 방 한 칸을 썼는데, 많은 강의를 할 필요가 없었으므로 연구를 하는 데 필요한 충분한 시간을 얻을 수 있었다. 그러나 우리의 경제적 상황은 매우 빠듯했다. 나는 추방된 학자들의 편의를 돌보기 위해 편지를 쓰거나 상담을 하는 데에 많은 시간을 할애했다.

괴팅겐과 그곳에서 내가 쌓아왔던 모든 것들과의 이별은 내 마음을 무겁게 짓눌렀다. 그러나 나는 러더포드가 이끄는 카벤디쉬 연구소에서 활발하게 행한 몇 가지 학문적 연구를 통해 보상을 받았다. 또한 곤빌 앤드 카이우스(수년 전 나는 '상급 학생'으로서 이 학교의 회원이었다)와 세인트존스 칼리지(디락은 이 칼리지의 특별 회원 중 한 명이었다)가 나를 배려해 주었다(저녁 식사권 제공). 하지만 아내에게는 아무것도 없었다. 풍경, 언어, 친구들 그리고 그녀의 부모와 조부모가 살았던 고향, 아내는 자신이 알고 사랑했던 모든 것으로부터 찢겨져 나왔다. 케임브리지는 그녀에게 단지 힘겨운 가사 노동, 그리고 선의에서 우러난 오후의 차 모임 초대 밖에는 주는 것이 없었다. 이 시기 동안 그녀가 아인슈타인에게 보낸 편지는 한 장도 없었다.

내 연구로 주제를 돌리면, 이 편지에 나와 있는 연구란 셀바에서 시작한 것으로 맥스웰의 전기 역학을 변형하여 점전하point charge의 자기 에너지 self energy를 한정적으로 만드는 시도였다. 케임브리지에서 나는 운이 좋게도 폴란드 물리학자인 레오폴트 인펠트Leopold Infeld를 동료로 얻었다. 이 이론은 현재 흔히들 '보른-인펠트 이론'이라 불린다. 하지만 우리는 맥스웰의 전기 역학에 대한 그러한 시도를 그만두고, 일반적인 상대론적 전망generally relativistic look을 채택해 이 이론에 접근했다. 아인슈타인은 처음부터 이런 생각에 반대했다. 하지만 우리는 이 생각을 양자 이론의 원리들과 조화시키기 위해 열심히 노력했다. 그러나 우리는 성공하지 못했으며, 아마도 타당한 이유가 있겠지만 오늘날은 이 모든 것들이 잊혀졌다. 그 후 나는 인펠트를 아인슈타인에게 적극 추천하였으며, 그는 아인슈타인의 동료이자 조수가 되었다. 그들은 『물리학의 진화The Evolution of Physics』라는 유명한 책을 출간했는데, 책의 내용은 무척이나 훌륭했으며, 이를 통해 아인슈타인은 자신의 생각을 더 많은 대중들에게 전달하게 되었다. 그들의 과학적 협동 작업의 절정이라 할 수 있는 연구는 천체celestial bodies 운동을 지배하는 법칙을 아인슈타인의 장 방정식으로 환원reduction하는 것이었다. 이에 대한 이야기가 앞으로 다시 계속 된다.

69_보른에게

1934년 3월 22일
Princeton, NJ.

비록 편지의 주된 논점에 대해서는 상당히 유감스럽지만, 당신이 직접 손으로 쓴 편지를 다시 보게 되다니 무척 반갑습니다. 불행하게도 작년처럼 영국 원조 기금을 활성화시키는 데에 있어서 직접적인 기여를 할 수 있는 가능성이 보이지 않습니다. 여러 가지 이유로 미국 순회강연을 할 수 없게 되어 매우 유감입니다.

독일의 유태인들이 과거 그랬던 것처럼, 자신의 삶에 만족하며 살아남은 세계 각국의 유태인들이 조용히 입을 다물고 애국심을 보이는 제스처를 보이는 행위로 앞으로도 생존할 수 있다는 어리석은 희망에 매달린다는 것은 매우 불행한 일입니다. 독일 유태인들이 동유럽 유태인들에게 했던 것처럼, 같은 이유로 그들은 독일 유태인들의 난민 허가를 방해했습니다. 프랑스 및 영국에서와 마찬가지로 이런 일이 미국에서도 벌어지고 있습니다.

새로운 시각으로 장이 가진 양자 문제를 공격하는 당신의 시도에 무척 관심이 많습니다. 그러나 관심이 큰 만큼 그러한 시도를 믿지도 않고 있습니다. 여전히 저는 개연성 해석이 커다란 성공을 거두었음에도 불구하고, 상대주의적 일반화를 위한 실천적인 가능성을 표현하고 있지는 않는다고 믿습니다. 또한 특수 상대성 이론을 가지고 유비analogy하여 전자기장을 위해 해밀턴 함수를 선택했던 추론도 저를 확신시키지 못합니다. 우리들 누구도 이러한 난제가 해결되는 것을 보지 못하고 죽게 될까봐 걱정입니다.

만약 가능하다면 이번 여름엔 미국에서 휴가를 보낼 생각입니다. 나 같은 늙은 사람이 상대적인 평화와 고요함을 한번이라도 즐겨도 문제가 되지 않겠지요? 영국에서 당신의 위치를 앞으로 한동안 공고히 해 놓으시기를 바랍니다. 이곳도 상황은 매우 어렵습니다. 대개의 경우 줄어드는 재정을 메우기 위해 개인 기부금을 받는 상황에서 그날 벌어 그날을 살아가야 하는 대학들이 격심한 생존 경쟁을 벌이고 있기 때문에 이곳의 능력 있는 젊은이들에게도 일자리가 주어지지 않기 때문입니다.

안부를 전합니다.

― A. 아인슈타인

마고의 주소입니다. 5 rue du Doctuer Blanche, Paris 16me.

◆

내 생각에 대한 아인슈타인의 반론은 두 가지 문제를 담고 있다. 첫 번째는 양자역학의 개연성에 대한 그의 거부에 기초했다. 이는 원리의 문제이다. 이러한 반론은 인펠트와 내가 고안한 이론에 유효하지 않다. 왜냐하면 사실상 우리는 양자역학과 이 이론을 결합시키지 못했다. 따라서 그는 이런 방향으로 행한 우리의 시도를 잘못된 것으로 판단했다. 아인슈타인의 두 번째 반대는, 그 자체로 완전하고 논리적으로 정합적이었던 우리가 가진 본래적인 고전적인 장 이론에 대한 것이었다. 이는 다음과 같은 유비에 기초했다. 특수 상대성 이론에서 입자의 속도 에너지(고전 역학에서 이것은 속도의 제곱에 비례한다)는 보다 복잡한 수식으로 표현된다. 왜냐하면 빛의 속도에 비교하여 속도가 느린 경우, 속도 에너지는 고전적인 수식으로 표현되는 경향이 있지만 그 속도가 빛의 속도에 다가갈 때 속도 에너지는 고전적 수식을 벗어난다. 맥스웰의 전기 역학에서 에너지 밀도는 장의 강도field intensity를 포함하는 2차 수식quadratic expression이다. 나는 이를 장의 세기가 특정 장의 강도와 비교하여 작을 때는 고전적 수식에 가까워지며, 그렇지 않은 경우일 때는 고전적 수식에서 벗어나는 일반적인 수식으로 대체했다. 이로부터 점전하 장의 전체 에너지는 유한한 반면, 맥스웰 장에서 무한하다는 결론이 자동적으로 도출된다. 절대 장absolute field은 새로운 자연 상수natural constant로 간주되어야 한다. 하지만 아인슈타인은 이러한 유비적 구성을 믿지 않았다. 인펠트와 나는 오랫동안 이런 생각을 매력적인 것으로 간주했다. 그러나 우리는 다른 이유로 이 이론을 포기했는데, 왜냐하면 양자 장 이론의 원리와 그 이론을 조화시키지 못했기 때문이었다. 어쨌든 내 생각일 뿐이지만, 이는 비선형non-leaner 이론을 가지고 미시 물리학의 난제들을 넘어 보려했던 최초의 시도였다. 오늘날 널리 얘기되고 있는 소립자들에 대한 하이젠베르크의 이론 또한 비선형적이다.

70_아인슈타인에게

1936년 8월 24일
'Haus Simon', New Wiese
Karlsbad

Y교수의 연구에 대해 어떻게 평가해야 하는지 되도록 빨리 알려주시기 바랍니다. 그가 저를 찾아왔는데, 당신과 밀접한 친분이 있는 듯 보입니다(실제로 당신에 대한 책도 썼습니다). 자신을 너무 과대평가하는 애처로운 사람이라는 인상을 받았습니다. 그러나 제 생각이 틀렸다면 그를 돕고 싶습니다. 객관적으로 평가하셔서 편지를 주시기 바랍니다.

치료를 받기 위해 이곳에 와 있습니다. 담낭의 통증은 사라졌습니다. 2주 후에 케임브리지로 돌아갈 생각입니다(주소: 246 Hills Road). 이 주소로 편지를 보내주십시오.

제가 다윈Darwin의 후임자로 임명되었기 때문에 저희 가족은 곧 에든버러로 이사합니다.

휴가 기간 중 많은 미국인들(프랑크, 라덴부르그, 쿠랑)과 이야기를 나누었는데 그들이 당신의 소식을 전해주었습니다. 부인의 건강이 좋지 않다니 유감입니다. 제 가족들은 잘 지내고 있습니다.

안부를 전합니다.

— 막스 보른

◆

한동안 머물렀던 이 온천에 대해 제일 먼저 떠오르는 기억은 시온주의 운동의 지도자인 채임 바이츠만Chaim Weizmann과 만났던 일이다. 그는 치료의 일환으로 아침에 산책을 해야 했던 나와 거의 매일 동행했는데, 이 때문에 그로부터 시온주의 운동에 대해 많이 들을 수 있었다. 치료의 긍정적인 효과는 그리 오래가지 않았다. 몇 년 후 나는 에든버러에서 담낭 수술을 받아야 했다.

에든버러 대학에 임용된 사실이 처음으로 이 편지에 언급되었다. 이로써 불안정한 지위에서 벗어나, 스코틀랜드에서의 새로운 삶이 시작되었다.

71_보른에게

날짜 미상

Y는 다소 병적인 괴짜입니다. 그는 독립적인 성격의 소유자이기는 하지만, 유감스럽게도 그리 맑은 정신을 가지고 있지는 않습니다. 표면surfaces에 관한 그의 논문은 정리가 제대로 되어 있지 않아 명확한 형태로 제시된 것은 아니지만, 유용한 내용들을 많이 담고 있기는 합니다. 또한 그는 약간 까다로운 사람입니다. 예를 들어 그렇게 하지 말라고 확실히 얘기했건만, 저에 관한 자서전을 써서 돈을 벌겠다고 몇 년 동안 저와 알고 지냈다는 사실을 이용했습니다. 하지만 그는 어렵게 살아왔고, 여러 가지 곤궁을 계속해서 겪어왔습니다. 거의 무직 상태였죠. 자기 자신에 대한 과대평가가 이러한 상황을 호전시키는 데에 별로 도움이 되질 않습니다. 특별히 저는 그가 하급자의 위치에서 일을 잘 해나갈 수 있을지 확신이 없습니다. 하지만 반대로 그가 겪었던 어려움들이 그를 더욱 순종적으로 만들었을지도 모르겠습니다. 가능하다면 그를 도와주세요. 그러나 당신의 체면이 망가질 수도 있으

니 추천장을 써주는 일 같은 데에는 주의하십시오. 그는 실험이나 기술적인 측면이 요구되는 연구를 할 수 있는 능력이 있는데, 이점 때문에 지난 삶을 살아왔다고 할 수 있습니다. 언젠가 프랑크에게 그를 추천한 적이 있었는데, 프랑크는 좀 더 가치 있는 사람을 도와야 한다며 무뚝뚝하게 거절했습니다. 그러나 어렵게 살아온, 그래서 어떻든 장점이 있는 나이든 사람에 대해 보여준 그의 이러한 태도가 너무 가혹한 것이 아니냐는 생각도 들었습니다.

에든버러에 영구적이며 평판 좋은 자리를 얻게 되었고, 가족 분들이 모두 잘 지낸다는 소식을 들으니 무척 기쁩니다. 제 아내의 병은 예상외로 무척 심각합니다. 개인적으로 제게 이곳은 대단히 행복한 곳입니다. 조용히 살 수 있기 때문에 말로 표현할 수 없을 정도로 즐겁습니다. 이러한 시간이 자주 주어지지는 않겠지요. 결국 그런 고요한 순간은 인생의 마지막에서나 누릴 수 있을 겁니다.

다음 학기에 잠시 동안 당신과 동료로 지냈던 인펠트가 이곳 프린스턴으로 오는데, 그와 나누게 될 논의가 벌써부터 기대됩니다. 처음의 시도에서는 확실히 존재한다고 여겨졌던 중력파가, 젊은 동료와 함께 연구한 결과 존재하지 않는다는 흥미로운 결론에 도달했습니다. 이는 비선형 일반 상대성 장 방정식이 우리가 지금까지 믿었던 것보다 더 많은 것을 보여주거나 혹은 더욱 제약한다는 사실을 보여줍니다. 정밀한 해결책을 찾는 것이 그리 어렵지 않기를 바랄뿐입니다. 여전히 저는 양자 이론에 대한 통계적 방법을 최종 결론라고 믿지 않습니다만, 당분간은 이런 생각을 하는 사람은 저 혼자뿐이겠지요.

안부를 전합니다.

— A. 아인슈타인

◆

편지의 말미에서 아인슈타인은 양자역학에 대한 해석의 문제에 있어서 자신이 외톨이라는 사실을 인정하며 또다시 통계적 양자 이론을 거부한다. 당시 나는 이 문제에 대한 내 의견이 올바르다고 확신했다. 모든 이론 물리학자들이 사실상 그 때까지 통계적인 개념을 가지고 연구를 하고 있었다. 특별히 닐스 보어와 그의 학파도 마찬가지였는데, 그들은 이 개념을 명료화시키는데 결정적인 기여를 했다. 그러나 흔히 이 개념이 코펜하겐에서 기원되었다는 말은 근거 없는 설이다.

72_아인슈타인에게

1937년 1월 24일
84 Grange Loan
Edinburgh

오늘 저는 두 가지 문제로 당신께 도움을 요청합니다..

1. 프랑크의 제자이며 저의 제자이기도 한 R. 사무엘Samuel에 대한 이야기입니다: 저희는 그 당시(10년도 전에) 그를 우수한 학생으로 생각하지 않았습니다만, 지금은 크게 성장했습니다. 그는 인도로 가서 알리가르 무슬림 대학에 들어갔습니다. 그리고는 심한 악조건(이곳의 우리들은 상상도 할 수 없는) 하에서 현대적인 연구소를 설립했습니다. 그런데 새로 부임한 부총장이 모든 비이슬람교도들을 제거하려고 하고 있습니다. 이 때문에 사무엘은 4월 1일에 그곳을 떠나야 합니다. 지난겨울에 둘러본 이 훌륭한 연구소가 알

라신의 무릎 속으로 다시 한 번 가라앉으려 하고 있습니다. 사무엘은 어려서부터 신실한 시온주의자였습니다. 그가 소원은 팔레스타인에서 정착하는 것입니다. 오랜 기간 시온주의자였던 그의 아내와 아이들은 이미 팔레스타인에 가 있습니다. 사무엘은 현재 (예루살렘) (혹은 팔레스타인의 여타 지역)의 실험 물리학자 교수 자리에 지원을 하려고 합니다.

그가 적격한 인물인지에 대해서 제 생각은 이렇습니다. 그는 천재는 아니지만 똑똑하며 매우 정력적입니다. 알리가르에 연구소를 설립한 것은 커다란 업적입니다. 그의 논문들은 플랑크의 생각에 기초한 것들입니다(화학과 분광학의 결합). 지난 몇 년 동안 그는 하이틀러와 런던이 했던 본래 원자가 original valency에 대한 해석이 훈트와 헤르츠베르크Hertzberg 그리고 밀리칸이 했던 소위 '개량' 보다는 훨씬 낫다는 점을 보이기 위해 노력했습니다.

처음에 저는 매우 그의 연구에 회의적이었습니다만, 사무엘의 경험적 자료들을 볼 때 그가 옳다는 확신이 점점 들었습니다. 그 외에도 자료들에 대한 체계적인 선택과 깔끔한 처리 솜씨 때문에 경험적 자료들 자체만 보더라도 매우 값어치가 있습니다.

그를 이렇게 치켜세우는 동기는 다음과 같습니다. 만약 그가 적절한 사람이 아니라고 해도, 순전히 개인적인 이유로 팔레스타인에 가고자 하는 사람들보다 오랜 기간 동안 신실한 믿음을 가져왔던 시온주의자가 우선권을 부여 받아야 합니다. 현재 남에게 방해 받지 않고 편안하게 살고자 하는 불쾌한 집단이 예루살렘 대학을 좌지우지하는 것으로 보입니다. 그들은 사무엘이 뛰어나지 않다고 거부를 하고 있습니다. 그러나 그와 저는 그렇지 않다고 생각합니다. 그는 그 사람들이 감당하기 힘들 정도로 정력적입니다. 저는 당신이 그곳에 영향력을 행사할 수 있다고 생각합니다. 제가 그곳에 가지 않왔다는 것을 나쁘게 생각하시지 않기를 바랍니다. 저는 단지 시온주의자가 아닐 뿐입니다. 그리고 그런 사람들에 속하고 싶지 않습니다. 하지만 사무엘은 그곳으로 가길 원하며 그 직에 적합한 인물입니다. 그는 저에게 만약 모든 시도가 실패한다고 해도, 벽돌공이나 구두닦이로 그곳에 정착하고 싶다고 편지를 썼습니다. 저는 이번 여름에 바이츠만Weizmann과 이에 대해 구체적으로 논의를 했습니다. 그 또한 역시 사무엘 편에 서 있습니다. 그렇지만 이것만으로 충분해 보이지는 않습니다.

만약 제 의견이 옳다고 생각하신다면, 이 문제를 위해 뭔가를 해주셨으면 합니다.

2. 괴팅겐 출신의 젊은 수학자, 공장 노동자들과 비슷한 벌이로 대학 교육을 마친 외로운 늑대. 그리고 순수한 '아리안Aryan'. 자기 자신의 길 만을 걸어갔기 때문에 바일이나 쿠랑처럼 인기가 없는 한스 슈베르트페거Hans Schwerdtfeger 박사의 문제입니다. 저는 그가 자기비판 능력은 없으나 재능은 있다고 생각합니다. 현재까지는 그의 열정이 그가 이룬 업적보다 큽니다. 다른 사람에게 비판적인 헤르글로츠Herglotz는 그에 대해서만큼은 좋게 평가했습니다. 슈베르트페거는 제 아내가 매우 좋아하는 젊은 화학자와 결혼을 하고 아이도 가졌습니다. 슈베르트페거는 처음부터 나치에 대한 격렬한 반대자였기 때문에, '순수한' 혈통임에도 불구하고 독일에서 마땅한 자리를 얻지 못했습니다. 저희가 도와야 하는 사람은 바로 이런 사람들입니다.

그의 친구인 콘-포센Cohn-Vossen은 러시아로 가서 1933년 모스크바에서 좋은 자리를 얻었습니다. 그가 슈베르트페거를 데리고 가려는 의도로 협상을 대신 진행했었습니다. 그러다가 협상을 용이하게 하기 위해 슈베르트페거가 프라하로 갔습니다(만약 누군가가 러시아인과 접촉을 했다면 독일에서 그의 생명은 위험합니다). 그러나 그가 프라하에 도착하기 전에 콘포센이 사망했다는 소식을 듣게 되었습니다. 당연히 협상은 없던 일이 되었고, 슈베르트페거와 그의 아내 그리고 자식들은 곤란한 지경에 처하게 되었습니다. 런던의 비상공동체가 그를 지원했고, 저희도 약소한 도움을 주었습니다. 결국 1년이 지난 후 현재 보어와 함께 있으며 러시아에 여행을 갔었던 바이스코프Weisskopf라는 제자를 통해 러시아 사람들과 접촉을 하는데 제가 성공했습니다. 그는 그곳에 퍼져있던 독일 '스파이들'에 대한 커다란 공포심을 적어 보냈습니다. 그러나 이러한 상황에도 불구하고 당신이나 랑가방 같은 사람이 그를 추천한다면 슈베르트페거가 임용될 수 있다고 보입니다. 랑가방에게 편지를 보냈지만 아직까지 대답이 없습니다. 이런 사정으로 저는 당신에게 기댈 수밖에 없습니다. 당신이 몰로토프나Molotov 슈미트Schmidt 교수 혹은 가부노프Garbunov에게 편지를 써서 슈베르트페거가 매우 정직하며, 러시아에서 일하고 싶은 불타는 욕구를 가진 적절한 인물이라는 취지로 그를 추천해 주실 수 있습니까?(추천인 명단에 제 이름을 올리셔도 됩니다) 수학자로서의 그와 화학사로서의 그의 아내를 말이죠. 두 사람은 이름뿐인 지위에도 만족할 겁니다. 어느 누구도 기꺼이 러시아 사람들과 관련을 맺으려 하지 않는다는 사실은 잘 알고 있습니다. 라덱과 그의 동료들에 대한 새로운 재판은 정말 구역질이 날 정도입니다.

　다시 건강을 회복한 제 아내가 당신께 안부를 전합니다. 아내는 마고의 소식을 목이 빠져라 기다리고 있습니다.

　안부를 전합니다.

― 막스 보른

◆

이 편지는 추방당한 과학자들을 돕기 위해 내가 아인슈타인뿐만 아니라 세계 각 지역의 많은 사람들에게 보냈던 장문의 편지 중 하나이다.

내가 아는 한 사무엘은 팔레스타인으로 갔다. 수확 없는 여러 가지 시도를 한 끝에 나는 오스트리아 출신의 위대한 물리학자인 윌리엄 브랙William Bragg 경의 도움으로 결국 슈베르트페거를 오스트리아에 보낼 수 있었다.

바이스코프는 내가 가르친 최고의 학생들 중 한 명이었으며 괴팅겐에서 박사 학위를 얻기 위해 연구했던 마지막까지 남았던 학생들 중 한 명이었다. 그는 이후 걸출한 경력을 갖게 되었으며 수년 동안 제네바에 있던 CERN 즉, 유럽 원자핵 공동 연구소[47]의 소장직을 역임했다.

73_보른에게

날짜 미상

우선 당신이 그런 훌륭한 활동 영역을 찾았다는 소식에 무척이나 기쁩니다. 게다가 오늘날 가장 문명화된 나라라고 알려진 곳에서 말이죠. 분명 피난처 이상이라 할 만 합니다. 편안한 성격과 좋은 배경을 가진 당신이 그곳에서 행복하게 살고 있다고 보입니다. 저도 이곳에 잘 정착했습니다. 현재 저는 동굴 속에서 겨울잠을 자는 곰처럼 칩거하고 있으며, 다른 어떤 곳에서 느꼈던 편안함 이상을 느끼고 있습니다. 이렇게 곰처럼 생활하는 저의 삶은 저보다 더 인류에 대해 애착을 가졌던 제 반려자의 죽음으로 더욱 심해지게 되었습니다.

당신이 제게 부탁한 문제는 간단하지 않습니다.

1. 팔레스타인은 의심할 여지없이 사무엘에게 좋은 곳입니다. 그러나 대학의 입장에서 볼 때 우선해야 할 일은 능숙한 이론가, 아마도 런던과 같은 인물을 확보하는 것입니다. 저는 이 일이 성사되기 전까지 사무엘과 함께 같은 무대에 나설 수는 없습니다. 왜냐하면 이는 혼란만을 가중시킬 뿐입니다. 아직 적당한 이론 물리학자는 찾지 못했기 때문에, 그 자리는 공석으로 남을 것으로 보입니다. 그러나 때가 되면, 특별히 그의 조직 능력을 그쪽에서 필요로 한다면 사무엘을 추천하도록 준비하겠습니다.

인도에서 일어나는 그런 부당한 조치를 지배하는 근원적인 이유가 그렇게 인간적인 이유라니 다소 안심이 됩니다. 결국 만약 이것이 자랑스러운 백인의 특권이어야 한다면 매우 유감스러운 일일 뿐입니다. 어린 생명을 잉태할 수 있는 모든 생명은 그 자체로 모두 평등하다고 저는 믿습니다.

2. 슈베르트페거에 대한 얘기입니다. 이곳에서 그를 위해 해줄 수 있는 일은 없습니다. 바일과 쿠랑이 그 제안에 반대를 하기 때문입니다. 또한 저는 그의 논문 중 하나를 사세하게 읽어보았는데, 정말로 중요한 질문을 하지 못한다는 인상을 받았습니다. 어쨌든 이곳도 광범위한 실업 상태이기 때문에 어떤 사람을 데리고 오기란 매우 어렵습니다. 또한 만약 성공하다고 하더라도 주어지는 자리는 매우 낮은 지위입니다. 이런 상황인지라 슈베르트페거 건에 대해서는 떳떳한 마음을 가지고 뭔가를 시도할 수조차 없습니다.

이제 러시아 문제에 대해 얘기해보죠. 지난한 과정을 거쳐 저는 예전에 저와 함께 일했던 조수 한 명을 만족스러운 조건으로 러시아에 보낼 수 있었습니다. 또 현재 매우 능력 있고 독창적인 사람을 그곳에 보내려고 하고 있습니다. 이곳에서도 그의 지위가 학자 집단에 만연한 커다란 반유태주의에 의해 위협받고 있기 때문입니다. 그렇지만 단 한 번이라도 제가 러시아인에게 평범한 실력을 가진 사람을 추천한다면, 그들이 저게 보내는 신뢰는 무너지게 될 것이며 다시는 다른 누군가를 도울 수 없게 될 겁니다. 인간으로 가지는 고유한 특성을 고려하지 않고, 마치 잘 달리고 수레를 잘 끄는 것이 문제가 될 뿐인 말처럼 사람의 능력만을 고려한다는 함은 분명 불행한 일입니다. 그렇지만 제가 달리 어떻게 할 수 있겠습니까? 한 인간으로서 저 또한 이런 태도를 강요받습니다.

하지만 이런 생각 때문에 슈베르트페거를 러시아로 보내는데 있어서 그에 대해 우호적인 발언을 하지 못한다는 의미는 아닙니다. 만약 그들이 그에 대해 제게 물어오는 상황이 닥친다면 말이죠. 결국 제 말은 그에 대한 추천이 어떻게 이루어져야 하는가의 문제입니다. 다른 누군가가 그를 추천하는 게 더 효과적입니다.

그건 그렇고, 러시아에서의 재판이 날조된 것이 아니라, 혁명의 이념을 배반한 어리석은 혁명가로 스탈린을 바라보는 사람들이 음모를 가지고 있다는 표시가 점점 드러나고 있습니다. 그들 내부의 문제를 우리가 상상하는 것은 힘들지만, 러시아를 가장 잘 알고 있는 사람들도 약간의 편차는 있지만 같은 생각을 가지고 있습니다. 저는 처음에는 이것이 거짓말과 사기에 기초한 독재자의 전제적인 횡포라고 생각했지만 이는 잘못된 판단이었다고 확신합니다.

마고는 현재 뉴욕에서 한 주를 보내고 있으며, 누구에게 뒤지지 않을 정도의 열정을 가지고 돌을 쪼개고 있습니다. 정말로 예술이 제 딸을 구해냈습니다.[48] 딸은 비탄적인 상실감을 극복하지 못했고 그러한 상실을 참아낼 수조차 없었습니다. 딸이 종종 당신에 대한 따뜻한 기억을 추억합니다.

당신과 가족들께 안부를 전합니다.

— A. 아인슈타인

추신: 인펠트는 정말 대단한 사람입니다. 저희는 함께 멋진 일을 해내고야 말았습니다. 장의 특이점들로서 천체를 다룰 때 나타나는 천체 운동 문제를 해결했습니다. 연구소는 그동안 그를 제대로 대우해주지 않았습니다. 이제 저는 이 성과를 가지고 그를 도울 겁니다.

◆

곰처럼 살아가고 있다는 짧은 설명을 통해 볼 수 있듯이, 지나가는 말로 아내의 죽음을 알린 아인슈타인의 표현 방식은 매우 묘하게 보인다. 친절함, 붙임성 그리고 인류애에 대한 사랑에도 불구하고, 그는 자신의 환경과 그 환경 속에서 함께 지내는 사람들의 문제로부터 완전히 초연했다.

개인적으로 이 편지에서 가장 주목할 만한 구절은 다음과 같은 고백으로 끝나는 너무나 인간적인 특징을 지닌 부정행위에 대한 부분이다. "어린 생명을 잉태할 수 있는 모든 생명은 그 자체로 모두 평등하다고 저는 믿습니다." 이 구절은 인종 차별과 민족적 자부심 등을 거부한 그의 생각이 압축적으로 정리된 문장이다.

그가 재능 있는 사람들(아인슈타인이 '말'이라고 표현한 것처럼)만을 추천하여 도울 수 있다는 사실 자체만으로 괴로워했다는 점은 그가 얼마나 친절한 사람인가를 보여주는 전형적인 예이다. 나와 내 아내에게 있어서 이렇게 가끔씩 확인할 수 있는 짤막한 그의 말들이야 말로 이따금씩 새로워지는 아인슈타인이라는 한 인간을 향한 애정의 근원이었다.

러시아에서 이루어진 재판은 스탈린의 숙청 행위였다. 이를 통해 스탈린은 자신의 권력을 강화하고자 했다. 서구의 대다수 사람들처럼 나 또한 구경거리와도 같은 이러한 재판을 독재자의 잔혹한 행위라고 생각했다. 하지만 아인슈타인은 위에서 볼 수 있는 것처럼 다른 생각을 가지고 있었다. 아인슈타인은 히틀러의 위협을 받는 러시아가 불가피하게 내부의 적을 제거할 수밖에 없었다고 믿었다. 이러한 관점과 아인슈타인의 너그럽고 인도주의적인 성품을 결합시키기는 힘들다.

그와 인펠트가 해낸 '멋진 일'은 앞서 말한 바 있다. 이는 일반 상대성 이론의 기초에 대한 기본적인 단순화와 관계된 작업이었다. 인펠트는 자전적인 짧은 기록[24]에서 처음에 자신에게 떠오른 그 생각이 너무나 모험적이어서 그 생각을 믿고 싶지 않을 정도였다고 쓰고 있다. 당시 이 이론은 두 개의 축으로 이루어졌었다. 첫째는 질점mass point[49]의 운동이 시공세계space-time world[50]의 최단 선들geodetic lines에 의해 결정된다는 점. 둘째, 이러한 세계의 계량metrics은 아인슈타인의 장 방정식을 만족시킨다는 점. 그러나 곧이어 아인슈타인은 첫 번째 가정이 중복되는 것이라고 주장했다. 왜냐하면 첫 번째 가정은 장이 그것을 기초로 하여 단일하게 되는, 즉 무한히 얇고 질량을 포괄하는mass-covered 세계 선들world lines을 극한까지 가게 하는 것을 통해 장 방정식으로부터 도출되기 때문이다. 처음의 측정 결과는 너무나 방대해서 그 중에서 발췌한 부분만이 출판될 정도였으며, 엄청난 분량의 초고는 프린스턴의 고등학술원에 보관되어 있다. 얼마 지나지 않아 아인슈타인과는 상관없이, 러시아의 물리학자 V. 포크Fock(괴팅겐에서 나와 함께 몇 개의 논문을 썼다)와 그의 학생들이 조금 다른 방식으로 같은 문제를 다뤘다. 이 연구는 이후 상대성에 대해 쓴 그의 유명한 책에 수록되었다. 인펠트와 호프만Hofmann이 정교하게 만들어 놓은 아인슈타인의 이 이론을 인펠트와 플레반스키Plebanski는 아인슈타인이 죽은 후, 자신들의 명저 『운동과 상대성Motion and Relativity』를 통해 더욱 발전된 형태로 제시했다.[25] 자신의 짧은 자서전에서 인펠트는 아인슈타인이 "프린스턴에서 나는 늙은 바보로 취급되었다"고 얼마나 자주 그에게 이야기했는지에 대해 쓰고 있다. 사람들은 그를 역사적 유물로 간주했지만 동시에 당시는 그가 이 엄청난 연구를 행했던 시기이기도 하다.

74_아인슈타인에게

1938년 4월 11일
84 Grange loan
Edinburgh

인펠트와 호프만과 함께 쓴 당신의 논문은 너무나 인상적입니다. 제가 내용을 완벽히 이해하고 있다고 말씀드리지는 못합니다. 이 논문을 이해하기 위해서는 충분한 시간과 꼼꼼한 검토가 필요하지만, 시간이 부족합니다. 그렇지만 저는 다른 방식으로 시간과 공간의 구성 요소들을 다루는 근사치 방식과 그 전개 방법과 같은 개념들은 이해했다고 생각합니다. 어쨌든 결과는 훌륭합니다. 이는 장 방정식으로부터 운동 방정식을 연역한 최초의 성과입니다. 특별히 이 이론을 제가 연구한 적이 없다는 사실은 당신도 잘 알고 계실 겁니다. 단지 제 수준은 평균 수준의 학생들에게 강의할 수 있을 정도에 지나지 않습니다.

당신의 기초 연구를 제외하고, 제게는 모든 것들이 지나치게 형식주의적으로 보입니다. 바일이 쓴 몇 개의 논문을 별개의 문제로 치더라도 그리 깊이가 있어 보이지 않습니다. 그렇지만 이 새로운 연구는 내용상 깊이가 있으며 형식적으로도 아름답습니다. 저는 세부적인 내용을 더 잘 이해할 수 있을 때까지 앞으로 이 논문을 연구해볼 생각입니다. 인펠트가 어느 날 편지를 보내 당신이 상반성reciprocity이라는 제 견해에 관심을 가지고 있으며, 자신의 강의에 필요한 자료를 보내달라고 부탁했습니다. 그러나 저는 다른 사람에게 공개할 만한 어떤 성과도 얻지 못했으며, 심지어 제가 지금까지 해왔던 것조차도 아직 내보이고 싶지 않았습니다. 그렇게 하지 않은 것을 다행이라고 생각합니다. 이 연구는 아직 완성은커녕 여전히 초기 단계에 머무르고 있습니다. 이에 비해 당신은 다 닳아버린 제 늙은 머리보다 더 빨리 모든 것을 처리할 수 있는 똑똑한 사람들과 함께 그곳에 있습니다.

하지만 당신에게 제 이론 중 몇 가지 것에 대해서는 개인적으로 말씀드리고 싶습니다. 인펠트에게 보여주셔도 괜찮습니다. 다음과 같은 것입니다.

우주선cosmic rays은 다음과 같은 물리적인 세계가 존재한다는 것을 보여줍니다. 즉 움직이지 않는 입자 에너지가 그 입자가 가진 질량 에너지가 되는 세계 말입니다. 속도들은 따라서 거의 c가 되는데 왜냐하면 아래의 이유 때문입니다.

$$p = \frac{mv}{\sqrt{(1-v^2/c^2)}}, \quad E = \frac{mc^2}{\sqrt{(1-v^2/c^2)}}.$$

이는 v가 적합한 물리적 매개 변수가 아니라는 사실을 보여줍니다. 따라서 많은 것들이 광범위하게 걸친 P와 E 값들을 포함하는 v의 미세 범위 내에서 일어날 수 있습니다. P와 E는 v로 환원되거나 v에 의해 측정될 수 없지만, 독립적인 의미를 갖는다는 의미로 저는 이를 해석했습니다. 이를 지지하는 다른 수식들도 있지만, 여기서 이에 대해 자세히 말씀드릴 수는 없습니다. [$c/5$ 에서 $c/10$ 수준의 v를 갖고 있는 핵들은 중간 단계입니다.] 문제는 이러한 가설을 포함시키기 위해 고전 역학을 확대시키는 것입니다. 저는 표준적 변환canonical transformation이 x 와 p 내에서 대칭적이라는 사실을 이용하고 있습니다. 예를 들면 만약 그것들이 아래의 포아송 대괄호를 통해 정의될 수 있다면 말이죠.

$$(u,v) = \sum_k \left(\frac{\partial u}{\partial x_k} \frac{\partial v}{\partial p_k} - \frac{\partial u}{\partial p_k} \frac{\partial v}{\partial x_k} \right)$$

그러면 변형 $(x,p) \to (X,P)$는 아래와 같은 조건에서 표준적입니다.

$(x_k, x_l) = 0, \ (p_k, p_l) = 0, \ (x_k, p_l) = \delta_{kl}$.

만약 누군가가 선요소line element $ds^2 = \Sigma_{kl} g_{kl} dx_k dx_l$ 을 $x-$공간에 집어넣고 표준적 변형을 행한다면 이제 8차원적이 됩니다.

$$ds^2 = \sum_{kl} (E_{kl} dx_k d_l + F_{kl} dx_k dp_l + G_{kl} dp_k dx_l + H_{kl} dp_k dp_l)$$

여기서 E_{kl} 과 H_{kl} 은 대칭적이며 $F_{kl} = G_{kl}$ 입니다. 그러나 물론 이는 일반적인 경우가 아닙니다! E, F, G, H 행렬 사이에 4가지 항등식indentities이 존재합니다. 이것은 다음과 같은 경우에서 가장 잘 표현됩니다. 즉 우선 표준적으로 E, F, G, H 사이에 존재하는 다음의 불변 방정식invariant equations을 만듭니다. 저는 행렬 기수법matrix notation(행렬의 행렬)을 사용합니다.

$$\begin{pmatrix} E & F \\ G & H \end{pmatrix} \cdot \begin{pmatrix} H & -G \\ -F & E \end{pmatrix} = \begin{pmatrix} \lambda & 0 \\ 0 & \lambda \end{pmatrix}$$

여기서 λ는 4×4 대각선 행렬입니다. 이제 말하자면 $\lambda = 0$을 이용하여

ds^2가 4차원 x-공간으로 환원될 수 있는 경우를 보여주는 것은 매우 간단합니다. 그러나 만약 $\lambda \neq 0$라면, 일반적인 경우가 됩니다! 이것이 엄밀히 말해 제가 원하는 것입니다. 왜냐하면 만약 가 작다면 (시지에스 단위 c.g.s unit[51])로), $\lambda \neq 0$이 '실제' 역학에 적용되지만, 조금 엄밀하지 못한 관찰에서는 제한적인 경우인 $\lambda = 0$가 적용된다고 이해될 수 있습니다.

푹스Fuchs와 저는 이러한 새로운 초역학hyper-dynamics을 개발하기 위해 분주하게 작업하고 있습니다. 저희는 이것이 성공하기를 바라고 있습니다. 독특한 특징은 새로운 자연 상수natural constant가 나타난 것입니다. 왜냐하면 x와 p는 언제나 등가로 취급되기 때문에 차원 (p)의 상수 (H)가 발생합니다. 플랑크 상수(h)는 차원 [x, p]를 갖습니다. 만약 우리가 이제 다음과 같은 방정식을 만든다면,

$$H = \frac{X_0}{P_0}, h = X_0 P_0$$

$X_0 = \sqrt{(Hh)}$ 와 $P_0 = \sqrt{(h/H)}$ 는 절대 길이와 절대 운동량을 결정합니다. 순수한 '운동량 역학'은 $p : P_0$, 즉 $ds^2 = \Sigma_{kl} g_{kl} dx_k dx_l$ (좋은 근사치까지)일 때마다 타당합니다.

저는 제가 발표한 논문들에서 이러한 경우에 대해 논했으며(Proc. R. soc이 원고를 받아들였습니다) 〈네이처Nature〉[26]에 보내는 편지에서는 약간 자의적으로 폐쇄 구형 p-공간을 배제하고 몇 가지 결론들에 대해 논했습니다. 이러한 것들이 제 환상을 조장했다고 해도 과언은 아닙니다. 어쨌든 저는 이러한 내용을 더 파고드는 것에 매우 재미를 붙이고 있습니다. 그러니 제 머리에 찬물을 끼얹지는 말아주십시오. 이곳처럼 멀리 떨어진 칼레도니아[52]라고 할지라도 유럽에 살고 있다면, 정치적인 고민에서 벗어나게 해주

는 뭔가가 필요합니다. 지금 일어나는 사태들은 얼마나 저희를 정말 메스껍게 만들고 있습니다. 그곳에 정착한 당신은 운이 좋은 겁니다.

눈 수술을 받은 헤디는 매우 건강합니다. 현재 그녀는 서해안에서 열리고 있는 퀘이커 교도들의 집회에 아들 구스타프와 함께 가 있습니다. 저도 바닷가에서 며칠 휴식을 취할 겸 내일 아내를 만나러 갑니다. 첫째 딸은 결혼하여 지금은 잉글랜드 남부에서 행복하게 살고 있습니다. 둘째 딸은 여전히 비엔나에서 학업을 계속하고 있는데, 6월에 있을 마지막 시험 때까지 그곳에 남아 있을 계획입니다. 제 동생은 운 좋게도 세인트루이스의 미술 대학에 교수직을 얻었습니다. 마고는 어떻게 지내고 있습니까? 바일 부부, 폰 노이만 부부, 베블렌 부부, 라덴부르크 부부를 포함해 연구소의 동료들은 물론 마고와 인펠트 부부에게도 안부를 전해주십시오. 그리고 로버츠슨에게 제가 그의 논문을 무척 마음에 들어 한다고 전해주십시오. 그가 아직도 저게 악의를 품고 있지 않았으면 좋겠습니다. 그가 괴팅겐에 왔을 때 제가 제대로 대우해 주지 않았기 때문에 저에 대해 그럴만한 감정이 충분히 남아있을 수 있다고 생각합니다.

옛 우정을 추억하며

— 막스 보른

◆

이 편지에서 설명한 상반성reciprocity이라는 내 생각은 수 년 동안 나와 내 동료들이 전념한 문제였다. 여기서 언급된 동료들 중 한 명은 이후 '원자폭탄 스파이'로 악명을 얻게 된 바로 그 클라우스 푹스Klaus Fuchs[53]이다. 그는 내가 있던 에든버러의 연구소에서 수년 동안 공부했는데 그의 연구는 매우 훌륭했으며, 내 기억이 옳다면 그는 문학박사와 이학박사(이학박사가 문학박사 보다 따기도 훨씬 얻기 힘들며 평가도 더 좋다) 두 개의 학위를 얻었다. 그는 조용한 성품의 소유자로 친절하고 호감이 가는 인물이었다. 내 아내와 나는 이 스파이 사건을 판단할 때, 그가 순전히 이상적인 동기를 가지고 행동했다고 믿었다. 그는 확고한 공산주의자였으며, 원자폭탄을 유일하게 소유하고 있었던 자본주의 국가인 미국의 세계지배 야욕을 막는 활동이 자신의 의무라고 믿었다.

내 상반성 이론에 대해 말하자면, 이것은 대칭성 요구에 근거한 것인데, 기본적인 자연 법칙들에는 변화를 일으키지 않고 공간 좌표들과 시간이라는 4개의 양four quantities을 운동량 구성요소들과 에너지라는 4개의 양으로 대체하는 작업이었다.

하지만 이러한 요청을 가지고 실험적으로 입증될 수 있는 구체적인 결론을 끌어내기 위해 에든버러에서 쏟아 부었던 내 모든 노력은 당시에는 아무런 성과도 내지 못했다. 나중에 이는 적절한 실험 도구가 없었기 때문이라고 밝혀졌다. 한편 소립자들에 대한 실험적 연구에서는 커다란 진보가 이루어졌으며, 현재 상반성 원리가 이러한 현상에 대한 해석에서 중요한 역할을 하고 있다는 점에 나는 기쁘기도 하면서 놀라울 따름이다. 또한 이러한 연구들이 미국과 일본 그리고 호주, 세 지역에서 매우 독립적으로 진행되었음이 밝혀졌다. 이러한 연구를 한 과학자들 중에는 뛰어난 일본의 물리학자이자 노벨상 수상자인 유카와가 포함되어 있었는데, 그는 중간자들mesons의 존재를 예측했다. 내 이전 동료이자 아델라이드 대학의 교수인 H. S. 그린Green은 이러한 방향의 연구를 계속 하고 있으며 현재까지 나와 연락을 취하고 있다. 하지만 유감스럽게도 나는 이 연구를 따라가기에 너무 늦어버렸다.

75_아인슈타인에게

1938년 9월 2일
84 Grange Loan
Edinburgh

저는 물리학과 기하학에 대해 품고 있는 저의 환상들에 대해 또 한 통의 편지를 당신에게 담담한 어조로 쓰고 싶지만, 저를 사로잡고 있는 정치적인 문제들을 먼저 말씀드리고 싶습니다. 저희들은 독일과 특히 말 그대로 굶어 죽을 지경의 비엔나로부터 끔찍한 소식을 듣고 있습니다. 얼마 전까지 저는 여전히 독일에 저의 재산과 소득을 보유하고 있었기 때문에 몇몇 친척들과 다른 사람들을 돕는 데에 그것들을 사용할 수 있었습니다. 퀘이커 교도가 된 헤디도 선량한 사람들의 도움으로 여러 가지 봉사 활동을 할 수 있었습니다. 하지만 얼마 전에 저는 독일에 있는 제 재산을 비밀경찰이 몰수했다는 소식을 들었습니다. 이 때문에 사람들을 도울 수 있는 기회도 결국은 날아가 버리고 말았습니다. 일반적인 정치적 상황이나 전쟁에 대한 위협보다도 이 일이 저를 더 낙담시키고 있습니다. 아마도 과거 우리의 농부들이 가지고 있던 뿌리 깊은 어리석음에 대한 당신의 확신이 옳았던 것 같습니다. 그들은 다시 한 번 전 세계로 하여금 자신들에 대항하게 만들 겁니다. 만약 올해 체코를 공격하지 않는다고 해도, 내년에 폴란드나 다른 나라를 공격할 듯 보입니다. 그런 짓을 하게 된다면 결국 그들은 파멸을 맞이하게 되겠지요. 이 과정에서 수많은 젊은이들이 결국 목숨을 잃는다니 얼마나 끔찍한 일입니까. 저에게는 2명의 영국인 사위가 있습니다. 그들은 평화를 사랑하는 선량한 젊은이들입니다(당신도 한 명은 알고 있습니다. 저희 딸 그리틀리Gritli와 약혼했던 모리스 파라이스Maurice Pryce라고 말입니다). 그러나 누구도 이 사태를 바꿀 수는 없습니다. 마치 천둥번개처럼 진행되고 있습니다.

저는 누군가가 뭔가를 해줄지도 모를 다른 문제를 염두에 두고 있습니다. 무솔리니Mussilini가 '법안'을 하나 통과시켰는데, 그 법안은 1919년 이후 이탈리아에 정착한 모든 유태인들을 6개월 안에 모두 몰아내는 겁니다. 그의 동기가 히틀러에 대한 굴복을 표현한 것인지 혹은 팔레스타인의 아랍인들의 이익을 위한 것인지는 분명하지 않습니다. 저는 미국이 이에 대해 맞대응을 하는 게 어떨까 생각하고 있습니다. 미국 정부로 하여금 이탈리아에 어떤 압력을 가하도록 할 수는 없을까요? 루즈벨트 대통령에게 당신이 이러한 건의를 할 수는 없을까요? 유태인을 이탈리아에서 몰아내는 것처럼, 같은 숫자의 이탈리아인을 자신들의 나라로 돌려보내는 것이 가능할지 모르겠습니다. 어떤 수단이든지 간에 압력 수단들을 강구하는 게 가능하다고 생각합니다. 물론 무고한 사람들이 결과적으로 고통을 당할 수밖에 없기 때문에 이런 방법을 생각하는 것 자체가 제게는 무척이나 수치스러운 일입니다. 그렇지만 현재 상황에서는 힘에는 힘으로 대처하는 것 외에는 다른 방법이 없습니다. 만약 독재자들이 자신들이 사용하는 행동 방식을 서구 열강이 똑같이 자신들에게도 행할 수 있다는 사실을 알게 된다면, 그들은 자신들의 행동 방식에 대해 재고하게 될 겁니다.

이러한 문제들로 당신의 평온한 휴가를 방해하여 죄송합니다. 이곳에 있는 저희는 평화에 대한 희망을 포기하게 만드는 문제들과 사태들에 너무 가깝게 있습니다. 아이들이 스코틀랜드의 다른 지역에 있기 때문에 현재 집에는 헤디와 저밖에 없습니다. 그렇지만 일주일 정도의 계획을 잡아 서부 해안가로 짧은 여행을 다녀오려 합니다.

누구도 진지하게 받아들여 주지는 않지만, 상반성에 대한 생각이 계속 저를 사로잡고 있습니다. 그렇지만 아직까지 만족스러운 형태로 이를 제시하지는 못합니다. 〈물리학 저널〉에 실린 하이젠베르크의 최신의 논문들 중 하나는 그 역시 절대 상수를 가지고 '모멘트' p를 제한함이 필수적이라는 점을 인식했음을 보여줍니다. 일전에 저는 케임브리지에서 열린 영국 과학자 협회 모임에 참석했는데, 그곳에서 닐스 보어와 만나 면밀한 논의를 했습니다. 비현실적이지만 너무나 훌륭한 방식으로 공식화될 수 있는 핵 이론에 그는 무척이나 만족하여, 당분간 저를 사로잡은 소립자의 본질에 대한 문제를 옆으로 제쳐두고 있는 상황입니다. 당신의 답장을 기다리겠습니다.

헤디와 함께 안부를 전합니다. 마고에게도 안부를 전해주십시오.

— 막스 보른

◆

정치에 대한 편지이다. 독일인들의 어리석음이 그들을 모험으로 이끌고 결국은 파멸로 이끈다는 예측은 이후의 사태들로 확증되었다.

유태인에 대한 박해를 완화시키기 위해 무솔리니에 대한 압박 수단으로 미국의 이탈리아 이민자들을 이용하자는 내 제안은 다소 천박했다. 오늘날 이 문단에서 내가 흥미롭게 생각하는 부분은 내가 느꼈던 수치심이다. 그러한 수단을 통해 충격을 받게 될 사람들은 진짜 범죄자들이 아니라 무고한 사람들이었기 때문이다. 바로 내가 보였던 이러한 생각이야 말로 국제외교에 있어서 피해야 할 끔찍한 반응이며, 어떠한 사람이라도 이런 반응에 불쾌감을 감추지 못한다.

상반성 원리라는 주제가 편지 말미에 다시 등장하며 하이젠베르크의 새로운 논문과 관련하여 고려되고 있다. 이때 이후로 그는 '다른 사람의 이론을 평가하는 입장'에서 '자신의 이론을 구성하는 입장'으로 전환하였다. 물질에 대한 그의 비선형 스핀non-linear spin 이론은 이후 수많은 성과로 이끈 큰 도박이었다. 그렇지만 이것이 정말로 대단한 생각인지 그렇지 않은 것인지는 시간만이 알고 있다.

76_아인슈타인에게

1939년 5월 31일
Department of Natural Philosophy
The University
Drummond Street
Edinburgh

저는 어제 신문에서 팔레스타인 문제에 대해 당신이 행한 연설을 다룬 기사를 읽었고, 이렇게 당신에게 다시 한 번 편지를 쓰고 싶었습니다. 당신이 행한 연설 내용에 저는 전적으로 동의합니다. 유태인이 영국인들에 대하여 적대적인 태도를 취하는 것보다 더 어리석은 짓은 없다고 생각합니다. 대영 제국은 어쨌든 여전히 많은 사람들에게 피난처를 제공하고 있으며 박해받는 사람들을 보호해주고 있기 때문에 특별히 유태인들에게는 더욱 의미가 큽니다. 저는 또한 아랍인들과의 상호 이해에 도달해야 하며, 도달할 수 있다는 당신의 말에도 전적으로 동의합니다. 특히 저는 당신의 행해온 활동을 말로 표현했다는 사실에 기쁨을 느낍니다. 당신의 연설 내용은 분명 다른 사람들에게도 전해질 겁니다. 제 처지는 당신처럼 말하고 행동하는 게 아니라 혼자 조용히 생각만 할 수 있을 뿐입니다.

헤디는 망명자들을 위해 봉사 활동을 하고 있습니다. 헤디가 속한 봉사 단체는 활발하게 활동하고 있습니다. 아내는 이미 나치로부터 많은 사람들을 (여자들만으로 그 대상이 한정되어 있지만) 구해냈습니다. 제 여동생과 다른 친척들 또한 탈출했습니다. 다만 운 없는 몇몇 사촌들은 그렇게 하질 못했습니다. 55살 먹은 치과의사가 뭘 어쩌겠습니까? 그가 재빨리 다른 나라로 이주하지 않으면, 게슈타포가 그를 수용소에 처넣어버릴 겁니다. 그렇지만 그의 미국행 대기 번호는 60,000번입니다!

제 아이들은 잘 지내고 있습니다. 저는 결국 지난 4월에 담낭을 제거하는 수술을 받았습니다. 수술은 성공적이었습니다. 더 이상 고통을 느끼지 않고 기분도 좋습니다. 다시 일도 할 수 있습니다. 제가 몸담고 있는 학과는 점점 규모가 커져가고 있는데, 현재는 저 말고 능력 있는 직원 한 명이 일할 뿐입니다. 그러나 다음 학기에는 9명이 될 겁니다. 저희는 핵 구조, 결정체 같은 여러 가지 문제들을 연구하고 있습니다. 저는 융해를 다룬 논문 하나를 썼는데, 브릿지만Bridgman의 초고압 상태에서의 문제를 다루었기 때문에 미국에 있는 그에게 제 논문을 보냈습니다. 이 논문은 결정체에 대한 열역학을 새로운 시각에서 다루는 것으로서(통계 역학), 초고온과 초압력 상태에까지 적용될 수 있습니다. 제 학생 몇몇이 이 연구를 계속 진행하고 있습니다. 저는 고체 문제를 새로운 방식으로 연구할 수 있기를 바라고 있습니다. 오랫동안 인펠트로부터 아무런 소식도 듣지 못했습니다. 심지어 그의 주소도 모르는군요. 얼마 전에 시카고에서 프랑크가 제게 편지를 보냈는데, 매우 만족스럽게 지내고 있다고 보였습니다.

헤디와 제가 안부를 전합니다.

— 막스 보른

◆

이 편지에 대해서는 별로 말할 것이 없다. P. W. 브릿지만Bridgman은 하버드 대학의 물리학과 교수로서, 자신의 세대 중에서 극초고압을 다루는 지도적인 전문가였고 이것으로 노벨상을 받았다.

77_아인슈타인에게

1940년 4월 10일
Department of Natural Philosophy
The University
Drummond Street
Edinburgh

전쟁 초에 저는 하이젠베르크에 대한 소식을 듣고자 닐스 보어에게 편지를 보냈습니다. 저는 당신에게 닐스 소식을 들은 바가 있으시다면 제게도 알려달라고 이렇게 편지를 씁니다. 1년 전 닐스가 최고의 명예인 영국 왕립 학회가 수여하는 훈장을 받기 위해 영국에 왔었고 에든버러에도 들렸습니다. 그는 저희와 함께 지내면서 강연을 했습니다. 그는 곧 닥칠 전쟁에 영국인들 대다수가 무관심한 모습을 보고는 매우 충격을 받고 흥분하여 자신이 만나는 모든 사람에게 그 위험성을 납득시키고자 했습니다. 당시 이곳의 많은 사람들은 이러한 생각을 거부하고 여전히 '유화 정책'을 믿고 있었음에도 불구하고, 그는 저에게 확신에 차서 자신이 살고 있는 약소국도 무력한 처지인데도 아무도 생존을 위한 싸움을 준비하지 않고 있기 때문에 영국보다 훨씬 더 큰 위험에 처하게 되리라고 말했습니다. 결국 그가 옳았습니다. 혹시 당신이 그나 그의 가족으로부터 어떤 소식을 받을 수 있지 않을까 합니다. 만약 그렇게 된다면 저에게도 알려주십시오.

저희는 지금까지는 잘 지내고 있습니다. 헤디는 아침에는 빈민가에서 조산원으로, 오후에는 피난처와 퀘이커 교도 위원회에서 매우 열심히 일하고 있습니다. 현재 그녀는 짧은 휴가를 얻어 지방에 가 있습니다. 제 딸들은 이곳에 긴 일정으로 와 있습니다. 작은 딸은 남편(당신도 알고 있는 M. 프라이스)과 함께 와 있고, 큰 딸은 통통하고 명랑한 손녀와 함께 와 있습니다. 제 아들은 이곳에서 의학을 공부하고 있습니다. 저는 거리낌 없이 제 연구를 계속하고 있습니다. 곧 제가 몸담고 있는 과가 영국에서 이론적 연구가 여전히 이루어지는 유일한 곳으로 남을 듯합니다.

제 주요 관심은 저의 '상반성'에 집중되어 있습니다. 푹스와 저는 이 연구에서 진척을 이루어냈는데, 극도로 비판적인 인물인 파울리까지도 어느 날 "선생님이 옳바른 길을 가고 있다고 생각합니다"라는 편지를 보내왔습니다. 이 주제에 관한 논문들이 6월이나 7월에 연이어 나올 겁니다. 그런데 저희는 란데가 하고 있는 것처럼 짧은 기록들의 발표는 피했습니다. 그도 동일한 방향으로 연구를 하고 있습니다(비록 매우 원시적인 방법과 명료하지 않은 개념을 사용하고 있지만). 저는 당신이 이 연구에 관심이 있으리라 확신합니다. 왜냐하면 이는 파동 역학과 상대성 이론을 결합하는 적절한 방법이기 때문입니다. 흥미로운 많은 수학적 특징들이 존재하지만, 핵심 중의 하나는 힐버트 공간Hilbert space(스퀘어 인테그랄)에 속하는 무한(유한하지 않은) 행렬을 가지고 로렌츠 군Lorentz group을 표현하는 식을 발견한 것입니다. 저는 비히너Wigner가 매우 추상적인 방식을 사용하여 유사한 결론을 얻었다고 생각합니다. 그러나 저희가 현재 시도하고 있는 방식은 이러한 수식이 소립자의 '구조'와 연결되어 있음을 보이는 것입니다. 간략하게 말씀드리고 있음에도 그 내용을 전달하기에는 지면상 무리가 따르는군요.

여름 학기(다음 주에 시작하는)에 저는 제 상급 학생들에게 일반 상대성 이론에 대해 강의를 하려고 합니다. 이 강의에서 저는 장 방정식으로부터 미세 물체들의 운동 방정식을 유도하는 방법에 대해 쓴 포크(러시아인인)의 가장 흥미로운 논문에 초점을 둘 생각입니다. 저희는 결정체 열역학, 융해 등등에 관한 매우 흥미로운 결과들을 더 얻게 되었습니다. 이곳에 제 손님으로 와 있는 프라하 출신의 퀴르스가 고체의 장력tensile force(파괴)과 융해열heat of melting 사이의 놀라운 관련성을 발견했습니다. 경험적 사실들과 그가 제시한 공식은 완벽하게 일치합니다. 이론적 유도 작업은 재미는 있으나, 아직은 더 진행해봐야 합니다.

전쟁이라는 제약된 조건 하에서 연구를 한다는 게 때때로 쉽지 않습니다. 걱정거리를 근본적으로 없애는 것이 가장 좋은 방법이겠지요. 저희는 미국에 있는 친구들에 대해 거의 들은 게 없습니다. 종종 저는 그 친구들이 이곳을 멸망한 문명의 전초기지로 여기는 게 아닌가 생각하기도 합니다. 그렇지만 저는 이를 매우 잘못된 생각이라고 여깁니다. 이 나라는 물론 프랑스도 대단히 강력하며 내부적으로도 안정되어 있습니다. 반면 미국인의 의견이라고 듣고 있는 대부분의 것들은 저희에게는 이상하게 보입니다. 저는 당신이 저와 같은 태도로 현재의 싸움을 지켜보고 있다고 확신합니다.

프린스턴에 있는 동료들 모두와 바일 부부, 베브렌 부부, 라덴부르크, 폰 노이만 그리고 다른 분들에게도 안부를 전해주십시오.

— 한결같은 막스 보른

파울리가 다음과 같이 썼습니다. "기도 베크Guido Beck으로부터 편지를 받았습니다. 그는 현재 한 수용소(Camp de Chamberau, 27e Compagni, Isère, France)에 수감되어 있습니다. (티방Thiband과 함께) 그는 리용의 직위를 잃었기 때문에 돈이 매우 급하게 필요합니다. 아마 그를 위해 사람들이 돈을 모을 수 있지 않을까 합니다. 그렇다면 그가 처한 현재 상황에 큰 도움이 될 겁니다. 저는 이곳 취리히에서 모금을 해보겠습니다." 유감이지만 저는 아무것도 할 수 없습니다(돈의 반출이 금지되어 있고, 저희에게는 상당한 금액의 빚도 있습니다.)

당신은 가능하신지요?

— M. B

◆

이 편지는 영어로 쓴 첫 번째 편지이다. 당시 나는 독일어에 비해 영어가 유창하지 못했다. 그러나 전쟁 발발 이후에는 영어가 내 사고 방식과 더 잘 맞게 되었다.

내가 닐스 보어를 걱정한 데에는 충분한 이유가 있었다. (나중에 알게 되었지만) 히틀러의 군대가 덴마크로 진군한 이후 처음에는 별 탈 없이 지냈다. 하지만 다른 점령지에서와 마찬가지로 유태인을 몰살하라는 정책이 덴마크에도 취해지자 그에게도 곧 위협이 닥치게 되었고(그의 부모 중 한 쪽이 유태인이었다), 이 때문에 그는 스웨덴으로 피신했다. 그곳에서 그는 다시 미국으로 갔고 가명을 사용하여 최초의 원자탄 생산으로 이끌었던 '맨해튼 프로젝트Manhattan Project'에 참가했다.

내 아내도 큰 관심을 갖고 참여한, 유태인과 박해를 받은 다른 피해자들을 구하고자 했던 퀘이커 교도들의 활동은 최고의 찬사를 받을 만하다.

상반성 연구에서 푹스와 내가 이루어낸 진척은 파울리의 찬성에도 불구하고 단순히 형식적인 진척이었을 것이다. 즉 위에서 말한 것처럼, 이는 최근(1965년)에서야 물리학의 한 부분으로 인정되었기 때문이다.

장 방정식으로부터 일반 상대성 이론으로 운동 방정식을 연역하는 방법에 대한 포크의 논문은 동일한 문제를 다룬 아인슈타인과 인펠트 그리고 호프만이 쓴 논문(편지 73에 대한 해설)과 관련해서 이미 언급했다.

프라하의 이론 물리학과 교수였던 라인홀트 퓌르스는 히틀러가 체코슬로바키아를 침공하자 그의 아내와 함께 영국으로 탈출했고, 그후 내가 있던 연구소에서 일하게 되었다. 그는 성공적인 연구들을 수행했으며 나의 수업을 도왔다.

프랑스와 영국의 힘에 대한 내 평가에서, 영국에 관한 한 옳았지만 프랑스에 대해서는 잘못된 판단을 내렸다(프랑스의 사정에 대해서는 구체적으로 잘 몰랐기 때문이다).

기도 벡은 재능 있는 이론 물리학자였다. 내가 아는 한, 그는 프랑스가 위기에 처했을 때 누군가의 힘을 빌어 남아메리카로 망명했다.

78_아인슈타인에게

1940년 4월 10일

지리학과의 동료인 아서 게데스Arthur Geddes가 다음 문제에 관해 당신에게 편지를 써 달라고 부탁을 했습니다. 그는 「충적층에서의 사행천과 지구의 자전Meanders of Rivers in Alluvium, and the Earth's Rotation'(Life as I see it, Library Ed.)」이라는 당신의 짧은 논문을 발견했습니다. 그는 이 문제에 깊은 관심을 갖게 되었고, 당신이 이에 대한 완전한 설명을 달리 발표했는지, 혹은 다른 사람도 당신이 그 논문에서 표현한 생각을 따르고 있는지를 알고 싶어 합니다. 그는 이곳에서 구할 수 있는 (다소 드문) 프랑스어, 영어, 독일어 문헌에서 참고할 만한 문헌을 찾을 수 없다고 합니다. 제게 말씀해 주실 수 있는 것이 있다면 알려주십시오. 편지를 쓰는 김에 저희 가족에 대한 말씀을 드리겠습니다. 헤디는 지난 10월에 큰 수술을 받았는데, 회복이 매우 더뎠습니다. 지금은 많이 회복한 상태입니다. 제 아들은 병원에서 의사로 일하고 있으며 8월에는 입대를 합니다. 제 두 딸에게는 각각 2명의 손자, 손녀들이 있고, 사위들도 각각 공군과 해군에 배속되어 있습니다. 그러니까 저희 부부는 네 아이들의 할아버지, 할머니가 되는 셈입니다. 제가 몸담고 있는 과는 현재 퓌르스와 규정 시간의 절반 시간만 연구하는 두 학생들로 구성되어 있습니다. 그렇지만 기초적인 수입을 꽤 많이 해야 합니다.

그동안 연구를 많이 하지 못했습니다만, 현재 슈뢰딩거가 하고 있는 작업을 큰 관심을 갖고 지켜보고 있습니다. 그는 정기적으로 제게 편지를 보내는데 저는 이번 여름에 더블린에 있는 그를 방문하고 싶습니다. 그는 1923년 이후에 작성된 당신의 옛 논문을 꺼내들고, 중력과 전자역학 그리고 중간자에 대한 통일장 이론을 발전시키면서 새로운 활력으로 그것들의 내용을 더욱 풍성하게 채워 놓고 있습니다. 제가 보기에는 그의 이러한 시도는 확실한 것처럼 보입니다만, 이미 그가 자신의 연구를 설명하는 편지를 당신에게 보냈겠지요?

요한 폰 노이만이 영국에 있으며, 다음 주에 해군에서 일하는 사람과 함께 저를 방문할 것이라는 소식을 방금 들었습니다. 그는 해군을 위해 전쟁과 관련된 몇 가지 연구를 진행한다고 하더군요.

마고는 잘 지내는지요? 저희의 애정을 전해주십시오.

두 분께도 안부를 전합니다.

전황이 호전되었다고 보입니다. 유럽이 완전히 잿더미가 되기 전에 전쟁이 끝나기를 바라고 있습니다. 브리유엥Brillouin(Providence USA)에게서 편지를 받았습니다.

— 막스 보른

◆

게데스 박사의 부탁을 받아 아인슈타인에게 보낸 이 편지에서 언급한 거대한 사행천을 직접 본 적이 있다. 당시는 러시아에서 열린 과학자 대회가 열렸을 때였는데, 우리는 볼가 강을 따라 여행을 했었다.

강에서 수 킬로미터 떨어진 마을들에 대해서는 더 이상 기억할 수 없지만 그 마을들이 본래 둑 위에 있었다는 것만은 분명하다. 지구의 자전이 남-북 혹은 북-남 방향의 운동 구성요소를 갖는 물체들에 작용한다는 소위 '코리올리의 힘'[54]으로 설명되는 이 현상은 보편적으로 알려져 있는 진부한 현상이다. 무엇 때문에 아인슈타인이 이 주제에 대해 논문을 썼는지, 혹은 왜 게데스 박사가 이에 관심을 가져야 했는지는 잘 모르겠다.

슈뢰딩거의 통일장 이론을 언급한 부분에 대해서는 기억나는 내용이 없다. 그와 주고받았던 편지는 단발적이었지만 격렬했다. 한동안은 서로 잠잠했다가 곧 그로부터 편지가 도착했는데, 때로는 거의 매일 왔기 때문에 편지

하나하나에 답장을 쓰기가 힘들 정도였다. 일반 상대성 이론과 그것의 일반화에 대한 일련의 편지들을 그와 주고받았다는 사실은 또렷하게 기억하고는 있지만 그 내용에 대해서는 기억나는 바가 없다.

문제는 내가 에든버러를 떠나게 되었을 때(1954년), 바트 피르몬트에 있는 내 조그만 연구실의 공간이 충분하지 않다는 생각에 산더미 같이 있었던 슈뢰딩거의 편지 대부분을 버렸다는 것이다. 오늘날 나는 이게 얼마나 바보 같은 짓이었던가를 깨닫고 있다. 겨가 섞여 있다고는 하지만 귀중한 알곡도 또한 존재하는 법. 우리가 주고받은 편지들에는 슈뢰딩거에게 있어서 진정으로 중요했던 전환기 시절의 편지들도 포함되어 있었기 때문이다.

요한 폰 노이만은 양자역학이 등장한 지 얼마 되지 않은 시절, 괴팅겐에 잠시 머물렀던 헝가리의 수학자였다. 그는 이후 오늘날 양자역학에 대한 표준적인 저작으로 간주되는 책을 출판했다. 이 책은 하이젠베르크와 조단 그리고 내가 사용한 수학적 개념들과 방법들에 대한 엄밀한 증명을 담고 있다. 그는 내가 소위 '힐버트 공간'이라고 칭하는 무한 차원 공간에 연산자operator로서 도입한 행렬을 그 책에서 설명하고 있다. 비록 나는 당시까지만 해도 물리학의 기본 전제들이 이러한 공간을 다루는 수학의 전제들에 비해 일반적으로 통용되지 않는다는 점을 잘 알고 있었음에도 불구하고 그 연구를 위해 힐버트 공간의 결과들을 사용했다.

폰 노이만은 단지 그 이상의 가정들에서 엄밀한 증명들을 찾아내는 단순한 과제만을 성공시켰다. 그의 책은 다른 중요한 결과들과 유용한 새로운 개념들을 담고 있다. 나치 지배 기간 동안 그는 미국으로 이주해 프린스턴의 고등학술원의 교수가 되어 그곳에서 아인슈타인 및 바일과 함께 연구했다. 그는 미국, 아니 세계 최고의 수학자로 평가됐지만, 불행하게도 비교적 젊은 나이에 불치병에 걸려 고통스러운 죽음을 맞이했다.

79_보른에게

1943년 6월 2일

곡류의 영향과 수로의 침식에 끼치는 코리올리의 힘의 영향에 대한 제 언급은 단지 부수적인 것이었을 뿐입니다. 이러한 주제에 대해 그 이상 발표한 것은 없습니다. 왜냐하면 이러한 생각은 이미 오래전부터 알려져 왔음이 분명하니까요. 이에 대한 문헌들을 조사해 본 적은 없습니다.

당신과 당신 가족 분들에 대한 소식은 매우 흥미로웠습니다. 우리들의 가지각색 운명은 정말로 주목할 만합니다. 슈뢰딩거가 친절하게도 자신과 자신의 연구에 대한 소식을 저에게 전해주었습니다. 한때는 저 또한 이러한 연구 흐름에 열중했었습니다. 긍정적인 거리를 두고 볼 때, 이러한 생각의 약점은 다소 인위적이고 취약한 구조물에 있습니다. 또한 반대칭antisymmetrical 곡선과 공간의 전기적 속성 사이의 관계는 전기장과 전하밀도 charge density 사이의 선형적 관계를 유도합니다. 물론 저는 이 문제를 상세하게 설명하는 편지를 슈뢰딩거에게 썼습니다.

저는 이전에 성과를 거두지 못한 통일unified 물리학에 재도전하고 있습니다. 확실히 진정한 진보를 이룩하기 위해서는 우리 사고에 있어서 강력한 도약이 요구됩니다.

가족 분들께 안부를 전합니다.

— A. 아인슈타인

80_아인슈타인에게

1944년 7월 15일
84 Grange Loan
Edinburgh

〈스코츠맨The Scotsman〉이라는 이름으로 이곳에서 발간되는 신문에 당신에 대한 기사가 났습니다. 당신이 새로운 침략 전쟁에 대항할 보호 기구를 구성하고, 정치 영역에 있어서 그 영향력을 행사하기 위해 학자들을 소집했다는 내용이었습니다. 이 기사를 보고 저는 무척 기뻤습니다. 당신의 이름은 전세계인들이 알고 있으며, 당신만이 이러한 방향에서 큰 일을 해낼 수 있는 유일한 사람이라고 생각하기 때문입니다.

제 문제에 대해 말씀드리겠습니다. 지난겨울 제게는 신경 쇠약 증세가 나타나 아직까지도 완벽하게 회복되지 못한 상태입니다. 약간의 과로, 전쟁 전체와 유럽의 유태인 말살로 인한 스트레스, 극동으로 전근된 아들에 대한 걱정(그는 병리학 과정의 일환으로서 인도의 푸나에서 많은 모험을 하고 있습니다) 등과 같은 복합적인 원인에 의한 결과입니다. 그러나 가장 저를 침울하게 만드는 생각은 언제나 그 자체로 너무나 아름다우며 인간 사회에 공헌을 할 수 있는 우리들의 과학이 단지 파괴와 죽음을 위한 수단으로 전락했다는 사실입니다. 대부분의 독일 과학자들은 나치에 협력해왔습니다. 심지어 (믿을 만한 소식통으로부터 들었습니다) 하이젠베르크마저 그런 악당들을 위해 전력을 다해 일해 왔습니다. 물론 폰 라우에와 한과 같은 예외도 있습니다. 영국, 미국, 러시아의 과학자들도 모두 동원되고 있는데 마치 당연한 일이라는 듯 그런 일이 자행되고 있습니다. 저는 어느 누구를 비난하는 것이 아닙니다. 왜냐하면 주어진 이런 조건 속에 남아 있는 우리의 문명을 구하기 위해 제가 할 수 있는 일은 아무것도 없기 때문입니다.

그렇지만 저는 우리가 국제적인 조직을 만들어야만 하고, 더욱 중요하게는, 국제적인 행동 혹은 윤리 강령(마치 영국 물리학자들이 가지고 있는 엄격한 규율처럼)을 만들어, 우리 과학자 공동체가 현재와 같이 산업체와 정부의 도구로서가 아닌 세계의 권력을 제어하고 안정화시키실 수 있는 힘으로서 활동해야 한다고 생각합니다. 기독교, 유태교, 이슬람교 그리고 힌두교와 같은 모든 종교들이 동의하는 명백한 윤리 규준이 존재합니다. 그렇지만 논리적으로 뒤에 위치하며, 보잘것없는 증거들에 기반하고 있는 생명 공학과 같은 몇몇 분과 과학들은 우리를 밀림 상태로 후퇴시키며 범죄를 저지르고 있는 정치가들의 손에 놀아나 왔습니다.

이러한 사태의 반복을 막을 수 있는 방법이 분명히 존재합니다. 우리 과학자들은 합리적인 세계 질서를 형성하는데 조력하기 위해 뭉쳐야 합니다. 만약 당신에게 어떤 분명한 계획이 있다면 저에게 알려주십시오. 저는 현재 다소 무기력하게 그리고 편안하게 뒷짐 지고 사태를 관망하고 있습니다만, 기회가 주어지면 최선을 다할 겁니다. 이 나라에서 그러한 움직임을 시작할 수 있는 적합한 인물이라 할 수 있는 폴러Fawler는 유감스럽게도 현재 심각한 병을 앓고 있습니다. 그의 신경쇠약 증세는 저보다 훨씬 더 심각합니다. 닐스 보어가 현재 어디에 있는지 전혀 모릅니다. 그와 연락하고 싶습니다. 이곳 영국은 사람들과 연락을 취하기가 매우 힘듭니다. 여행은 매우 긴급한 경우가 아니라면 가능하지 않고, 영국 남부에서의 모임은 비행 폭탄[55] 때문에 제한되어 있습니다.

그렇지만 전황은 매우 좋으며 저희는 유럽의 전쟁이 곧 끝나리라 기대하고 있습니다.

헤디는 매우 건강하게 지내고 있습니다. 헤디가 당신과 마고에게 안부를 전해달라고 합니다. 제 아들은 군의관으로 인도에서 많은 것들을 경험하고 있습니다. 제 딸과 그 가족들도 잘 지내고 있습니다. 비록 그중 한 가족은 비행 폭탄이 날아다니며 때때로 떨어지기도 하는 지역에 살고 있지만요.

저는 인간으로서 매우 훌륭한 중국인 학생 펭Peng과 함께 양자 장 이론의 개선 작업을 시도하고 있으며 저는 저희가 올바른 길을 가고 있다고 생각합니다. 한편 슈뢰딩거가 고전적 방식으로 다양한 장들을 결합하는 당신과 다른 사람들의 시도를 한 단계 더 향상시켰습니다. 다음에 취해야 할 단계는 이러한 두 개의 접근법을 조합하고 결합하는 것이어야 한다고 저는 생각하고 있습니다. 그러나 이를 시도하기에는 너무 늙었고 지쳐버렸습니다.

안부를 전합니다.

— 막스 보른

◆

책임감에 대해 쓰면서 나는 히로시마의 소식이 이 문제에 결정적인 영향을 주었다고 수차례 말한 바 있었다. 그 때 이후로 어떤 새로운 상황이 전개되었더라도 이 의견은 옳다. 이는 더 이상 정치적인 시각 차이가 과학기술을 이용한 대량 살상을 정당화할 수 있는가를 따지는 윤리적인 문제라기 보다는 문명의 존재, 아니 지구상의 생명의 존재가 지속될 수 있는지를 따지는 보다 근원적인 문제였다. 이 편지는 윤리적 문제, 그리고 과학기술을 수단으로 삼는 전쟁에 대한 혐오가 오랫동안 내 사고를 지배했음을 보여주고 있다.

이 문제에 대해 여기서 몇 마디 더 하고 싶다. 영국 과학자 협회의 모임이 진행되는 동안 나는 우선 한과 슈트라스만Strassmann이 발견한, 연쇄 반응에 의한 우라늄 핵분열을 통해 거대한 파괴력을 지닌 무기를 개발할 수 있다는 가능성을 알게 되었다. 그 이전에는 한 동안 아인슈타인과 연구했던 헝가리의 물리학인인 레오 질라트Leo Szilard가 이 무대에 등장했었다. 그는 핵폭발이라는 생각에 완전히 사로잡혀 있었다. 원자 분열이라는 현상이 독일에서 발견되자, 그는 이 무시무시한 무기를 히틀러가 개발할 수도 있겠다는 공포감으로 자신이 알고 있는 것에 대해 일체 함구했다. 이는 내가 핵분열, 연쇄반응, 중성자 폭발 등등에 대해 들었던 첫 번째 계기였다. 나는 무척 놀라기는 했지만 그럼에도 불구하고 내게는 이 무기의 개발이 여전히 멀리 있다고 보였다.

그리고는 전쟁이 정말로 발발했다. 던케르크Dunkirk 철수[56] 이후, 영국에서 살고 있는 모든 독일인들은 그들이 나치이든 나치 박해의 희생자이든 관계없이 모두 억류되었다. 나는 전쟁 발발 몇 주 전에 영국 시민이 되어 있었기 때문에 이러한 운명에서 벗어날 수 있었다. 그렇지만 클라우스 푹스와 같은 내 독일 동료들은 맨 섬, 나중에는 캐나다의 수용소에 억류되었다. 그곳에서 그들은 정치성을 조사받았고, 이 조사를 통과한 사람들은 다시 영국으로 되돌려 보내졌다.

결국 푹스는 몇 개월이 지난 후에 내 연구소로 돌아왔고, 다시 자신의 연구를 시작했다. 그러나 얼마 후 그는 독일에서 이주하여 버밍햄Birmingham의 교수가 된 파이얼스Peierls로부터 한 통의 편지를 받았다. 파이얼스는 푹스에게 중요한 1급 전쟁 프로젝트에 참여하여 함께 연구해보지 않겠느냐는 제안을 했다. 나는 이것이 의미하는 바가 오직 하나, 즉 핵분열이라는 점을 즉각 알아차렸다. 그러한 파괴 수단 개발이 불러올 가능한 결과들은 나를 공포감에 휩싸이게 만들었다. 나는 그를 설득하고자 애썼지만, 결국은 허사였다. 나치에 대한 그의 증오심은 끝이 없었고 그들에 대항하여 뭔가를 할 수 있다는 가능성에 그는 무척 기뻐했다. 그래서 그는 버밍험의 파이얼스에게로 갔고, 이후 그를 따라서 미국으로 향했다. 이후에 벌어진 사태는 누구나 알고 있는 일이다.

나는 한 번도 핵분열 프로젝트에 참가해 달라는 제안을 받아본 적이 없다. 핵물리학 분야에서 어떠한 연구도 수행해본 적이 없기 때문이다. 그렇지만 수많은 물리학의 다른 분과들이 핵물리학 분야와 연결되어 있기 때문에 만약 그런 제안을 받았다면 나도 어쩌면 협조했을 수도 있다.

그렇지만 나는 그러한 프로젝트 참가 유혹으로부터 벗어나 있었다. 이것이 내 운명을 아인슈타인의 운명과 다르게 만든 지점이었다. 나는 히로시마 사건이 일어나기 약 1년 전에 이 편지를 아인슈타인에게 보냈는데, 우리는 맨해튼 프로젝트에 대해서 들은 바가 거의 없었다. 아인슈타인이 질라트와 수많은 다른 물리학자들의 압력으로 루즈벨트 대통령에게 이 모든 것을 진행하도록 편지를 썼다는 사실을 알게 된 데에는 그리 오랜 시간이 걸리지 않았다. 나는 아인슈타인 또한 이후 이 프로젝트의 신행 과정에 대해서는 더 이상의 정보를 받지 못했다고 생각한다. 하지만 질라트처럼 아인슈타인도 이러한 무기를 사용하여 히틀러를 제재해야 한다는 생각에 고무되었다. 하지만 동시에 이러한 무기가 무방비 상태의 사람들을 대상으로 사용되어야 한다는 점은 그에게도 끔찍한 생각이었다. 이는 그의 인생 말년에 검은 그림자를 드리우게 한 일이었다. 아인슈타인의 운명은 가장 위대한 지적 능력자들과 가장 순수한 동기를 가진 사람들마저 세상 모든 사람들이 혐오할 만한 양자택일의 상황에 내몰렸었다는 점을 역사상의 다른 어떤 사실보다도 분명히 보여준다.

이러한 모든 사정을 알았다면, 아마도 나는 이 편지를 쓰지 않았을 것이다. 나는 프렌드 교회의 회원이 된 내 아내를 통해 자주 접촉을 했던 퀘이커 교도들처럼 아인슈타인도 절대적인 반전론자라고 생각했다. 그러나 그는 그렇지 않았다. 하지만 그는 특별히 전투와 관계없는 무방비 상태의 사람들에 대한 무력 사용을 증오했다. 그는 정치적 혹은 경제적 이데올로기, 국가, 정치 체제를 대다수의 인간이 자신의 삶을 희생시킬 만한 가치가 있는 것으로 생각하지 않았다. 그러나 우리 시대에 벌어진 사건들은 모든 인류의 생존이 근거하고 있는 궁극적인 윤리적 가치는 무력과 생명의 희생을 감수하고서라도 지켜야 할 최종적인 것이라는 교훈을 아인슈타인과 나에게 가르쳐 주었다. 우리는 이러한 주제를 두고 서로의 생각을 교환할 기회를 다시는 갖지 못했지만, 나는 서로의 입장을 충분히 이해하고 있었을 것이라 믿는다. 내 제안에 대한 답장인 다음의 편지는 이러한 내 추측을 확인해주고 있다.

81_보른에게

1944년 9월 7일

답장을 쓰지 않는다고 그 누가 저를 비난하지는 않겠지만, 당신이 보내주신 편지를 받고 저는 놀랍게도 답장을 써야겠다는 생각이 들었으며, 동시에 무척 기뻤습니다. 그러나 저는 철자법을 확실히 알지 못해 영어로 편지를 쓸 수 없습니다. 저는 책을 읽을 때, 소리만을 듣게 되지 쓰인 단어가 어떻게 생긴 지는 기억할 수 없습니다.

약 25년 전 우리가 함께 전차를 타고 제국의회 건물로 향하면서, 그곳에서 일하는 사람들을 정직한 민주주의자로 전향시키는 데에 효과적으로 힘을 모을 수 있다고 확신했던 그 일을 기억하고 있는지요? 지난 40년간 우리는 얼마나 순진했습니까? 그 일을 생각할 때면 웃음이 나옵니다. 우리들 중 누구도 척수가 뇌 자체보다도 더욱 중요한 역할을 하고 있는지, 그리고 얼마나 그 지배력이 훨씬 더 강력한지 깨닫지 못했습니다.

저는 지금 당시의 비극적 실수를 반복하지 않기 위해 그 일을 떠올리고 있습니다. 과학자들(그들의 대부분)도 이러한 규칙에 예외가 아니라는 점, 설사 그들이 다른 사람들과는 다르다고 해도 이는 그들의 지적 능력 때문이 아니라 라우에의 경우에서 볼 수 있듯이 그들의 개인이 차지하고 있는 사회적 지위에 기인한 것이라는 점에 놀랄 필요가 없습니다. 그가 강한 정의감을 가지고 그러한 집단의 전통과 단계적으로 자신을 단절하는 방식을 보인 점은 무척이나 흥미진진했습니다. 의학계에 종사하는 사람들은 놀랍게도 윤리적인 규약 제정을 위해 거의 이룩한 것이 없으며, 따라서 그다지 대단하지도 않은 윤리적 영향력은 기세화되고 특수화된 사고방식을 가진 순수한 과학자들로부터 기대해야 합니다. 물론 당신이 닐스 보어에게 그러한 성직을 기대하는 것은 매우 옳다고 생각합니다. 왜냐하면 그가 그 성직자적 능력을 물리학으로부터 분리시켜 다른 방식으로 펼치리라는 희망이 존재하기 때문입니다. 그렇지만 이런 문제와 별도로, 저는 그러한 일에 큰 기대를 걸지는 않습니다. 무엇이 존재해야 하며 무엇이 존재하지 말아야 하는지의 감정이 마치 식물처럼 쑥쑥 자라다가도 이내 시들어 버립니다. 어떤 비료도 큰 효과를 주지 못할 겁니다. 개인으로서 할 수 있는 역할은 바람직한 사례를 제시하여 빈정대는 사람들로 가득한 사회 안에서 윤리적인 확신을 강력히 고무시키는 분위기를 만드는 일입니다. 큰 성과도 있었고 그렇지 않은 경우도 있었지만 저는 오랫동안 그렇게 활동하려고 해왔습니다.

'너무 늙었다'라고 하는 당신의 말은 그리 진지하게 들리지 않습니다. 왜냐하면 동일한 감정을 저 자신도 느끼기 때문입니다. 때때로 (점점 그 빈도가 증가하고 있지만) 그러한 감정이 밀려오다가도 다시 가라앉습니다. 결국 우리는 조용히 이러한 문제를 우리 자신이 먼지로 돌아가게 되는 자연에 맡길 수 있습니다. 다만 자연의 운행이 빠르게 돌아가지 않기를 바랄 뿐입니다.

저는 헤겔주의에 반대하는 당신의 강의록을 매우 흥미진진하게 읽어보았습니다. 이는 우리 이론 물리학자들에게 돈키호테적 요소를 떠올리게 만듭니다. 혹은 '유혹'이라고 말해야 할까요? 물리학이라는 사악함 혹은 부도덕이 존재하지 않는 영역을 깊은 뿌리를 가진 속물들이 지배합니다. 이런 맥락에서 저는 그들이 칭하는 소위 '유태인 물리학'이 살해되어서는 안 된다고 확신합니다. 게다가 저는 당신의 생각들이 '젊은 창부—늙은 고집쟁이'이라는 아름다운 격언을 떠올리게 한다고 고백합니다. 특별히 막스 보른이라는 사람을 생각할 때 말이죠. 그러나 당신이 완전히 그리고 정직하게 늙은 고집쟁이로 향하는 길목에서 투쟁해왔다고는 진정 믿을 수 없습니다.

우리는 우리가 가진 과학적 목표에 있어서 대척점에 위치한 사람이 되었습니다. 당신은 주사위 놀이를 하는 신을 믿고 있는 반면, 저는 객관적으로 존재하는, 저의 거친 사고방식으로 포착하려고 하는 이 세계의 완전한 법칙과 질서를 믿고 있습니다. 저는 믿음은 굳습니다. 좀 더 현실적인 방식 혹은 사람들이 저에게 기대해왔던 좀 더 구체적인 기초를 누군가가 발견하기를 바랍니다. 양자 이론이 초기에 거둔 거대한 성공조차도 저로 하여금 기본적인 주사위 게임을 믿도록 만들지는 못합니다. 젊은 동료들은 저의 이러한 태도를 늙은이의 노망으로 받아들인다는 사실도 잘 알고 있습니다. 그러나 누구의 본능적 태도가 옳았는지 확인할 수 있는 그날은 분명히 올 겁니다.

(이제는 비행 폭탄 걱정이 없어진) 당신과 가족들에게 안부를 전합니다.

— A. 아인슈타인

◆

아인슈타인이 이 편지에서 기억하고 있는 25년 전의 일은 다음과 같다. 독일 최고 사령부가 갑자기 1918년 전쟁에서 항복했고, 독일 전역에서는 혁명이 일어났다. 나는 당시 독감으로 침대 신세를 지고 있었기 때문에 베를린에서 일어나고 있는 사건들을 먼발치에서 바라볼 수밖에 없었다. 그런데 내가 독감에서 회복되자마자 아인슈타인이 전화를 걸어(그런 광란의 시기에조차 전화는 됐다) 노동자 및 군인 평의회(독일 소비에트)를 모델로 삼은 학생 평의회가 대학에 구성되었다고 얘기해줬다. 그들이 취했던 첫 번째 행동은 대학 총장과 대학의 몇몇 고위 인사를 자리에서 물러나게 하고, 그들을 감금한 것이었다. 사람들은 좌파적 정치관을 가지고 있었던 아인슈타인이 급진적인 성향의 학생들에게 영향력을 미치고 있다고 판단하여, 아인슈타인에게 감금한 사람들을 풀어주고 적절한 절차를 통해 현 상황을 회복시키기 위해 '평의회'와 협상하도록 요청했다. 아인슈타인은 학생 평의회가 제국의회 건물 안에서 회합을 갖고 있다는 정보를 입수하고서는 나에게 동행을 부탁했다. 나는 독감에서 막 회복하여 별로 좋지 않은 상태였지만 그의 제안을 수락했다.

우선 우리 집이 있었던 그루네발트에서부터 아인슈타인의 집이 있었던 바바리안 지구까지 힘들게 걸어갔다. 우리 지역에는 전차나 버스가 다니지 않았기 때문이었다. 거기서 우리는 역시 아인슈타인의 동행 요청을 받은 심리학자 막스 베르트하이머Max Wertheimer를 만나 셋이서 전차를 타고 제국의회로 향했다. 제국의회 건물을 둘러싸고 있던 군중과 중무장을 하고 붉은 띠를 두른 혁명군의 경계망을 뚫고 들어가야 했던 어려움에 대해서는 자세히 쓰지 않겠다. 결국 누군가가 아인슈타인을 알아봤고, 우리는 모든 관문들을 통과했다.

우리는 제국의회 건물 안으로 들어갔고, 학생들이 회의를 하고 있었던 회의장으로 안내되었다. 의장은 우리를 정중하게 맞이했고, 잠시 자리에 앉아 대학의 새로운 지위에 대한 중요 사안이 다뤄질 때까지 기다려달라고 했다. 그래서 우리는 인내심을 갖고 기다리면서 회의 내용을 경청했다. 마침내 문제의 사안이 해결되었고, 의장이 다음과 같이 말했다. "아인슈타인 교수님, 교수님의 요구를 들어보기 전에, 학생들을 위한 새로운 법규에 대해 어떻게 생각하시는지 말씀해주실 수 있으십니까?" 아인슈타인은 몇 분간 생각을 하더니 다음과 같이 이야기했다. "저는 독일 대학에 있어서 가장 가치 있는 제도는 학문적 자유라고 생각해왔습니다. 학문적 자유를 통해 누구도 강사들에게 무엇을 가르쳐야 하는지 명령할 수 없으며, 학생들은 별다른 관리와 통제 없이 자신이 듣고 싶은 강의를 선택할 수 있습니다. 여러분들이 새롭게 만든 법규들은 이러한 모든 전통을 파괴하고 엄밀한 법규로 대체하려는 듯이 보입니다. 만약 과거의 자유가 종국을 맞이한다면 매우 유감입니다." 그의 말이 끝나자 의기양양했던 젊은 의원들은 어찌할 바를 몰라 입을 다물고 앉아 있었다. 이어 우리의 요구사항이 논의되었다. 그렇지만 학생 평의회는 자신들에게는 이 문제를 처리할 권한이 없다고 대답했으며, 우리에게 통행권을 발급해주며, 빌헬름슈트라세에 있는 신정부를 찾아가 보라고 했다.

그래서 우리는 제국 수상 관저를 향해 걸었다. 그 곳은 혁명의 중심지였다. 황제 시대의 시종들이 여전히 통로와 계단의 구석에 서 있었지만, 그들과 달리 복도를 뛰어다니는 사람들은 다소 허름한 옷차림을 하고 있었으며 서류 가방을 들고 있었는데, 그들은 노동자 군인 평의회의 대표들이었다. 대강당은 큰소리로 떠드는 흥분한 사람들로 가득 차 있었다. 그러나 그들은 아인슈타인을 한 번에 알아봤고, 새로 임명된 대통령 에베르트Ebert를 만나는 데에는 어려움이 없었다. 그는 작은 방에서 우리를 접견했고 제국 자체의 존립이 아직 결정되지 않은 그날 그런 사소한 문제들에 신경을 쓸 겨를이 없다며 양해를 구했다. 그는 이 문제를 담당하는 새로운 장관에게 보내는 편지를 썼고, 단번에 우리의 용무는 해결되었다.

우리는 우리가 역사적인 순간에 참여했다는 느낌과 프로이센의 오만, 융커들, 그리고 귀족들의 지배, 공무원과 군인 도당들의 말로를 보았다는, 즉 독일 민주주의가 승리했다는 부푼 희망을 품고 흥분한 상태로 수상 관저를 떠났다. 도보로 그루네발트로 돌아오는 먼 길조차 고무된 우리들의 이러한 감정을 식히지는 못했다.

당시 우리는 이성과 '머리'의 승리를 믿었다. 우리는 인류를 통제하는 것은 뇌가 아니라 척추라는 사실, 즉 본능과 맹목적인 열정의 근원이라는 사실을 알지 못했다. 심지어 과학자들조차도 이 사실의 예외는 아니었다.

아인슈타인은 막스 라우에의 인간성을 일찌감치 비판했다(편지 3). 그렇지만 이 편지에서 그는 나치에 대항한 라우에의 용감함을 기꺼이 인정했다.

아인슈타인은 '윤리 강령'에 대해 그리 많이 생각하지는 않았다. 하지만 보어에 관한, 즉 '무엇이 존재해야 하며 무엇이 존재하지 말아야 하는지'에 대한, 그리고 빈정대는 사람들의 사회에서 개인의 역할에 대해 이 편지에 쓰인 말들은 심오한 지혜를 담고 있다.

　마지막으로 아인슈타인은 나의 강의록 『물리학에서의 실험과 이론 Experiment and theory in Physics』에 관심을 보이고 있다.[30, 31] 과학적으로 아인슈타인과 나는 사실상 소원해졌다. 그는 자신의 통일장 이론에 집중했고, 나는 내 생각에 몰입해 고삐를 단단히 쥐고자 했다. 내가 쓴 그 작은 책은 천문학자인 에딩턴Eddington과 밀네Milne가 쓴 특정 논문들을 신랄하게 공격한 것이었다. 이 두 사람은 비록 완전히 다른 길을 가고 있었지만 순수한 사고만으로 원자 세계와 우주의 수수께끼를 풀고자 했다. 나는 오늘날까지 내 논증이 합당했다고 믿고 있지만, 반면 대담한 생각을 품지 못하는 경험주의만으로는 우리가 어디에도 이르지 못한다고 한 점에서는 아인슈타인은 매우 옳다고 생각한다. 그는 올바른 균형 감각의 대가였다.

　마지막 문단은 양자역학의 기본적인 주사위 게임을 다시 한 번 다루고 있으며, 아마도 아인슈타인의 관점을 가장 잘 그리고 가장 명쾌하게 보여준 표현이다. 이러한 점을 『원인과 우연의 자연 철학Natural Philosophy of Cause and Chance』[32]이라는 내 책에서 철저하게 논의했기 때문에 이에 대해 다시 언급할 필요는 없을 것 같다.

82_사랑하는 친구 알베르트 아인슈타인에게

1944년 10월 9일
84 Grange Loan
Edinburgh

당신에게 편지를 받다니 너무나 기쁜 일입니다. 편지를 수령한 사람은 막스였습니다. 저는 보내주신 편지를 몇 번이고 읽어보았답니다. 그리고 과거 전쟁 기간 중 우리가 함께 나누었던 이야기로부터 얻었던 해방감을 다시 한 번 느끼게 되었습니다. 아무튼 그 편지는 본질적인 것들을 말하고 있으며, 저는 마치 제가 에베레스트 산의 정상에서 맑고 투명한 공기를 마시며 서 있다는 느낌을 받았습니다. 최근 몇 년 동안 저는 당신이 제게 말했던 두 가지 문제에 대해 몇 번이고 생각했습니다. 제가 당신에게 죽음이 두렵지 않냐고 물었을 때(그 때 당신은 당신의 심각한 병 때문에 말도 별로 없었고 상당히 침착했습니다), 당신은 "개체가 어디에서 태어나고 어디에서 죽는지 저에게는 아무런 문제가 되지 않습니다. 저는 살아 있는 모든 것들과의 연대감을 느낍니다"라고 제게 대답했습니다. 또한 당신은 "제가 한 순간이라도 관심을 갖지 않고 살 수 있는 것은 이 세상에 존재하지 않습니다'라고 말해주었습니다. 제게는 이러한 말은 20세기의 경구중에서도 특히나 '종교적인' 것들입니다. 제가 당신의 대답을 이렇게 칭하는 데에 크게 신경 쓰지 않기를 바랍니다. 이는 윤리적 확신으로부터 불가피하게 수반되는 책임감과 관련된 법률에 순종하는 즐거운 자각입니다. 두 번째 대답에 대해 말하자면, 사람이 재로 되돌아가기 전까지 자신이 믿고 있던 윤리적 확신을 가지고 산다는 사실은 간단하게 거부할 수 있는 게 아닙니다. 제 말을 설교로 듣지 말아주세요. 퀘이커 교도들은 어떤 설교도 하지 않으니까요(저는 6년간 퀘이커를 믿고 있습니다). 또한 저는 고집쟁이도 아닙니다. 저는 기도를 올리는 데에는 매우 서툽니다. 저는 우리에게 그럴 권리가 없다고 생각하기 때문입니다. 만약 우리가 어떻게 살아야 하는지 깨닫게 된다면, 우리는 우리가 살고 있는 삶의 질을 통해서만 절대자에게 기도를 할 수 있습니다. 하지만 우리의 이러한 깨달음에도 불구하고 우리의 삶의 질이 그러한 수준에 미치지 못한다면, 말로 기도할 수 있는 자격마저 부여받지 못합니다. 그렇지만 때때로 우리가 신과 그리고 살아 있는 모든 것들과 합일되어 있다는 사실을 깨닫습니다. 저 또한 '주사위 놀이를 하는' 신을 믿을 수 없지만, 동시에 당신 표현한 '법칙의 완벽한 지배'가 모든 것은 미리 결정되었음을 의미한다고, 예를 들면 제가 제 아이에게 디프테리아 예방 접종을 할 것이라는 사실이 미리 결정되었음을 의미한다고 당신이 믿는다는 점(우리가 이에 대해 토론할 때 막스가 제게 말해주었습니다)도 저는 받아들일 수 없습니다.

그렇다면 모든 것이 영화〈텐트메이커 오마Omar the tentmaker〉[57]에서 일어난 것처럼 될 것입니다.

"죽을 때까지 내가 술을 마시리라는 사실을 신은 알고 있다……."

그 다음 장면이 어땠는지는 확실히 기억나질 않지만 아마도 분명히 이랬을 겁니다. "그렇다면 인간의 윤리, 인간의 노력이 과연 필요한가?"

당신의 개성 있는 말로 저에게 이를 설명해주십시오.

정확히 2주일 전 저는 1935년에 인도에서 썼던 3개의 소네트에 남은 2개의 소네트를 추가하여 완성시켰습니다. 그 소네트에서 저는 사랑만이 사람을 결합시키고 동시에 (자아로부터) 해방시킨다는 생각을 표현하고자 했습니다. 인도인의 '초연함'이 모티브였습니다. 제게는 당신이 그러한 초연함을 이미 얻었다고 보입니다. 그러나 어떻게 얻은 걸까요? 당신은 당신이 보내주신 편지로 곤경에 빠져버렸습니다! 저는 제 편지에 대해 당신이 답장을 쓰도록 미리 결정되어 있기를 바랍니다.

나이를 먹는다는 점에 대해 당신이 보여주신 태도는 옳습니다. 즉, 우리를 먼지로 되돌아가는 자연에 모든 것을 맡기면 됩니다. 막스가 표현하고자 했던 바는 분명 우리 모두가 이제 너무나 잘 알고 있는, 그리고 주말이 되면 손자, 손녀들을 맡아달라는 우리 딸들의 계속되는 요구에 우리 중 누구도 몸이 따라갈 수 없다는 예와 같이 확실한 사실들에 의해 확인되는, '다 써버려 아무것도 남지 않았다'는 감정일 것입니다. 저희 집에 지난 4주 동안 둘째 딸 그리틀리Gritli와 손녀인 (18개월 된) 실비아Sylvia가 머물다 갔습니다. 저는 완전히 녹초가 되었지요. 집에는 아무도 저를 도울 사람이 없었고, 그리틀리는 그저 편안히 쉬고 싶어 했습니다. 그리고 잠시 후 모리스Maurice도 휴가를 얻어 집에 왔습니다. 그래서 저는 요리, 설거지, 쇼핑 그리고 줄서기, 아이 돌보기 등 모든 일을 도맡아야 했습니다(물톤 딸과 사위를 편하게 지니게 하고 싶은 마음도 있었지요).

막스와 함께 에든버러로 온 이후 제가 얻었던 병, 그리고 수술 목록을 작성해 보여드릴 수도 있습니다. 6개월간 앓았던 늑막염, 망막 제거 수술, 마지막으로 2년이 채 안 된 부인과 대수술에 의한 여러 가지 부대 기관들이 딸린 모든 창조력의 근원(당신의 표현입니다)의 제거. 당신이 예전에 이렇게 말한 적이 있습니다. "당신들 여성들에 대해 말하자면, 창조력이 머리에 위치해 있지 않습니다." 수치스러운 당신의 이 말이 제 기억 속에 어떻게 새겨졌는지 이제 아시겠지요! 그렇습니다. 3년간의 자원 봉사는 물론 크게 늘어나는 일상의 어려움에 의해 계속되는 고통들이 만들어낸 이러한 질병들로 인해 저는 '다 써버려 아무것도 남지 않지 않았다'는 감정을 가지고 있습니다. 늙고 지쳤다는 저의 이러한 감정은 전쟁과는 동떨어져 있는 미국에는 여전히 존재하는 듯한 '평범한 사람들의' 노쇠화 과정과는 분명 다릅니다. 이런 의미가 담긴 저희의 '노화' 현상으로부터 회복되기 위해서는 자식들과 친구들이 평범한 직업을 갖는 평화로운 시기가 다시 찾아와야 합니다. 그때가 되어야 비로소 사람들은 이처럼 끝나지 않는 고통의 목격자가 되지 않습니다.

지난 전쟁 동안 과거 당신의 명랑한 객관성이 그러하였듯이, 당신의 편지는 제게 힘을 주었습니다. 당신이 다시 한 번 큰 소리로 웃는 모습을 들을 수 있으면 좋으련만! 마고는 어떻게 지내고 있나요? 히덴제에서 찍은 사진들을 동본한 제 편지를 마고가 잘 받았는지 모르겠습니다. 다시 한 번 당신을 만났으면 좋겠습니다!

신의 가호가 있기를!

— 옛 친구 헤디

◆

아인슈타인에게 보내는 아내의 답장은 내가 보낸 답장보다 며칠 전에 쓰였지만, 두 편지는 함께 발송되었다. 아내는 예전에는 한 번도 사용한 적이 없었던 '너'라는 단어로 아인슈타인을 부르고 있다. 이러한 친근함은 두 사람 사이에 존재했던 호감에서 비롯되었을 것이다. 아인슈타인이 했던 말들과 그가 가진 삶의 철학을 반성해보는 이 편지는 사실상 우리의 우정과 이해심을 보여주는 일종의 증언이다.

비록 내 아내는 철학을 교육받은 적은 없지만, 자연에 대한 아인슈타인의 태도를 걱정하는 그녀는 문제의 본질을 정확히 파악했다. 엄격한 결정론은 지금도 여전히 그렇지만, 당시의 우리들에게는 책임감과 윤리적 자유에 대한 믿음과는 화해할 수 없는 이론으로 보였다. 나는 이러한 문제에 있어서는 한 번도 아인슈타인을 이해할 수 없었다. 그러나 그는 선결정론predetermination에 대한 자신의 이론적 확신에도 불구하고 윤리적으로 고상한 인간이었다. 나에 관한 한, 윤리적 자유와 엄격한 자연 법칙의 차이(심지어 현대 물리학도 이를 부정하지는 않고 다른 방식으로 이해할 뿐이다)는 닐스 보어의 상보성 원리complementarity principle가 아니었다면 결코 이해될 수 없었을 것이다.

직업적인 철학자들이 이러한 생각을 이해하고 채택하는데 얼마나 오랜 시간이 걸리게 될 것인가? 나는 내 편지에서 '주사위 놀이를 하는 신'에 대해 또한 언급했다. 지금도 나는 여전히 나의 반대 의견, 즉 물리학에서 '주사위 놀이를 하는 신'이 없다면 아인슈타인의 사고방식은 아무 것도 이룰 수 없다는 생각이 절대적으로 옳다고 생각하고 있다. 왜냐하면 고선 물리학에 있어서 초기 조건들은 자연 법칙에 의해 결정되지 않기 때문에 모든 예측에 있어서 초기 조건들은 측정에 의해 이미 결정되어 있는 것으로 생각해야 하거나 그렇지 않다면 개연성 주장에 만족해야 하기 때문이다.

나는 기본적으로 첫 번째 경우는 환상이라고 생각한다. 즉 가장 정밀한 측정조차도 단지 초기 조건들의 구성 범위에 의해 다소 제약된다는 통계적인 증거를 제시할 뿐이다. 다음의 편지들은 자세하게 이러한 주제들을 다루고 있다.

83_아인슈타인에게

1944년 10월 10일

저와 헤디는 당신의 편지를 받고 무척 기뻐했습니다. 헤디는 편지를 읽자마자 답장을 쓸 정도로 흥분하고 자극도 받았습니다. 제 경우는 이보다는 약간 시간이 걸렸습니다.

지금까지도 회복되지 않은 1월의 건강 악화로 인해 저는 지난 9개월 동안 강의를 하나도 하지 못하다가, 오늘에서야 오랜만에 강의를 했습니다. 강의하기 전에 마음을 단단히 먹어야 했는데, 개인 교습을 한 적이 있는 학생 한 명만 강의에 출석했습니다. 다른 학생들은 모두 육해공군에서 복무하고 있습니다. 제국의회를 방문했던 일은 여전히 제 기억에도 생생합니다. (베르트하이머도 그곳에 있었죠, 그렇죠?) 저는 당시의 우리가 독일 정치의 역관계에 대해 완전히 오판을 했다고 인정합니다. 그러나 결국 한 치의 오차도 없이 현 상황처럼 모든 것이 틀어지고 말았습니다. 물론 저는 모든 인간의 행동이 윤리적 감정의 깊이로부터 유래한다는 당신의 주장에 완전히 동의합니다. 이러한 점에 있어서는 당신의 의견에 동의를 한다는 점을 먼저 밝히면서, 물리학에 있어서 당신과 제가 동의하지 않는 주제로 넘어가야만 하겠습니다. 저는 그 두 가지 것을 분리시키는 것이 불가능하며 어떻게 당신이 완전히 역학적인 우주와 윤리적 개인의 자유를 결합시킬 수 있는지 이해를 할 수 없기 때문입니다. 물리학에 대해서는 아무것도 모르는 헤디도 당신에게 함께 보낸 편지에서 저와 동일한 생각을 표현했습니다.

저에게 결정론적 세계란 견딜 수 없는 것입니다. 이것이 제 원초적인 감정입니다. 아마도 당신이 옳을 지도 모릅니다. 그리고 당신도 그렇게 말했습니다. 그렇지만 현재 물리학에 있어서 진행되는 사태들은 당신이 말 한대로 진행되고 있지 않습니다. 그리고 심지어 다른 영역에서도 우리가 몸담고 있는 물리학만큼의 정도는 아니지만 역시 마찬가지 상황입니다. '주사위 놀이를 하는 신'이라는 당신의 표현은 완전히 부적절하다고 생각합니다. 당신도 마찬가지로 당신의 결정론적 세계에 주사위를 던져야 합니다. 차이가 없습니다. 제가 알고 있듯이 무엇이 정말 차이인지 당신은 알고 있습니다. 만약 당신이 이에 대해 저와 논의하기 곤란하다면, 파울리에게 당신 생각의 대강을 전해주십시오. 그가 당신을 대신해 신속하게 저에게 당신의 생각을 전해주리라 생각합니다. 저는 무엇보다도 당신이 양자 이론의 경험적 기초들을 평가절하하고 있다고 생각합니다(저는 수 많은 '증거'보다는 깁스의 역설 Gibb's paradox이나 혹은 슈테른-게를라흐 실험Stern-Gelach experiment과 같은 단일하지만 분명한 사례에 보다 더 큰 중요성을 부여합니다). 그리고 두 번째로는 당신의 철학은 생명이 없는 자동 장치를, 제게는 부족한 책임감과 양심의 존재와 어떤 방식으로든 간에 화합시키려고 합니다.

에딩턴과 밀네의 논문에 반대하는 제 논문에 내해 말씀드리자면, 이 논문은 영국 스타일의 정중함을 존중해 썼습니다. 그렇지 않았다면 저는 그들의 논문을 '쓰레기'라고 요약했을 수도 있었을 겁니다. 이 나라의 실정으로 볼 때, 에딩턴이 일종의 예언자로 간주되고 있기 때문에 제 논문과 같은 글이 이 나라에서는 필요합니다. 저는 당신을 제외한 다른 사람에게는 순수하게 사변할 자격이 없다고 믿습니다. 저도 물론 그럴 자격이 없습니다. 그건 그렇고 제가 지난 날 그렇게 큰 죄를 지었나요(아니면 당신이 표현한 것처럼 오히려 창부인가요)?

저는 언제나 당신의 훌륭한 유태인 물리학에 감사를 하고 있습니다. 그리고 그것을 매우 즐기고 있습니다. 저는 오직 비선형 전기역학의 경우라는 영역에서만 유태인 과학을 실천했지만, 이것도 성공이라 보기에는 힘듭니다. 보통의 사람들이 순수한 사변만으로 자연의 법칙을 이해하려고 할 때, 그 결과는 완전히 쓰레기라는 것이 저의 솔직한 견해입니다. 슈뢰딩거는 아마 제 말을 이해할 수 있을지도 모릅니다. 아핀장affine filed 이론에 대해 당신이 어떻게 생각하고 계신지 알고 싶습니다. 저는 그의 이론이 정말 아름답고 독창적이라고 생각하는데, 그렇게 생각하시나요? 그는 얼마전 통계적 열역학에 대한 자신의 (서명까지 들어간) 강의록을 출판했습니다. 저는 이 강의록이 더 괜찮고 내용도 건실하다고 생각합니다.

    전쟁에도 불구하고 저는 이곳에서 과학 연구자들을 모아 작은 단체를 만들었습니다. 퓌르스 또한 몇 가지 실험을 끝마쳤고, 광전자를 이용해 조화분석기harmonic analyser와 미소부 측광기photoelectric microphotometer를 만들었습니다. 현재 그는 제가 설계한 푸리에 변환기Fourier transformer를 만들고 있는데, 이것은 오실로그래프oscillograph 상에 주어진 곡선을 푸리에 계수 곡선Fourier coefficient curve 만들어냅니다. 보면 마음에 드실 겁니다. 저희는 또한 결정체와 X선에 대한 연구도 하고 있지만 주로 양자화된 장 이론을 개선하는 연구에 치중하고 있습니다. 물론 현재 수준의 형태가 마음에 들지 않는다고 해도, 당신의 의견이 완전히 옳습니다. 하지만 저희(중국인 동료 펭과 저)는 이미 이를 상당한 수준까지 개선했으며, 불만족스러웠던 모든 문제(발산 적분diverging integrals 등등)을 제거할 수 있다고 확신하고 있습니다. 저는 이것이 적어도 어떤 중요한 고전 이론만큼이나 훌륭한 결과를 내놓으리라 믿고 있습니다.

    유감스럽게도 많은 일을 할 수는 없습니다. 제 심장은 약간 격한 일로도 제대로 견디지 못합니다. 이 때문에 저는 당신에게 보낸 제 마지막 편지와 이에 대한 당신의 답장에서 논의되는 주제와 관련하여 더 이상의 것을 시도하지는 않을 생각입니다. 솔직히 말씀드려 당신의 답장이 제 연구를 자극하지 않기도 합니다. 게다가 닐스 보어가 어디에 있는지 모르기 때문에 그에게 심판을 봐달라고 할 수도 없습니다. 보통 사람들보다 과학자들의 양심과 선악 분별 능력을 개발하는 것이 더욱 힘들다고 말씀하신 점은 옳습니다. 라우에의 경우, 저는 그의 행위가 적절하며 용기 있다고 들었습니다. 그가 끝까지, 아마 역사상 가장 끔찍하다고 할 수 있는 이 전쟁의 마지막까지 살아남기를 바랄 뿐입니다.

때때로 당신이 제게 편지를 써 주셨으면 좋겠습니다. 당신의 편지는 저희에게는 언제나 최고의 기쁨입니다. 당신의 편지를 받으면 저희 부부는 긴 대화를 하곤 합니다. 퀘이커 교도인 헤디가 종종 당신의 말을 늙은 이교도(사실상 저도 매우 독실한 신자이기는 하지만, 헤디에게 비할 바는 못됩니다)인 제가 하는 식과는 달리 해석하기 때문입니다. 프린스턴에 있는 동료들, 노이만, 라덴부르크, 바이 그리고 통렬한 비판 정신의 소유자 파울 리에게도 안부를 전해주십시오. 옛 우정을 그리며.

— 막스 보른

◆

퓌르스가 만든 실험 설비 중 하나는 내 설계로 탄생한 것이었는데, 이는 광전자를 이용한 푸리에 변환기였다. 나중에 페란티Ferranti 사의 에든버러 지부에서 이를 더욱 발전시켰지만, 실용화되지 못했다.

84_보른에게

1947년 3월 3일

    만약 제가 화석화된 나쁜 양심을 소유한 늙은 악당이 아니라면 당신에게 이렇게 오랫동안 편지를 쓰지 않을 수 없었을 겁니다. 우선 인도인적 삶의 이상에 대해 쓴 부인의 시는 저에게 깊은 인상을 주었는데, 말년의 괴테가 썼다고 하더라도 아무도 놀라지 않았을 겁니다. 두 번째로는 괴짜 교장 선생님인 쉴릅Schilpp이 주관하여 제게 헌정하는 책에 쓴 당신의 기고문은 매우 인상적이었습니다. 논문 내용은 매우 따뜻한 동시에 통계적 양자역학에 대한 제 태도가 이상하며 미흡하다고 생각하고 있다는 점을 확실하게 보여주었습니다. 마지막으로 저는 당신이 후견인으로 돌보았던 중국인의 귀환 문제 소식이 특별히 반갑게 들립니다. 다행스럽게 제 개입 없이도 그는 행복하고 조용하게 당신을 떠났습니다. 저는 그 중국인 문제를 두고 바일과 상의를 했었는데, 저희 둘은 당신이 제안했던 식으로는 이 문제를 해결할 수 없었습니다. 때문에 이 문제를 만족스럽게 처리할 수 있는 영국 대사에게 제가 연락을 취해야 한다는 방향으로 결론을 내렸었습니다. 하지만 다행히도 저는 그 사이 이 문제를 처리할 수 없었고, 이제 당신의 편지가 도착했습니다. 한 시름 놓았습니다.

    저는 당신이 적절하다고 여기는 물리학에 대해 제가 취하는 태도를 여기서 옹호할 수는 없습니다. 물론 저는 주어진 기존의 형식주의 틀에 필수적인 것이라고 당신이 처음으로 명확하게 인식한 통계적 접근 방식이 상당한 타당성을 가지고 있다는 점을 인정합니다. 그러나 저는 그것을 진정으로 믿을 수 없습니다. 왜냐하면 그 이론은 유령의 활동과는 전혀 상관없는 물리학이라는 학문은 시공간 안에 위치한 실재를 재현해야 한다는 생각과 조화를 이루지 않기 때문입니다. 비록 저는 지금까지는 가장 절적하게 보이는 가능한 방법을 발견했습니다만, 아직까지 이 이론이 연속 장continuous field 이론에서 진정한 성공을 거둘 수 있다고 확신하지는 않습니다. 측정의 어려움이 너무 크기 때문에, 제 자신이 이를 완전히 확신할 수 있을 때까지는 앞으로 오랫동안 수모를 겪을 수밖에 없습니다. 그렇지만 저는 대상들을 개연성이 아니라 아주 최근까지 당연한 것으로 받아들여져 사용된, 사실들을 주의 깊게 고려하여 법칙들로 연결시킨 이론을 결국은 누군가가 제시하리라 확신하고 있습니다. 그러나 저는 아직까지 이러한 확신을 논리적인 이유들을 가지고 근거지울 수는 없고, 단지 이를 증명하기 위해 제 작은 손가락을 움직일 따름입니다. 다시 말해, 저의 노력 이외에는 어떠한 권위에도 존경심을 표하지 않을 생각입니다.

당신의 인생과 연구에 성과가 있으며, 그에 대해 만족스럽다니 저는 기쁩니다. 이를 통해 누군가는 거대 규모로 (소위) 인류의 운명을 좌우지하는 사람들의 광기를 인내하는 데에 도움을 얻을 겁니다. 분명히 말할 수는 없지만 세상은 결코 더 좋아지지는 않았으며, 게다가 사람들은 이 세상의 비참함에서 그 원인이 되는 광기를 분명하게 파악하지도 못했고, 그러한 서투름의 결과들이 현재와 같이 매우 파국적인 상황을 만들어낸다는 사실도 이해하지 못했습니다.

당신과 가족들께 안부를 전합니다.

― A. 아인슈타인

◆

내 아내의 '인디안 소네트Indian Sonnets'는 『조용한 복도Stille Gänge』라는 이름의 시 선집으로 출판되었다.[33] '교장 선생님' 쉴릅의 책은 『알베르트 아인슈타인, 철학자이자 과학자Albert Einstein, Philosopher-Scientist』라는 책으로, 미국에서 출간된 살아 있는 '철학자들의 라이브러리'라는 시리즈 중 한 권이었다. 이 시리즈는 각 권마다 해당 철학자들에 대한 짧은 자서전이 앞부분에 배치되어 있고, 이후 여러 필자들이 제시한 그 철학자들의 작품이나 연구에 대한 비판적 리뷰가 뒤따르며, 이 비평가들에 대한 해당 철학자들의 응답으로 끝을 맺는다. 나는 아인슈타인의 통계적 이론에 관한 글을 썼다. 이 논문은 독일에서 출판된 나의 책 『내 세대의 물리학Physik im Wandel Meiner Zeit』에도 실려 있다. 이 논문의 마지막 부분에서 나는 양자역학에 대한 아인슈타인의 태도를 파고들었으며, 젊은 시절 경험을 중시했던 그의 신조와 이후 사변으로 흐르는 그의 경향을 대조시켰다. 아인슈타인은 에른스트 마흐Ernst Mach를 위해 쓴 부고문[34]에서 다음과 같이 말한다. "사물들을 질서지우는 데 있어서 유용하다고 증명된 개념들은 시간이 흐르면서 그것들이 사람의 손에 의해 만들어졌다는 사실은 망각되고 마치 불변의 사실인 양 받아들여질 정도로 우리에게 거대한 권위로서 다가온다. 그리고 이러한 개념들에는 "개념적 필요조건들", "선험적 조건들"이라는 이름이 붙는다. 과학적 진보를 향한 길은 종종 이러한 잘못에 의해 막혀버린다. 따라서 단지 우리에게 친근한 개념들을 분석하고, 그것들의 정당성과 유효성이 의존하는 조건들을 밝히며, 경험적 데이터로부터 이러한 것들이 조금씩 발전해가는 방향을 보이기 위해 우리의 능력을 발휘하는 것은 한가한 놀이라고 할 수 없다. 이런 식으로 그러한 개념들은 우리가 부여한 과잉 권위를 벗는 것이다.

　타당한 것으로 증명될 수 없는 개념들은 문제로서 제기된다. 충분한 주의를 기울여 받아들여진 사물의 질서 속에 자리 잡지 못했던 개념들은 수정되며, 혹은 이러저러한 이유로 선호되는 새로운 체계가 누군가에 의해 개발되면 그러한 개념들은 새로운 개념들에 의해 대체된다." 쉴릅의 책을 위해 쓴 내 논문에서 나는 이러한 그의 신조를 그가 이전에 썼던 편지에서 인용하여 양자역학에 대한 그의 태도와 대조시켰다. 아인슈타인의 이 편지, 특별히 "저는 당신이 적절하다고 여기는 물리학에 대해 제가 취하는 태도를 여기서 옹호할 수는 없습니다"라는 구절로 시작되는 문단은 아인슈타인의 생각을 잘 보여주고 있다. 결정적인 문장은 "유령의 활동과는 전혀 상관없는 물리학이라는 학문은 시공간 안에 위치한 실재를 재현해야 한다는 생각과 조화를 이루지 않기 때문입니다"라고 한 문장이다. 나 또한 이러한 요청을 절대적으로 타당한 주장으로 간주한다. 그러나 물리학적 경험의 실재들은 이러한 요청이 선험적인 원리가 아니라 좀 더 일반적인 규칙에 의해 대체되어야 하고 또한 대체될 수 있는 시간 의존적 규칙임을 나에게 가르쳐주었다.

　쉴릅의 책을 위해 쓴 나의 논문은 이러한 내용을 담은 유일한 논문이 아니다. 예를 들어 닐스 보어가 쓴 논문이 있는데, 그는 여기서 아인슈타인과 나누었던 구체적인 논의를 기록하며, 그는 양자역학을 거부하려는 의도가 담긴 아인슈타인의 독창적인 사고 실험을 혹평하고 있다.

　그러나 편지나 논문에서 나타난 이러한 의견 차이조차 우리의 우정을 조금도 방해하지는 않았다. 이 편지에서 스스로도 말했듯이, 아인슈타인은 내 논문에서 느껴질 수 있는 따뜻한 분위기를 확실히 인정하고 있다.

　나는 내가 보호하고 있던 중국인의 귀국 문제에 있어서 무엇이 문제였는지 기억할 수 없다. 나에게는 매우 뛰어난 중국인 동료들이 많이 있었다. 그들은 날마다 심각해지는 전쟁의 위협 때문에 고향으로 돌아가고 싶어 했는데, 독일이나 러시아를 통과하는 통행권이 없는 상태였기 때문에 미국을 경유하고 싶어했다.

이 편지의 마지막 문장은 당시(1947년 말)에 점점 더 명확해지고만 있었던 인류의 광기와 비참함을 본 아인슈타인이 체념을 가득 실어 토로한 불평이다.

85_아인슈타인에게

1948년 3월 4일
Magdalen College, Oxford

며칠 전 저는 이곳에서 원자 에너지를 주제로 다룬 영상을 봤습니다. 당신의 모습이 실물 크기로 화면에 나왔고, 친근하고 사랑스런 목소리로 말을 하며, 반쯤은 진지하고 반쯤은 냉소적인 매력적인 웃음을 짓고 있었습니다. 그 영상을 보면서 조금 있으면 당신을 마지막으로 본 것이 20년이 된다는 생각에 저는 울컥했습니다. 그리고 에든버러에 있는 헤디에게 이 일에 대해 써 보내자 아내 또한 그 영상을 보고 싶다고 바로 답해 왔습니다. 저는 이곳의 원자 물리학자들을 설득해 그 영상을 에든버러에 보내달라고 부탁하려고 합니다. 이 영상은 또한 톰슨J.J. Thomson과 러더포드의 모습을 담은 멋진 장면을 담고 있습니다. 저는 그들 또한 언제나 존경해왔지만, 당신과 마찬가지로 그들도 제 마음 가까운 어느 곳에도 있지 않습니다. 이 영상의 나머지 부분들에 대해 말하자면, 그 내용은 매우 훌륭하지만 세계사의 흐름을 많이 바꾸지는 못할 것입니다. 우리는 정말 실수를 하고 말았습니다. 우리는 얼마나 바보들입니까. 저는 현재의 상황을 우리의 이 아름다운 물리학과 비교할 때면 너무나 슬퍼집니다. 우리는 사태를 해결하고자 노력해왔습니다만, 인류로 하여금 모든 것들의 출발점은 다른 아닌 이 아름다운 세상이라는 사실을 깨닫게 할 때까지 상황을 가속시켰을 따름입니다. 저는 더 이상 정치에 대해 아무것도 이해하지 못하겠습니다. 미국인도, 러시아인들도, 그리고 악취를 풍기며 민족주의적으로 변해가고 있는 수많은 사람들도 이해하지 못하겠습니다. 심지어 팔레스타인에 있는 우리의 선량한 유태인들도 그렇게 자신들의 대의를 저버렸습니다. 다른 것에 대해 생각하는 편이 더 좋을 듯합니다.

오늘 저는 웨인플리트 강연의 마지막 강의를 마쳤습니다. 강의에서는 특히 당신이 제게 보냈던 편지들에서 특정 문단들을 뽑아 소개했습니다. 아무런 대답없이 제 원고를 돌려주시지 않기에, 반대는 하지 않으시리라고 생각했습니다. 근사한 옥스포드 대학에 머문 것은 매우 즐거운 기억입니다. (상대적으로) 좋은 음식이 저에게 의미하는 바가 그다지 없었지만, 회색빛 옛 건물들로 가득한 아름다운 옛 도시 자체를 포함해 여러 학자들과 나누었던 대화는 큰 의미였습니다. 제 딸인 그리틀리(유감이지만 사위인 모리스 프라이스는 제가 찾아갔던 내내 몸이 좋지 않았습니다)의 집도 찾아가 손자, 손녀들과 놀아 주었습니다. 두 대의 피아노에 앉아 함께 음악을 연주하곤 했는데 무척 즐거운 일이었습니다.

저는 책으로 출판하기 위해 강의록을 준비했습니다. 헤디는 집안 구조를 다시 바꾸는 일 때문에 집에 있습니다. 저희 두 늙은이가 많은 계단을 오를 필요가 없도록 부엌을 위층으로 옮기는 일입니다. 헤디는 종교에 관해 쓴 (매우 훌륭합니다) 자신의 논문이 인도의 정기간행물에 실리게 되어 무척 기뻐하고 있습니다. 그녀의 시들이 미국 내의 독일어 정기 간행물에 실릴 수 있도록 해주실 수 있습니까? 아내의 시는 매우 아름답습니다. 그렇죠? 그렇지만 이곳 영국에서는 아무도 독일어를 이해하지 못합니다. 독일에는 나라가 먹여 살리지 못할 정도로 많은 시인들이 활동하고 있습니다. 헤디는 우리 물건 중 많은 것들을 독일 난민들에게 보내는 구호용 소포를 위해 내놨습니다. 특히 현재에도 고생을 하는 사람들은 나치에 반대하는 사람들입니다. 그렇지만 저희도 배급을 받고 있는 처지이기 때문에 그들에게 큰 도움은 줄 수 없습니다.

물리학에서 현재 저희가 하고 있는 연구에 대해 당신은 별로 관심이 없을 겁니다. 저희는 머리 아픈 헬륨 II에 대한 논문을 가지고 (아직 발표되지는 않았습니다) 액체 운동학 이론을 마무리 지었습니다. 제 중국인 학생 중 한 명이 초전도에 대해 연구를 하고 있으며, 저는 그의 이론이 하이젠베르크의 이론보다 더 좋다고 생각하고 있습니다. 제 동료인 그린Green은 소립자에 대한 연구로 열을 올리고 있습니다. 그는 매우 뛰어난 사람입니다. 프라이스Pryce 이후 최고가 아닌가 생각합니다. 이러한 모든 것이 저를 꽤 젊어지게 만들고 있습니다. 저에게는 퇴직까지 아직 5년이라는 기간이 남았습니다. 이후에는 살아가기에 충분한 금액은 아니지만 연금수혜자로서 은퇴를 해야 합니다(이것은 일종의 보험제도이기 때문에 얼마나 오랫동안 납입을 했는지에 따라 그 연금 액수가 결정됩니다). 아마도 마지막 순간까지 행복하게 일을 계속해야 할 것 같습니다. 사실 불행한 운명은 아니지요.

당신의 편지는 저에게는 기쁨을 주지만, 마음이 내키시지 않는다면 굳이 답장을 쓰지 않으셔도 됩니다. 마고에게도 안부를 전해주십시오.

— 막스 보른

◆

내가 "정말 실수를 하고 말았습니다"라고 했을 때 나는 루즈벨트에게 편지를 보내 이 모든 일을 시작하게 만든 장본인이 아인슈타인이었다는 사실을 알지 못했다. 만약 그 사실을 알았다면 나는 이 구절을 쓰지 않았을 것이다.

이 편지는 옥스포드에서 보낸 것이다. 과학 기술을 이용해 전쟁을 치르는 것에 대해 린데만-처웰Lindemann-Cherwell과의 논쟁으로 유명한 이 오래된 대학의 부총장 헨리 티자드Henry Tizard 경은 그가 에든버러를 방문했을 때, 나에게 웨인플리트 강연을 부탁하며 나를 개인적으로 초대했다. 이 강의를 하기 위해서는 부담스런 준비 작업이 필요했지만, 영광스러운 일이었기 때문에 이를 수락했다. 강의록은 『원인과 우연의 자연철학』이라는 이름으로 출판되었다.[32] 강의록들은 양자역학에서 최정점에 도달한 인과 물리학을 가지고 개연성 개념을 진척시킨 것에 대한 보고를 담고 있다. 또한 강의록은 앞으로 내가 해설하게 될 주제들인 아인슈타인의 편지에서 인용한 문장도 담고 있다.

응집 체계condensed system에 대한 통계 역학은 액체 운동학 이론을 유도하도록 그린과 내가 고안한 것으로서, 『일반 액체 운동학 이론A General Kinetic Theory of Liquid』이라는 소책자로 정리되었으며, 이 영역의 발전에 있어 공헌을 했다. 그러나 액체 상태에서 묘한 움직임을 보였던 헬륨에 대해서는 우리가 기대했던 만큼 성공을 거두지는 못했다. 이 이론은 오늘날 러시아의 1962년 노벨상 수상자인 란다우L. D. Landau에 의해 기원되었다고 여겨지고 있다.

86_보른에게

1948년 3월 18일

오늘 이글루 같은 제 연구실의 제 착상 위에서 뭔가를 찾고 있었습니다. 그러던 와중에 제가 찾고 있던 것 대신 (커다란 봉투 때문에) 평범한 인쇄물이라고 생각했던 당신의 편지를 발견했습니다. 다른 많은 편지들과 함께 당신의 편지는 개봉조차 되어 있지 않았습니다. 이제 서야 저는 당신의 편지를 읽어보게 되었으며, 내용이 무척 흥미로워 한 시간이나 늦게 점심을 먹으로 집에 돌아갔습니다.

제 편지에서 인용한 것들 중에 몇 가지 오해가 있더군요. 아마도 제가 악필이기 때문인지 당신이 제대로 글씨를 못 알아본 것 같은데, 저의 방주들을 읽어 보면 당신도 알 수 있다시피 뜻이 왜곡된 부분들이 있습니다. 그렇지만 이미 인쇄가 되었다고 해도 큰 문제는 되지 않습니다. 왜냐하면 '논문에 대한 인내심'이 확실히 이 경우에서도 발휘될 것이기 때문입니다. 제가 써놓은 몇 가지 신랄한 방주들을 통해 저는 당신의 의견을 반박했습니다. 이 방주들을 보면 당신이 즐거워할 것 같은데, 저는 당신이 스코틀랜드의 기후와 어울리는 거친 말투를 재미있어 하리라 생각했습니다.

저희가 함께 여가를 즐길 수 없음은 매우 애석한 일입니다. 왜냐하면 당신이 저를 회개하지 않는 늙은 죄인으로 생각하는 이유를 아주 잘 이해하고 있기 때문입니다. 그렇지만 제가 어떻게 이런 외로운 길을 걷게 되었는지에 대해서 당신이 전혀 이해하지 못한다고 확실히 느껴집니다. 제 태도에 대해 당신이 최소한이라도 긍정할 수 있는 기회가 없다고 할지라도, 그 사실이 당신을 즐겁게 할지도 모르겠습니다. 저 또한 저를 비난하는 당신의 실증주의적인 철학적 태도를 들춰내는 것을 즐길지도 모르겠습니다. 그러나 그런 행동은 우리가 살아 있는 동안에는 일어나지 않을 겁니다.

뒤늦은 말이지만 당신과 부인께서 보내주신 편지를 매우 즐겁게 읽었습니다. 안부를 전합니다.

— A. 아인슈타인

◆

여기서는 '신랄한 방주' 중에 몇 가지를 인용하겠다. 내 책의 마지막 장 '형이상학적 결론들Metaphysical Conclusions'에서 나는 물리학의 기본 개념들 중 몇 가지를 보아 정리했다. 그 개념들은 좀 더 근본적인 다른 개념들로부터 유도되는 것이 아니라 일종의 믿음으로서 받아들여져야 하는 것인데, 그 다음 부분에서 나는 다음과 같이 말을 이었다. "인과율이라는 것은 관찰 가능한 상황들이 가진 물리적 상호의존성의 존재에 대한 믿음으로 정의되는 원리이다. 시공간과 관련하여(근접성, 선행성) 그리고 관찰의 무한한 날카로움(결정론)과 관련하여 이러한 의존성을 구체적으로 열거하는 모든 행위는 내게는 기초적인 법칙들이 아니라 실질적인 경험 법칙들의 결과로 보인다."

이에 대한 아인슈타인의 방주는 다음과 같다. "어떠한 인과율도 관찰 가능한 것들과의 관계 속에서 존재하지 않는다는 것을 나는 잘 인식하고 있다. 나는 이러한 깨달음을 결정적인 것으로 간주한다. 그러나 내 생각으로는, 이러한 깨달음으로부터 이론마저 통계학의 기본 법칙들에 근거해야 한다고 결론지어서는 안 된다. 결국, 관찰 수단이 가지고 있는 (분자) 구조는 관찰 가능한 대상들의 성질들을 포함하지만, 그럼에도 불구하고 통계적 개념에서 자유로운 이론의 기초를 유지하는 것이 적절하다는 주장은 가능하다."

내 책은 다시 다음의 내용을 서술한다. "또 다른 형이상학적 원리가 이 개연성 개념에 포함되어 있다. 이는 통계적 계산의 예측들이 뇌의 운동 이상이라는 믿음과 그리고 그것들이 실재 세계에서 신뢰받을 수 있다는 믿음이다.

아인슈타인은 짧게 평한다. "물론 나도 이 점에 동의한다."

이러한 방주의 논평들은 침착하며 또한 무미건조하기까지 하다. 그렇지만 짧지만 날카로운 몇 가지 논평들도 있다. 내 책은 한 이론의 아름다움과 단순성이 중요한 것인지 아닌지의 문제를 다루고 있는데, 다음과 같은 내용이다. "많은 경우에서 볼 수 있듯이 단순성과 관련한 의견들은 분분하다. 아인슈타인의 중력 법칙은 뉴턴의 중력 법칙보다 더 단순한가? 훈련받은 수학자들은 기초들이 가지고 있는 논리적인 단순성을 거론하며 그렇다고 대답할 것이다. 반면 다른 사람들은 그것이 가진 끔찍스러울 정도의 복잡한 형식주의 때문에 그렇지 않다고 단호하게 말할 것이다."

이 문제에 대한 아인슈타인의 논평은 간단하다. "답을 내릴 수 있는 유일한 기준은 기초들이 가지고 있는 논리적 단순성이다."

나는 훈련받은 수학자로서 이에 동의하지만, 그렇다고 해서 이와 다른 관점을 힐난할 수만은 없다. 그러나 결국 문제가 되는 것은 뉴턴의 이론이든 아인슈타인의 이론이든 누구의 공식이 관찰 사실들과 부합하는가이다.

그러고서 나는 내가 '객관성의 원리'라고 부르는 것을 논한다. "이는 말하자면 주어진 감각 데이터를 다른 개인들도 테스트할 수 있는 다른 데이터로 대체하는 것을 통해, 객관적 사실들로부터 주관적 인상들을 구별하는 기준을 제공한다." 나는 최근에 「상징과 현실Symbol and reality」[36]이라는 논문에서 이러한 내 생각을 상세하게 다루었다. 아인슈타인의 짧은 논평은 간단했다. "창피한 줄 알아라, 보른. 창피해!"

다른 곳에서 나는 이 객관성 원리의 적용은 예술 작품을 하나의 예(바흐의 푸가)로 사용할 때는 적절하지 않다고 설명했고, 이에 대해 그는 "으!"라는 평을 한다.

마지막에서 그는 자신의 우아한 필체로 다소 긴 구절을 덧붙이는데, 그 전부를 여기에 다시 쓰겠다. "주목: 당신은 당신 논문의 후반부에 대해 내가 방주를 붙이지 않았다고 해서 이것을 하나의 동의로서 받아들이면 안 됩니다. 이 모든 것들이 부주의한 생각들의 산물이기 때문에 저는 정중하게 당신의 귀를 잡아 당겨야 하겠습니다. 우리가 물리학적 실재에 매달려야 한다고 말할 때, 제가 정말 무엇을 말하려고 했는지 설명하고 싶습니다. 우리 모두는 물리학의 기본 공리들이 무엇이어야 할지에 대해 각자의 생각을 가지고 있습니다. 그것들 중에 양자 혹은 입자는 확실히 그런 기본 공리가 되지 않을 겁니다.

패러데이Faraday와 맥스웰의 의미에서, 장은 아마 가능성이 있을지는 모르겠지만, 그것도 확실한 것이 아닙니다. 그러나 우리가 (실제로) 존재한다고 간주하는 것들은 시간과 공간 내에 어떤 방식으로든 위치지어야 합니다. 즉, 공간 A의 특정 부분에 위치하고 있는 실재는 (이론상) 어떤 방식으로든 공간 B에 실재한다고 간주되는 것과는 독립적으로 '존재'해야 합니다. 물리학에서의 어떤 체계가 공간 A와 B의 부분들을 차지하며 연장할 때, 공간 B에 존재하는 것은 어떤 방식으로든 공간 A에 존재하는 것과는 독립적으로 존재해야 합니다. 공간 B에 진실로 존재하는 어떤 것은 따라서 공간 A의 부분에서 수행되는 어떤 종류의 측정에 대해서 의존하지 않아야 합니다. 즉 이는 또한 공간 A에서 어떤 측정이 수행되는지 아닌지에 관계없이 독립적으로 존재해야 한다는 것입니다. 만약 이러한 강령을 고수한다면, 양자이론적 기술description을 물리적으로 실재하는 것에 대한 완벽한 재현으로 받아들인다 함은 거의 불가능합니다. 만약 누군가가 이러한 점에도 불구하고 그렇게 받아들인다면, 공간 B에 물리적으로 실재하는 것이 공간 A의 측정 결과로서의 갑작스런 변화를 받아들여야 한다고 생각해야 합니다. 바로 이 지점에서 물리학에 대한 제 본능이 격분하는 것입니다. 다른 공간의 영역들에 존재하는 것이 각각 독립적으로 실재 존재를 가지고 있다고 하는 가정을 포기한다면, 물리학이 기술한다는 것이 대체 무엇인지 저는 이해할 수 없습니다. 체계라고 하는 것이 결국은 단순한 협약convention에 불과한 것이라면, 우리가 어떤 식으로 세계를 객관적으로 분할하여 그 부분들에 대해 이렇다 저렇다 말을 할 수 있는지 이해를 할 수 없습니다."

이 편지에 따르면, 우리가 개인적으로 이 문제를 논할 수 있는 기회를 가졌음에도 불구하고, 아인슈타인은 내가 이러한 태도에 찬성하지 않는다고 믿는다. 그는 나의 철학적 생각들을 '실증주의적'이라고 부르며 내 생각들을 혹평하고 싶어 한다. 만약 실증주의가 감각적 인상들만이 실재에 도달할 수 있는 유일한 것이며, 그리고 과학적 이론들뿐만 아니라 일상생활에서 실제로 존재하는 것들에 대한 사람들의 관념을 포함하는 다른 모든 것들이 다양한 감각들의 인상들 사이의 적당한 관계를 설정하기 위해 단순히 구성되고 창조된 것을 의미하는 것이라면, 내 자신은 나의 철학을 실증주의의 한 형태로 간주하지 않는다. 아인슈타인의 논평에 대한 내 대답이 다음 편지에 이어진다.

87_아인슈타인에게

1948년 3월 31일
84 Grange Loan
Edinburgh

논평을 적어 제 원고를 돌려주신 것과 답장을 보내주신 것에 대해 감사합니다. 인쇄를 하려면 아직 시간이 좀 걸립니다. 원고가 완성되려면 아직 멀었고, 제가 작업 중인 이 원고를 4월에 출판사에 넘긴다 하더라도 내년 1월까지는 출판되지 않을 것 같습니다. 이런 상황이므로 필요하다고 생각되는 부분을 수정하실 수 있는 여유가 있습니다. 당신의 편지에서 두 문단을 인용할 수 있게 해준 점에 대해 매우 감사드리고 있습니다. 처음 쓴 내용이 확실하며 두 번째 쓴 내용은 애매하다고 생각하지만, 당신이 제안한 대로 그 수정 사항들을 제 원고에 반영하겠습니다. 당신의 말을 주의 깊게 옮겨 적었는데, 그 내용을 보여드리겠습니다.

1. "…를 나는 굳게 믿습니다만, 희망합니다"

'믿습니다'라는 단어에 밑줄을 그어 놓으셨는데 말이 좀 이상합니다. 당신의 제안을 받아들입니다. 저는 이 부분을 그냥 '나는 희망합니다'로 바꾸겠습니다.

2. 피부─당신이 작은 손가락이라고 표현하셨을 때, 저는 그것을 손의 의미로 받아들였습니다. 그렇지만 당신의 독해법도 마찬가지로 맞습니다. 이 경우에는 저자의 해석을 따라야겠죠.

나머지 것들에 대해 말씀드리자면, 저는 귀를 잡아당긴다는 표현과 같이 저를 꾸짖는 표현들을 겸손하게 받아들이겠습니다. 그렇지만, 당신이 비판하고 계신 바를 완벽하게 이해하기 위해서는 당연히 이보다 앞선 6개의 강의를 잘 살펴보셔야 할 겁니다. 그렇지만 그 강의들 보신다고 해서 당신의 입장이 제 관점으로 바뀌지는 않으리라 생각합니다. 저는 당신의 말들을 제대로 이용해서, 시간이 된다면 나중에 글을 잘 써보려고 합니다. '관찰 불변자observational invariants'라는 제 말이 마음에 들지 않으시다니 매우 유감입니다. 그것들은 베르트하이머의 게슈탈트를 새로운 형태로 만들어 본 것입니다. 저는 이것의 가치를 매우 높게 생각하고 있습니다. 그건 그렇고 제가 가진 실증주의적인 생각들을 힐책하시니 괴롭네요. 왜냐하면 그것들은 제가 찾고 있는 바로 최후의 것이기 때문입니다. 이에 반대하는 친구들의 의견을 참을 수는 없는 없지만, 어쨌든 다시 한 번 감사의 말씀을 전합니다.

헤디와 저는 내일 모레 프랑스로 여행을 떠납니다. 우선은 빛의 산란과 라만 효과을 논하는 대회가 열리는 보르도로 갑니다. 라만과 저는 그곳에서 명예박사 학위를 받게 됩니다. 지난 3년 동안 격자 이론을 두고 그와 격렬하게 다투어왔는데, 일이 이렇게 되니 약간은 우습군요. 그는 자신의 학생들을 독려해서 〈네이처Nature〉에 저를 비판하는 글을 싣게 하고, 이에 대해 저 또한 정력적으로 반박하곤 했습니다. 이제는 그와 평화롭게 지내고, 점잖아져야 할 것 같습니다. 그는 이미 그런 것에 익숙해져 있는데, 저는 아직 그렇지 못합니다. 당신이 거의 관심을 보이지 않는 양자역학의 경우, 사람들의 찬사는 완전히 하이젠베르크와 슈뢰딩거에게만 돌아가고 있습니다. 그렇지만 하이젠베르크는 당시 행렬이 대체 무엇인지조차 몰랐었습니다(아시다시피 그는 제 조수였고, 그래서 이를 잘 알고 있습니다). 그건 그렇고, 하이젠베르크가 작년 12월에 예전처럼 즐겁고 지적인 모습을 하고는 우리 집에 놀러 온 적이 있었는데 '나치화'되었다는 느낌을 짙게 받았습니다. 최근에 옥스포드에서 그와 다시 만나 얘기를 나누었습니다. 다시 한 번 그와 제가 초전도라는 같은 길을 가고 있음을 확인했습니다. 그는 저희가 완전히 쓰레기라고 여기는 이론을 이미 발표한 바 있습니다. 저희는 우선 (액체 및 고체) 고밀도 물질dense matter로부터 운동 이론을 조심스럽게 연역한 후, 이를 가지고 헬륨 II를 매우 만족스럽게 설명했으며, 현재는 적절한 초전도 이론을 만드는 작업을 하고 있습니다. 모두 잘 될 것 같습니다. 그런데 정말로 양자역학 전부가 환상이라고 믿고 계신 건가요?

언제 유럽으로 건너오십시오. 잉글랜드와 스코틀랜드는 그리 많이 파괴되지 않았고, 심지어 프랑스조차도 거의 변하지 않은 채 남아 있습니다. 오래된 마을들, 교회들, 기계 시대 이전의 성들, 이 모두가 얼마나 아름다운지 모릅니다! 작년 여름에 헤디와 저는 스위스에 다녀왔는데, 그곳 경관의 아름다움뿐만 아니라 베른, 루체른, 툰 등과 같은 작은 마을의 아름다움에 완전히 도취되었습니다. 옥스포드도 빠져서는 안 되겠네요.

당신의 청교도적 성향 때문에 그런 인상적인 풍경들을 즐기는 놀이를 거부하는 것은 아니겠지요?

안부를 전합니다. 헤디도 안부를 전합니다.

— 막스 보른

◆

내 책에서 '관찰 불변자'이라는 표현을 사용했을 때, 나는 다음과 같은 것을 의미했다. 누군가가 멀리 날아가고 있는 새를 본다고 할 때, 그 사람이 실제로 지각하는 것은 점점 작아져서 세부적인 것들을 알아볼 수 없고 마침내는 작은 점으로 밖에는 보이지 않는, 그 자체로 지각될 수 있는 그런 흔한 새이다. 그렇지만 그 관찰자는 자신이 계속 동일한 새를 바라보고 있다는 것도 인식하고 있다. 따라서 우리의 뇌가 무의식적으로 처리하고 있는 완전히 다른 감각적 지각으로도 변하지 않고 유지되는 어떤 것이 존재한다. 이것이 내가 '관찰 불변자'라고 부르는 것이다.

베르트하이머는 편지 81에 대한 내 해설에서 말했던, 혁명 당시 아인슈타인과 나와 함께 제국 의회에 갔던 동일 인물이다. 그는 쾰러Köhler, 호른보스텔Hornbostel 등과 함께 게슈탈트 이론Gestalt theory을 창시한 사람들 중 한 사람이었다. 게슈탈트 이론이란 지각은 나란히 공존하는 감각 지각들뿐만 아니라 완전하고 유의미한 형태들에 대한 인식으로도 구성된다는 이론이다.

보르도에서 라만 경과 만난 일은 매우 극적이었다. 그의 초대로 우리는 1935년에서 1936년으로 넘어가는 겨울을 방갈로르의 인도 과학 연구소에서 보냈으며, 나는 그곳에서 몇 개의 강의도 했다. 우리는 몇 가지 작은 의견 차이에도 불구하고 사이좋게 지냈으며, 나만의 생각인지 모르겠지만 서로 친구가 되었다. 그는 심지어 그곳에 나를 위해 영구적인 자리를 얻어주려 시도했지만, 모종의 꼴사나운 술책으로 인해 그 계획은 실패했다. 그런데 상황이 달라졌다. 그는 결정격자의 동학에 대한 내 수업에 거의 정기적으로 출석했고, 이후 격자 진동에 대한 매우 유치한 이론을 개발하여 자신의 학생들로

하여금 〈네이처〉지를 통해 나를 공격하게 했다. 보르도에서 우리는 다정하게 인사하는 척 하다가 거의 곧바로 싸움에 들어갔다. "그렇다면, 이론대로 실험을 해보는 게 어떻겠소?"라는 내 말에 그는 실험을 구경하고 싶어 하는 학자들을 잡아끌어 말렸다. 이 때문에 그의 얼굴에 핏발이 섰다. 연회 도중 그는 모욕을 당해 지금 자리를 떠야겠다고 선언했고, 그의 옆자리에 앉아 있던 내 아내는 그를 만류하느라 애를 먹었다. 대회가 끝날 때까지 그 긴장 상태는 누그러질 줄 몰랐다. 심지어 나중에 린다우에서 있었던 노벨상 수상자들의 모임에서도 그는 가능한 한 우리 부부를 모르는 척 했다.

하이젠베르크에 대한 내 생각은 아마도 정당하지 않은 것 같다. 나중에 그는 히틀러 집권기에 자신이 무엇을 연구했는지, 그리고 그 연구가 정권과 맺은 자신의 관계를 어떤 식으로 지배했었는지를 설명해주었다. 그럭저럭 시간이 지나는 동안에(1969년), 전쟁 기간 동안 행해진 독일의 핵분열 연구에 대한 객관적인 평가들이 세상에 나왔고, 특별히 영국인 역사가인 데이비드 어빙David Erving,[*, 37, 38]의 평가를 보면, 하이젠베르크가 내게 했던 말을 다시 한 번 확인해주며, 그의 행동들이 틀리지 않았음을 보여준다. 전에 말했던 것처럼, 헬륨의 초유체 위상superfluid phase 이론과 금속의 초전도 이론에서는 큰 성공을 거두지 못했다.

---

[*] 데이비드 어빙의 『바이러스 하우스The Virus House』(베를린의 독일 핵연구소의 별칭이다). 또한 '독일의 원자 폭탄'을 다룬 「원자 과학자들에 대한 보고서Bulletin of the Atomic Scientists」도 발행되었는데, 이 책은 편집자인 라비노비치E. Rabinovich가 들어가는 글을 썼으며, 하이젠베르크 자신과 한스 수에즈Hans Suess도 기고문을 썼다. 한스 수에즈는 독일 핵연구 팀의 일원이었으며, 현재는 샌디에고의 캘리포니아 대학의 화학과 교수이다.

88_보른에게

1948년 4월

제가 쓴 짧은 논문을 당신에게 보냅니다. 파울리의 제안으로 이 논문을 출판하기 위해 이미 스위스에 보냈습니다. 제 짧은 글을 읽고 저에 대해 오랫동안 품어왔던 적대감을 푸시기 바랍니다. 마치 자신의 의견을 아직 확립하지 않은 상태에서 화성으로부터 온 방문객을 맞이한 심정으로 그 논문을 읽어보셨으면 좋겠습니다. 당신의 의견에 제가 어떤 영향을 끼칠 수 있다는 생각으로 이런 것을 요구하는 것이 아니라, 이를 통해 당신이 제가 가진 가장 주요한 동기들을 이해하는 데에 큰 도움이 될 것이라고 생각하기 때문입니다. 그렇지만 이 논문은 발견적 제한 원리 heuristic limiting principle를 대표하는 상대성 이론 집단에 대해 제가 품고 있는 확신보다는 더욱 부정적인 측면을 제시하고 있습니다. 어쨌든 저는 오직 지금까지 나온 어떤 이론보다 양자역학만이 빛과 물질이 가진 파동-입자 성격을 포괄해낼 수 있다는 명백한 사실을 제외한, 당신의 반론에 극도의 관심을 기울이겠습니다.

안부를 전합니다.

― A. 아인슈타인

양자역학과 실재

이 글을 통해 나는 간략하고 기초적인 방식으로 내가 왜 양자역학의 방법들을 근본적으로 만족스럽게 여기지 않는지 그 이유를 설명하려 한다. 그렇지만 나는 단도직입적으로 말해, 이 이론이 중요한, 어떤 의미에서는 최종적인, 물리학에서의 진보를 나타낸다는 점을 거부하려는 것이 아니다. 그러나 나는 마치 기하 광학geometrical optics이 현재 파동 광학wave optics에 통합된 것처럼, 이 이론은 이후에 등장할지 모르는 어떤 다른 이론의 부분이 될 것이라고 생각한다. 즉, 상호관계들은 여전히 남아 있지만, 그 기초는 좀 더 포괄적인 이론에 의해 심화되거나 대체될 것이라 생각한다.

I

어떤 자유 입자free particle가 특정 시간에 공간적으로 제약된 ψ-함수를 통해 기술됐다고 생각해보자(양자역학의 의미로, 완벽하게 기술된 입자). 이에 따르면, 이 입자는 정확하게 규정된 운동량도 위치도 가지고 있지 않다. 그렇다면 어떤 의미에서 이러한 재현representation이 사태의 실제적이자 개별적인 상태를 기술한다고 생각해야 하는가? 나에게는 이를 바라보는 두 가지 관점이 가능해 보일 뿐만 아니라 명백해 보이기 때문에, 이제 이 두 가지 관점들을 비교 검토하겠다.

(a) 비록 자유 입자의 위치와 운동량이 동일한 개별적 경우에 있어서 측정될 수 없다 하더라도, (자유) 입자는 정확한 위치와 정확한 운동량을 갖는다. 이러한 관점에서 보면, 양자역학에서 말하는 ψ-함수는 사태의 실제 상황을 불완전하게 기술description하는 것이 된다.

물리학자들은 이러한 관점을 받아들이지 않는다. 이러한 관점을 받아들이는 것은 이 함수가 사태의 실재적 상황에 대하여 불완전한 기술을 하고 있음을 받아들이게 할 뿐만 아니라 완전한 기술을 구하기 위한 시도로 이끌며, 또한 그러한 기술을 가능하게 하는 물리적 법칙을 발견하기 위한 시도로 이끈다. 따라서 이러한 관점을 받아들인다는 것은 양자역학의 이론적 틀을 포기하는 것이 된다.

(b) 실제로, 그 입자는 정확한 운동량과 정확한 위치를 갖지 못한다. 즉, ψ-함수를 이용한 기술은 원리적으로 완벽한 기술description이기 때문이다. 위치 측정을 통해 얻은 정밀하게 규정된 입자의 위치는 운동량에 선행한 입자의 위치로서 해석될 수 없다. 측정 결과로서 나타나는 정밀한 위치 설정은 것은 불가피한 (그러나 중요한) 측정 작업의 결과로서만 산출된다. 그런데 측정 결과는 실제 입자의 조건들에 의존할 뿐만 아니라 원리적으로 우리에게는 전혀 알려지지 않은 그 측정 메커니즘의 본질에도 의존한다. 운동량이나 입자와 관계된 관찰 가능한 다른 어떤 것들이 측정될 때, 이런 유사한 상황이 발생한다. 지금까지 설명한 것이 아마도 현재 물리학자들이 선호하는 해석이다. 따라서 이 해석만이 자연스러운 방식으로 양자역학의 틀 내에서 하이젠베르크의 원리로 표현된 사태의 경험적 상태를 정당하게 다룬다는 사실이 인정되어야 한다.

이러한 관점에 따르면, 성격이 많이 다른 두 개의 ψ-함수가 언제나 두 개의 다른 상황을 기술한다(예를 들면, 위치가 잘 규정된 입자와 운동량이 잘 규정된 입자).

위에서 언급한 사실은 요구되는 조건들을 조정한다면 *mutatis mutandis*, 하나 이상의 입자들로 구성된 체계들을 기술함에 있어서도 물론 타당하다. 따라서 우리는 또한 (해석 Ib의 의미에서) ψ-함수가 사태의 실재적인 상태를 기술한다는 점과 이 (본질적으로) 다른 두 개의 ψ-함수들이, 비록 완벽한 측정을 통해 동일한 결론들에 이르게 될 지라도, 두 가지 다른 사태의 실재 상태들을 기술한다는 점을 받아들인다. 만일 측정 결과들이 일치한다면, 그것은 부분적으로는 우리가 알 수 없는 측정 조건들의 구성에 따른 영향으로 간주한다.

II

양자역학과는 별도로, 만약 누군가가 물리학이라는 관념들의 세계가 갖고 있는 특징들이 대체 무엇인가라고 물을 때, 그 사람은 우선 다음과 같은 사실에 충격을 받는다. 물리학에서 사용되는 관념들은 실제로 존재하는 외부 세계와 관계한다. 즉, 관념들은 지각 주체와는 독립적인 '실재 존재real existence'로 여겨지는 물체, 장 등과 같은 대상들과 관계하여 성립한다. 그리고 관념들은 다른 한편, 가능한 한 감각 데이터들과의 관계를 공고히 하는 것으로 성립된다. 물리적인 대상들이 시간-공간의 연속체 내에 배치되어 있다고 하는 점 또한 이러한 대상들이 갖는 또 다른 특징이다. 물리학에서 사물들이 이런 식으로 배치되어 있다고 말할 때 이 말이 갖는 본질적인 측면은 만약 이러한 대상들이 '서로 다른 공간에 위치한다'면, 그것들은 서로 독립적으로 존재한다고 말할 수 있다는 의미이다. 만약 보통 사람들의 생각으로 볼 때, 공간상 서로 떨어져 있는 대상들이 서로 독립적으로 존재한다고(그러한 존재'being-thus') 생각하지 않으면, 우리에게 익숙한 의미로의 물리학적 사고란 가능하지 않을 것이다. 또한 이런 명확한 구분을 하지 않는다면, 물리학의 법칙들을 공식화하고 시험하는 다른 방법을 이해하기란 어렵다. 이러한 원리는 그 원리가 기초하고 있으며 서로 독립적으로 존재하는 기초적인 대상들의 위치 설정을 통해 장 이론에서 그 극단에 이르렀다. 이 원리가 무한히 작은 (4차원적) 공간 요소 내의 기본 법칙들에도 적용되었다는 것은 말할 필요도 없다.

다음과 같은 생각은 공간적으로 분리되어 있는 대상들(A와 B)의 상대적 독립성의 특징들을 보여준다. 즉, A에 대한 외부의 영향은 B에 직접적으로 아무런 영향을 끼치지 않는다는 생각이다. 이것은 '근접성의 원리principle of contiguity'라고 우리가 알고 있는 것으로서, 장 이론에 있어서만 논리적으로 일관되게 사용된다. 만약 이 공리가 완전히 폐기된다면, (준quasi-) 폐쇄 체계의 존재라는 생각과, 따라서 이미 받아들여진 의미에서 경험적으로 조사할 수 있는 법칙들의 요청postulation은 불가능하게 된다.

III

이제 나는 (해석 Ib에 따라) 양자역학의 해석은 원리 II와 논리적으로 일관적이지 않다는 것을 주장하고자 한다. S_1과 S_2라는 두 부분-체계로 이루어진 물리 체계 S_{12}가 있다고 생각해보자. 그리고 이러한 두 부분-체계들은 이전에는 물리적인 상호 관계 상태에 있었는데, 현재는 이러한 상호 관계가 더 이상 존재하지 않는 상태라고 생각해보자. 이제 전체 체계가 양자역학적인 의미로 두 체계들의 좌표값 $q_1,...$ 그리고 $q_2,...$로 구성된 ψ-함수인 ψ_{12}에 의해 완벽하게 기술된다고 해보자(ψ_{12}는 형식 $\psi_1 \psi_2$의 산물로서가 아니라 단지 그러한 산물들의 총합으로서만 재현될 수 있다). 이제 시간 t에서 이러한 두 부분-체계가 공간적으로 분리되어 있다고 해보자. 즉, ψ_{12}는 $q_1,...$이 공간의 제한된 부분 R_1에 속하며 $q_2,...$가 R_1과는 분리된 부분 R_2에 속할 때 0과는 다를 뿐이라는 식으로 말이다.

단일 체계 S_1과 S_2에 대한 ψ-함수들의 존재에 대해서는 처음부터 우리는 모르고 있다. 즉 그것들은 결코 존재하지 않는다. 그러나 양자역학의 방법들은, 만약 양자역학적 의미로 볼 때, 부분-체계 S_1에 대한 완벽한 측정이 가능하다면, 우리는 또한 ψ_{12}로부터 S_2의 ψ_2를 결정할 수 있다. 원래의 S_{12}에 대한 ψ_{12} 대신, 우리는 부분-체계 S_2에 대한 ψ-함수 ψ_2를 얻게 된다.

그러나 양자 이론적 의미에서 볼 때, 부분 체계 S_1 에 대한 이런 완벽한 측정, 즉 우리가 측정하고 있는 관찰 가능한 것은 이러한 결정에 있어서 가장 중요한 것이다. 예를 들어, 만약 S_1 이 단일 입자로 구성되어 있다면, 우리는 그것의 위치 요소들 내지 그것의 운동량 요소들 중 하나를 선택한다. 결과로 나오는 ψ_2 는 이러한 선택에 의존하며, 따라서 이후 수행되어야 하는 S_2 측정들에 관한 다른 종류의 (통계적) 예측들이 확보되다. 이는 해석 Ib의 관점으로 볼 때, S_1 에 대한 완벽한 측정의 선택에 따라 상이한 실재 상황이 ψ_2, $\underline{\psi}_2$, $\underline{\underline{\psi}}_2$...등에 의해 다양하게 기술될 수 있는 S_2 에 대하여 형성된다는 것을 의미한다.

양자 역학만의 관점으로 볼 때, 이에는 어떠한 어려움도 존재하지 않는다. 왜냐하면, S_1 에 대해 수행될 측정의 선택에 따라, 상이한 실재 상태가 만들어지며, 그리고 두 가지 이상의 상이한 ψ-함수들 ψ_2, $\underline{\psi}_2$...등을 동일 체계 S_2 에 귀속시켜야 하는 필요성이 발생하지 않기 때문이다.

그렇지만, 우리가 양자역학의 원리와 원리 II를 고수하고자 할 때 즉, R_1 과 R_2 라는 분리되어 있는 두 공간 안에 존재하는 사태들의 실재 상태가 독립적으로 존재한다는 생각을 고수하려 할 때, 이는 다른 문제가 된다. 왜냐하면, 우리의 예에서 S_1 에 대한 완벽한 측정은 공간 R_1 에만 영향을 주는 물리적 작업을 재현하기 때문이다. 그렇지만, 그러한 작업은 분리되어 있는 공간 R_2 에 존재하는 물리적 실재에 직접적인 영향을 줄 수 없다. S_1 에 대한 완벽한 측정의 결과로서 우리가 얻은 S_2 에 대한 모든 진술들은, 비록 어떠한 측정도 S_1 에 대해 수행되지 않았더라도 체계 S_2 에 대해 타당해야 한다는 결론이 도출된다. 이는 ψ_2 혹은 $\underline{\psi}_2$의 해결로부터 연역할 수 있는 모든 진술들이 동시에 S_2에도 타당해야 한다는 것을 의미한다. 물론 이는 만약 ψ_2, $\underline{\psi}_2$ 등이 S_2에 대해 상이한 사태의 실재 상태를 재현한다면 즉, ψ-함수에 대한 Ib해석과 상충되지 않고서는 불가능하다.

양자역학의 기술 방법을 원리상 결정적인 것으로 간주하는 물리학자들은 다음과 같은 식으로 이러한 일련의 생각들에 대답하리라는 것이 나에게는 확실해 보인다. 그들은 서로 다른 공간 영역에 존재하는 물리적 실재의 독립적인 존재를 요구하는 II를 기각하고, 양자 이론은 이러한 요구 사항을 명시적으로 어디에서도 활용하지 않는다는 점을 지적하며 자신들을 정당화할 것이다.

나는 이러한 주장을 인정하지만 다음과 같은 점을 지적하고 싶다. 나에게 알려진 물리적 현상들, 특별히 양자역학에 의해 성공적으로 다루어지고 있는 현상들을 고려할 때, 나는 여전히 요구 II를 포기하게 만드는 사실을 어디에서도 발견할 수 없다.

따라서 나는 양자역학의 기술은 Ib의 의미로 볼 때, 실재에 대한 불완전하고 간접적인 기술이며, 따라서 앞으로 좀 더 완전하고 직접적인 기술에 의해 대체되어야 할 것이라고 말하고 싶다.

결론적으로 사람들이 전체 물리학을 위한 통일된 기초를 찾고자 함에 있어서 현재의 이론에 너무나 독단적으로 전념하고 있다는 것을 인식해야 한다고 생각한다.

— A. 아인슈타인

◆

이 짧은 논문[39]은 편지와 바로 연결되어 있기 때문에 이 책에 포함시킬 수밖에 없었다. 또한 이 논문이 없다면 내 답장도 이해가 되지 않는다. 물론 이러한 논의는 현대 물리학의 전개와 그것이 갖는 철학적 기초에 대한 지식을 갖고 있는 사람에게만 이해될 수 있다.

89_아인슈타인에게

1948년 5월 9일

논문이 포함된 4월 5일자 당신의 편지에 바로 답장을 하지 못해 죄송하게 생각합니다. 2개월 동안 옥스포드에 가 있었고, 이후 2주 정도 밖에 집에 머무르지 못하다가, 다시 헤디와 함께 보르도와 파리에서 열리는 회의에 참석하기 위해 프랑스에 다녀왔습니다. 돌아와서는 오랫동안 신경써주지 못했던 학생들을 돌봐야 했고, 옥스포드에서 했던 강의록 출판을 준비해야 했으며, 왕립 학회를 위해 플랑크에 대한 공식 부고를 써야만 하는데, 부담스럽지만 6월 중순까지 끝내야 합니다. 이런 일들 때문에 이제야 당신 편지에 답장을 할 수 있게 됐습니다. 당신이 제 의견에 대해 어느 정도의 중요성을 인정해 준 점에 대해 기쁘게 생각합니다. 저 자신은 그럴만한 대접을 받을 자격이 있는 사람은 아니라고 생각합니다. 괜찮으시다면, 당신의 논문을 읽으시면서 제 머리 속에 떠올랐던 것을 들어주십시오.

하나의 예로 시작하겠습니다. 두 겹의 결정으로 구성된 굴절판에 광선을 쐈서, 이 광선이 두 개의 광선으로 나뉘었다고 생각해보죠. 그 중 한 개 광선의 편극polarization 방향은 측정에 의해 결정되어 있습니다. 다른 광선의 편극 방향이 첫 번째 광선에 수직이라는 사실을 연역하는 것은 가능합니다. 이런 식으로 사람들은 다른 공간에 속한 체계에 대해 수행되는 측정의 결과로서 특정 공간의 체계에 대한 진술들을 만들어 낼 수 있었습니다. 이것이 가능하다 함은 우리가 이 두 개의 광선이 결정을 통과한 하나의 광선에서 나왔다는 사실을 알고 있기 때문입니다. 즉 광학 용어로 말해 그 세 개의 광선은 결이 맞습니다coherent. 저는 이 예가 확실히 충돌 이론과 연관이 있는, 당신이 거론했던 추상적인 예와도 밀접한 관련을 갖는다고 봅니다. 그러나 제가 거론한 예가 좀 더 단순하며, 이 예는 광학의 틀 내에서는 일상적으로 일어나는 것이라고 봅니다. 양자역학이 했던 모든 것은 이러한 현상을 일반화하는 것입니다.

'공간적으로 분리된 대상 A와 B의 독립성'이라는 당신의 공리는 당신이 말씀하시는 것처럼 제게는 그렇게 확실해 보이지 않습니다. 그 공리는 결맞음coherence이라는 사실을 설명하지 못합니다. 동일한 기원을 갖고 있으면서도 공간상 멀리 떨어져 있는 대상들이 반드시 독립적이어야 할 이유는 없습니다. 저는 이러한 지적은 누구도 거부할 수 없고 단지 받아들이기만 하면 될 뿐이라고 생각합니다. 디락은 자신의 책 전체를 이러한 점에 기초하여 서술하고 있습니다. 당신은 "양자역학의 방법들은, 만약 양자역학의 의미로 부분-체계 S_1에 대한 완벽한 측정이 또한 가능하다면, 우리로 하여금 ψ_{12}로부터 S_2의 ψ_2를 결정하게 해 준다"라고 말하고 있습니다. 당신은 명백히 ψ_{12}가 이미 파악된 것이라고 가정하고 있습니다. 따라서 S_1에서의 측정은 실제로 거리가 떨어진 S_2에서 일어나는 사건들에 대한 어떠한 정보도 주지 않으며 다만 부가적인 이전의 측정을 통해 ψ_{12}에 대한 정보와 연결시킬 뿐입니다. 광학의 예에서, 우리는 두 개의 갈라진 광선들이 하나의 결정을 통해 단일한 광선으로부터 만들어졌다는 정보를 얻습니다.

당신의 예는 제게는 너무 추상적이며, 논의를 시작하기 위해서도 그 엄밀함이 불충분합니다. '측정'이라는 말도 양자역학에 있어서는 너무 느슨하게 정의되어 있습니다. 이것은 양자의 가능한 고유값의 결정 내지, 한 체계의 특정 고유값에 상응하는 실제 상태의 결정, 혹은 좀 더 일반적으로 말하자면 혼합식 $\psi(x) = \Sigma_n a_n \psi_n(x)$에서 상이한 고유값 $n = 1, 2 ...$에 상응하는 가중치 $|an|^2$의 결정을 의미합니다. 당신의 예에서 '측정'이 의미하는 바가 제게는 명확하지 않습니다. 쉽게 이해하기 위해, 처음부터 독립적인 두 개의 입자가 충돌하고 빗나가는 실제 충돌 과정을 생각해 보겠습니다. 이 경우 이러한 충돌을 설명하는 파동 함수는 당신의 ψ_1과 ψ_2에 상응하게 됩니다. 여기서도 또한 당신이 낙하 입자들의 정지 상태를 의미하는 것인지 혹은 단지 두 개의 입자, 그 각각을 의미하는 것인지 그 의미를 분명히 하는 것이 중요합니다. 어쨌든 충돌 방향은 물론, 시간도 정확하게 파악되어야 하는데, 만약 충돌에 이은 입자들의 방향이 서로 바뀌도록 실험을 설정했다면, 제게는 그 입자들이 충돌 후에도 독립적인 상태라고 보이지는 않습니다. 어떤 결과를 발생시키기 위해서는, 실험자는 충돌 전에 이러한 많은 것들을 미리 파악하여 실험 내용을 설정해야 합니다. 그러나 만약 우리가 충돌 위치에 도달하는 통계적인 시점을 파악한 상태에서 정지해 있는 입자를 생각해 볼 때, 이 통계학이 충돌 후의 입자들이 어떻게 퍼져 나갈 것인가에 영향을 끼친다는 점

즉, 그 두 개의 입자가 서로 독립적인 아니라는 점이 분명합니다. 저는 제가 무리한 주장을 한다고 생각하지 않습니다.

그러나 아직까지 제가 바라는 것처럼 제 의견을 분명히 개진하고 있다는 생각이 들지는 않네요. 기본적으로 저는 다시 누구도 거부할 수 없는 결맞음이라는 현상에 또다시 의존하고 있습니다. 그러나 이 또한 역학적 유비들의 유용성을 거부할 수 없기 때문에, 양쪽을 모두 포괄하는 형식주의에 만족해야 합니다. 저는 이를 못마땅할 정도까지 밀고 나가진 않겠습니다. 저는 '더 나은' 어떤 이론이 결정적으로 나타날 때까지는 이러한 형식주의를 이용할 것이고, 심지어 어떤 의미에서는 그것을 '믿고 있습니다.' 저는 조만간 당신이 검토할 수 있을지 모르는 제 옥스포드 강의에서 이 모든 내용을 자세하게 설명했습니다. '더 나은 어떤 이론'에 대해 말하자면, 저는 당신과는 완전히 다른 의견을 가지고 있습니다. 물리학의 진보는 언제나 직관적인 것으로부터 추상적인 것으로 이동하는 것이었습니다. 그리고 아마도 앞으로도 그런 식으로 계속될 것입니다. 현재 양자역학과 양자 장 이론은 중요한 지점들에서 모두 실패하고 있습니다. 그렇지만 제가 보기에, 주변에서 일어나고 있는 조짐들은 늙은 저희들은 준비할 수 없을 것 같은 것들에 대해 누군가는 준비하고 있지 않으면 안 된다는 사실을 보여주고 있습니다. 심지어 저는 당신의 이론으로 형성된, 상대성 이론을 믿는 집단의 전성기도 얼마 남지 않았다고 생각합니다. 즉, 선 요소line element의 호환성transportability은 수학적으로는 훌륭하지만, 제가 보기에 물리학적으로는 만족스럽지 못합니다. 현재 양자역학에서 일어나는 분분한 의견들은 절대 길이absolute length가 실제로 이 세계에 존재한다는 것을 보여줍니다. 저는 이것이 일반 변환군general transformation group에 포함되리라 보고 있습니다. 말을 하다 보니 여기까지 와버렸군요. (내년에 프린스턴에 계신 당신에게 보낼) 매우 재능 있는 학생인 그린이 이 문제에 있어서 진척을 이뤄 낼 것 같습니다. 그는 좋은 아이디어와 출중한 수학적 능력을 가지고 있습니다. 현재 저희는 초전도체에 대해 연구하고 있으며, 저는 저희의 이론이 옳은 이론이라 생각하고 있습니다. 생각만큼 그렇게 굉장히 복잡하지는 않습니다.

 헤디와 함께 안부를 전합니다.

— 막스 보른

◆

 아인슈타인과 내가 의견이 달랐던 근본적인 이유는 상이한 공간 A와 B에서 일어나는 사건들이, 사태 B에 대한 관찰이 우리에게 사태 A에 대해 어떤 것도 알려주지 않는다는 의미에서, 서로 독립적이라는 공리 때문이었다. 이러한 가정을 반박하는 내 논증은 광학의 예를 들어 이루어졌으며, 결맞음coherence이라는 개념에 의존했다. 반사, 이중-반사 등에 의해 광선이 두 개로 분리되고, 분리된 이 두 광선이 서로 다른 방향으로 나갈 때, 우리는 관찰 지점 A로부터 다른 지점 B에서 두 개의 광선 중 하나를 연역할 수 있다. 아인슈타인이 자신의 공리에 대한 이러한 나의 반론을 타당한 것으로 간주하지 않았다는 점은 이해하기 어렵다. 그는 파동 역학에 대한 드 브로이가 행한 연구의 중요성을 인식하고, 우리로 하여금 이에 대해 주목하게 만들었던 최초의 이론 물리학자 중 한 사람이었기 때문이다. 아인슈타인이 위에서 말한 공리는 확실히 빛에는 적용되지 않는다. 그러나 만약 물질의 운동이 '파동 운동wave motion'으로 기술될 수 있다면(이를 옹호하는 강력한 논증을 펼친 사람은 아인슈타인 자신이었다), 결맞음이라는 개념은 이러한 사실로부터 물질살beam of matter에 적용할 수 있으며, 빛의 경우처럼 특정 조건하에서 A에서의 상태 결정에 의해 B의 상태에 대한 결과를 끌어낼 수 있다. 아인슈타인은 그러한 결론들로 이끌 수 있는 어떠한 이론도 불완전하다고 선언했다. 따라서 그의 눈에는 빛에 대한 이론도 마찬가지로 불완전한 것임이 분명하다. 그는 이러한 불완전한 상태를 일소하는 좀 더 심오한 이론이 개발되기를 기대했다. 그러나 지금까지 그의 희망은 실현되지 않았으며, 물리학자들은 대개 요한 폰 노이만이 수행한 연구에 근거하여 그러한 희망이 불가능하고 판단하는 정당한 이유를 가지고 있다(편지 78에 대한 해설을 참조).

90_아인슈타인에게

1948년 5월 22일
Department of Mathematical physics
The University
Drummond Street
Edinburgh 8

당신이 받아 보셨으리라 생각하는 지난 편지와는 달리, 이 편지는 양자이론에 대한 것이 아니라 팔레스타인에 대한 편지입니다. "팔레스타인이 보른 당신에게 무슨 문제입니까?"라고 물을 수 있습니다. 당신이 1993년에 제게 팔레스타인에 가지 않겠느냐는 제안을 제게 했을 때, 유태인 전통과는 거리가 먼 제 아내와 아이들을 위해 그 제안을 거절했기 때문입니다. 게다가 저는 유럽의 상황에 대한 명확한 그림을 그리지 못했습니다. 나중에 저는 수

주 동안 칼스바트의 바이츠만Weizmann과 매일 연락을 한 적이 있었고, 그를 통해 많은 것을 들을 수 있었습니다. 그렇지만 저는 만약 그가 동아프리카의 케냐의 어떤 지방을 제공하려고 했던 영국인들의 제안을 그가 받아들였다면, 더 많은 유태인들을 구할 수 있었을 것이라고 믿습니다. 상황이 이러한 현재, 팔레스타인은 피난처로 기능할 수 있는 유일한 장소입니다. 유태인들이 테러를 자행하기 시작했다는 사실, 그들이 히틀러로부터 많은 것을 배웠다는 사실을 몸소 보여줬다는 점을 저는 매우 애석하게 생각하고 있습니다. 반면 저는 저의 새로운 '조국' 영국에 대해 매우 감사하게 생각하고 있습니다. 여기서는 어떠한 사악한 일도 벌어지지 않았습니다. 그렇지만 우리의 베빈Bevin이 악의에 찬 게임을 하고 있다는 사실이 점점 저를 힘들게 하고 있습니다. 우선 영국으로부터 아랍인들은 무기를 공급받고 훈련받고 있습니다. 영국 군대가 철수하면 유태인을 청소하는 더러운 일이 아랍인들에게 떠넘겨질 겁니다. 물론 실제로 상황이 이렇다는 증거는 없습니다. 또한 저는 유태인의 민족주의를 포함해 모든 종류의 민족주의를 혐오합니다. 그렇기 때문에 저는 이러한 사실에 흥분할 수는 없습니다. 그렇지만 최악의 상황이 오지 않을까라는 저의 의심이 옳다는 점이 점점 명백해지고 있습니다. 오늘자 〈맨체스터 가디언〉의 사설은 바로 제가 의심했던 사태를 들어 공개적으로 베빈을 공격하고 있습니다. 제가 너무나 무기력하고 이 나라에서 어떤 역할도 할 수 없다는 사실에 저는 매우 우울합니다.

  이 편지는 이 상황을 타개시키고자 당신이 어떤 행동을 취하고자 한다면, 저는 전심을 다해 돕겠다는 말을 하기 위해서 쓴 것입니다. 너무 늦기 전에 당신이 미국 정부로 하여금 어떤 행동을 취하도록 만들 수는 없습니까? 러시아인들이 협력할 것이고, 그렇게 된다면 이는 미국과 러시아 사이의 긴장을 줄이는 데 도움이 될 지도 모릅니다. 미국에서는 이 문제에 대해 어떻게 생각하고 있는지 알려주십시오.

헤디와 함께 안부를 전합니다.

— 막스 보른

91_보른에게

1948년 6월 1일

팔레스타인에 대한 당신의 편지는 제게 의미하는 바가 컸습니다. 의심의 여지없이 당신은 베빈의 정책을 정확하게 정리했습니다. 그는 자신의 지위를 이용하여 파렴치한 세균을 전염시키고 있는 것처럼 보입니다. 그러나 이러한 게임에 대해 제가 워싱턴에 영향력을 행사할 수 있을지도 모른다는 당신의 생각은 지나치게 낙관적입니다. 워싱턴은 왼손이 하는 바를 오른손이 모르게 하라는 금언이 딱 들어맞는 행동을 합니다. 그들은 오른손으로는 불쾌한 듯 테이블을 내려치지만, 왼손으로는 교활한 공격 방식(예를 들면 봉쇄를 통해)으로 영국을 돕고 있는 자들입니다.

양자 이론의 해석에 대한 당신의 편지는 너무 자세한 곳까지 들어갔지만 제 논리 체계를 많이 벗어났기 때문에 성가신 반복으로 당신을 피곤하게 하지 않고서는 대답하기가 곤란합니다. 언젠가 우리가 직접 만나 토론할 날이 오겠지요. 저는 제가 소위 고전 체계에 결코 목을 매지는 않았다는 점을 덧붙여 말씀드리고 싶지만, 고전 체계는 다양한 일반 상대성 원리를 정당화하는 데 있어서 필수적인 것이라고 생각하고 있습니다. 왜냐하면 고전 체계가 가진 발견적heuristic 특성은 진정한 진보를 위해 필수불가결하니까요.

안부를 전합니다.

— A. 아인슈타인

◆

팔레스타인에 관한 내 편지와 아인슈타인의 답장은 설명이 거의 필요하지 않다. 베빈의 팔레스타인 정책에 대한 내 평가는 옳았다. 그렇지만 그는 아랍인들에 대해 승리를 거둔 유태인들의 냉혹함과 흉악한 결정에 대해서는 전혀 생각하지 못했다.

편지 말미에 있는 물리학에 대한 아인슈타인의 말에 대해 설명하자면, 내가 자신의 논리 체계에서 벗어났다는 그의 비난은 내게는 정당하게 들리지 않는다. 그는 자신의 생각이 옳다고 철저하게 믿었기 때문에 다른 어떤 방법도 받아들일 수 없었고, 그러한 자신의 입장으로부터 내가 동일한 것을 생각하지 못한다고 힐책했다. 우리는 서로 다리를 놓을 수 없는 철학적인 관점 차이에 도달했다. 그렇다고 할지라도 편지 84에 대한 해설에서 말한 것처럼, 즉 아인슈타인이 에른스트 마하Ernst Mach를 위한 부고 논문에서 정의한 것처럼, 나 자신은 청년 시기의 아인슈타인의 가르침을 따랐다고 믿는다.

92_아인슈타인에게

1949년 1월 23일
84 Grange Loan
Edinburgh

이 편지는 마고가 헤디에게 보낸 편지에 대한 답장이라고 할 수 있습니다. 동봉한 제 편지를 마고에게 건네주십시오. 물론 당신도 읽어보셔도 됩니다. 당신의 몸이 좀 좋아졌다니 반가운 소식입니다. 몸조리 잘 하시고 여유를 가지십시오.

그건 그렇고, 쉴릅이 준비하는 책에 무슨 문제라도 생겼습니까? 기고문을 보낸 지 2년도 넘은 것 같은데, 아직도 출간이 안 되었네요.

지난 학기 저는 매우 열심히 일했습니다. 성과도 있었습니다. 그린과 저는 소립자에 대한 이론을 개발했고, 제가 쓴 논문에는 조금 누그러뜨려 표현했지만, 이 이론이 옳다고 확신하고 있습니다. 그렇지만 저희는 당신이 너무도 싫어하는 양자역학이라는 '헛소리'를 이용하고 있기 때문에 아마 이 이론을 믿지 않으시리라 생각합니다. 〈네이처〉의 다음 호에는 저희가 주고받은 두 통의 짧은 편지가 실리게 됩니다.

저희의 생각은 다음과 같습니다.

이전에 누군가가 자신이 해낼 수 있는 최고의 작품으로서, 입자광자, 전자, 프로톤, 중간자를 가지고 라그랑주Lagrange 함수를 급조한 적이 있습니다. 여기서 그는 질량을 자의적으로 특성 상수로서 도입했습니다. 그러나 저희는 이 문제에 완전히 다른 식으로 접근해야 한다고 믿습니다. 왜냐하면, 상이한 중간자들의 수가 너무 많은데, 아마 무한할 정도입니다. 주요하게는 라그랑주 함수 L 그 자체도 파악하지 못했으며, 이는 관련된 역학적 문제에 대한 해결책이라 할 수 없습니다. 저희는 매우 일반적인 원리로부터 자연 법칙들은 상대론적 변형transformation일뿐만 아니라 그 대체물인 $x^a \to p_a$, $p_a \to -x^a$ (여기서 x_a는 공간-시간 좌표들과 에너지 p_a 및 운동량의 외연을 나타낸다)과 관계할 때 불변식이라는 점을 알고 있습니다. 고전 역학적으로 이는 물론 무의미하지만, 양자역학적으로 이것은 이제,

$$p_a = -ih\frac{\partial}{\partial x^a}$$

이기 때문에 유의미합니다. 결국은 당신의 기초적인 불변량 $x^a x_a$는 대칭적인 양 $S = R + P$ (여기서 $P = p^a p_a$)에 의해 대체된다는 결론이 나옵니다. S는 일종의 연산자이며, 이에 대한 적분 고유값은 실질적으로 라그랑주 함수들의 거리들과 고유 함수들입니다(x_a와 p_a는 물론 '자연' 단위'natural' unit로 측정되어야 합니다). 이것은 사실상 무한한 다량의 라그랑주 함수 L_s를 만들어내며, 알려진 중간자들의 질량들은 정확하게 계산됩니다. 악의는 없습니다!

안부를 전합니다.

― 막스 보른

◆

마고의 편지는 아인슈타인이 중병을 앓고 있다는 소식을 담고 있었다.
쉴륩의 책은 결국 같은 해(1949년)에 출간되었다.
이 편지의 거의 모든 부분을 차지하는 물리학적 내용들은 이전 편지에서 내가 아인슈타인에게 이미 전달했던 생각과 우리가 '상반성 원리'라고 불렀

던 생각에 기초하고 있다. 그러나 우리의 생각들은 새로운 방향으로 나아가기 시작했으며, 이전에도 언급했던 것처럼, 이 이론은 최근 소립자들에 대한 이론과 연관되어 다시 중요하게 평가되고 있다.

93_보른에게

날짜 미상

친절한 편지를 보내주어 고맙습니다. 저는 기운차게 다시 기어 다니고 있습니다. 이놈의 몸뚱이가 그리 오래 갈 것 같지는 않습니다. 쉴릅과 관계된 문제는 현재 그가 급한 일 때문에 독일 어디론가 사라졌기 때문에 잠시 접어 두었습니다. 그가 돌아오면, 어떻게 되겠지요. 부인의 신경쇠약 증세가 그렇게 좋지 않다니 매우 유감입니다.

인도인의 삶의 철학에 대한 부인의 시는 당시 무척 인상 깊었습니다. 그 시는 고귀한 정신과 참된 시적 재능이 무엇인지 보여주고 있습니다. 당신이 기대하는 것 보다 연금이 적게 나온다니 저도 마음이 편안하지는 않습니다. 그렇지만, 그런 종류의 것은 스코틀랜드에서는 사실상 국가의 절약 정책이라는 모든 헛소리를 위해 국민들이 받아들이고 지켜야 의무일 겁니다. 이곳도 현재는 인플레이션으로 인해 연금이 넉넉하다고 결코 말할 수 없는 상황입니다. 저는 이제 당신의 이론적인 단서를 어느 정도 이해했습니다. 그러나 우리가 가진 각각의 관심 분야는 되돌릴 수 없는 정도로 다른 방향으로 나아가 버렸습니다. 그러나 당신의 관심사는 엄청난 성공을 거두어 많은 사람들이 이를 즐기고 있는 반면, 제 관심사는 돈키호테적이어서 심지어 저 자신도 절대적인 확신을 갖고 이를 고수할 수 없을 정도입니다. 그렇지만 현실이 그렇다고 할지라도 적어도 제 관심사는 맹목적으로 알몸을 드러내지는 않습니다. 제 본능 전부는 불가항력적으로 이러한 생각에 반대하고 있습니다. 당신과 직접 만나서 이 문제를 다시 논하고 싶다는 제 희망은 아무래도 죽기 전에 이루어지지 않을 것 같습니다. 연구소로 하여금 당신에게 초청장을 보내도록 해야 할 것 같습니다.

안부를 전합니다.

— A. E.

◆

아인슈타인이 직접 손으로 쓴 이 편지는 그가 앓았던 병이 얼마나 심각했는지를 확실히 보여주고 있는데, 어떤 부분들은 해독이 힘들 정도이다. 그러나 이 때 느꼈던 죽음의 예감에도 불구하고 그는 6년을 더 살았다.

퇴직금에 대한 그의 말은 재미있지만 사실과는 다르다. 대학이 한부금 대부분을 보조해주는 강제성 보험을 제외하고는, 영국 전체에서 대학 교수에 지급되는 연금은 존재하지 않는다. 오랜 시간 동안 일한 사람은 나이에 맞는 적정 액수의 연금을 받는다. 그러나 나는 50대 말이라는 늙은 나이에 에든버러의 교수가 되었기 때문에, 약소한 금액의 연금만을 기대할 수 있었다. 의심할 여지없이 대학은 어떠한 선례를 남기지 않기 위해, 내 연금의 액수를 늘려주는 예외 상황을 만들 수는 없었다. 스코틀랜드인의 극도의 절약 정신에 관해 말하자면, 우리는 어디에서도 그런 경험을 해 본 적이 없다. 그런 말은 단지 사람들이 즐기는 농담일 뿐이며, 잉글랜드와 비교하여 스코틀랜드가 상대적으로 가난하고 절약해야만 했던 과거로부터 유래한 것이 아닐까 생각한다.

'출발하기 전에 다시 한 번 만나 그러한 것들을 논의하고 싶다는 아인슈타인의 희망은 실현되지 않았다.

94_보른 부부께
1949년 4월 12일

당신이 보내준 멋진 사진들과 인과율 및 개연성에 대한 논문, 그리고 현대인의 도덕적 부패를 극복하는 방법을 논하는 흥미로운 글로 즐거움을 얻었습니다. 사랑하는 보른, 당신은 제 편지에서 제가 했던 바보 같은 말들을 남들에게 공개했더군요. 당신의 책에서 다뤄지는 전체 주제는 전개하고자 하는 주요 논조에 매우 훌륭하게 통합되어 있고, 따라서 저는 당신의 관점을 잘 이해하고 있습니다. 하지만 동시에 저는 현재 거의 모든 사람들이 동의하고 있는 당신의 원리들이 시간이라는 테스트에 버티지 못할 것이라고 확신하고 있습니다. 당신이 장기간 연구소로 초청받을 수도 있지 않겠느냐는 희망을 편지에서 표현했을 때, 당신은 옳은 말을 했습니다. 하지만 실제로 제가 이를 제안했는데, 시간의 흐름과 함께 장님과 귀머거리가 되면서 사람들은 저를 돌처럼 굳어버린 물건으로 생각하게 되었고, 이제 저에게 그런 영향력은 없다는 게 드러났습니다. 그러나 저는 이러한 제 상황을 그렇게 혐오할만한 것으로 받아들이지는 않습니다. 왜냐하면 이런 처지가 제 기질과 잘 어울리기 때문입니다.

보른 여사, 자아의 속박으로부터의 해방이 좀 더 만족스러운 인간 사회를 향한 유일한 길을 마련해 준다는 당신의 주장을 저는 전적으로 옳다고 생각합니다. 그렇지만 사람들이 개인들에게 모든 것을 탓할 수 없다는 것 또한 사실이 아닐까요? 왜냐하면 개인들의 사회적인 정향은 냉혹한 경쟁을 하도록 설정된 사회 내에서는 약화될 수밖에 없으니까요. 따라서 사회를 개선하고자 하는 노력에는 현재 인간들이 보여주는 행위의 근본적인 원인들이 무엇인지 밝히는 작업이 선행되어야 합니다.

수수한 생활에 대한 제 태도를 물으시는군요. 저는 모든 면에서 받는 것보다 주는 것을 즐기는 사람이며, 저 자신은 물론 대중들의 행동들도 진지하게 여기지 않으며, 저의 약점이나 사악함에 부끄러워하지 않으며, 따라서 당연히 모든 것을 있는 그대로 침착하고 유머감각을 가지고 받아들입니다. 많은 사람들이 저와 유사한 태도를 갖고 있을 겁니다. 그래서 저는 왜 제가 일종의 우상처럼 되었는지 이해를 못하겠습니다. 이것은 마치 눈사태가 하나의 특정 먼지 입자에 의해 유발되어 특징 과정대로 진행되는 이유를 제가 알지 못하는 것과 유사한 이야기입니다.

안부를 전합니다.

— A. E.

◆

아인슈타인은 나를 자신의 연구소에 초청하려다 실패한 일에 대해, 자신이 돌처럼 굳어버린 물건으로 간주되었다며 사정을 설명했다. 나 또한 내 연구소에서 과거의 화석 유물쯤으로 간주되었을 것이라 확신한다. 만약 이 두 명의 화석이 동시에 한 연구소에 앉아있었다면, 당시의 젊은이들에게는 너무나 가혹한 일이었을 것이다.

95_보른에게

1950년 1월 8일
The Institute for Advanced Study
Princeton
New Jersey

제 최근 논문에 대해 언론이 장난을 친 것 때문에 매우 괴롭습니다. 저는 그 원고의 어떤 사본도 가지고 있지 않습니다. 원고는 『상대성 이론의 의미 Meaning of the Relativity』[40]라는 제 소책자에 들어갈 부록으로서 앞으로 몇 주 안에 다시 인쇄될 예정입니다. 당신에게는 발췌 인쇄본을 보내겠습니다.

그건 그렇고, 반대의 의견을 가지고 있다고는 하지만 제가 사랑하는 사람들 중의 한 사람인 당신에게 새해 인사를 전합니다.

— A. 아인슈타인

◆

당시 미국에서 발표된 논문들 그리고 이후 유럽에서 발표된 많은 논문들은 통일장 이론을 자세하게 설명한 아인슈타인의 논문에서 아인슈타인이 했던 말을 인용하면서, 그는 통일장 이론이 만족스러우며, 결정적인 이론이라고 생각한다는 말들을 지어냈다.

엽서에는 1950년 1월 12일자 신문이 오려 붙여져 있었는데, (영어로 쓰인) 이해할 수 없는 몇 가지 '해명들'과 함께 다음의 4가지 기본 방정식들이 쓰여 있었다.

$$g_{ik} \underset{+-}{=} 0; \Gamma \underset{\&}{=} 0; R_{lk} = 0; g^{is}_{,s} = 0$$

이는 아인슈타인 우상화의 전형적인 예로서, 이러한 우상화는 아인슈타인이 자신의 이전 편지의 말미에서 거의 절망에 가까운 어투로 거부했던 바이다.

96_아인슈타인에게

1950년 9월 3일
Dpt. Of Mathematical Physics
(Applied Mathematics)
The University
Drummond St.
Edinburgh 8

정기 간행물인 〈네이처〉가 제게 리뷰를 부탁하며 당신의 책 『나의 말년으로부터Out of my later years』를 보내왔습니다. 저는 그 책을 다 읽기 전까지 당신에게 편지를 보내지는 않을 생각이었는데, 너무나 아름답고 투명한 그리고 간결한 글을 얼마나 즐겁게 읽었는지 바로 당신에게 말을 걸고 싶어졌습니다. 헤디는 그 글들이 독일어판으로도 있는지 궁금해 했습니다. 헤디는 당신이 그것들을 원래 독일어로 썼을 텐데, 어떤 번역도 당신의 독특한 문체를 제대로 살리지 못하리라 생각하기 때문입니다.

저는 당신과 네 명의 러시아인들이 주고받은 '공개편지'를 지금 막 읽었습니다. 사람들은 이 네 사람이, 사회적이자 경제적인 문제들을 둘러싼 국제적인 분쟁들이 비교적 사소하다는 점을 제외한다면, 국제적인 무정부상태가 끔찍한 파국을 유도할 수밖에 없다는 점에서 당신의 의견이 옳다고 판단한 것인지 궁금해 합니다. 그러나 모르긴 몰라도 그들은 독립적인 의견을 형성할 수 없을 정도로 비러시아적인 모든 것들로부터 완전히 차단되어 되어 있을 겁니다. 저는 이 나라에서의 경험을 통해 헌신적인 공산주의자들이 가진 의식 상태에 매우 친숙합니다. 이 지역 한 의사도 그런 사람 중 하나인데, 그는 매우 유능한 의사이자 무척 친절하며 다른 사람들을 기꺼이 돕고자 하는 인물입니다. 그러나 마르크스주의적인 이상의 현실화를 위해서는 어떠한 희생도 중요한 것이 아니며 심지어 수백만의 인류를 파멸로 몰아넣더라도 이는 별로 중요한 것이 아니라고 거리낌 없이 말하곤 합니다. 그에게 있어서 〈맨체스터 가디언〉을 포함해 우리 신문에 인쇄된 모든 것들은 미국의 선전인 반면, 공산주의자들의 종이 쪼가리인 〈데일리 워커〉는 절대적인 진리를 선언합니다. 그러한 사람들과 논쟁하는 것은 쓸모가 없습니다. 그렇지만 그들은 유감스러울 정도로 많은 점에 있어서 옳습니다. 예를 들어 우리도 말려들 수밖에 없는 미국의 행동은 언제나 반동적이고 부패한 아시아의 정권을 지지하며, 민간인들에 대한 폭격을 일삼고, 경제적으로 후퇴하는 나라들이 요구하고 원하는 것들 중 어떤 것도 해주는 일이 결코 없습니다. 세계는 사람들로 하여금 충분히 절망하도록 만듭니다.

그러나 우리가 질병이 판을 치는 위기를 경험하고 있지만 회복도 곧 뒤따르리라는 희망을 가질 수 있습니다. 처칠이 최근에 했던 훈계조의 연설 중에서 "엄청난 규모의 붉은 군대가 핵폭탄을 가지고 있음에도 불구하고 유럽 전체를 아직 황폐화시키지 못했다는 점은 일종의 기적"이라고 말한 적이 있습니다. 저는 이를 절대 '기적'이 아니라고 생각합니다. 러시아인들도 대규모 전쟁을 원하지 않습니다. 그들의 강화 제의는 다른 뜻이 숨어있는 거짓말이 아닙니다. 저는 이런 신물 나는 사태에 싫증난 유럽인들이 제3의 노선을 걷는다면, 러시아인들도 그리고 미국인들도 더 오랫동안 서로를 괴롭히지는 않으리라 생각합니다. 이곳에서는 어느 누구도 장개석을 위해 싸우려 들지 않습니다. 세계정세에 관해 당신의 의견을 듣고 싶군요.

양자역학에 대한 잘 알려진 우리의 입장 차이에도 불구하고, 당신의 책에 실린 물리학 논문들을 즐겁게 읽었습니다. 저는 당신에게 보내려고 하는 논문에 실려 있는 '불완전한 기술 incomplete description'에 대한 논증과 관련해 제 입장을 정했습니다. 이 논문 안에서 저는 이러한 불완전함은, 예를 들어 상대성 이론의 경우처럼 때때로 필요한 것이라 주장하면서 대담하게 당신의 예를 들었습니다.

헤디와 저는 잉글랜드에서 3주를 보냈습니다. 처음엔 루이스라고 하는 조그만 마을에 있었는데, 거기에서 글라인본 방문을 위해 돈을 지불하고 오페라 피가로의 리허설을 볼 수 있었습니다. 그리고서는 채널 제도에 있는 섬 중 하나인 건지 섬에 갔습니다. 날씨는 따뜻했고 말 그대로 남부의 기후였습니다. 지금은 다시 쌀쌀한 스코틀랜드로 돌아와 있지만, 따뜻한 음악과 드라마의 향연을 즐기고 있습니다. 저희는 이곳에서 글라인본 오페라단이 훌륭하게 재연한 피가로 공연 등 여러 가지 것들을 구경했습니다. 제 아들 구스타프가 스코틀랜드 출신의 가톨릭계 여성과 7월에 결혼했습니다. 종교의 정통성을 내세우고, 재산이 좀 있다고 어깨에 힘이 들어간 사돈과의 문제를 헤디의 기지로 잘 해결했습니다. 10월에는 사위인 모리스 프라이스가 아이 한 명을 제외한 가족 모두를 이끌고 프린스턴에 갑니다. 당신이 그와 제 딸 그 리틀리를 만났으면 좋겠군요.

요새 저는 결정격자의 양자역학적 해석 대해 중국인 동료와 일 년 전부터 쓰기 시작한 책을 마무리 짓는 작업을 하고 있습니다. 지금 다루는 주제는 제 능력을 완전히 뛰어 넘는 것이라, 쿤 후앙Kun Huang이 저희 두 사람의 이름을 내걸고 쓰고 있는 이 책의 일부라도 저는 이해하기를 바라고 있습니다. 그렇지만 이 안에 담긴 거의 모든 아이디어는 제가 젊은 시절 했던 생각에 기원합니다. 뉴스를 통해 블래킷Blackett이 버밍햄에서 열린 영국 과학자 협회 대회에서 반감기[58]가 짧은 몇 개의 새로운 중간자들을 발견했다는 내용을 다시 한 번 발표했다고 들었습니다. 당신에게 헌정된 〈현대 물리학 리뷰〉의 이번 호에 반감기가 짧은 이런 입자들이 가진 질량의 존재 논의를 성립할 수 있게끔 한 제 논문이 실립니다. 세부적인 계산 결과들은 틀릴지도 모르겠지만 원리들 자체는 신뢰할 만합니다.

헤디가 당신과 마고의 안부를 묻습니다. 보내주신 책에 다시 한 번 고맙다는 말씀을 전합니다.

— 막스 보른

이 편지를 보내기 전에 두 가지 논평을 더 드리고 싶습니다. 하나는 당신의 책 중 어떤 단락에 대한 것인데, 그 단락에서 당신은 독일인 전체가 나치라는 극악무도한 범죄에 대해 책임을 져야 한다고 설명하고 있습니다. 저는 좀 거칠게 말하자면 연대 책임이 아니라 개인들이 져야 하는 책임만이 존재한다고 생각합니다. 저는 성품이 바른 독일인들을 충분히 만나보았는데, 아마도 독일인 전체에 비한다면 소수이겠지만 그럼에도 불구하고 그들은 정말 도덕적으로 올바른 사람들입니다. 당신 또한 어느 정도는 전시에 일어났던 일을 바라보는 관점들을 수정하셨으리라 생각합니다.

또 다른 것은 ψ-함수에 대한 당신의 해석에 관한 것입니다. 당신의 해석은 제가 계속해서 생각해 오던 것, 그리고 오늘날 가장 신뢰할만한 물리학자들이 생각하는 내용에 완전히 동의하는 것처럼 보일 여지가 있습니다. ψ가 하나의 단일 체계의 '상태'를 기술한다고 말하는 것은, 마치 사람들이 흔히 "(67세 때) 내 기대 수명은 앞으로 4.3년이야"라고 말하는 것과 같은 단순한 수사에 불과합니다. 또한 이는 하나의 단일 체계에 대한 진술이지만, 경험적으로는 무의미합니다. 물론 이 말이 진정으로 의미하는 바는 67세 나이를 먹은 개인들 전부를 모아놓고 그들이 앞으로 몇 년을 더 살았는가, 그 퍼센트 값을 구하는 것입니다. 이것이 제가 $|\psi|^2$을 해석하는 방법에 대해 생각해오던 것입니다. 하지만 이와는 달리 당신은 다수의 동일한 성질을 가진 개별자들, 즉 통계적 전체를 제안하고 있습니다. 이러한 차이는 제게 본질적인 것이 아니라 단지 언어의 문제로 보입니다. 그렇지 않다면 제가 당신이 말한 바를 오해한 것인가요? 아니면 당신이 훨씬 더 근본적인 어떤 것을 의미하고 있는 것인가요? 만약 저희가 이러한 점에서 동의할 수 있다면, '불완전성'의 문제에 대해서도 서로의 의견에 접근할 수 있는 희망이 있을 수 있다고 봅니다. 그렇지만 시간이 더 많이 필요하겠지요.

— M. B

◆

　이 편지가 쓰인 이후, 1950년에는 기억할 수 없을 정도로 수많은 위기들이 발생했다. 세계정세는 여전히 '절망'과도 같았다. 아마도 공산주의자들과의 소통에 존재했던 어려움은 다소 줄어들었다. 그러나 여전히 나는 예전에도 그랬던 것처럼 러시아인들이 극단적인 도발이 없다면 유럽을 황폐화시키려는 의도를 가지고 있지 않다고 믿고 있다.

　나는 전쟁이 발발하던 때에 결정격자 이론을 양자역학적 기초 위에 체계적으로 세우기 위해, 결정에 대한 책을 쓰기 시작했다. 그러나 이러한 과제가 내게는 무리라는 사실을 깨닫게 되었다. 그래서 나는 원고를 잠시 미뤄두었고, 시간이 흘러 나중에 유능한 중국인 동료들 중 한 명인 쿤 후앙 박사에게 그것을 읽어보라고 건넸는데, 그는 자신이 나를 도와 이 원고를 완성시키고 싶다고 말했다. 공교롭게도 편지에서 말한 것처럼 이 작업의 거의 모든 부담을 진 것은 그였다. 그 원고가 다시 나에게 돌아왔던 것은 작업이 막바지로 향하고 있었던 때였다. 그는 열광적인 공산주의자였는데, 장개석에 대해 모택동이 승리를 거두었다는 뉴스가 전해지자 그는 무슨 일이 있더라도 새로운 중국 건설에 참여하고 싶다고 했으며, 결국 자신의 (영국인) 아내와 함께 중국으로 돌아갔다. 이 과정에서 마지막 장을 그가 완성하지 못한 채 떠나게 되었으며, 그는 나에게 나머지 부분을 꼭 완성시키라고 신신당부를 하면서 원고를 돌려주었다. 그래서 나는 산더미 같은 원고들을 모아 일일이 계산 결과를 검토하고 증명들을 읽어보는 등 혼자서 작업을 했는데, 칠십이나 먹은 늙은이에게는 절대로 쉬운 일이 아니었다. 『결정격자 역학 이론 Dynamical Theory of Crystal Lattices』[42]이라는 제목의 이 책은 세상에 널리 알려져 있으며 따라서 그 목적을 달성하고 있는 셈이다.

반감기가 짧은 입자들이 수없이 존재한다는 소식에 나는 기뻤는데, 왜냐하면 우리의 상반성 이론이 이런 종류의 것들을 예측한 바 있기 때문이었다. 오늘날 이 이론은 또한 그러한 입자들의 분류 작업과 그것들의 속성들을 이해하는데 있어 기여를 하고 있다.

뒤에 쓰인 편지는 우선 일반 대중들의 책임론에 대한 주장을 담고 있다. 이에 대한 아인슈타인의 대답이 다음 편지에 나와 있다. 그리고 양자역학에 대한 해석에 있어서 우리의 의견 차이를 종식시키고자 하는 시도가 뒤따르는데, 나는 이러한 의견 차이가 부정확하고 축약된 표현에 기인한 것이라고 말하고 있다. 그렇지만, 다음 편지에서 명확히 드러나듯이, 나의 그런 주장은 아인슈타인에게 있어서 가장 중요한 본질적인 점을 간과했다.

97_보른에게

1950년 9월 15일

제가 쓴 일련의 글들이 당신에게 폐가 되었다니 유감입니다. 그 글들의 내용은 독창적인 것이라고 할 수는 없습니다. 그 글들은 제가 쓰고 싶었던 것이라기보다는 제게 던져진 질문들에 대답할 수밖에 없기 때문에 썼던 대수롭지 않은 일종의 메모들에 불과합니다.

당신이 언급한 볼셰비키 의사와 같은 사람들은 우리가 속한 사회 질서가 가진 가혹함, 부정의 그리고 모순(현실의 회피)을 반대하는 훌륭한 태도를 견지합니다. 그러나 만약 그가 러시아에서 살게 되었다면, 의심할 여지없이 그는 그곳에서도 반역자가 되었을 겁니다. 오직 그가 당신에게 이에 대해 말하지 않으려 조심스러워 한다면 말입니다. 그럼에도 불구하고 이곳 사람들은 심지어 외교 정책에 있어서도 러시아인들보다 못한 일을 저지르고 있는 것처럼 보입니다. 그리고 바보 같은 일반 대중들은 무엇이든 설득당합니다. 또한 그들은 정말로 매우 근시안적인데, 기술의 우위성은 일시적인 우위적 상황을 확보해 주는 것임에도 불구하고, 만약 사태가 전면적인 갈등 국면으로 돌입하게 된다하더라도 그 국면을 끝낼 수 있는 결정적인 요인은 단지 기술적 수단의 수적 우위라고 생각하기 때문입니다.

제가 양자 이론에서 기술description의 불완전함이라고 부르는 것에 비유할 만한 것은 상대성 이론 내에는 존재하지 않습니다. 간략히 말해 그 이유는 ψ-함수가 개별 체계(그 체계의 [거시적 매개 변수와 같은] '실재'는 우리들 중 누구도 의심하지 않습니다)가 가진 특정 성질들을 기술할 수 없기 때문입니다. 하나의 축을 중심으로 자유롭게 회전할 수 있는 거시적 대상을 생각해보죠. 그 대상의 상태는 각도에 의해 완벽하게 규정되어 있습니다. 초기 조건들(각도와 각 운동량angular momentum)이 양자 이론이 허락하는 만큼 엄밀하게 규정되어 있다고 생각해보죠. 그리고 슈뢰딩거 방정식에 의해 나중에 따르게 될 시간 간격time interval이 ψ-함수에 부여됩니다. 만약 이 간격이 충분히 길다면 모든 각들이 (실제로) 똑같을 것으로 예상할 수 있습니다. 그런데 이때 만약 어떤 관찰이 행해진다면(예를 들어 빛을 비추어), 규정된 각도가 발견됩니다(충분히 정확성을 갖고). 이는 관찰이 행해지기 전에 우리가 각도에 대한 규정된 값을 미리 가지고 있었다는 것을 증명하지는 못합니다. 그러나 우리는 그렇다고 믿고 있습니다. 왜냐하면 우리는 거시 규모 상에서의 실재의 요구 조건들과 관계를 맺고 있습니다. 따라서 이러한 경우 ψ-함수는 실재 사태를 완벽하게 표현하지 못합니다. 이것이 제가 '불완전한 기술'이라고 부르는 이유입니다.

지금까지 제가 말한 것에 대해 당신이 반대하리라 생각하지 않습니다. 그렇지만 당신은 그러한 경우에 대해서는 어떠한 수학적인 관계도 존재하지 않기 때문이라는 이유를 들어 아마도 완벽한 기술은 필요 없다는 입장을 취하리라 봅니다. 제가 그러한 견해를 반박할 수 있다고 말하는 것은 아닙니다. 그렇지만, 제 본능은 관계들에 대한 완벽한 공식화는 실재 상태에 대한 완벽한 기술과 연결되어 있는 것이라고 제게 말하고 있습니다. 비록 현재까지 나타난 성공은 이런 제 생각과는 배치되는 것이지만, 저는 제 생각을 확신하고 있습니다. 저는 또한 현재의 공식화가 예를 들면 열역학과 같은 의미로 볼 때, 즉 사용된 개념들이 적절한 한에 있어서는 참이라고 믿고 있습니다. 당신이나 혹은 다른 누구를 제가 설득할 수 있다고 생각하지는 않습니다. 단지 제가 생각하는 바를 당신에게 이해시키고 싶을 뿐입니다.

당신이 보낸 편지의 마지막 문단을 볼 때, 당신 또한 양자 이론적 기술을 불완전한 것(전체ensemble를 언급하면서)으로 여기는 것으로 보입니다. 그렇지만 당신은 결국, 존재하는 것은 지각된 것이다 esse est percipi라는 실증주의적 금언에 따라 완벽한 기술을 위한 어떠한 (완전한) 법칙도 존재하지 않는다고 확신합니다. 글쎄요. 이는 앎이 아니라 강령에 의해 유도되는 태도입니다. 이 지점이 바로 우리의 태도를 실제로 갈라서게 만드는 지점입니다. 라이프니츠Leibniz가 뉴턴 이론의 절대 공간을 존중했던 것처럼, 제 생각에 있어서도 저는 혼자가 아닙니다. 이렇게 길게 저는 또 다시 제 관심사를 당신에게 설명했습니다. 그러나 이건 제 잘못이 아닙니다. 당신이 저를 이렇게 하도록 자극했으니까요. 당신의 자제분들이 저희의 닭장을 방문한

다니 반가운 소식입니다. 그건 그렇고 저는 독일인들에 대한 제 태도를 지금까지도 바꾸지 않았습니다. 이런 제 태도는 단지 나치 시기에 유래하는 것이 아닙니다. 사람마다 약간의 차이는 있겠지만, 어른의 모습은 태어났을 때의 모습과 크게 다르지 않는 법입니다. 독일인들은 문명국이라고 하는 어떤 다른 나라들에 비해 훨씬 더 위험한 전통을 가지고 있습니다. 그러나 독일인들에 대해 이러한 다른 나라들이 보여주는 행태는 가장 고통스러웠던 경험으로부터조차 무엇인가를 배운 사람들이 얼마나 소수인지를 제게 증명해 줄 뿐입니다.

안부를 전합니다.

— A. E.

◆

이 편지는 아마도 아인슈타인이 갖고 있는 실재reality에 대한 철학을 가장 명확하게 보여주는 것이 아닌가 싶다. 끝에서 두 번째 문단은 특별히 그러한 부분이 두드러진다. 그는 물리적 세계를 기술하는 내 방식을 '불완전'하다고 부르고 있다. 그의 눈에는 이는 제거되어야 하는 결함이며, 반면 나는 그 결함을 감수할 준비가 되어 있다. 사실상 나는 언제나 내 방식을 앞을 향해 나아가기 위한 첫 단계로 간주했다. 왜냐하면 물리 체계의 상태를 정확하게 기술하는 것은 누군가가 이에 대한 무한대의 정밀함을 갖는 진술을 만들 수 있어야 한다는 것을 전제하는데, 내게는 이러한 전제 조건을 요구하는 것 자체가 어리석어 보인다. 나는 시간과 공간 내에 어떤 지점을 절대적으로 위치시키는 것이 불가능하며, 따라서 절대적인 공간 및 시간 측정 개념은 무의미하다고 결론을 내리는 아인슈타인의 상대성 이론에 부합하는 아인슈타인 자신의 사고방식을 따랐다고 생각한다. 이런 생각은 아인슈타인의 거대한 이론적 체계의 기초에 속한다. 그러나 그는 상대성 이론과 양자 이론의 이러한 유비를 인정하고 싶어하지 않았다.

98_아인슈타인에게

1952년 5월 4일

당신도 상상할 수 있듯이, 라덴부르크의 사망에 가슴이 무척 아픕니다. 그는 가장 오랜 친구이자, 운명이 저희를 서로 다른 나라로 향하게 만들었을 때까지 저의 가장 친한 친구였습니다. 언제나 그와 편지를 주고받았는데, 저희가 스코틀랜드로 온 이후로는 런던에서 잠깐 만난 적 밖에 없었습니다. 엘제 라덴부르크Else Ladenburg가 당신이 장례식에서 매우 감동적인 연설을 했다고 편지를 적어 보냈습니다. 장례식에 참석할 수 없었던 것이 가슴 아픕니다. 엘제가 경제적 형편이 넉넉하면 좋겠군요. 만약 제가 도와야 할 부분이 있다면, 구체적으로 어떻게 하면 좋을지 알려주십시오.

며칠 전 크레이머스가 죽었다는 더 슬픈 소식도 받았습니다. 아시다시피 그는 오랫동안 병을 앓아왔는데, 라덴부르크처럼 신체적으로나 정신적으로 강한 사람이 아니었습니다. 매우 친밀하지는 않았지만 저는 그와도 친한 친구 사이였습니다. 제가 그를 마지막으로 본 게 3년 전으로, 피렌체에서 열리던 대회에서였습니다. 당시 그는 몸 상태가 좋지 않았고, 대부분의 시간을 침대에서 보냈습니다. 올 6월에 있을 열역학 대회에서 그와 만나기를 바랐었습니다. 이런 식으로 우리 늙은 친구들은 점점 더 고독해져가고 있습니다. 그래서 저는 아직 살아있는 사람들과의 얼마 남지 않은 연결 고리를 끊어지지 않게 하기 위해 당신에게 이렇게 편지를 쓰고 있습니다. 헤디와 저는 지난겨울을 잘 보냈습니다. 저희가 바바리안 알프스(오베르스트도르프)에서 크리스마스 휴가를 보낸 것은 올해로 두 번째입니다. 태양과 눈 그리고 좋은 음식과 바바리안 맥주가 마치 청춘의 샘처럼 저희에게 효험을 주는 것 같았습니다. 내년 여름에도 다시 그곳을 찾으려 합니다. (조교수로서) 제게 배당된 독일의 연금이 회복되어, 이런 휴가들을 즐길 수 있게 되었습니다. 한편 그곳에 가면 완전히 저희 둘만의 시간을 보내는데, 친한 친구들과 시골 어디에서나 만날 수 있는 여전히 명랑하고 세상에 물들지 않은 메이드, 웨이트리스들, 농부들과 같은 선량한 사람들만 보게 됩니다.

저는 2권의 책을 마무리하는 작업을 하고 있습니다. 하나는 결정체 이론에 관해 제 중국인 동료였던 쿤 후앙과 함께 쓴 것이고, 다른 하나는 광학에 관해 체코의 볼프E. Wolf 박사와 함께 쓴 것입니다. 한 편 미국의 '외국인 자산 관리국'이 새로운 판(부피도 늘어나고 내용도 최신의 내용으로 채워지게 될)에 대해 저작권을 신청하라고 연락을 해왔는데, 제가 광학에 대해 썼던 그 독일어 책이 미국에서 과거 무단으로 인쇄됐었고, 저는 이에 대해 한 푼의 보상도 받지 못했습니다. 그러나 영국 정부가 제 소송을 받아들였고, 당신도 기억할지 모르겠습니다만, 제 책의 발행자인 로스바우드Rosbaud 박사가 자신들의 도움을 얻어 이에 싸울 것을 바라고 있습니다.

프로인틀리히가 어제 이곳에 와서, 저희에게 태양에 의한 빛의 굴절 상태에 대해 매우 명쾌한 강의를 해주었습니다. 강의는 마치 당신의 공식이 완전히 틀렸다고 말하는 것처럼 보입니다. 적색 이동의 경우는 더욱 가관이더군요. 태양 표면의 중심에 대해서는 이론적으로 유추된 값보다 훨씬 작았고, 가장자리에서는 훨씬 크더군요. 여기서 뭐가 문제일 수가 있을까요? 이것이 비선형성에 대한 하나의 단초가 될 수 있을까요? (빛에 의한 빛의 산란?) 이 문제에 대해 해놓으신 것이 없으십니까? 슈뢰딩거가 이러한 생각을 열심히 따라가고 있습니다. 저는 포기했습니다.

헤디가 당신과 마고에게 안부를 전해달라는군요.

옛 우정을 추억하며

— 막스 보른

◆

두 명의 사랑하는 친구들의 죽음에 탄식했던 그 때 이후 13년 이상이 흘렀다. 그 사이 아인슈타인을 포함해 더 많은 친구들이 세상을 떠났다. 이런 면에서 그와 나누었던 편지들을 가지고 이렇게 책을 쓰는 작업은 점점 커지는 고독감과 맞서 싸우는 나에게 힘을 주고 있다.

광학에 대한 새로운 책은 에든버러 대학의 학장인 에드워드 애플턴 Edward Appleton 교수로부터의 자극을 받아 쓴 것으로, 애플턴 교수 자신도 전파 빔의 도움으로 대기의 상층을 연구하여 큰 명성을 얻은 물리학자이다. 그는 이 연구로 노벨상을 수상했다. 그는 내가 광학에 대해 1933년에 쓴 책이 미국에서 사진제판법으로 인쇄되고 있으며, 그 책은 예를 들면 지구 표면을 따라 퍼지는 레이더 파동과 같은 전쟁 무기에 있어서 중요한 역할을 하는 자료를 담고 있기 때문에 전쟁 기간 동안 광범위하게 팔렸다고 말해주었다. 나는 이 책을 영어로 번역하라는 그의 제안을 받아들일 수 없었다. 왜냐하면 내가 보기에 이 책은 시기적으로 낡은 내용을 많이 담고 있었기 때문이었다.

그래서 그 옛 책을 기초로 해서 나는 영어로 완전히 새로운 책을 쓰기로 결정했고, 현재는 미국 뉴욕 로체스터 대학의 교수로 재직하고 있는 훌륭한 동료인 E. 볼프를 공동 집필가로 선택했다.『광학의 원리Principles of Optics』[43]라는 제목으로 출간된 이 책은 매우 성공적이었다. 초판 8천부가 1년 내에 다 팔려나갔고, 현재는 3판이 준비 중이다. 워싱턴의 외국인 자산 관리국과 벌였던 협상은 이후 몇 년을 더 끌어야 했다. 어쨌든 나는 전쟁 발발 초기에 영국 시민이 되었고, 따라서 나만이 저작권을 소유했다. 따라서 책의 몰수는 정당하지 않은 처사였다. 그러나 내가 응당한 조치와 보상금을 받은 것은 수년이 더 흘러서였다.

천문학자인 프로인틀리히는 처음부터 천문 관측소의 도움으로 아인슈타인의 중력 이론의 증거를 발견하려고 했다. 그는 우선 포츠담에 있는 아인슈타인 타워[59]에서 연구를 시작했으며, 1933년 강제 이주 이후 나중에는 에든버러에서 그리 멀지 않은 곳에 위치한 작은 대학 세인트 앤드류스에서 연구했다. 당시(1952년)는 태양에 의해 빛이 굴절된다는 것과 스펙트럼 선의 적색 이동에 대한 이론의 예측들이 옳았다고 여겨지지 않을 때였다. 그러나 최근 이뤄진 관측들은 이러한 난관들을 모두 제거했다. 여기서 이 난관들을 자세하게 설명하는 것은 무리이다. 내가 쓴 책,『아인슈타인의 상대성 이론 Die Relativitätstheorie Einsteins』[10]의 최신판에서 이에 대해 간략하게 정리된 내용을 찾아볼 수 있다.

99_보른에게

1952년 5월 12일

우선 부인께서 보내주신 시들에 대한 경탄을 먼저 표하고자 합니다. 이번에 보내주신 거의 모든 작품들은 제가 읽어본 가장 아름다운 시들 중에 포함됩니다. 경의를 표합니다! 보른 당신이 옳습니다. 저는 마치 제 자신이 우연히 뒤에 남겨진 한 마리의 이크티오사우루스[60]처럼 느껴집니다. 신에게 고마워해야 하는지, 우리가 사랑하는 친구들의 대다수는 세상을 떠난 반면, 상대적으로 덜 사랑하는 이들 대다수는 아직 이 세상에 남아 있습니다. 라덴부르크의 죽음은 너무나 갑작스러웠습니다. 사인은 내장 바이러스 감염이었습니다. 그는 모든 것을 가벼이 여기지 않는 훌륭한 사람이었습니다. 지난 몇 년 동안 그는 신문을 읽는 것조차 피했습니다. 위선과 허위를 더 이상은 참을 수 없었기 때문이지요. 당신이 있는 그쪽의 상황은 대체로 덜 오염되고 덜 소란스러운 것 같습니다.

독일인들이 당신에게 연금을 주어 그 돈으로 소시지와 맥주를 바꿔 먹을 수 있게 해주었다니 무척 기쁜 일입니다. 교활한 출판업자에게도 승리를 거두었다니 그것도 기분 좋은 일입니다. 신이 누구도 생각할 수 없는 완전히 다른 방법을 선택하지 않는다면, 현재 중력의 일반화 작업은 설득력이 높으며 형식적으로도 명확합니다. 그러나 유감스럽게도 이 이론을 증명하는 일은 저에게는 너무 어려운 일입니다. 그건 그렇고 인간이란 참으로 가련한 동물입니다. 프로인틀리히의 주장은 제게 호소하는 바가 눈곱만큼도 없습니다. 비록 빛의 굴절이나 근일점 운동 perihelial movement 그리고 선 이동 line shift이 아직 알려지지 않았다고 해도, 중력 방정식들은 그것들이 관성계(모든 것에 영향을 주지만 자신은 영향 받지 않는 유령)를 벗어나 있다는 점에서 여전히 설득력이 있습니다. 측정의 정확성에 대해서는 언제나 과도하게 평가하고 싶어 하면서도 가장 강력한 논증들에는 보통 귀를 막고 있다는 점은 무척이나 이상한 일입니다.

(25년전 드 브로이가 그랬던 것처럼)봄Bohm이 자신은 양자 이론을 결정론적 용어로 해석할 수 있다는 소식을 들었나요? 그의 방식은 제게는 너무 유치하게 보입니다. 물론 당신이 저보다는 그것을 더 잘 평가하실 수 있겠지만요.

두 분께 안부를 전합니다.

— A. 아인슈타인

◆

상대성 이론을 천문학적으로 확증하는 것에 프로인틀리히가 의심을 하고 있다는 나의 말에 아인슈타인은 매우 냉담하게 반응했다. 그는 자신의 중력 이론이 갖고 있는 논리적 기초들은 흔들리지 않는다고 여겼다. 최근의 관찰들은 그가 옳았음을 증명했다.

그가 양자역학과의 유비를 거부한다는 것은 이해하기 어렵다. 그는 '관성계'라는 용어에 모든 것에 영향을 주지만 어떤 것에 의해서도 영향 받지 않는 '유령'이라는 말을 붙여 이를 비난하고 있다. 이는 분명 그것이 애드 혹 수정 $ad\ hoc$[61]을 만들어내며 그 자체로 검증할 수 없는 하나의 가설이라는 것을 의미한다. 그러나 원자 세계의 과정들은 일상 세계의 기준에 비추어 봐도 확실하고 실재하는, 그리고 결정론적 법칙을 따르고 있는, 시간과 공간에 고정될 수 있는 사물들에 의해 기술될 수 있다는 점을 인정하지 않는다. 데이비드 봄David Bohm에 대해 그가 한 말은, 비록 이 이론이 아인슈타인 자신의 생각과 일치하지만, 양자역학적 공식들을 단순한, 결정론적 방식으로 해석함은 그에게 "너무 유치하게"보였다는 의미이다. 오늘날 봄의 이러한 시도나 브로이가 했던 유사한 시도들에 대해 말하는 사람은 거의 없다.

100_ 사랑하는 친구 알베르트 아인슈타인에게
1952년 5월 29일

제 시를 좋게 평가해주신 것에 대해 고마움을 전합니다. 그 시들을 쓴 유일한 의미와 목적은 누군가에게 조그만 기쁨을 주는 것입니다. 당신과 마고를 다시 볼 수 있다면 무척 행복하겠지만, 만약 저희와 같은 늙은 사람들이 어디론가 여행을 한다고 하면, 그것은 자식들이나 8명의 손자 손녀들, 혹은 산이나 초원 혹은 숲을 찾는 중 하나일 테니, 그러한 소원이 결코 이루어지지 않을 것을 생각하면 애석할 따름입니다. 독일에서 저희는 거의 대부분의 시간을 단 둘이서 보내고 있지만, 가끔 자식들을 집으로 초대하곤 합니다. 저는 독일의 퀘이커 신도들과도 자주 왕래하고 있습니다. 거의 90세가 되신 두 분의 숙모와 두 명의 사촌, 그리고 제 오빠와 그의 가족들이 여전히 베를린에 계십니다. 현재 독일에는 현재 500명의 퀘이커 신도들이 살고 있습니다. 작년 7월에 저는 바트 피르몬트에서 열린 그들의 연례 모임에 참가했는데, 무척이나 아름다운 경험이었습니다. 올해는 막스가 '휴가 행락'이 아니라 그들의 모임 중 몇 개의 회기에 참가해도 좋다는 '허가'를 얻는다면 함께

가 볼 생각입니다. 독일의 퀘이커 신자들은 여전히 서로를 '너'라고 부른답니다. 영국이나 미국의 퀘이커 교도들은 이미 '너'라고 부르는 것을 그만두었지만요.

독일은 현재도 그렇지만 앞으로도 여전히 걱정거리입니다. 하지만 적어도 저는 '책임감'을 느끼지 않을 정도로 완전히 관심을 끊지는 않을 겁니다. 어떤 식으로든 모든 사람들이 이 모든 것에 책임을 확실히 공유하고 있으니까요. 모든 사람이 이러한 사실을 훨씬 많이 인지하기 전까지는 진정한 '세계 시민'은 존재할 수 없습니다. 독일의 퀘이커 신도들은 이 사실을 충분히 깨닫고 있습니다. 물론 대개 도덕적으로 올바른 독일인들은 독일의 범죄에 대해 매우 심도 있게 의식하고 있습니다. 다수의 집단과 유사한 부류의 사람들이 내부로부터의 재건 사업에 종사하고 있습니다. 외부에서 보았을 때 이러한 활동은 언제나 소란스럽고 난폭한 것이어서 사람들의 주목을 끕니다만. 물론 사람들은 여러 본질적인 점들에 있어서 이미 성숙했다고 할 수 있지만, 자신의 뿌리를 새로운 토양에 내리면서 사람들은 그만큼 더욱 더 책임감을 느끼고 있습니다. 너무 늙어버려 뭔가를 위해 충분한 힘을 발휘하지 못하고 적당한 선에서 그만둬야 한다는 사실이 슬픔으로 다가옵니다.

그건 그렇고 지금 막스가 매우 재미있는 책의 일부를 큰 소리로 저에게 읽어주고 있답니다. 아그네스 잔-하르나크Agnes Zahn-Harnak라는 딸이 아버지 아돌프 폰 하르나크Adolf v. Harnack[62]에 대해 쓴 전기입니다. 알고 계신가요? 하르나크는 의심의 여지없이 훌륭하고 정력적이며 올곧은 사람입니다.

당신과 마고가 건강하시기를 빕니다. 여기저기 아프지만 않다면, 늙었다는 것 자체는 그리 나쁜 것은 아닐 텐데 말이죠. 이크티오사우루스가 되지 않기 위해 당신이 갖고 있는 해결책은 무엇인가요? 저에게 그 해답은 결국 지나간 인생으로부터 경험한 것들을 되돌아 볼 수 있는 작지만 매우 활동적인 괴물들이었습니다.

어쨌든 저희 두 늙은이들은 우리가 다시는 만날 수 없는 운명이라 하더라도, 변함없는 충실함으로 당신과 마고를 생각할 겁니다.

— 곁에 남아 있는 늙은 헤디

101_아인슈타인에게

1952년 10월 28일

며칠 전 저는 칼 제리크Carl Seelig 박사가 당신과 스위스에 관해 쓴 책을 받았습니다. 감기 때문에 침대에 누워있던 차라 그것을 다 읽어버렸는데, 무척 마음에 들더군요. 제리크 박사가 예전에 이 책을 쓰는데 도움을 주지 않겠느냐고 제게 물어왔던 적이 있었는데, 그 때 그는 당신이 제게 보낸 편지에서 특징적인 몇 구절을 인용하는데 당신이 동의했다고 저를 안심시켰고, 이게 이제 책으로 나왔습니다. 이것이 당신에게도 좋은 일이기를 바랍니다. 그건 그렇고 저는 그에게 몇 가지 정확하지 않은 부분에 주의하라는 편지를 보냈습니다(예를 들면 그는 제가 이룩한 업적이 아닌 것을 제게 돌리고 있으며, 제 이름이 들어가야 할 곳에 베르트하이머 파울Wertheimer Paul의 이름이 기록되어 있는 등). 이 책은 저를 옛 시절로 돌아가게 하고 당신을 다시 만나고 싶게 합니다. 이번 여름에 괴팅겐에서 쿠랑을 만났습니다. 그는 뉴욕으로 저를 초대하고 싶어 하지만 안타깝게도 가능할 것 같지 않네요. 저는 철의 장막 저 건너편인 브레슬라우에서 태어났기 때문에, 현재 '매카시 조례 McCarthy Act'가 발동된 미국에 입국할 수 없습니다.

현재의 정치 상황, 특별히 미국의 상황에 대해 당신이 어떤 의견을 갖고 있는지 듣고 싶습니다. 이곳에서 볼 때 영국의 정치를 포함해(케냐의 마우 마우 폭동[63]) 그곳도 매우 끔찍합니다. 그리고 맞은편도 상황은 마찬가지 입니다. 프라하에서 있었던 신뢰할 만한 공산주의자들에 대한 재판은 매우 강력한 반유태주의적 뉘앙스를 풍기고 있습니다. 저는 현재 격렬하게 반미를 외치고 있는 중국의 선전 세례를 받고 있습니다. 제 지각 있는 중국인 동료들과 훌륭한 친구들이 보내온 편지들로 볼 때, 중국으로 돌아간 이후 그들은 정치적으로 완전히 미친 것처럼 보입니다. 이 얼마나 아름답고 앞날이 밝은 세상입니까! 제게는 8명의 손자가 있기 때문에 이러한 상황은 제게 큰 문제가 아닐 수 없습니다. 이것이 당신에게는 무관심의 문제일지는 몰라도, 당신의 친절한 마음씨는 그러지 말라고 당신에게 말할 겁니다

다음 주에 런던 대학교에서 일련의 강의를 하기로 되어 있습니다. 슈뢰딩거도 강의가 있는 그 주에 열릴 공개 토론에 참석하기로 되어 있었습니다. 그는 당신처럼 양자역학에 대한 통계적인 생각을 싫어하고, 자신의 파동 역학이 결정론적 최종 해결을 제시하리라고 믿고 있습니다. 하지만 문제는 그렇게 간단하지는 않습니다. 게다가 저는 이러한 논란이 일어나도록 그를 심하게 몰아붙인 것이 아닌지 후회를 하고 있습니다. 게다가 그는 맹장이 터져 대수술을 받아야 했는데, 상태가 매우 위독했었습니다. 이 때문에 그는 현재 런던으로 올 만큼 기력이 충분하지 않습니다. 그래서 슈뢰딩거가 참여하는 공개 토론회 대신에 몇몇 철학자들이 참여하는 토론회가 열리게 되는데, 다소 시시한 모임이 될 것 같습니다. 그 후에는 자식들하고 손자, 손녀들과 함

께 케임브리지에서 70번째 제 생일을 축하하는 파티에 참석할 예정입니다.

헤디와 저는 다시 오베르스트도르프에서 휴가를 보낼 생각입니다. 이곳 영국에서는 과거 궁핍한 나날들을 보냈는데, 지금 독일에서의 제 삶은 매우 즐겁습니다(돈이 좀 있는 사람들에게 그렇습니다. 저도 연금을 받고 있지요). 사람들 또한 친절하고 선하며 착합니다. 그들 대부분은 히틀러 시절 심한 고통을 당한 사람들입니다. 9개월 후에는 대학에서 은퇴를 하는데, 이후에는 금전과 관계된 이유로 6개월은 독일에서 지내고 6개월은 이곳에서 지낼 생각입니다. 그 전에 저는 2권의 책을 마무리 짓고 싶은데, (중국인 동료들과 함께 쓴) 결정체를 다룬 그 중 한 권은 옥스포드 대학 출판부로 조금 전에 보냈습니다. 광학에 대해 쓴 또 다른 책은 1년 후에나 준비될 것 같습니다. 이런 일들에 그렇게 많은 수고를 들이는 게 어리석을지도 모르겠습니다. 그렇지만 제가 너무 늙고 너무 멍청하다는 게 더 큰 문제입니다. 그건 그렇고 비-선형 전기역학이라는 제 옛 아이디어를 가지고, 필요한 부분을 변형시켜 *mutatis mutansis* 중간자장meson fields에 적용시켰다는 소식은 저를 유쾌하게 합니다.

당신이 무엇을 하시는지, 그리고 어떻게 지내시는지 알려주십시오.

헤디와 함께 안부를 전합니다.

— 당신의 막스 보른

◆

실제로 런던에서 철학자들과 함께 하는 토론회가 벌어졌는데, 슈뢰딩거가 빠짐으로 해서, 내가 예상했던 대로 싱겁게 끝났다. 토론된 내용들은 「양자의 도약은 존재하는가?Are there Quantum Jumps」[44]라는 제목으로 E. 슈뢰딩거의 논문으로 출간되었으며, 「양자역학에 대한 해석The Interpretation of Quantum mechanics」[45]이라는 나의 논문으로도 출간되었다.

슈뢰딩거 또한 과장을 하지 않더라도 아인슈타인만큼이나 양자역학에 대한 태도에 있어서 완고했다. 사실상, 그는 통계적 해석을 거부했을 뿐만 아니라 자신의 파동 역학이 고전적 사유 방식으로의 회기라고 주장하기도 했다. 그는 자신의 논의에 대한 반론을 전혀 받아들이지 않았는데, 심지어 n입자에 대한 기술이 필요한 것과 같은 3n-차원 공간에서의 파동이 고전적 개념이 아니며 시각화될 수 없다는 가장 강력한 반론조차 받아들이지 않았다.

하이젠베르크의 비-선형이론은 중간자 장meson fields 뿐만 아니라 모든 소립자에 적용하기 위한 것이었다. 오늘날 이 이론은 큰 관심을 끌고 있다.

102_ 아인슈타인에게

1953년 9월 26일
84 Grange Loan
Edinburgh

당신에게 편지를 써야겠다는 생각을 자주 하지만, 당신이 답장 쓰는 것을 성가셔 할지도 모른다는 우려가 그런 생각을 억누르곤 합니다. 그렇지만 오늘 저는 당신께 편지를 쓸 충분한 이유를 갖고 있습니다. 이곳에서 명예교수로 지내고 있으며, 좋은 저의 친구인 늙은 수학자, 휘태커Whittaker가 자신의 옛 책인『에테르 이론의 역사History of the Theory of the Ether』의 새로운 판을 완성했습니다. 이 책의 2권은 이미 출판되었지요.

다른 무엇보다도 이 책은 상대성 이론의 역사를 담고 있는데, 상대성 이론의 발견에 있어서 당신을 상대적으로 덜 중요한 인물로 취급하는 반면, 로렌츠와 포엥카레에게 그 공로를 돌리는 점이 독특합니다. 비록 이 책이 에든버러에서 나왔지만, 제가 그 배후에 있을지도 모른다고 당신이 의심하리라고는 생각하지 않습니다. 실제로 저는 그가 이미 오랫동안 마음속에 품고 말하고 싶어 했던 자신의 계획을 행하지 못하도록 지난 3년간 제가 할 수 있는 모든 것을 다 했습니다. 저는 특별히 포엥카레가 쓴 다소 엉뚱한 논문들을 포함해 과거에 발표되었던 논문들 중 독창적인 논문들을 다시 읽어보고, 그것들을 독일어에서 영어로 번역하여 휘태커에게 넘겨주었습니다(예를 들면, 백과사전을 위해 파울리가 쓴 논문의 여러 페이지들을 과거 제 연구소의 강사였던 쉴랍Shilapp 박사의 도움을 빌어, 휘태커가 자신의 의견을 형성하는데 용이하도록 영어로 번역했습니다). 그러나 이 모든 노력은 허사였습니다. 그는 포엥카레가 중요한 모든 것들을 이미 다 말했으며, 로렌츠가 아주 평이하게 물리적인 해석을 가했다고 주장했습니다. 공교롭게도 저는 로렌츠가 상대성 이론에 매우 회의적이었으며, 그가 상대성 이론가가 되기까지는 많은 시간이 걸려야 했다는 사실을 잘 알고 있습니다. 저는 휘태커에게 이 모든 사실을 말해주었습니다만, 그의 생각을 바꾸게 하지는 못했습니다.

이러한 상황이 저를 괴롭히고 있는데, 왜냐하면 영어권 나라들에서 그는 대단한 권위자로 여기고 있기 때문에, 많은 사람들이 그의 말을 믿게 될 겁니다. 그가 이 모든 개인적 정보를 양자역학에 대한 자신의 설명에 이용하고, 양자역학에서 차지하고 있는 제 역할을 칭송하고 있다는 점이 특별히 저를 불쾌하게 만듭니다. 당신은 그렇게 생각하시지는 않겠지만, 이 책이 나오는 데 있어서 제가 꼴사나운 역할을 했을 것이라고 많은 사람들이 생각할 겁니다. 그건 그렇고 당신과 제가 결정론 문제에 있어서 의견을 달리한다는 사실은 모두가 알고 있습니다. 게다가 저는 항성의 적색이동에 대한 프로인틀리히의 생각을 이론적으로 해석한 논문을 썼고, 이 논문은 곧 발표됩니다. 그의 이론이 옳다면 상대성 이론의 해석에는 어려움이 따릅니다. 그렇기 때문에 당신을 향한 제 느낌은 뭐랄까 당신의 감정을 상하게 하지 않으면서도 버릇없이 뒤통수를 건드리며 도망치는 당돌한 소년의 그것입니다. 그러나 이것이 다른 사람에게 해가 되지 않는다고 말할 수는 없습니다. 어쨌든 저는 이런 것들을 당신에게 말씀드려 제가 느끼고 있는 마음의 부담을 털어낼 수밖에 없었습니다.

헤디와 저는 방금 막 독일에서 돌아왔습니다. 저희는 괴팅겐에서 벌어진 천년제 행사에 참석했는데, 이 자리에서 놀Nohl, 프랑크, 쿠랑 그리고 저는 괴팅겐 시로부터 명예 시민권을 받았습니다. 기념식은 화기애애했습니다. 프랑크와 쿠랑이 이 일에 대해 당신에게 자세히 말씀드릴 수 있을 겁니다. 이후에 저희는 아예 정주하여 여생을 보내게 될지도 모르는 바트 피르몬트를 방문했습니다. 저희는 여기서 그 때를 대비할 조그만 집을 짓고 있습니다. 저는 이제 곧 은퇴합니다. 독일에서의 삶은 역시 매우 즐겁습니다. 사람들이 완전히 충격을 받아 어쩔 줄을 모르고 있지만, 어쨌든 친절하고 선량하며 착한 사람들이 많이 살고 있습니다. 이곳이 아닌 독일에서 연금을 받기 때문에 더 이상 선택의 여지가 없습니다.

옛 우정을 생각하며

— 막스 보른

103_보른에게

1953년 10월 12일

당신 친구의 책 문제를 걱정하느라 잠을 못 이루거나 하지는 마십시오. 사람들은 자신이 옳다고 여기는 것을 행하며, 결정적으로 말해서 자신이 해야 하는 바를 하는 법입니다. 만약 그가 다른 사람들을 설득할 수 있다하더라도, 그것은 그들의 문제일 뿐입니다. 제 자신은 제가 했던 연구들에 대해 확실히 만족하고 있지만, 마치 몇몇 늙은 구두쇠가 힘들게 긁어모은 푼돈을 지키려는 것처럼 제 연구의 결과를 제 자신의 '소유물'로 지키는 것에 그렇게 민감하지는 않습니다. 저는 당신은 물론 그 사람을 나쁘다고 생각하지 않습니다. 그 책을 읽을 필요도 없구요.

당신이 우리 동족을 집단적으로 학살한 사람들의 땅으로 돌아가는 것에 대해 누군가가 책임을 질 수 있다면, 그것은 확실히 극도의 궁핍한 생활로 유명한, 당신이 귀화한 제2의 조국입니다. 그렇지만, 동시에 우리는 집단적 양심이란 언제나 가장 필요할 때 가장 쉽게 없어지는 보잘것없는 작은 속임수라는 사실을 잘 알고 있습니다.

당신에게 바쳐지는 헌정 논문집을 위해 물리학을 위한 짧은 동요를 써봤습니다. 이 때문에 이미 봄과 드 브로이가 펄쩍 뒤집어졌답니다. 이 동요는 슈뢰딩거 또한 최근 회피하려고 했던 양자역학에 대한 당신의 통계적 해석의 불가결성을 증명하고자 한 것입니다. 아마 당신에게 조그만 재미를 선사할 것 같습니다. 결국 우리가 터뜨려버린 비눗방울에 책임을 져야 하는 사람도 바로 우리여야 한다는 사실은 하나의 운명처럼 보입니다. 이는 양자 이론가들과 무신론자들이 섬기는 교회의 신도들 사이에 팽배한 저에 대한 쓰디 쓴 원한을 유도한 '주사위 놀이를 하지 않는 신'께서 만들어 내신 운명이라고 말해도 무방하겠군요.

당신과 부인께 안부를 전합니다.

― A. 아인슈타인

◆

휘태커가 상대성 이론을 설명하는 내용에 대해 불평하는 나에게 해준 아인슈타인의 말은 자신의 명성과 명예에 그가 얼마나 개의치 않았는지를 보여준다.

이어서 '집단적으로 학살한 사람들의 땅'이라는 가혹한 표현이 뒤따른다. 이것이 그의 생각이었으며, 이후에도 그는 독일에 대한 이러한 생각을 바꾸지 않았다. 그는 내가 왜 독일로 돌아갔는지 그 이유를 결코 이해할 수 없었으며, 긍정적으로 생각하지도 않았다.

따라서 이에 대해 설명하는 것이 적절할 것 같다. 전쟁 기간과 이후 얼마의 기간 동안, 특히 부켄발트와 발센에서 행해진 아우슈비츠의 잔학행위가 드러났을 때, 우리는 모두 같은 의견을 가지고 있었다. 그러나 내가 독일에 있는 내 친척들 및 친구들과의 관계를 다시 회복하기 시작하면서, 문제가 다르게 보이기 시작했다. 그들 대다수는 혹독한 경험을 했으며 고통을 당했다. 내 아내는 영국에서 가능한 한 독일의 물자 부족 현상을 도우려 했다.

에든버러에서의 교수직은 1953년 끝났다. 노년을 적절하게 준비할 수 없었다는 사실은 아인슈타인이 생각하는 것처럼 '스코틀랜드의 궁핍한 생활' 때문이 아니었다. 스코틀랜드는 물론 잉글랜드 전역에 걸쳐 교수에게 지급되는 연금은 없었다. 얼마나 오랫동안 보험료를 납부했는가에 따라 보험금을 받을 수 있는 분담형 보험제도만이 존재했는데, 내 경우는 그 기간이 너무 짧았다. 아마 내가 받게 될 보험금은 미숙련 노동자들의 수입보다 적었을 것이다. 우리의 결정에 영향을 준 다른 요인은 그곳에서 자란 사람이 아니라면 견디기 어려운 스코틀랜드의 모진 기후였다. 그 시기(1947년) 나는 자신의 고향인 비엔나로부터 부름을 받아 돌아가게 된 슈뢰딩거의 후임으로 더블린의 고등과학원을 담당하는 자리를 제안 받았다. 나는 지루했던 협상 끝에 그 제안을 거부했는데, 내 체력이 그런 새로운 일을 맡을 만큼 좋지 않다고 확신했기 때문이었다. 또한 5년 후면 다시 은퇴를 해야 할 나이가 되고 동일한 문제에 또다시 봉착할 것이기 때문이었다. 이런 와중에, 나는 넉넉한 월급을 받는 괴팅겐의 명예교수로 복권되었다. 다른 나라들에서 이런 제도가 생기기까지는 매우 오랜 시간이 흘렀다.

내 아내가 우선 독일을 먼저 방문하기로 했다. 아내는 우리가 경험했던 영국 민주주의에 대해 괴팅겐에서 강연을 해달라는 철학자 헤르만 놀 Hermann Nohl의 초청을 받았다. 그러나 런던의 외무부로부터 도움을 받았던 아내는 더 이상 여행을 할 수 없었는데, 런던의 킹스 크로스 역에서 가지고 있던 짐 모두를 도둑맞았기 때문이었다.

1948년 나는 독일 물리학 협회로부터 막스 플랑크 메달을 수상했다. 이 협회는 막스 폰 라우에와 내가 주축이 되어 설립한 것으로, 우리가 독일을 떠나기 직전에 설립된 것이었다. 1년에 한 번씩 열리는 협회의 총회는 1948년 9월에 클라우스탈-젤러펠트에서 열렸다. 우리는 이 총회에 참석했고 우호적인 대접을 받았지만, 당시 우리는 여전히 세계의 권력을 장악한 영국의 후원을 받는 방문객으로 취급되었다.

하르츠 산맥과 파괴되지 않은 고슬라와 같은 조그만 마을들에서 우리는 깊은 인상과 감동을 받았다. 몇 년 후 우리는 알개우 지방의 오베르스트도르프에서 여름휴가를 보냈다.

1953년 괴팅겐 시가 천년제 행사를 벌였다. 프랑크와 쿠랑 그리고 나는 이 행사에서 명예 시민권을 받기로 한 사람들에 포함되었다. 프랑크는 처음에 거부하려 했지만, 긴 서신 교환 후에 우리는 이 화해의 제스처를 받아들이기로 결정했다. 식은 엄숙하면서도 친근한 분위기 속에서 열렸기 때문에 회의적이었던 프랑크마저 더 이상 불평을 하지 않았다. 그는 이후에도 계속해서 자주 괴팅겐을 방문했는데, 그가 사망한 날도 이 방문 기간 중 어느 날이었다(1964년).

이런 경험을 통해 우리는 독일에 정착하기로 결정했다. 정착지로 바트 피르몬트를 선택했는데 있어서, 우리는 수목이 우거진 언덕들로 둘러싸인 그곳의 아름다운 환경, 온천지로서 매우 한적하며 잘 가꿔졌다는 사실, 괴팅겐과 가까운 점 그리고 가장 중요한 것으로 독일 프렌드 교회의 본부인 퀘이커 하우스와 매우 가깝다는 점을 고려했다. 아내는 에든버러에서 이 모임에 가입했으며, 나는 그녀의 의견을 충분히 존중했다. 퀘이커 교도들의 신조는 수세기에 걸쳐 유지된 가장 엄격한 평화주의 중 하나였으며 이러한 점 때문에 그들은 나치 치하에서 크게 고통을 당했다. 우리는 집 안에서는 책과 음악, 집 밖에서는 정원과 온천공원을 즐기고, 숲 속에서는 한적한 삶을 살고자 했다. 그러나 상황은 다르게 전개되었는데, 왜냐하면 우리가 우리의 새 집으로 이사 온 그 해(1954년)에 노벨상을 받았기 때문이다. 그래서 내 이름이 독일 전역에 알려졌으며, 사람들은 내 얘기에 귀를 기울이게 되었다. 이는 남은 내 여생에 새로운 과제를 부여했다.

대다수의 독일 동료들은 나와 함께 핵폭탄으로 인한 인류의 미래를 걱정했다. 이들 중 핵분열의 발견자인 오토 한, 막스 폰 라우에, 폰 바이츠재커C. F. von Weizsäker와 발터 게를라흐가 대표적인 인물들이었다. 그들은 독일 연방 공화국의 핵 재무장에 반대하는 유명한 '괴팅겐 18인 선언'을 공표했다. 내 이름도 이 문서에 올려졌으며, 이 선언을 만드는데 참여하지는 않았지만 나는 이러한 성취를 거둠에 있어서 약간의 역할을 했다. 나는 핵전쟁과 다른 기술 발전의 위험 그리고 전쟁과 군국주의에 대항한 싸움을 지속적으로 알려나가는 것이 내 의무라고 여겼다. 나는 강의, 라디오 대담, 텔레비전 토론 및 서적을 통해 이러한 내 의무를 수행하고자 했다. 영국에서는 이런 활동에 의미가 없었을 것이다. 영국인들은 이미 정치적으로 성숙해 있으며, 이주자로부터의 어떠한 조언도 필요하지 않았다. 그러나 독일인들은 두 번의 패배한 전쟁과 범죄 정부의 악행에 의해 자신들의 민족적 전통이 완전히 파괴당했다. 이곳 독일에서는 한 인간이 가진 영향력을 펼칠 수 있는 기회가 존재했다. 나는 이러한 작업을 내가 하지 않으면 안 될 일종의 의무로 간주했고, 동시에 이는 나에게 즐거움을 가져다주었다. 그렇지만 오늘날(1965년 말) 나의 이러한 활동이 성공을 거두있는지는 매우 의심스러워 보인다. 가르치기 어려운 사람들의 힘이 또 다시 우세해지고 있기 때문이다.

헌정 논문집 얘기는 다음과 같다. 에든버러에서 은퇴하는 날 대학 당국이 조촐한 축하연을 준비해 주었는데, 여기서 『에든버러 대학의 자연 철학과 테이트 체어 직에서 퇴임하는 막스 보른에게 바치는 과학 논문들Scientific Papers, presented to Max Born on the retirement from the Tait Chair of Natural Philosophy in the University of Edinburgh』이라는 기념 논문집이 나에게 전달되었다. 이 논문집에는 동료들과 과거 내가 가르쳤던 학생들이 쓴 논문들을 담고 있다. 그렇지만, 이들 중에는 양자역학에 대한 나의 통계적 해석의 지지자들은 물론 공개적으로 나의 해석에 반대한다는 4명의 사람들도 포함되어 있었다. 비록 이 논문집에서는 다른 주제를 다루고 있지만, 이들 중 선봉은 슈뢰딩거였다. 우리의 의견 차이에 대해서는 이미 〈과학철학을 위한 브리티시 저널〉의 논문들에서 철저하게 다루어졌으며, 이에 대해서는 편지 101에 대한 해설에서 언급한 바 있다. 기념 논문집에는 양자역학의 해석을 다루는 드 브로이, 데이비드 봄 그리고 아인슈타인이의 기고문들이 또한 실렸다. 이러한 문제들이 다음에서 이어지는 아인슈타인과의 서신 교환에서 매우 중요한 역할을 하기 때문에, 이 문제들에 대해 지금 자세하게 설명한다면 이후에서는 그것들을 짧게 요약할 수 있을 것이다.

슈뢰딩거의 관점은 다른 관점들에 비해 가장 단순한데, 그는 자신이 발전시킨 드 브로이의 파동 역학을 통해 양자가 가진 역설적인 문제들이 모두 해결되었다고 생각했다. 즉 입자가 없다면, '양자의 도약'도 없다. 다시 말해 정수integral numbers에 의해 특징지어지는, 잘 알려진 진동을 가진 파동만이 존재한다는 것이다. 입자들은 폭이 얇은 파동 묶음들narrow wave packets이다. 이에 대한 반론은 우선 다차원 공간들에서 파동들이 (즉, 몇몇 입자들을 이용해 고전적으로 기술되는 과정들을 위해) 일반적으로 요구된다는 것인데, 그것들은 고전 물리학의 파동들과는 완전히 다른 것들로서, 시각화가 불가능한 것들이다. 또한 슈뢰딩거 방정식이 해결책이라고 내세운 파동 묶음들은 형태의 변화 없이 퍼져나가는 것이 아니라 소멸하는 것이다. 그리고 이와 유사한 반론들이 존재했다. 내 생각에 슈뢰딩거의 관점은 오늘날 완전히 폐기되었다.

파동 역학의 창시자인 드 브로이와 봄은 슈뢰딩거가 그랬던 것처럼 양자역학의 결과들을 받아들이기는 했지만, 통계적 해석은 받아들이지 않았다.

파동에 의해 감춰진 은닉된 메커니즘이 존재할지도 모른다는 생각을 하면서, 혹은 결정론적 역학 법칙처럼 보이는 형태로 공식들을 다시 써야 한다는 제안을 하면서 그들은 기초 과정들의 결정론적 특성을 유지시킬 수 있는 생각들을 발전시키려 했다. 이러한 시도들은 그리 멀리가지 못했다. 오늘날 (1965년) 이러한 시도들은 실제로 사라졌다고 보인다. 심지어 아인슈타인도 이러한 관점을 '너무 유치하다'고 생각했다(편지 99).

아인슈타인의 생각은 좀 더 급진적이었지만 '미래를 위한 노래'였다. 그는 전통적인 고전 역학과 여전히 아무것도 알려지지 않은 상태인 '미래의 물리학'을 일반 상대성 이론에 기초하여 매개시킬 수 있는 유용한 단계를 오늘날의 양자역학에서 발견했는데, 그는 이러한 자신의 생각을 철학적 근거들을 위해서 필수불가결한 것으로 간주했고, 이러한 매개를 통해 전통적인 물리학적 실재 개념과 결정론이 다시 한 번 성공을 거둘 수 있다고 보았다. 따라서 그는 통계적 양자역학을 틀린 것이 아니라 '불완전한' 것으로 간주했다. 그가 가진 근거들은 본질적으로 철학적이었기 때문에 순수한 물리학적 논증으로는 좀처럼 흔들기 힘들었다. 그럼에도 불구하고 나는 그에게 답하려고 했으며, 따라서 이후에 계속된 편지에서 표현되는 것처럼 신랄하지만 언제나 우정이 함께한 논쟁이 벌어졌다.

편지의 마지막 부분에서 아인슈타인은 '주사위 놀이를 하지 않는 신'이라는 구절의 결과에 대해 말하면서, '무신론자들의 교회'라는 그다운 표현을 사용한다. 그는 전혀 교회를 믿지 않았지만, 종교적 신념이 어리석음의 상징이라거나, 반대로 종교를 믿지 않는다는 것을 지성의 상징으로 생각하지 않았다. 공산주의자들이 아인슈타인이 자신들의 신념을 공유했다고 주장할 때, 누군가는 그들에게 이러한 사실을 말해주어야 할 것이다.

104_아인슈타인에게

1953년 11월 8일
Department of Mathematical Physics
(Applied Mathematics)
The University
Drummond Street
Edinburgh 8

1953년 10월 12일에 보내주신 당신의 편지는 늙은 휘태커의 묘한 희롱을 당신이 개의치 않는다고 다시 한 번 확인해주셨습니다. 당신은 마치 몇몇 늙은 구두쇠가 힘들게 긁어모은 푼돈에 안달하는 것 즉, 자신의 소유물을 지키려는 것과 같이 행동하는 것은 합당하지 않다고 말했습니다. 저는 이 말에 진심으로 동감하며, 저 또한 제 자신의 푼돈이 다른 사람의 주머니로 사라질 때마다 입을 다물고자 했습니다. 그러나 최근에 저는 이런 선량한 원칙에 위배되는 죄를 조금 지었습니다.

거스리 강의(런던의 물리학 협회에서 했던)를 포함해 일반적인 주제들을 다룬 제 논문들 중 일부를 당신에게 보내는데, 이 강의에서 저는 통계적 해석을 포함해 양자역학 이론 자체를 살피면서 제가 양자역학에 기여한 바를 최대한 겸손하게 설명했습니다. 하이젠베르크가 지금 행렬 이론을 통해 얻은 명성을 누리는 것은 정당하지 않습니다. 당시 그는 실제로 행렬이 무엇인지 전혀 몰랐습니다. 저희가 함께 연구한 것에 대한 모든 보상, 노벨상이라든가 그런 종류의 것들을 거둬들인 사람이 바로 하이젠베르크였습니다.

저는 지금 털 끝 만큼도 그를 시기하고 있는 것이 아닙니다만, 지난 20년 동안 제가 기여한 바가 제대로 평가받지 못하고 있는 이런 부당한 상황으로 인해 생긴 불쾌한 감정을 떨치지 못했답니다. 당신이 어느 정도 의심의 눈초리를 보내고 있는 독일로의 귀환과 같은 현실적인 문제들로 머리가 복잡합니다. 제가 사랑하는 스코틀랜드 사람들을 비방하는 점에서 당신은 옳지 않습니다. 왜냐하면, 나이 든 선생들이나 교수들이 노후를 제대로 준비하지 못하는 것은 영국 전체에서 볼 수 있는 일반적인 현상이며, 마찬가지로 옥스포드나 케임브리지도 그러한 점에 있어서는 유리하지 않습니다.

만약 누군가가 비난을 받아야 한다면, 그것은 스웨덴 사람들입니다. 그들은 양자역학에 제가 기여한 바를 이미 그 전에 평가할 수 있었을 것입니다. 그러나 1933년에 히틀러가 정권을 잡았고, 이미 많은 시간이 흐른 지금에서야 그들은 제가 기여한 바를 인정했습니다. 그리고 6개월 전 그들은 저를 자신들의 아카데미 회원으로 받아들였습니다. 그렇지만 저에 대한 그들의 이러한 평가가 제가 어디서 살아야 하는지를 선택해야 하는 것과 같은 현실적 문제에 도움을 주는 것은 아닙니다.

그러나 솔직히 말씀드려, 비록 제게 이곳에 남을 수 있는 기회가 주어진다 하더라도 아무래도 독일로 돌아갈 것 같다는 점을 인정해야 하겠습니다. 헤디는 여전히 베저 산맥을 향수하고 있으며, 지 역시 피르몬트 주변의 아름다운 시골을 사랑합니다. 저희는 그곳에서 작은 집을 짓고 있는데, 이곳에서는 찾아볼 수 없는 중앙난방 설비를 갖출 예정입니다.

스코틀랜드 사람들은 동상이나 관절염 따위는 전혀 걱정하지 않는 강인한 친구들입니다. 사람들에 대해 말하자면, 독일 퀘이커 교도들이 자신들의 본부를 피르몬트에 두고 있다는 것을 당신께 말씀드리고 싶습니다. 그들은 '집단 살인자들'도 아니며, 그 친구들의 대부분은 나치 치하에서 당신이나 저보다도 더 심한 고통을 당했습니다. '집단 살인자'와 같은 용어를 사용할 때는 조심스러워야 할 필요가 있습니다. 미국인들은 드레스덴, 히로시마 그리고 나가사키에서 단 한 번의 몰살로 나치들마저 제압할 수 있다는 것을 증명했습니다.

당신께서도 논문을 써주신 헌정 논문집을 받으시려면 시간이 더 걸립니다. 그 논문집은 11월 23일 식장에서 제게 건네질 예정입니다. 저는 당신이 슈뢰딩거와 봄의 주장들을 어떻게 다루었는지 무척 기대하고 있습니다. 그 전에 먼저 그들의 주장들에 대한 제 생각을 실은 조그만 논문집을 당신에게 보냅니다. 이 편지에서 저는 제 나약함을 고백했습니다. 이런 저에게 물리학에 종사하면서 알게 된 가장 뛰어난 동료들이 이처럼 영광스러운 배려를 해준다는 것이 제게 얼마나 큰 기쁨을 선사하는지는 말할 필요도 없습니다.

헤디는 현재 요양소에 있습니다. 헤디는 가족에 대한 걱정, 과중한 가사 노동 그리고 사회적인 의무들에 대한 부담감으로 약간의 신경쇠약을 앓았습니다. 저는 집에서 혼자서 그럭저럭 지내고 있습니다. 헤디는 상태가 좋아지고 있어서, 며칠 안에 집으로 돌아올 것 같습니다.

헤디가 만약 당신에게 편지를 쓰고 있다는 것을 알았다면, 당신과 마고에게 안부를 전하고 싶어 했을 겁니다.

— 보른

◆

거의 86세가 되고 수많은 영예를 얻은 지금, 이 책의 출판에 대해 너무 많은 비판이 나오지 않기를 바랄 뿐이라는 희망 외에는 '제 나약함을 고백한'이라는 말에 더 할 말이 없다.

나는 아직까지도 아인슈타인의 '집단 학살자들의 땅'이라는 표현에 대한 내 응답과 동일한 생각을 가지고 있다. 한편으로는 히로시마와 나가사키 그리고 다른 한편으로는 아우슈비츠와 발젠의 차이점을 이해하려면, '군국주의 정신'이라는 풍토 속에서 자란 경험을 가지고 있어야 한다. 보통 사람들의 생각은 다음과 같다. 즉 전자의 경우는 전쟁 중에 불가피하게 일어난 일이며, 후자의 경우는 냉혹한 학살이라는 것이다. 그렇지만 이러한 일들에 얽힌 사람들은 양쪽 모두다 전쟁에 관여하지 않은 무방비 상태의 노인들과 여자들 그리고 아이들이며, 그들의 몰살이 어떤 정치적 혹은 군사적 목표를 의도하여 수행되었다는 점은 명백한 진실이다. 드레스덴에 대한 끔찍한 공격은 영국의 폭격기들에 의해 수행되었다. 그리고 미국의 공습이 그 뒤를 이었다. 나는 인간이 가진 잔학함에 대한 본능적인 증오가 인위적으로 형성된 이성의 판단보다 우위를 점하지 않는 한, 인류의 미래는 어둡다고 확신한다.

105_아인슈타인에게

1953년 11월 26일

어제 대학에서 열린 조촐한 식장에서 헌정 논문집을 받았습니다. 그렇게 많은 제 옛 친구들과 동료들이 이 논문집을 위해 정성을 다해주었다니 너무나 기쁠 따름입니다. 우선은 몇 편의 논문만 읽었습니다. 물론 당신의 논문이 제가 첫 번째로 펴든 논문이었기 때문에 우선 당신에게 먼저 감사하다는 말씀을 전합니다.

양자역학의 통계적 해석에 대한 당신의 철학적 반론이 특별히 설득력 있고 명확하게 제시되었습니다. 그러나 그렇다고 할지라도 당신이 들었던 예

(두 벽 사이에서 튕기는 공의 예)는 당신이 말하고 있는 바를 증명하지 않는 다는 점을 말씀드려야 하겠습니다. 즉 거시적 차원들을 제한하는 경우에서 파동-역학적 해결은 고전적인 의미에서의 운동이 아닙니다. 이는 (저의 건방짐을 용서하십시오) 문제 해결을 위해 적절하지 않은 해법을 당신이 선택했다는 점에 기인합니다. 규칙들에 따라 이 문제를 해결할 때, 이는 거시적 차원을 제한하는 경우(질량→∞)에서 정확하게 고전적이자 결정론적 운동이 된다는 해법이 유도됩니다. 물론 언제나 한정적인 (큰) 질량 값에 대한 커다란 개연성을 가진 통계적 진술들만을 만들어낼 지라도 말이죠. 만약 누군가가 이벤트들의 순서를 기술하고자 한다면, 아래와 같은 '시간-의존적인' 슈뢰딩거 방정식을 사용해야 합니다.

$$\frac{h^2}{2m}\frac{\partial^2 \psi}{\partial x^2} - hi\frac{\partial \psi}{\partial t} = 0$$

여기서 h = $h/2\pi$ (플랑크 상수)이며, m=질량입니다. 따라서 당신이 생각하고 계신 것처럼 ϕ 는 $e^{i\omega t}$ ($h\omega = E$)에 비례하다는 특수한 경우가 아닙니다. 왜냐하면 이는 정밀하게 규정된 에너지, 그러므로 규정되지 않은 위치에 적절하기 때문입니다.

$0 < x < l$ 의 범위에서 올바른 해법은 다음과 같습니다.

$$\psi(x,t) = \sum_{n=1}^{\infty} A_n e^{i\omega_n t} \sin b_n x$$

$$\omega_n = \frac{h\pi^2}{2ml^2} n^2, \ b_n = \frac{\pi n}{l}$$

그리고

$$A_n = \frac{1}{l} \int_0^l \psi(x,0) \sin \frac{\pi n}{l} x \, dx$$

$\psi(x,0)$는 임의적인 초기 상태입니다. 이 초기 상태는 즉, 시간 $t=0$에서 공이 근사 속도 v로 위치 x_0에 근접한다는 것을 표현하기 위해 선택되어야 하는 것입니다. 따라서 $\psi(x,0)$는 지점 x_0의 좁은 범위 내를 제외하고 모든 곳에서 0이 되어야 합니다. 그리고 또한 이것은 x_0에 대해 비대칭적이어야 하며, 따라서 아래의 속도에 기대되는 값은 미리 규정된

$$\frac{1}{m}\frac{\frac{h}{i}\int_0^l \psi \frac{\partial \psi}{\partial x} dx}{\int_0^l \psi^2 dx}$$

값을 가집니다. 세 개의 임의적인 상수를 이러한 $\psi(x,0)$에 더할 수 있는데, 하나는 표준화normalization를 위한 것이고, 다른 하나는 속도 v에, 그리고 나머지 하나는 x_0 범위의 부정확함을 위한 것입니다. 예를 들면 다음과 같습니다.

$$\psi(x,0) = x(l-x)(\alpha + \beta x)e^{-(x-x_0)^2/2a}$$

(이 함수가 계산을 하는데 있어서 용이한지는 모르겠습니다.) 이러한 결과는 이 과정에서 우리가 좀 더 자세히 규정을 할 수 없는 상태가 되지만, 확실히 파동묶음 $\psi(x,t)$가 입자가 튀는 것과 동일하게 여기저기 튀어 다닌다는 것을 보여줍니다(계산을 하지 않고서도 정성적으로qualitative 이를 알 수 있습니다). 그러나 이러한 불완전함은 $m \to \infty$ 만큼이나 극미하게 됩니다.

이런 의미에서 저는 양자역학도 결정론적 법칙들에 따라 거시적 단일 체계들의 운동을 재현한다고 확신합니다. 저는 이에 대한 철저한 계산을 제 동료들과 함께 해볼 생각이며(형식적으로 쉽지 않습니다), 그 결과를 당신에게 보내겠습니다. 유감스럽지만, 제가 옳다는 것을 당신도 인정하게 될 테

고, 만약 그렇게 된다면 어떤 방식으로든 헌정 논문집을 읽는 사람들에게 그 내용을 알려야 할 것입니다.

저는 드 브로이와 봄 그리고 슈뢰딩거에 대해 당신이 말한 내용에는 부분적으로 동의합니다. 그건 그렇고 파울리가 철학적으로는 물론 물리학적으로 봄을 한 방에 보낼 수 있는 생각을 제안했습니다(드 브로이의 50번째 생일을 기념하는 논문집을 통해).

제가 쓴 다른 편지가 일반 우편으로 당신에게 가고 있을 겁니다. 헤디와 함께 당신에게 고맙다는 말과 함께 안부를 전합니다.

— 막스 보른

◆

모든 양자 이론가들은 아마도 아인슈타인이 들었던 예에 대한 내 반론이 옳았다는 것을 인정할 것이다. 이 반론은 이후에 출판물 형태로 나온 내 답변을 위한 기초가 되었으며, 이후에 펼쳐질 논의의 주제가 된다. 그러나 아인슈타인이 다음 편지에서 지적하듯이, 내 반론은 그의 기본적인 철학적 사유에서 중요한 역할을 하는 부분을 놓치고 있다.

106_보른에게

1953년 11월 26일

오늘 저는 제대로 읽어보고 싶었던 당신의 출판물과 함께 동봉된 편지를 읽어 보았습니다. 저는 당신이 제가 가진 조잡한 생각들을 진지하게 받아들였다는 점, 그리고 다른 사람들처럼 몇 마디 피상적인 말로 간단하게 취급해 버리지 않아주었다는 점에서 매우 기뻤습니다.

우선 당신의 관점에 제가 놀라게 된 부분을 말씀드려야겠군요. 저는 문제가 되는 드 브로이의 파장이 다른 공간 측정과 관련해 그 길이가 짧을 때, 고전 역학과의 근접한 일치를 기대할 수 있다고 생각했습니다. 그렇지만 당신이 고전 역학을 단지 좌표와 운동량과 관계시킬 때 감소하는 ψ-함수와 연결시키려고 한다는 점을 또한 이해합니다. 그러나 그런 식으로 이 문제를 바라보게 되면, 거시 역학은 양자역학을 기초로 생각할 수 있는 거시 체계내의 이벤트들 중 거의 모든 것을 근접하게나마 기술할 수 없게 됩니다. 예를 들어 만약 처음 관찰된 별이나 혹은 파리가 심지어 준국소화quasi-localised된 것으로 나타난다면, 무척 놀라게 될 일입니다.

그러나 누군가가 이러한 사실에도 불구하고 당신의 의견을 채택한다면, 그 사람은 적어도 특정 시간상에서 이루어진 '준국소화'가 슈뢰딩거의 방정식에 따라 그러한 상태로 그대로 남아 있어야 한다는 점을 요구하게 됩니다. 이는 완전히 수학적인 문제이며, 당신은 계산을 해보면 이러한 결과를 지지할 수 있다고 예상하고 있습니다. 그러나 제게는 이것이 불가능한 것으로 보입니다. 이것을 실현시키는 가장 간단한 방법은 위치, 속도 그리고 방향과 관계해 '감소되는' 슈뢰딩거 함수에 의해 재현되는 거시 물체의 3차원적 경우를 고려하는 방법입니다. 이 경우, 심지어 수학이라는 '현미경'이 없어도 시간이 흐르면서 그 위치가 점점 확산된다는 점이 명백해 보입니다. 1차원적인 경우도 군속도group velocity가 파장에 의존하는 것과 유사한 경우입니다. 결과가 조금도 의심할 수 없을 만큼 확실한데, 당신 조수의 시간을 낭비시키는 것은 안타까운 일입니다. 그러나 만약 당신이 제 말을 믿지 못하겠다면, 어떤 수단을 사용해서라도 계산을 끝내 보십시오.

오펜하이머가 이런 문제에서 벗어나는 데에는 '우주 크기와 같은' 시간이 걸리기 때문에 이 문제를 무시할 수 있다고 주장하면서 발을 뺐습니다. 그러나 사람들의 의견이 수렴되는 시간은 그리 오래 걸리지 않는다고 주장하면서 이러한 진부한 말을 재인용하는 것 또한 가능합니다. 저는 이러한 말은 연구자의 과학적 양심을 거스르게 만드는 매우 저속한 말이라고 생각합니다. 마찬가지로 개연적 양자 이론에 뛰어드는 것을 최종적인 답을 얻기 위한 행위로 간주하기도 힘듭니다. 함수는 개별적인 경우가 아닌 전체ensemble에 관련된 것이라고 생각해야만 합니다. 그렇게 되면 고전 역학이 기술하는 것을 우리가 기대하는 근사치(통계적으로 결정적인)를 가지고 기술하기 위해 제 예를 사용할 수 있습니다. 당신이 편지에서 지지하고 있는 해석에 따르면, 이러한 조건들은 일종의 우연의 일치coincidence라고 간주할 수밖에 없습니다. ψ-함수를 전체와 관련지어 해석하는 것은 또한 다음의 역설을 제거합니다. 즉 한 공간에서 수행된 측정이 이후 수행될 다른 공간에 대한 측정에 일종의 기대를 결정한다는 역설 말입니다(공간상에서 멀리 떨어져 있는 체계들의 부분적인 결합). 이러한 개념에 따라, 만약 이후에 진행될 그 전개를 결정하는 단일 체계에 대한 완벽한 기술에 상응하는 완벽한 법칙이 존재하지 않는다고 가정한다면, 단일 체계에 대한 기술이 불완전하다는 사실을 무리 없이 받아들일 수 있습니다. 따라서 개연적 주체와 독립적인 실재가 존재하지 않는다는 보어의 해석에 말려들 필요가 없습니다. 하지만 저는 이 개념이 비록 그 자체로 논리적으로는 일관되지만, 확고한 것이라고 믿지 않습니다. 그렇지만 저는 이것이 개연적 양자 이론의 메커니즘을 정당화시킬 수 있는 유일한 방법이라고 생각합니다.

원리 문제들에 대해 당신이 못 다한 생각들을 듣고 싶습니다. 당신은 원리 문제들에 대한 그러한 생각들을 '철학적'이라고 부르는데, 부당하다고 느껴지지만 저도 그렇다고 생각합니다. 누군가가 미래를 들여다 볼 수 있는 기계를 가지고 있다면 좋겠습니다. 그 기계가 보여주는 사실을 비록 우리가 명확하게 이해하지 못할지라도 말입니다.

안부를 전합니다.

— A. E.

◆

이 편지는 우리들 사이에서 한동안 지속될 오해의 시작이라고 할 수 있다. 심지어 지금도 나는 아인슈타인의 빈성적 사고들은 양자역학을 그가 제대로 파악하지 못한 결과라고 생각한다. "고전 역학과의 근접한 일치는 문제가 된 드 브로이의 파장들이 또 다른 공간 측정들과 관련하여 그 길이가 짧을 때 기대될 수 있다"라는 그의 말은 물론 옳다. 양자역학의 취약점을 지적하기 위해 그가 사용했던 예는 탄력과 반사력을 갖고 있는 평행한 두 개의 벽 사이를 이리저리 튀어 다니는 입자의 예였다. 그는 벽 사이의 거리를 고려해야 할 유일한 관련 길이length라고 간주한다. 그러나 이는 입자의 위치에 대해 우리가 아무런 정보도 가지지 못할 경우에 적용된다. 아인슈타인은 이제 이러한 상황을 고전 역학은 어떻게 취급하며 양자역학은 어떻게 취급하는지를 비교하려고 하는데, 후자의 경우에는 초기 조건을 이미 우리가 알고 있다는 게 당연하다는 식으로 전제된다. 하이젠베르크의 불확정성과의 관계 때문에, 고전 역학과 유비된 양자역학적 처리의 경우에서는 그 결과가 다소 다르게 나온다. 즉 이러한 불확정성과의 관계에 의해 제한된 정확성이 본래의 지점과 초기 속도를 미리 규정한다. 그러나 이러한 것은 누군가가 만약 양자역학적 처리를 고전적 처리와 비교하려 할 때 할 수 있으며, 또한 그렇게 해야 하는 것이다. 따라서 입자가 초기에 위치해 있는 범위를 언급하는 것은 필수적이면서 가능한 일이며, 결국 이는 첫 번째 이루어진 측정과 '관련된 두 번째 측정'을 구성한다.

특정 시간에 '준국소화된' 입자가 슈뢰딩거 방정식에 따라 엄밀하게 국소화된 상태로 남을 것인가의 문제를 다룬 그 다음의 문제는 단순한 오해에 기초한다. 나는 입자가 그렇게 될 것이라고 기대한 적이 단 한 번도 없다. 속도에 대한 초기의 부정확성imprecision은 시간의 경과에 따라 더욱 부정확해진다. 바로 이 부분이 나에게는 처음부터 중요했다. 왜냐하면, 이는 고전 역학에 대해서도 마찬가지로 타당하며, 이것이 결정론적이라는 흔히 얘기되는 주장은 초기 위치와 초기 속도에 관한 극도의 엄밀한 진술이 인정될 때 적용되기 때문이다. 따라서 이러한 사실은 나에게는 형이상학적 난센스로 보인다. 아인슈타인은 '개연적' 양자 이론은 만약 ψ-함수가 개별적인 경우가 아닌 전체에 적용된다면 최종적인 것으로 간주될 수 있다고 인정한다. 이는 또한 언제나 내가 주장해왔던 바이며, 따라서 나는 빈번하게 반복되는 실험을 전체의 실현으로 간주하고 있다. 이것은 정확하게 유사한 측정에서 축적된 데이터를 통해 원자나 아원자 영역에서 자신들의 데이터를 확보하는 실험 물리학자들의 실제 실험 과정과도 일치한다.

편지의 마지막 문장은 노년의 아인슈타인다운 표현들이다. "그것은 말이 되지 않습니다"라는 말 자체는 확실히 철학과 관계될 때에만 유의미하다.[64] 아인슈타인이 젊었을 때 그의 적대자들도 동일한 논증을 펼쳤는데, 그들은 만약 쌍둥이 중 한 명은 집에 남아있고, 다른 한 명이 공간 여행을 하는데, 공간 여행을 했던 아이가 집으로 돌아와서 그들의 나이를 비교해보니 집에 남아 있었던 아이보다 공간 여행을 했던 아이가 더 어리더라는 예가 보여주는, 상대성 이론이 함축하는 결론들이 무의미하다고 주장했다.

107_아인슈타인에게

1953년 12월 22일
Goldsboough Hotel, Hills Road
Cambridge

진설하세도 세 편지를 자세히 검토하고 편지를 써주셨군요. 사실 저는 제 '헌정 논문집'에 실린 당신의 논문에 큰 인상을 받았으며, 이에 대한 궁극적인 대답을 할 수 있을 때까지 좀처럼 고삐를 늦출 수 없었습니다. 당신이 들었던 예를 처음부터 끝까지 정확하게 계산할 필요가 있었습니다. 당신의 연구소나 다른 곳에 계신 똑똑한 분들은 이런 사소한 문제에 관심이 없겠죠. 그러나 이 문제는 그리 간단한 문제가 아니기 때문에, 저는 머리를 쥐어짜야 했습니다. 당시 저희는 이사를 시작했고, 동시에 사소한 문제를 포함해 독일과 영국의 재무부 당국과 큰 문제에 휘말렸었습니다. 결국 이곳 케임브리지에서 당신의 제기한 문제들에 대한 연구를 끝냈는데, 머물렀던 호텔은 꽁꽁

얼어붙을 것 같이 추웠고(호텔 사람들 모두가 이 나라에 살고 있다는 점을 고려해 주십시오), 화로 앞에서 추위를 달래는데, 등짝은 얼어붙는 반면 몸 앞부분은 바싹 구워질 것 같았습니다. 그렇지만 어쨌든 이 문제를 마무리 지을 수 있었고, 그것도 조수의 도움을 받지 않고 혼자서 해결했습니다.

당신도 아시다시피, 저는 당신에 대한 동정심에서가 아니라(혹은 당신의 연구를 헛되게 하지 않기 위해서), 이 문제를 스스로 해결하고 싶었기 때문에 당신이 제게 해주었던 경고를 진지하게 받아들였습니다. 결국 결과는 제가 생각했던 것처럼, 그리고 제 마지막 편지에서 지적했던 것처럼 나왔습니다. 결과는 매우 정확하기 때문에 논의의 여지가 더 이상 없습니다. 따라서 제 주장은 이러한 단순한 문제들이 어떠한 문헌을 통해서도 철저하게 다루어지지 않았다는 것에 부분적으로 기인하는 당신의 반론을 물리쳤습니다. 당신은 이 결과를 받아들일 수밖에 없습니다. 저는 양자역학이 완전하며 사실들이 허용하는 한에서 실재적이라고 당신을 끝내 설득할 수 있기를 바랍니다.

저는 다른 사람에게 부탁하여 이 논문을 타이핑하여 왕립 학회에 제출할 생각입니다. 결과를 담은 이 짧은 논문의 복사본을 당신께 보내드리겠습니다. 그리고 학회의 편집진에게는 당신이 추가하고 싶은 부분이 있다면 그 부분을 추가해달라고 부탁할 생각입니다.

편집진의 담당자 주소는 Dr D. C. Martin, Assistant Secretary, The Royal Society, Burlington House, Piccadilly, London W1 입니다.

저는 이 문제들은 이제 해결되었다고 믿고 있기 때문에, 만약 당신이 제 의견에 동의를 하거나 혹은 다른 새로운 반론이 있어서 몇 줄 혹은 몇 페이지를 추가하신다고 해도 매우 기쁘게 받아들일 겁니다. 수 년 동안 양자역학의 일반적 관심사로부터 비판적으로 거리를 두어 온 당신의 모습을 견디기 힘들었습니다. 논쟁의 여지가 있는 많은 것들이 그곳, 특별히 프린스턴에서 생겨나고 있습니다. 그러나 하이젠베르크와 제가 세운 기초들은 아주 잘 정리가 되어 있으며, 이제 더 이상 다른 길은 없습니다. 닐스 보어에게 조차 당신이 어떤 것도 양보하지 않았다는 점을 고려할 때, 당신의 생각을 반박하는 것이 무례한 행동인지도 모르겠습니다. 그러나 보어의 표현은 때때로 불분명하고 애매합니다. 제 쪽이 오히려 더 단순하고 아마도 더 명확한지 모르겠습니다. 저를 원망하지 말아주십시오.

헤디와 함께 당신과 마고에게 안부를 전하며, 크리스마스와 새해에 좋은 일들이 함께 하시기를 빕니다.

— 당신의 오랜 친구 막스 보른

108_ 보른에게

1954년 1월 1일

당신의 생각을 도저히 지지할 수 없습니다. 거시 체계에 대한 ψ-함수가 거시-좌표와 운동량과 관계하여 '감소'되어야 한다고 요구하는 것은 양자 이론들과 양립할 수 없습니다. 이러한 요구는 ψ-함수에 대한 중첩 원리 superposition principle와 모순됩니다. 이러한 지적에 반대하는, 거의 모든 경우에 적용되는 당신의 반론, 즉 추후에 슈뢰딩거의 방정식이 '감소'라는 분산으로 유도된다는 반론은 오직 부차적으로만 중요합니다.

당신은 후자는 제가 고려하고 있는 체계에는 적용되지 않는다고 주장합니다. 그러나 저는 (문제 전체의 관점에서 볼 때 그렇게 중요하지 않은) 이 결과가 잘못된 결론에 기초하고 있다고 확신합니다. 당신이 기대하는 이후의 어떠한 논의에도 참여하고 싶지 않습니다. 저는 제가 분명히 표명했던 의견에 만족하고 있습니다.

1954년에는 좋은 일들이 있기를 바라며 안부를 전하합니다.

— A. 아인슈타인

* ψ_1과 ψ_2를 동일한 슈뢰딩거 방정식들의 두 가지 해법이라 간주해 보죠. 그렇다면, 가능한 실재 상태를 기술할 수 있다는 동일한 주장과 함께 $\psi = \psi_1 + \psi_2$ 또한 슈뢰딩거 방정식의 해법을 재현합니다.

그 체계가 거시 체계이며 ψ_1과 ψ_2가 거시-좌표와 관계하여 '감소'된다면, 상당한 경우들에 있어서 이는 더 이상 ψ에 대해 참이 아님이 드러납니다.

거시-좌표와 관계한 감소는 양자역학의 원리들과 독립적일뿐만 아니라 더욱이 그것들과 모순되기조차 한 요구입니다.

109_아인슈타인에게

1954년 1월 1일
1c Howitt Road
Belsize Park
London, NW3

당신의 논문과 제 헌정 논문집의 다리 역할을 해주는 제가 쓴 짧은 논문을 동봉합니다. 당신이 들었던 단순한 예를 제 방식대로 철저하게 검토하도록 만들어 주신 당신께 감사를 드립니다. 당신은 당신의 결론과는 다른 결론, 그리고 이를 통해 제가 얻은 또 다른 결론을 덤으로 받아들여야 할 겁니다. 아마 당신은 당신이 생각하는 방식을 고수하겠지요. 저는 그 논문들을 출판하도록 〈왕립 학회 회보〉에 제출할 예정입니다. 그러니까 제가 말씀드린 것처럼 이에 대한 응답으로 추가하고 싶은 것이 있으시다면, 간사인 마틴 박사Martin에게 연락을 취해 주십시오. 비록 당신이 저의 의견을 반박한다고 할지라도, 그렇게 하신다면 저는 기쁘게 받아들이겠습니다.

이러한 생각들로부터 저는 제가 몇 년 전에 공식화한 상반성 이론을 가지고 소립자 문제를 다루는 연구를 위한 새로운 추동력을 얻었습니다. 아직까지 이로부터 어떠한 결론을 얻지는 못했지만, 이번에는 당신이 저에게 준 영감으로부터 끌어낸 낸 것을 통해 어떤 결과가 나오지 않을까 기대해봅니다.

저는 현재 런던에 살고 있는 제 조카 집에 있는데, 처리할 문제들이 산더미처럼 쌓여 있는 에든버러로 조만간 돌아갈 예정입니다. 그곳에서는 저희 가족의 주치의였던 분과 함께 지낼 생각입니다. 헤디는 현재 독일에 있으며, 4주 후에는 저도 아내에게 돌아갈 예정입니다. 에든버러에 있는 가재도구들은 그냥 내버려두었습니다.

행복한 새해가 되길 바라면서, 안부를 전합니다.

— 막스 보른

110_보른에게

1954년 1월 12일

왕립 학회에 보낼 논문을 제게도 보내주어 고맙습니다. 저는 그 논문을 통해 당신이 제게 가장 문제가 되는 점을 완전히 간과했다는 사실을 알게 되었습니다. 칼잡이 역할로 대중 극장에 나설 기분은 들지 않고, 단지 당신에게 제 대답을 들려주고 싶기 때문에, 제가 들려드릴 수 있는 대답을 당신에게 함께 보냅니다. 이미 상당 부분 사라져버린 희망입니다만, 제 글을 통해 냉정하게 이 문제에 대해 당신이 생각해 보기를 희망합니다.

안부를 전합니다.

— A. 아인슈타인

◆

막스 보른이 위에서 쓴 글은, 그에게 바치는 헌정 논문집을 위해 쓴 내 논문에서 이미 충분히 명료하게 제시했음에도 불구하고 해당 문제들을 공식화하는데 성공하지 못했다고 지적하고 있다. 여기서 나는 특별히 양자 이론 자체에 대한 반론을 제시하려는 의도는 없으며, 다만 양자역학의 물리적 해석을 위해 조그만 기여를 하고 싶다는 점을 밝혀둔다.

양자 이론에서 한 체계의 상태는 ψ-함수에 의해 특징지어진다. 그 함수는 또한 슈뢰딩거 방정식의 해법을 재현한다. 이러한 해법들 (ψ-함수들) 각각은 이 이론의 의미로 보았을 때, 체계의 상태에 대한 물리적으로 가능한 기술description로서 간주되어야 한다. 문제는 이것이다. 어떤 의미로 ψ-함수가 이 체계의 상태를 기술한다는 것인가?

나의 대답은 다음과 같다. ψ-함수는 체계에 대한 완벽한 기술로서가 간주될 수 없으며, 단지 불완전한 기술이라는 것이다. 다른 말로 하면, 그 실재성을 누구도 의심하지 않지만, ψ-함수가 기술하지 못하는 개별 체계의 속성들이 존재한다는 것이다.

나는 하나의 '거시-좌표'(직경 1밀리미터 구체의 중심 좌표)를 포함하는 체계를 통해 이를 증명하려 시도했다. 내가 선택한 ψ-함수는 에너지가 고정된 ψ-함수였다. 이런 조건이 설정될 수 있어야 한다, 왜냐하면 우리의 문제는 그 본성상 모든 ψ-함수에 대해 이 문제가 타당하다는 주장을 할 수 있도록 답을 할 수 있어야 하기 때문이다. 이런 단순한 특수 경우를 생각해 볼 때, 양자역학에 따른 기존의 거시 구조를 제외한다면 자의적으로 선택된 어떤 시간에서 구의 중심이 마치 다른 위치 안에 놓이는 것처럼 특정 위치 안에 놓일 수 있다는 사실이 따라 나온다. 이것은 ψ-함수에 의한 기술이 선택된 시간상의 구sphere의 (준-)국소화에 상응하는 어떠한 것도 포함하지 않는다는 것을 의미한다. 동일한 내용이 거시-좌표를 변별할 수 없는 모든 체계에 적용된다.

ψ-함수의 물리적 해석에 관한 이러한 사실로부터 어떤 결론을 도출해 내기 위해, 우리는 양자 이론과는 독립적으로 타당할 수 있으며, 누구도 거부할 수 없는 개념을 사용할 수 있다. 즉, 우리는 모든 체계는 그것의 거시-좌표와 관계할 때, 어떠한 시간에 있어서도 준-정밀하다quasi-sharp는 생각을 적용할 수 있다. 만약 이 생각이 틀리다면, 거시-좌표 내의 세계에 대한 근사 기술은 분명히 불가능하게 된다('국소화 공리localization thorem'). 나는 이제 다음과 같은 주장을 하고 싶다. 만약 ψ-함수에 의한 기술이 개별 체계의 물리적 조건에 대한 완벽한 기술로 간주될 수 있다면, '국소화 공리'

가 ψ-함수로부터, 아니 더 자세히 말하면 거시-좌표를 갖고 있는 체계에 속한 모든 ψ-함수로부터 연역될 수 있어야 한다. 우리가 고려중인 특정한 예에 대해 이러한 사실이 적용되지 않는다는 것은 분명하다.

따라서 ψ-함수가 개별 단일 체계의 물리적 움직임을 완벽하게 기술한다는 생각은 유지될 수 없다. 그러나 다음과 같은 주장이 제기될 수 있다. 만약 ψ-함수가 전체에 대한 기술로서 간주된다면, 우리가 판단할 수 있는 한에 있어서 이것은 고전 역학의 설명에도 부합하며 동시에 양자역학의 설명과도 만족스럽게 부합하는 진술들을 제공한다. 내 생각으로 '국소화 원리'는 우리로 하여금 ψ-함수를 개별 단일 체계에 대한 완벽한 기술로서가 아니라 일반적으로 말해 '전체'에 대한 기술로 간주하도록 만든다. 이러한 해석을 통해 공간적으로 분리된 체계들의 부분들을 외견상으로 결합시키는 데 있어서 발생했던 역설은 사라지게 된다. 게다가 이러한 입장은 이렇게 해석된 기술이 관찰자의 관찰 행위와 독립적으로 그 개념들이 유의미한 객관적인 기술이라는 장점을 가진다.

— A. E

111_아인슈타인에게

1954년 1월 20일

    1월 12일자로 보내주신 당신의 편지을 받고 무척 기뻤으며, 동시에 당신의 마지막 편지를 받고서는 제가 걱정했던 바가 사라지게 되었습니다. 편지의 분위기로 봐서는 저희의 의견 차이를 둘러싸고 제가 제기했던 반론을 마치 인신공격으로 해석하지 않았나 하는 생각이 들 정도로 당신은 무척 화가 나 있는 상태였기 때문입니다. 비록 제가 결코 동의할 수 없으며, 나아가 객관적이자 완전히 '냉정하게' 생각해 얻은 근거에 비추어 결코 당신의 의견에는 동의할 수 없지만, 이제 당신의 객관적인 대답을 받게 되어 반갑습니다. 저는 당신의 생각을 이해했습니다. 그러나 당신의 출발점은 유지될 수 없는 것이라고 확신합니다. 즉 당신이 의존하고 있는 ψ-함수는 당신이 해결하고자 하는 문제에 적절한 것이 아닙니다. 비록 그것이 슈뢰딩거 방정식의 해법을 재현하고 경계 조건들boundary conditions을 만족시키지만, 초기 조건들을 만족시키지는 않습니다. 당신의 말을 빌자면 사실상 이에는 개별 체계에 대한 기술을 위해 요구되는 속성들이 결여되어 있습니다. 물론 이것이 근접하게 이루어질 수는 있겠지만, 질량 m이 증가할수록, 이러한 사실은 더 분명히 드러납니다. 저는 당신의 예를 이용해 한계 전이limiting transition $m \to \infty$을 계산하여 이것이 정확하게 고전적 기술로 이끈다는 사실을 발견했습니다. 이 계산에 어려움은 없었고, 이 결과는 제 동료들뿐만 아니라 제 후임자인 켐머Kemmer 교수 그리고 의심 많고 비판적인 슈뢰딩거에 의해서도 확증되었습니다. 만약 의심스럽다면, 요한 폰 노이만이나 아마 현재 프린스턴에 있을 바일에게 그 원고를 읽어보도록 전해주십시오.

제게 고전 결정론을 공격할 기회를 주셨다는 것에 당신은 아마도 모욕감을 느끼실 지도 모릅니다. 하지만 저는 만약 당신이 제 글을 충분히 읽고 그에 대해 바일과 노이만과 논의해 보신다면, 당신도 그럴 수 있겠다고 인정하리라 확신합니다. 어쨌든, 저에게 화를 내지 말아주십시오. 제 의도는 진실하며 객관적입니다. 또한 당신에 대한 제 존경심은 비록 당신과는 다른 의견을 가지고 있지만, 전혀 줄어들지 않았습니다. 만약 당신께서 저를 가망 없는 녀석이라 생각하신다면, 저에게 편지를 쓰지 않으셔도 됩니다. 대신 당신이 쓰시는 한 구절 한 구절마다 기뻐하는 헤디에게 편지를 보내주십시오. 그건 그렇고 헤디는 귀에서 소리가 나는 증세로 고생하고 있으며, 이 때문에 잠도 잘 못잡니다. 헤디는 지금 하르츠 산맥에서 치료를 받고 있고, 저도 조만간 그쪽으로 가볼 생각입니다.

저는 어빈 프로인트리히와 함께 당신에 대한 또 다른 반대 작업을 하고 있습니다. 이미 내용이 발표되었고, 당신께도 곧 보내드리겠습니다. 공교롭게도 프로인트리히는 심장 혈전중이라는 심각한 병을 앓고 있습니다.

안부를 전합니다. 제발 화 내지 말아 주십시오.

— 막스 보른

◆

이전의 편지들은 이해심이 많은 우리 두 사람이 구체적인 문제들을 논하면서 어떻게 서로를 오해할 수 있었는가를 보여주고 있다. 우리 둘은 자신이 옳고 상대방이 틀리다고 확신했다. 이것은 각자가 상이한 관점을 가지고 논의를 자신이 원하는 방향대로 끌고 나아갔기 때문인데, 자신들의 관점을 논쟁의 여지가 전혀 없는 것으로 간주했으며, 따라서 상대편의 관점을 받아들이지 못했다.

이러한 상황에서 볼프강 파울리가 제 3자로 개입하여 중재자 역할을 한 것은 불행 중 다행이었다. 나는 아래에 그가 보낸 3통의 편지를 포함시켰다. 그는 괴팅겐의 탁월한 젊은이들 중 내 첫 번째 조수로서, 그에 대해서는 앞서 설명했다. 그는 당시 막 20세가 되었을 때 훌륭한 글을 써냈고, 오랫동안 상대성 이론의 가장 훌륭한 대변자였으며, 현재도 여전히 물리학계의 권위적인 인물 중 한 사람으로 여겨지고 있다. 파울리는 취리히 교수가 되었는데, 벨기에와 네덜란드 그리고 노르웨이와 같은 작은 나라들처럼 스위스도 곧 히틀러의 군대에 의해 침략 당하게 될 것을 염려해 2차 대전 중 미국으로 건너갔다. 그곳에서 그는 아인슈타인의 절친한 친구가 되었으며, 어느 정도의 정당성은 있겠지만, 스스로를 이론 물리학의 예정된 '계승자'로 자부했다. 비록 편지라는 수단이지만 그는 나와도 계속 연락을 취했다.

112_보른 선생님께

1954년 3월 3일
Princeton, N.J.
The Institute for Advanced Study

프린스턴에 잠깐 방문을 했습니다. 늦어도 4월 중순까지는 취리히에 돌아가 있으려고 합니다. 한가한 시간에 선생님의 은퇴에 맞춰 헌정된 '과학 논문'을 포함해 많은 것들을 읽었습니다. 논문집에 흥미로운 몇 개의 논문들이 포함되어 있더군요. 선생님 사진이 매우 잘 나왔습니다. 특별히 아인슈타인의 논문이 물론 제 관심을 사로잡았고, 이 문제에 대해 편지로 논의하는 것보다는 훨씬 수월하게 그와 직접 얘기할 수 있었습니다. 그는 또한 제게 이 문제에 대해 선생님과 몇 차례에 걸쳐 편지를 주고받았다는 것도 말해 주었습니다. 저는 아인슈타인과 양자역학 모두를 잘 알고 있기 때문에 그가 의미하는 바에 대해서는 잘 이해하고 있다고 자신합니다만, 선생님의 관점에 대해서는 아인슈타인의 말만 듣고서는 파악할 수 없었습니다. 저는 이 문제 일반에, 그리고 특별히 선생님과 아인슈타인이 했던 논의에 관심이 있기 때문에 선생님이 제시한 관점을 짧게 요약해서 보내주신다면 대단히 감사하겠습니다(세부적인 내용은 그다지 중요하지 않습니다). 양자역학은 원리상으로 작은 미시적인 구들microscopic spheres에 대해 그 타당성을 주장할 수 있어야 합니다. 확실히 구들의 미세 구조(원자의 구성 형태)는 양자역학 내에서는 역할을 하고 있지 않습니다.

현재 제가 아인슈타인과 나눈 대화를 통해서, 저는 구체적으로 실험 조건들을 설정함에 의해서만 규정된 어떤 체계의 상태라는 양자역학에 본질적인 가정에 그가 이의를 제기하고 있다는 사실을 알게 되었습니다. [그런데, 아인슈타인은 '실험 조건들을 구체적으로 구성한다'는 말 대신에 '사람들이 그것을 바라보는 방식에 의존하는 체계의 상태'라고 말하고 있다. 그렇지만, 결국 같은 것을 의미한다—막스 보른.] 아인슈타인은 이에 관해서는 어떤 것도 알고 싶어 하지 않습니다. 만약 누군가 충분히 정확하게 측정할 수 있다면, 당연히 전자처럼 작은 미시적인 구에 대해서도 이는 참일 것입니다. 물론 이것은 사유 실험을 통해서도 증명될 수 있는데, 저는 선생님께서 아인슈타인과의 서신 교환 중에 이러한 부분 일부를 이미 언급하고 논의를 하셨을 거라 생각합니다. 그러나 아인슈타인은 (거시적인 물체의) 어떤 상태('실재하는real' 이라는 말로 수식되는)가 특정 조건 하에서, 즉 체계를 연구하기 위해 사용되는 실험 조건을 구체적으로 설정하지 않는 조건 혹은 그 체계가 '종속subjected'되지 않는 조건 하에서 '객관적으로' 규정될 수 있다는 철학적 선입견을 가지고 있습니다. 아인슈타인과의 논의는 제가 '순수한 관찰자'의 이념(혹은 '이상')으로 부르는 이러한 그의 가설로 환원될 수 있다고 제게는 보입니다. 그러나 저나 다른 양자역학의 대표자들은 이러한 이상을 실현할 수 있다는 주장에 반대하는 충분한 실험적, 이론적 증거들을 가지고 있다고 봅니다.

그러나 나머지 부분들에 대해서 말씀드리면, 아인슈타인의 주장은 순수 논리를 제시하고 있다고 생각합니다. 이제 저는 선생님께서 이에 대해 어떻게 생각하시는지를 알고 싶습니다.

안부를 전합니다.

— W. 파울리

113_아인슈타인에게

1954년 3월 17일
Bismarcksrasse 9
Bad Pymond, Germany

당신의 75번째 생일을 축하하는 메시지들을 모으고 있으니 저에게도 축하 인사를 한마디 해달라고 요청하는 편지가 뒤늦게 도착했습니다. 당신의 건강, 쾌활함 그리고 연구를 계속할 수 있는 힘을 빌겠습니다. 제 축하 인사가 너무 늦은 점 또한 너그럽게 양해해주십시오. 당신을 다시 한 번 만나고 싶다는 마음이 절실합니다! 이 세상에서 당신만큼 제가 존경하며 기대는 사람은 아무도 없기 때문입니다. 이러한 제 마음은 우리의 일시적인 의견차에 의해서도 결코 흔들리지 않습니다. 최근에 미국으로 건너오라는 몇 개의 초청장을 받았습니다. 그 중에 하나는 코넬 대학의 메신저 강좌에서 강의를 해달라는 초청이었습니다. 하지만 어떤 초청도 받아들이기 힘듭니다. 이제 막 이곳에 자리를 잡은 상황에서 그렇게 금세 떠날 수는 없습니다. 또한 저는 2권의 책을 준비 중에 있습니다. 결정 이론을 위한 책은 교정을 보는 단계이며, 광학에 대해 쓰고 있는 또 다른 책은 원고 작업이 거의 끝난 상태입니다. 제가 코넬 대학의 초청을 받아들인다면 그에 딸린 의무들도 불가피하게 받아들여야 하는데, 제게는 그런 것들을 받아들일 수 있는 여력이 더 이상 없습니다. 또한 저는 철의 장막 건너편에서 태어났고, 러시아 과학 아카데미의 회원이기도 합니다. 이는 영사관에서 다소 끔찍한 대우를 받아야 한다는 것도 의미합니다. 에든버러의 제 후임자인 켐머는 지금으로부터 거의 50년 전에 상트페테르부르크에서 태어났다는 이유로 미국행 단기 여행 비자를 거부당했습니다. 그렇지만 헤디와 제가 언젠가 미국으로 건너가 당신을 만날 수 있는 날이 오리라 믿습니다.

파울리가 저희가 주고받은 서신의 내용을 당신으로부터 들었다고 제게 편지를 보냈습니다. 그런데 그에게는 제가 주장하고 있는 바가 무엇인지 명확하지 않나 봅니다. 그래서 제게 이에 대한 정보를 보내달라고 요청을 했습니다. 당신께서 제 원고를 그에게 주실 수 있겠습니까? 그렇게 되면 저는 큰 어려움에서 벗어날 수 있을 것 같습니다. 안부를 전합니다.

— 막스 보른

◆

　이 편지는 바트 피르몬트에서 보낸 것으로, 우리는 1954년 초에 이곳으로 이사를 왔다.
　미국으로 와달라는 초청장 중에는 캘리포니아 대학 버클리 캠퍼스에서 온 초청장도 있었다(아마도 이 초청장은 내가 위의 편지를 부치고 나서 도착했다). 이 초청은 나에게 매우 매력적인 제안이었는데, 예전에 미국을 방문했을 때 그 지역에 대해 알게 되었다, 푸른 하늘, 과수원, 광대한 산악 지역, 멋진 해안가, 친절한 사람들이 무척 마음에 들었다. 내가 이 초청을 거부한 이유 중에 하나는 에드발트 텔러가 그곳에 살고 있다는 사실 때문이었다. 그는 예전에 괴팅겐에서 나와 함께 연구를 했었는데, 나중에 '핵폭탄의 아버지'로까지 그 지위가 상승했다. 나는 그와 조금도 관계를 맺고 싶지 않았다.

114_사랑하는 친구 알베르트 아인슈타인에게
1954년 3월 17일

　다른 사람의 행복을 영원히 빌 수는 없습니다. 특별히 그 사람이 마치 베를린에서 우리가 함께 보냈던 시간 동안 당신이 그랬던 것처럼 제게 큰 의미를 주었던 사람이며 도움을 주었던 사람일 때는 더더욱 그렇습니다. 당신은 이러한 사실을 인식조차 하지 못합니다. 그러나 전쟁이 진정으로 저를 거꾸러뜨릴 때마다 저는 당신을 그리고 삶을 바라보는 당신의 올림포스적인 거대한 전망을 이해하게 되고, 이에 영향 받았습니다. 그리고 행복이 다시 찾아오고 정신이 들었을 때, 저는 제 자신의 길을 걷고 있었습니다. 이제 우리 모두는 헨리에테 포이에르바하Henriette Feuerbach가 『노년의 단상 Altersgedanken』에서 "고요한 수면위로 영혼이 흐른다"라고 썼던 그러한 시기를 맞이하고 있습니다. 이제 저는 변하지 않는 진실함과 우정으로 당신의 평화로운 노년을 기원하며, 또한 이 시기를 만끽할 수 있는 영혼을 기원합니다. 막스가 70세가 되었을 때, 당시 18세였던 이레네가 할아버지의 70세 생일을 위해 썼던 시가 떠올랐습니다. 그 시는 이렇게 시작합니다.

놀랄만한 일입니다. 이 세계에서
인류가 그토록 오랫동안 영속하고 있다니!

그러나 그 영속한다고 보이는 시간은 자기 자신이 늙어갈 때 그렇게 긴 시간으로 보이지 않습니다. 특별히 당신과는 달리, 누군가가 자신의 정신이 만들어낸 일련의 작품들을 그렇게 오랫동안 되돌아 볼 수 없는 때에는 더욱 그렇습니다. 제가 그랬던 것처럼, 그 사람은 꿈을 꾸며 성장하는 데에 자신이 갖고 있었던 많은 시간을 들였기 때문입니다.
저를 대신하여 마고에게 키스해 주세요.

— 언제나 변함없는 늙은 헤디

115_보른에게

1954년 3월 31일
Princeton, The Institute for
Advanced Study

편지를 주셔서 감사합니다. 4월 11일 취리히로 돌아갈 때에는 저를 기다리는 일들로 시간이 없을 것 같아, 이렇게 이곳에서 편지를 쓰고 있습니다. 아인슈타인이 선생님께서 선생님이 쓰신 원고를 살펴보라고 건네주었습니다. 아인슈타인은 선생님과의 문제로 마음 상해 있지 않습니다. 단지 선생님은 자신의 말을 듣지 않을 사람이라고만 했습니다. 선생님이 쓰신 편지나 원고를 읽어보니 아이슈타인의 입장을 제대로 파악할 수 없었습니다. 따라서 아인슈타인의 말이 맞을 수 있다고 생각합니다. 제게는 마치 선생님이 선생님 자신을 위해 아인슈타인이라는 인형 세워놓고 그 인형을 화려한 기술로 두들겨 패는 것처럼 보입니다. 특별히 아인슈타인은 자주 얘기되는 것처럼 '결정론' 개념을 기본적인 것으로 간주하고 있지 않으며(그는 여러 차례 제게 이를 강조했습니다), 따라서 그는 사신이 그러한 개념(선생님의 편지 세 번째 문단)을 요청한 적이 없다고 강력하게 부인했습니다. 즉, 그가 부인한 부분은 '그러한 조건들의 연쇄는 객관적이고 실재적이어야 한다, 즉, 자동적이고 기계와 같고, 결정론적이어야 한다'는 부분입니다. 동일하게 아인슈타인은 자신은 어떤 이론의 증거 제시 능력을 판단하는 기준으로 삼아 '그 이론은 엄밀하게 결정론적인가?'라는 질문을 결코 던지지 않는다고 논박하고 있습니다.

아인슈타인의 출발점은 '결정론적'이라기보다는 '실재론적'으로서, 사람들이 그의 철학적 선입견이라고 얘기하는 것과는 전혀 다른 것임을 의미합니다. 그가 가진 일련의 생각들을 아래와 같이 간략하게 재구성해봤습니다.

1. 예비적 문제

거시-대상의 경우에 있어서 조차 슈뢰딩거 방정식이 제공하고 수학적으로 가능한 모든 해법들이 특정 조건하의 자연 안에서, 심지어 거시-대상의 경우에서도 일어나는가?(제 의견으로는 이 문제에 대해서는 절대로 그렇다고 대답되어야 합니다) 혹은 대상의 위치가 '정확하고', '정밀하게' 규정된 특수 경우에서만 발생하는가?

해설: 만약 후자와 같은 부류의 해법(그것을 $(Vx)^2 < L_0^2$ 라고 표시합니다)이 K^0에 의해 기술된다면, 그것은 다음과 같은 속성들을 갖습니다.

(i) $\phi_1(x)$와 $\phi_2(x)$가 또한 K^0에 속하지만, 그것들의 평균 위치들이

$$\bar{x}_1 = \frac{\int x_1 |\phi_1|^2 dx}{\int |\phi_1|^2 dx}, \bar{x}_2 = \frac{\int x_2 |\phi_2|^2 dx}{\int |\phi_2|^2 dx},$$

멀리 떨어져 있다면, 말하자면 $(\bar{x}_2 - \bar{x}_1) \gg L_0^2$ 라면,

$(A) C_1\phi_1(x) + C_2\phi_2(x) = \phi(x)$는 K^0에 속하지 않습니다.

(ii) 만약 $\phi_1(x, t_0)$가 특정 시간 t_0에서 K^0에 속한다면, $|t - t_0|$가 충분히 클 때 $\phi_1(x, t_0)$는 더 이상 K^0에 속하지 않습니다.

그렇다면 제게는 원리적으로 특수 클래스special class K^0에 대한 슈뢰딩거 방정식의 해법에 스스로를 국한시키는 것은 불가능해 보이며, 따라서 이는 원리적으로 수소 원자나 혹은 단일 전자에 대해서도 그렇고, 그것보다 큰 거시-물체에 대해서도 마찬가지라고 보입니다. 왜냐하면 만약 양자역학이 옳다면, 거시-물체가 원리상 회절diffraction(간섭) 현상을 보여야 하기 때문

에, 여기서 발생하는 난점들은 작은 크기의 파장에 의해 기술적인 것이 될 뿐입니다.

그렇지만 이 경우, 그 자체는 K^0에 속하지 않는 클래스 K^0의 해법으로부터 형태 (A)의 중첩superposition이 또한 요구됩니다. 예를 들면 이것은 하나의 입자가 두 개(혹은 그 이상)의 통로openings를 통과할 때, 간섭 현상을 갖는 경우입니다(이 경우 통로들은 '현미경으로 볼 수 있는 구spheres'인지 혹은 '전자'인지는 문제가 되지 않습니다).

여기까지는 제가 볼 때는 두 분 모두 동의하시리라 봅니다.

2. 아인슈타인의 본질적인 문제

클래스 K^0에 속하지 않는 슈뢰딩거 방정식의 그러한 해법들이 어떻게 물리적인 용어로 해석될 수 있는가? 이에 대한 아인슈타인의 추론은 아래와 같습니다.

A. 누군가가 거시-물체를 '바라볼 때', 이 거시-물체는 준 정밀하게 규정된 위치를 가지며, 따라서 '바라봄'이라는 행위 지체에 의해 위치가 고정됨에 따라 인과적인 메커니즘을 만들어 낸다는 말은 합당하지 않습니다.

해설: '바라본다'라는 말 대신에 저는 '수렴되는 빛으로 비추는'라는 말로 표현하고 싶고, 나중에 나온 '바라봄'이라는 말도 '적절한 실험 조건의 설정'이라는 말로 대체하고 싶습니다. 제가 여전히 동의한다는 점은 별개의 문제로 놔두고, 이 경우에 있어서 저는 정확한 위치의 규정, 혹은 이와 동일한 위치값, 관찰 결과로서의 위치의 규정이 자연 법칙에 의해 연역될 수 있다고 생각하지 않습니다.

아인슈타인의 추론은 계속됩니다.

B. 따라서 거시-물체는 언제나 준-정밀하게 규정된 위치를 '실재에 대한 객관적인 기술'로 가집니다. 클래스 K^0에 속하지 않는 그러한 ψ-함수들은 원리상 '폐기될' 수 없으며, 또한 자연과 부합해야 하기 때문에, 일반적인 ψ-함수는 단지 전체ensemble에 대한 기술로서 해석될 수 있을 뿐입니다. 만약 어떤 ψ-함수에 의해 이루어진 물리 체계에 대한 기술이 완벽하다고 주장하고 싶다면, 원리적으로 자연 법칙들은 전체-기술ensemble-description을 가리킬 뿐이라는 사실에 의존해야 하는데, 이는 아인슈타인이 믿지 않는 것입니다(현재 우리에게 알려진 자연 법칙들뿐만 아니라).

제가 동의하지 않는 부분은 아인슈타인의 추론 B입니다('결정론' 개념이 여기서 결코 발생하지 않았다는 점을 부디 주목해 주십시오!). 저는 '거시-물체'가 언제나 준-정밀하게 규정된 위치를 갖는다는 것이 참이 아니라고 생각합니다. 왜냐하면, 저는 미시-물체와 거시-물체 사이의 기본적인 차이를 이해할 수 없으며, 그리고 언제나 문제가 되는 물리적 대상의 파동 양상wave-aspect은 그 모습이 드러나는 모든 곳에서 상당 정도의 불확정적인 부분을 가정해야 하기 때문입니다. 이전 페이지에 있는 그림*에서 볼 수 있는 틈opening 위에다가 이후에 진행될 관찰 과정을 통해 (예를 들면 '갓을 씌운 전등을 가지고 조명하여') 정확한 위치 x_0를 규정하는 것, 그리하여 '그 입자가 존재한다'는 진술을 만드는 행위는 비록 그것이 관찰자에 의해 영향 받을 수 없다고 할지라도 자연 법칙 외부에 존재하는 '창조creation'로 간주됩니다. 자연 법칙은 이 때 단지 이러한 관찰 행위의 통계학에 대해서만 뭔가를 말해줄 뿐입니다.

슈테른이 최근에 말했던 것처럼, 바늘 끝에 몇 명의 천사들이 앉을 수 있는가라는 고대의 문제와 마찬가지로, 자신이 어떠한 정보도 알아낼 수 없는 어떤 것이 동일하게 존재하는가 그렇지 않은가의 문제로 더 이상 자신의 머리를 쥐어짜내서는 안 됩니다. 그러나 제게는 아인슈타인이 제기하는 문제들이 궁극적으로 언제나 그런 종류의 문제들로 보입니다.

아인슈타인은 제 말에 동의하지 않을 것이며, 아인슈타인은 심지어 이미 어떤 방식으로든 '갓을 씌운 전등에 의한 조명'에 의해 얻어진 관찰 결과들로부터 나온 가능한 차이들에 상응하는 요소들이 관찰 자체에 포함되기도 전에 '체계에 대한 완전히 실재적인 기술'이 필요하다고 요구할 것입니다. 반면, 저는 이러한 요청이 상호 배타적인 실험 조건 설정을 선택하는 실험자의 자유와 모순된다고 생각합니다(예를 들어 서로 평행하게 늘어선 기다란 빛의 파장!).

이 모든 것을 정리하자면, 이렇게 말씀 드리고 싶습니다. 저는 선생님 원고가 담고 있는 형식적 계산들에는 어떠한 반대 의견도 가지고 있지만(말이 나와서 드리는 말씀이지만, 잘 모르겠습니다), 선생님의 논문은 아인슈타인이 관심을 가지고 있는 문제들을 완전히 간과하고 있습니다. 특별히 아인슈타인과의 논쟁에는 전혀 상관없는 결정론이 개념을 도입하고 계십니다.

아인슈타인과는 별개로, 제가 말씀드리고 싶은 또 다른 점은 '측정'과 '경로' 문제에 있어 고전 역학과 양자역학이 가진 서로의 차이점을 보이는 것입니다.

A. 고전 역학. 예를 들어 행성의 경로에 대한 결정determination을 생각해 보죠. 동일한 정확성 Δx_0을 가지고 그 위치는 반복적으로(상이한 시간 T_1, T_2,...) 측정되어야 합니다. 만약 누군가가 물체의 운동에 대한 단순한 법칙들(예를 들면 뉴턴의 중력 법칙)을 가지고 있다면, 그는 자신이 원하는 정도의 고도의 정확성을 가지고 물체의 경로(또한 주어진 시간에서의 위치와 속

도)를 계산할 수 있습니다(그리고 또한 상이한 시간에서 가정된 법칙을 다시 테스트할 수 있습니다). 제한된 정확성을 가지고 반복적으로 측정하는 작업은 따라서 고도의 정확성을 가지고 행해진 한 번의 측정을 성공적으로 대체할 수 있습니다. 뉴턴의 법칙과 같은(그리고 지그재그식의 불규칙하거나 미시규모 상의 다른 운동이 아닌) 상대적으로 단순한 힘force의 법칙에 대한 가정은 따라서 고전 역학적 의미로 우리가 인정할 수 있는 이상idealization입니다.

B. 양자역학. 동일한 정확도 Δx_0를 갖고 연속하여 반복적으로 위치를 측정하는 하는 것은 이후에 얻게 될 위치 측정 결과를 예측하는 데에 아무런 도움이 되지 않습니다. 왜냐하면 주어진 시간 T_n에서 어떤 정확성 Δx_0으로 위치를 측정하는 모든 작업은 나중에는 부정확성을 함축하며,

$$\Delta x_{t_n} : \frac{h}{m V x_0}(t_{n+1} - t_n)$$

또한 이전에 했던 모든 위치 측정을 사용할 수 있다 가능성조차도 이러한 오류의 한계 내에서 사라집니다(제 기억이 옳다면, 보어는 수년전에 이 예를 가지고 저와 함께 논의했습니다).

이론 A와 B의 주요 차이점, 즉 B에 있어서 이전에 행해졌던 측정들의 결과로서 얻어진 정보가 한 번의 측정 후에 상실될 수 있다는 차이점이 선생님의 원고에서는 충분히 명확하게 제시되어 있지 않았습니다.

안부를 전합니다.

— 언제나 곁에 있는 당신의 W. 파울리

* 이 편지에 그 그림은 없다.

◆

고전 역학과 양자역학의 기초적인 차이점에 대한 파울리의 논의는 현재는 아마도 모든 물리학자들이 공유하는 공통의 자산일 것이다. 그의 공식화는 이곳에 소개할 수 있을 정도로 매우 간결하며 인상적이다.

다음 편지는 취리히에서 보낸 것이며, 이 편지보다는 짧다. 다음 편지는 이 편지보다 더욱 전문적이지만, 같은 이유로 여기에 소개한다.

116_보른 선생님께

1954년 4월 15일
Physikalische Institut der Eidg.
Tecnischen Hochschule
Zürich

집에 무사히 돌아온 후, 선생님께서 보내신 4월 10일자 편지를 읽어보았습니다. 그러나 추가적으로 무엇을 더 말씀을 드려야할지는 모르겠습니다.

1. 아인슈타인

비록 저는 아인슈타인의 형이상학을 '결정론적'이 아니라 '실재론적'이라 부르고 싶지만, 아인슈타인이 '자신의 형이상학에 갇혀있다'라는 선생님의 의견에 저는 전적으로 동의합니다. 그는 언제나 특수 클래스 K^0에 속하지 않는 그러한 파동 함수를 가지고 다음을 주장하며 양자역학을 교수형 시키고자 합니다. 즉 K^0에 속하지 않는 그러한 해법은 '단지' 실재에 대한 '불완전한' 전체-기술일 뿐이라는 주장입니다. 왜냐하면, 자신의 형이상학에 따르면 거시-물체의 위치는 객관적인 실재 상태에서 언제나 '준-정밀하게 규정되'어야 합니다(그러나 양자역학에서는 이러한 것은 클래스 K^0의 특수 해법과 또한 제한된 시간 간격만을 위한 경우일 뿐입니다).

이렇게 저는 이미 제가 보낸 지난 편지에서 아인슈타인의 관점을 선생님께 설명 드리고자 했습니다. 이는 아인슈타인이 발간한 논문이나 책 그리고 그가 제게 들려준 얘기와 완전히 동일한 내용입니다. 게다가 제가 취리히로 떠나기 전에 그를 인사차 방문했을 때, 그는 제게 양자역학이 해야 할 일은 저희의 논리를 다른 사람이 공격할 수 없도록 하는 것이라고 말해주었습니다(그러나 이 말은 자신이 믿고 있는 것과는 일치하지 않습니다). 그는 이렇게도 말했습니다. "비록 양자역학이 물리 체계들을 불완전하게 기술한다할지라도, 그것을 완전하게 만드는 데에는 의미가 없어. 왜냐하면 완전한 기술이라는 건 자연 법칙들과 일치하지 않기 때문이거든." 그러나 저는 이런 그의 말에 만족하지는 않습니다. 왜냐하면 제게는 이것이 '바늘 끝에 앉아있는 천사들'이라는 (아무도 그 내용을 알지 못하는데 그것이 존재하는지 아닌지를 묻는) 형이상학적 형태의 공식화들 중 하나로 보이기 때문입니다.

2. 아인슈타인과 관계없다?

해법 $C_1\phi_1(x) + C_2\phi_2(x)$, 여기서 $\phi_1(x)$과 $\phi_2(x)$는 동시에 일어나는 것이 아닙니다. 즉 x-공간에 있는 $\int f(x)\phi_1(x)\phi_2(x)dx \sim 0$은 고전 역학적 전체(밀도 P에 의해 기술될 수 있는)와는 다른 어떤 것으로 귀착되지는 않지만, $C_2 = C_1 e^{i\alpha}$ 내에서 위상phase α가 제대로 규정되는 한에 있어서 p-공간에서는 그렇지 않습니다(푸리에 분해Fourier decompositioin를 따라). 물론 이 문제에는 어떠한 어려움도 없습니다. 오히려 만족스럽습니다. α에 대해 평균을 낸 후에, 우리는 일종의 혼합mixture(이는 단일한 파동 함수에 의해서는 기술될 수 없지만, 파동 역학에 있어서처럼 폰 노이만의 방식을 따른 밀도 행렬 p에 의해서는 기술될 수 있습니다)을 얻게 되는데, 그것은 고전 역학의 혼합과는 매우 구별하기 어려운 것입니다.

물론 아인슈타인은 고전 역학 전체에 대한 반론을 갖고 있지 않습니다. 왜냐하면, 위에서 말한 것들은 확실히 고전 역학의 의미에서 볼 때, 체계에 대한 불완전한 기술을 보여주기 때문입니다. 그는 단지 '실재의 참된 객관적인 상태'는 언제나 준-정밀한 위치를 갖기 때문에 하나의 파동-함수에 의한 상태의 특성화(폰 노이만이 말한 '순수한 경우') 역시 '불완전하다'는 자신의 주장에 대해서만 관심이 있을 뿐입니다.

안녕히 계십시오.

— P.

* 예: $\psi = Ae^{iat} \cos CX$ '클래스 K^0'는 나의 축약어이다.

◆

파울리가 보낸 편지들은 나에게 바치는 헌정 논문집을 위해 쓴 아인슈타인의 논문에 대한 응답으로 준비한 내 초안이 완전히 부적절했다는 것을 명확히 보여주고 있다. 나는 아인슈타인이 문제 삼는 것을 이때까지 이해하지 못했다. 20년이 지난 지금 어떻게 이런 일이 가능했는지 생각해보지만, 단지 이런 설명밖에 하지 못하겠다. 젊은 아인슈타인의 무조건적인 추종자이자 사도로서 나는 그의 가르침에 맹세했다. 따라서 이런 나에게는 노년의 아인슈타인이 젊은 시절의 생각과 다르게 생각한다는 것은 상상할 수도 없는 일이었다. 그는 어떤 개념이 언급하는 사태를 관찰한 수 없다면 물리학에서는 어떤 자리도 차지할 수 없다는 원리에 입각하여 상대성 이론을 기초 지웠다. 공간의 상이한 부분들에서 절대적으로 동일하게 발생하는 두 개의 이벤트라는 개념과 마찬가지로, 빈 공간에 어떤 지점이 고정되었다는 생각이 바로 그러한 종류의 개념이다. 양자 이론은 하이젠베르크가 이러한 원리를 원자들의 전자 구조에 적용함으로써 나오게 되었다. 이는 나에게 직접적으로 중요한 의미를 던져주었으며, 나로 하여금 내가 할 수 있는 모든 연구를 이러한 생각을 위해 집중하게 만드는 대담하면서도 근본적인 발돋움이었다. 따라서 아인슈타인이 엄청난 성공을 거두며 사용했던 이 원리가 양자역학에 대해서는 타당하지 않다고 거부하면서, 양자역학은 '바늘 끝에 몇 명의 천사들이 앉을 수 있는가'와 같은 종류의 문제를 설명하려 한다는 주장은 나에게는 도저히 이해되지 않았다. 왜냐하면 이는, 파울리가 분명히 설명하고 있는 것처럼 아인슈타인의 요구, 즉 물리적 상태는 그것이 이에 대한 어떤 원리를 요청하는 것이 불가능하다고 증명된 때일지라도 객관적인 실재 존재를 확보해야 한다는, 혹은 그것에 근접해야 한다는 것이다. 게다가 그는 이러한 요구를 공격하는 모든 이론은 불완전한 것이라고 주장한다. 이전에 보낸 편지에서 그는 자신은 '존재하는 것은 지각된 것이다esse est percipi'라고 주장하는 철학에 반대한다고 말함으로써 이를 표현 한 바 있다.

우리가 가진 근본적인 의견 차이에 대한 파울리의 분석은 아인슈타인의 논문에 대한 올바른 대답이었다. 나는 아인슈타인에게 파울리의 분석을 그에 대한 응답으로 출판하도록 맡길 수밖에 없었다. 그러나 내가 아는 한, 그는 그렇게 하지 않았다.

내가 쓴 원고는 내게는 다른 곳에서는 마주칠 수 없었던 생각들을 담고 있는 것으로 보였다. 나는 아인슈타인의 논문에 대해서는 별로 언급을 하지 않고 원고를 완전히 다시 썼다. 나는 그가 예로 들었던 탄력적인 두 개의 반사 벽을 이리저리 오가는 입자를 가지고 그것을 수학적으로 좀 더 발전시킨 후에 그것을 이용하여 상대성과 결정론에 대한 내 자신의 철학적 생각들을 설명하였다.

그때 나는 덴마크 아카데미로부터 아카데미가 출판하는 보고서에 논문을 기고해 달라는 요청을 받았다. 이 보고서는 닐스 보어의 70회 생일을 맞이하여 출판될 예정이었다. 따라서 나는 런던의 왕립 학회에 보내려 했던 이 논문을 코펜하겐의 덴마크 아카데미에 보냈다. 이 논문은 그곳에서 「연속성, 결정론과 실재Continuity, Determinism and Reality」라는 제목으로 발표되었다. 무엇보다도 헤르만 바일이 갑작스럽게 사망했다는 소식이 담긴, 취리히에서 보낸 1955년 12월 11일자 편지에서, 파울리는 다음과 같이 썼다. "보어에게 헌정하는 책에 실린 선생님의 논문을 매우 즐겁게 읽었습니다. 이 논문의 인식론적 내용들은 매우 명확하며, 저는 모든 점에서 동의합니다. 저는 제 강의에서 세타-함수theta-function에 대한 변형 공식이 역할을 하는 그런 방식으로, 두 벽들 사이의 질점mass point의 예와 그 질점에 속하는 파동-묶음에 대한 수학적 취급을 이용한 바 있었습니다. 그렇지만, 이는 사소한 문제입니다." 그러나 이는 사소한 문제 이상이다. 이 말은 파울리가 당시 내가 말해야 했던 모든 것들을 얼마나 오래 전부터 잘 알고 있었는지를 보여준다. 그러나 이러한 사실이 나를 당황스럽게 만들지는 않았다. 왜냐하면, 나는 그가 괴팅겐의 내 조수로 연구하던 때부터 그가 오직 아인슈타인과만 비견될 수 있는 천재라는 사실을 알고 있었다. 사실, 그는 아인슈타인과는 완전히 다른 유형의 인간이었고, 아인슈타인만큼의 명성을 얻지는 못했지만, 순수한 과학적 관점에서 볼 때 그는 심지어 아인슈타인보다 더 위대했다고 할 수 있다.

세타-함수에 대한 그의 언급은 내가 바트 피르몬트로 이사한 이후에 이 예를 다시 살펴보게끔 했다. 루드비히W. Ludwig와 함께 쓴 한 논문[47]에서, 진자 운동을 하는 입자의 운동은 슈뢰딩거의 파동 중첩파동 재현에 의할 뿐만 아니라 정밀함이 축소되는 가우스적 분포들Gaussian distributions의 중첩입자 재현으로 간주될 수 있는 적분integrals 형태의 해법에 의해 재현되었다. 첫 번째 형태는 양자역학 고유의 영역에 상응하며, 두 번째 형태는 거의 고전적인 영역에 상응한다. 그것들 각각은 파울리가 언급한 세타-변형에 의해 상호 변형될 수 있다.

여기까지는 파울리도 분명히 잘 알고 있는 내용이었다. 우리가 여기에 추가했던 새로운 부분은 이런 두 개의 분리된 기술들을 하나로 변형시키는 데에 사용될 수 있는 방법으로서, 그것은 모든 속도들과 모든 질량들에 대해 적용되며 동시에 타당한 것이었다. 나는 결정 이론에서 유래한 이 방법을 잘 알고 있었는데, 결정 이론에 있어서 이 방법은 에드발트P. P. Edwald가 정전기electrostatic 포텐셜들과 전자기 포텐셜들을 계산하는 데에 있어서 큰 성공을 거두며 사용했던 방법이었다.

비록 이 문제는 물리학적으로 사소하며 실제로 그다지 중요하지 않은 경우를 다루고 있지만, 이는 고전 역학과 양자역학 사이의 관계에 대한 명확한 통찰을 제공하며, 내게는 그러한 관계를 다루는 다른 어떤 철학적인 생각들보다 훨씬 유용한 것으로 보인다.

다음에 이어지는 편지들에서는 지금까지 설명했던 논쟁이 단지 스쳐 지나가는 말로 언급될 뿐이다. 때때로 나타나는 신랄함에도 불구하고, 이러한 논쟁 때문에 우리 관계에 어떠한 오점이 남지는 않았다.

117_보른에게

112 Mercer Street
Princeton, New Jersey
U.S.A.

비록 뒤늦었다는 사실이 이상하지만, 현재의 양자 이론에 당신의 기여한 근본적인 공로를 인정받아 노벨상을 수상하게 되었다는 소식을 듣고 저는 너무나 반가웠습니다. 당연히 특별히 주목해야 하는 것은 우리들 각자의 생각을 뚜렷하게 밝혀주었던 통계적 해석 기술description이 수상의 이유라는 점입니다. 이 주제에 대해서 결론 내리지 못했던 우리의 편지 교환에도 불구하고, 당신의 공로에 대해서는 추호도 의심하지 않습니다.

또한 함께 받게 될 거액의 상금 또한 은퇴한지 얼마 되지 않은 당신에게 적지 않은 도움이 되리라 생각합니다. 당신과 부인께 진심어린 안부를 전합니다.

— 아인슈타인

◆

1932년 하이젠베르크와 공동으로 내가 노벨상을 수여받지 못했다는 사실은 하이젠베르크가 보내준 위로 편지에도 불구하고 당시 내게는 큰 상처로 남았다. 그러나 나는 이후 하이젠베르크의 탁월함을 인정했고, 그 상처를 극복했다. 우리가 독일로 돌아왔던 때에는 이미 완벽하게 치유되어 있었다. 따라서 수상 소식에 대한 나의 놀라움과 환희는 그만큼 더 컸는데, 하이젠베르크 및 조단과의 공동 연구가 아니라, 홀로 생각하고 입증했던 슈뢰딩거 파동 함수에 대한 통계적 해석으로 수상했기 때문이었다.

내가 기여한 바가 20년이나 흐른 뒤에 인정되었다는 것은 놀랄 일이 아니다. 왜냐하면 양자역학이 등장했던 초창기에 위대한 인물들은 통계적 해석에 반대했다. 플랑크, 드 브로이, 슈뢰딩거, 심지어 아인슈타인도 그러했다. 스웨덴 아카데미가 이 인물들의 목소리에 반하여 독자적으로 행동하는 것은 쉬운 일일 수 없었다. 따라서 나는 내 생각들이 모든 물리학자들의 공통의 자산이 될 때까지 기다릴 수밖에 없었다. 내가 했던 연구가 닐스 보어와의 협동이나 그의 코펜하겐 학파로부터 유래한 것은 결코 아니지만, 오늘날 거의 모든 곳에서 내가 만들어 낸 이런 사고의 계열에 닐스 보어와 코펜하겐 학파의 이름이 따라다니고 있다.

118_아인슈타인에게

1954년 11월 28일
Dr Barner's Sanatorium
Braunlage, Harz

당신이 "다시 태어날 수 있다면, 물리학자가 아니라 기계공이 되겠다"라고 말했다는 신문 기사를 최근에 읽어보았습니다. 이 말이 제게는 큰 위안이 되었습니다. 과거에는 그렇게 아름다웠던 우리의 과학이 세상에 초래한 해악을 생각하면, 제게도 유사한 생각이 떠오르기 때문입니다. 20년 전에 행했던 ψ-함수에 대한 통계적 해석으로 얼마 전 그들이 제게 노벨상을 주었습니다. 저는 정말로 이에 대해서 한 가지 설명밖에 하지 못하겠습니다. 그들이 제게 노벨상을 준 의도는 곧바로 현실에 적용할 수 없는 어떤 것, 완전히 이론적인 어떤 것에 영예를 안겨준다는 의도입니다.

리누스 파울링Linus Pauling도 동시에 노벨 화학상을 받았습니다. 그는 자신의 올곧은 정치적 행위와 과학적 발견물들의 악용에 대한 거부로 유명한 사람입니다. (이곳에서는 심지어 그가 미국을 완전히 떠나는 것조차 허용되지 않았다는 소문이 돕니다만, 사실로 보이지는 않습니다.) 저와 그가 동시에 수상하게 된 일은 우연이라고 생각할 수 있지만, 노벨상이 본래 추구하는 목표는 달성되었다고 보입니다. 그런 이유로 저는 기꺼이 스톡홀름에 갈 생각입니다. 물론 저희 부부가 그 상을 받는다고 해서 건강이 좋아지지는 않을 겁니다. 저희 두 사람이 심장병을 앓고 있는데, 걱정거리 없이 지내야만 고통을 피할 수 있습니다. 헤디는 현재 기력을 회복하기 위해 괴팅겐의 클리닉에 입원해 있습니다. 저 또한 같은 이유로 이곳 하르츠에 와 있습니다. 더 이상 과학적 연구를 할 수 없기 때문에(8년 전에 시작한 광학에 대한 책을 제외하고), 저는 지금까지 만들어진 그 어느 것보다 더 끔찍한 폭탄 생산에 대해 우리 동료들의 양심을 일깨우고자 제가 얻게 된 명성을 이 두 나라(이곳에서 저는 '독일인'이며, 저곳에서는 '영국'의 물리학자입니다)에서 이용할 생각을 하고 있습니다. 저는 노벨상 수상 소식을 받기 전에 이미 그런 생각을 하고 있었고, 이곳에서 널리 읽히는 〈물리학 신문〉에 칼럼도 썼었습니다. 현재 저는 『카피차, 원자 폭탄의 짜르Kapiza, the Atom Tsar』[65]라는 멋진 제목을 가진 책을 읽고 있는데, 러시아의 핵폭탄 개발에 대해 드라마틱하게 서술하고 있습니다. 책을 읽다보면 심한 구역질이 납니다. 카피차 자신은 이러한 연구에서 손을 뗐습니다. 당시 그는 당신이 계신 곳에 있는, 카피차와는 정반대 인물인 R. O[로버트 오펜하임Robert Oppenheim]이 그랬던 동일한 방식으로, 이런 과정에 제동을 걸고 그것을 지체시키고자 그가 할 수 있는 모든 것을 시도했습니다.

누군가 제게 편지를 보내 당신이 병을 앓고 있다고 말해주었습니다. 제게 답장을 하실 수 있도록 빨리 회복되시기를 진심으로 바랍니다. 저희 둘은 인간적인 문제들에 있어서 서로를 이해하고 있습니다. 양자역학의 불완전성에 대한 의견 차이는 그것에 비하면 아무것도 아닙니다.

만약 헤디가 이곳에 있었더라면, 저와 함께 당신께 안부를 전했을 겁니다.

옛 우정을 추억하며

— 막스 보른

◆

나는 당시 리누스 파울링과 내가 동시에 노벨상을 받은 이유가 우리 두 사람 중 누구도 현실적인 적용이나 정치적인 목적을 위해 과학을 악용하는 것과 일체 관련이 없었기 때문이라고 말했지만, 지금 생각해 보면 그런 생각이 옳았는지는 확실하게 말할 수 없다. 왜냐하면 우리들 옆에 있었던 다른 과학자들도 동시에 노벨상의 영예를 얻었는데, 물리학자 발터 보데Walter Bothe도 그 중 한 명이었고, 노벨상 수상과 관련한 내 생각은 그에게는 거의 적용될 수 없었기 때문이다.

스톡홀름에서 열린 노벨상 수상식은 무척 피곤했지만 즐거웠으며, 우리의 건강에 어떤 해도 끼치지 않았다. 과학적 성과를 제대로 사용하자는 나의 대중적 활동에 노벨상 수상은 커다란 힘을 실어주었다.

『카피차, 원자 폭탄의 짜르』라는 책은 자극적인 제목에도 불구하고 독일에서는 널리 읽히지 못했다. 이 책을 알고 있는 사람을 만난 적도 없으며, 신문이나 잡지에서 이 책을 소개한 기사도 보지 못했다. 이 책의 많은 부분이 아마 창작된 된 것이 아닐까 생각하는데, 왜냐하면 우리가 자세하게 알고 있었던 카피차 인생의 특징들이 전혀 언급되지 않거나 잘못 제시되고 있기 때문이다.

다음 편지는 아인슈타인에게서 받은 마지막 편지로서, 만약 그가 다시 태어날 수 있다면, 물리학자가 아니라 기계공이 되겠다고 내용의 신문 기사를 보았다는 내 편지의 첫 부분에 대해 설명하고 있다. 당시 나는 그가 원자 폭탄에 대한 얘기를 하는 것이라고 생각했다. 아래는 아인슈타인의 짧은 답장이다. 타자기로 쓴 편지인데, 겉으로 보기에도 그의 상태가 이미 심각한 수준이었다고 느껴졌다.

119_보른에게

1955년 1월 17일

당신이 요청했던 〈리포터Reporter〉에 보낸 제 편지의 원문을 동봉합니다. 남의 말 듣기를 좋아하는 언론사에서 고용한 기자 녀석들이 대중들에게 마치 제가 과학적 시도에 몸 바쳤던 것을 후회라도 하고 있는 양 제 말을 그렇게 왜곡했고, 실용적인 직업들에 대해 제가 어떤 가치도 부여하지 않는다는 인상을 심어 주어 제 말이 의도했던 대중들에 대한 충격 효과를 완화시켜 버렸습니다.

제가 말하고 싶었던 바는 단지 이것입니다. 지금과 같은 조건이라면, 제가 선택하고 싶은 유일한 직업은 지식에 대한 탐구와는 관계없이 생계를 유지하는 그런 직업입니다.

안부를 전하며

— A. E.

◆

유감스럽게도 나는 〈리포터〉에 보낸 그 편지를 갖고 있지 않다. 이번 여름(1965년) 린다우에서 열렸던 노벨상 수상자들의 모임에서 내가 아인슈타인의 편지들에 대해 설명할 때, 나는 위에서 언급했던 것처럼 아인슈타인의 말을 원자 폭탄을 의미하는 것이라고 믿고 있었다. 나중에 나는 아인슈타인의 유언 집행자인 뉴욕의 오토 나단 박사로부터 그 말은 그런 의미가 아니라고 듣게 되었다. 아인슈타인의 말은 시민 권리의 위기를 의미하는 것으로, 그 위기는 상원 의원인 매카시의 등장과 함께 찾아왔다. 자신의 정치적 의견을 자유롭고 공개적으로 감히 표현했던 교수나 과학자들은 상원 의원 매카시가 주관하는 상원 위원회 앞으로 출두해야 하는 위기를 겪었으며, 사회적 지휘를 상실하는 정도는 최악의 경우와 비교했을 때 그나마 괜찮은 정도였다. 이러한 사태에 관심 있는 사람은 『아인슈타인과 평화Einstein on Peace』[27]라는 책 중 오토 나단이 쓴 주석들에서 관련 부분을 읽을 수 있는데, 이 책은 부정확한 해석 때문에 유명해졌던 본래의 문장을 담은, 아인슈타인이 리포터에 보내는 편지도 포함되어 있다. "물리학자보다는 오히려 배관공이나 행상인이 되겠다."

120_아인슈타인에게

1955년 1월 29일
Bad Pyrmont
Marcardstrasse 4
West Germany

〈리포터〉에 보낸 당신 편지의 원문을 이렇게 빨리 보내주셔서 감사합니다. 언론들이 당신의 말이 가진 충격을 완화시키려 했다는 것을 잘 상상해 볼 수 있더군요.

당신의 원문이 애매하다는 것을 말씀드려야 하겠습니다. 저는 그것을 당신이 설명한 것과는 다른 의미로도 읽어봤는데, 그것도 만족스럽지는 않습니다. 누군가가 지식의 탐구와는 관계없는 그런 삶을 사는 방식을 선택할 때조차, 그 사람은 자기 자신에 대해 스스로가 갖고 있는 지식을 유지해야 하거나 혹은 17세기와 18세기에는 통례적이었던 것처럼 개인적으로라도 그러한 생각들을 친구들과 교류해야 합니다. 그렇지 않다면, 다른 사람들은 사악한 목적을 위해 성과들을 악용할 것이며, 따라서 저는 다른 직업을 가진 사람이라고 해도 책임감으로부터 결코 자유롭지 않다고 느껴집니다.

저는 이러한 것들에 대해 많이 생각하고 있습니다. 그리고 버트란트 러셀과도 접촉했습니다. 그는 영국의 라디오를 통해 효과적인 주장을 펼쳤으며, 그 내용은 12월 30일자 〈리스너Listener〉에 인쇄되어 나옵니다. 이러한 논의가 과연 한 개인이나 개인을 훨씬 넘어서 있는 자연을 위해 어떠한 결론들을 내리게 했는지 곧 알려 드리겠습니다. 일본의 한 잡지사가 제게 편지를 보내왔습니다. 원자 폭탄 등을 주제로 유카와Yukawa와 제가 나눈 제 편지를 출판하려고 하는데, 이에 대해 동의를 하겠느냐고 물어왔습니다. 잡지사는 유카와가 그들에게 보낸 편지도 함께 보내왔습니다. 제가 보낸 답장과 함께 묶여진 그 편지는 정말로 유카와가 쓴 것으로 보이는 편지였습니다(일본어를 전혀 모르기 때문에 그가 보낸 편지를 읽을 수는 없었습니다).

헤디와 함께 안부를 전합니다.

— 막스 보른

◆

이 편지는 '배관공과 행상인' 문제에 대한 내 태도를 담고 있다. 내 태도는 아인슈타인의 태도를 넘어선다. 왜냐하면 설사 누군가가 과학으로 생계를 유지하지 않으면서 독자적으로 행한 연구 결과들을 발표했다고 할지라도, 다른 사람이 자신의 연구 결과들을 이용해 만들어낸 결과물을 사용하는 것에 대한 책임에서는 벗어날 수는 없다.

히데키 유카와Hideki Yukawa는 명석한 이론 물리학자이며, 일본인 중에 노벨상을 수상한 유일한 인물이다.[66] 그는 새로운 종류의 입자의 존재, 즉 (전자와 프로톤 사이에 존재하면서 질량을 갖고 있는) 중간자meson를 예측한 공로로 1949년 노벨상을 수상했다. 나는 지금도 그와 서신을 교환하고 있으며, 올해(1965년) 린다우에서 열렸던 노벨상 수상자들의 모임과 같은 계기를 통해 때때로 그를 만나고 있다. 우리는 물리학에 대한 우리의 생각에 의해서뿐만 아니라(그는 내 상반성 원리를 소립자 이론 영역에 있어서 지도적인 발견적heuristic 사상으로 간주했다), 전쟁과 파괴라는 목적을 위해 과학의 연구 결과들을 악용하는 데에 반대하는 입장에 있어서도 서로 관계가 밀접했다.

아인슈타인은 우리가 주고받았던 서신들의 마지막 편지인 이 편지를 끝으로 세상을 곧 떠났다. 그의 의붓딸인 마고가 아내에게 보낸 편지에서 아버지의 병실을 마지막으로 찾았던 당시 상황을 적고 있다. "제가 아버지와 같은 병원에 입원했었다는 사실을 알고 계신가요? 저는 병원 측으로부터 허락을 받아, 아버지와 두 번 정도 만나 몇 시간 동안 이야기를 나눌 수 있었습니다. 저는 휠체어에 앉은 아버지에게로 안내되었습니다. 처음엔 아버지를 알아볼 수가 없었습니다. 고통과 빈혈 증세로 아버지의 얼굴은 너무 많이 변해 있었습니다. 그렇지만 아버지의 성품은 예전 그대로였습니다. 아버지는 당신의 변한 모습을 보고 당황했던 제 표정이 좀 괜찮아지자 제게 농담을 하며 기뻐했습니다. 아버지는 보통 사람의 모습처럼 보이려고 애쓰고 있었습니다. 아버지는 매우 침착하게 제게 말을 건넸으며, 의사 선생님에 대해서도 유머가 섞인 농담까지 하셨습니다. 그리고 곧 닥쳐올 자연 현상으로서의 당신의 마지막을 기다렸습니다. 아버지는 두려움 없이 자신의 인생을 살아왔기 때문에 겸손하고 평온하게 죽음과 대면했습니다. 그는 어떤 감정이나 후회 없이 이 세상을 떠났습니다."

그의 죽음으로 내 아내와 나는 우리가 가장 사랑하는 친구를 잃었다.

역자후기

우리나라를 둘러싼 동아시아가 정치, 외교적으로, 그리고 경제적으로 파국으로 치달아 어떤 우연한 요인에 의해 전쟁에 휩싸이게 된다는 소설적 모티브를 상상해볼 수 있다. 이런 배경 하에서 소설의 주인공은 전쟁을 일으킨 주범들에 의해 제거대상 목록에 오른 소수 민족의 일원이다.

주인공은 당장 내일이라도 자신을 죽음으로 몰고 갈 수 있는 전쟁의 포화 속에서 자신을 뒤쫓고 있는 비밀경찰들의 발자국 소리를 들으면서도 연구에 몰두한다. 물론 주인공은 소설의 마지막장을 넘길 때까지 살아남아야 한다. 동시에 사랑하는 가족들의 안전도 지켜야 하며, 위기에 빠진 소중한 친구들도 살려야 한다. 과연 이 소설의 결말은 어떻게 될 것인가? 이런 상상은 사람들에게 소설적 재미는 줄 수 있을지 몰라도, 이런 사면초가의 상황에 자신의 인생을 시뮬레이션시키는 것은 그다지 유쾌한 일은 아니다.

그러나 지금까지 얘기한 이런 상황은 단지 개연성이 극히 낮은 소설석 상상이라고 단언할 수는 없다. 우리가 읽게 될 보른과 아인슈타인의 편지들에는 바로 수십 년 전에 일어난 그러한 소설적인 이야기가 실제로 구현되어 있으며, 이 두 사람은 바로 위기일발에 처한 주인공들로 형상화되어 있다.

주인공들은 전쟁과 함께 수많은 에피소드를 겪게 되며, 이 에피소드들은 밤을 새워 해도 모자랄 이야기 거리들로 남는다. 그 이야기들은 때로 우리에게 웃음을 주기도 하고 때로는 눈물을 짓게도 만든다. 위대하게도 그들은 인간의 삶을 유린하는 중대한 파국의 시대를 돌파했으며, 그 위기상황 속에서도 소위 '난다, 긴다'하는 동료 학자들이 찾아내지 못했던 자연의 진리를 밝

헉내기도 했다.

보른과 아인슈타인의 편지들은 바로 이러한 인류의 특수한 위기상황 속에서 인간이란 대체 무엇이며, 어떻게 살아가야하는지, 이에 대한 반성과 용기를 우리에게 제공한다. 많은 사랑 이야기가 있을 법하지 않은 상황을 연출하여 사랑이 무엇인지 우리에게 가르쳐 주듯이, 이들의 편지 또한 있어서는 안 될 충격적인 위기 속에서 인간이 무엇인지 우리에게 잠시나마 생각해보게 한다.

과학자들의 편지라고 과학이야기만 가득할 것이라는 추측은 잘못이다. 분명히 과학은 이미 오래전부터 '외계인의 언어'를 사용하기 시작하여, 대중이 쉽게 접근할 수 있는 학문의 위치에서 떠난 지 오래다. 그렇기 때문에 과학을 쉽게 풀이한 책들이 대중들에게 사랑받게 된 것은 놀랄 일은 아니다. 물론 이 편지들에는 전공자가 아닌 사람들은 영 이해하지 못할 기호들과 전문용어들이 등장한다. 그러나 이 책은 편지를 모은 책이다. 편지에는 인생의 이야기가 담겨 있다. 그러니 처음부터 '외계인의 언어'에 겁을 집어 먹을 필요는 없다.

이들의 편지에는 어떤 인생 이야기가 담겨 있을까? 강의 부담이 너무 크다든지, 이번에 새로 들어온 조교는 매우 우수하다든지, 아내가 심한 병을 앓아 치료를 받으면 안 된다든지, 아들이 태어나 서로 기뻐하고 축하한다든지와 같은 일상의 시시콜콜한 이야기도 물론 담겨 있다. 그리고 위에서 말한 전쟁의 위기와 위험 속에서 소위 '세계정세'를 바라보는 그들의 시각, 위기에 처한 동료들을 돕기 위해 여러 가지 방법을 강구하기 위한 의견 등 고통의 시대를 함께 넘어서고자 하는 이들의 고뇌도 담겨 있다.

경제적 어려움으로 인해 다른 돈벌이를 하지 않으면 유지할 수 없는 연구소의 책임자로서 겪게 되는 여러 에피소드, 자신의 과학적 업적을 세상이 인정해 주지 않는 것에 대한 섭섭함 등 학문 외적으로 그들이 겪어야 했던 쓰라린 경험들. 또한 과학자로서 날이 선 칼을 들이대고 결투를 하듯 논쟁을 벌이는 치열한 학문적 열정도 볼 수 있다. 우리는 차마 이 짧은 지면에 다 담아내기 어려운 이러한 편지의 내용을 보면서, 과학자들의 삶과 학문적 탐구라는 것이 단지 과학자들의 조그만 연구실에만 국한되어 진행되지 않는다는 것을 이해할 수 있게 된다.

과학 자체에 대한 내용만이 아니라 '과학의 과학'에 대한 논쟁도 편지들에서 확인할 수 있다. 말년에 이들이 두고 논쟁한 문제의 배후에는 과학철학에서도 중요한 문제가 되는 소위 '경험주의'와 '이론주의'에 대한 대립이 숨어 있다. 보른은 철저한 경험주의 입장을 아인슈타인이 말년에 버렸다고 비판하면서 아인슈타인이 상대성 이론을 배태시킨 자신의 초기 철학적 입장을 왜 스스로 포기했는지 의아해 하기도 한다. 물론 이 두 사람은 직접 머리를 맞대고 논의할 수 없는 공간적인 제약으로 인해 논쟁을 유발한 서로의 의견을 제대로 이해하지 못했다. 특히 여러 가지 이유로 보른이 아인슈타인을 오해한 측면이 더 많다. 과학철학에 관심을 갖는 독자들에게도 실제로 과학자들이 이런 과학철학의 문제가 어떻게 과학자들이 연구하는 현장에서 작용하는지 살펴보는 것도 분명 큰 재미가 된다.

또한 이 편지는 광적인 민족주의와 패권주의로 몸살을 앓고 있는 동북아 3국에 평화를 정착시키는데 도움이 될 법한 시사점들도 담고 있다. 보른과 아인슈타인은 흔들리지 않은 평화주의 원칙으로 전쟁이 없는 유럽의 평화를 위해 노력했다. 보른이 EU라는 아이디어의 선구자인 쿠덴호프 칼레기의 '유럽합중국' 사상에 관심을 보인 것도 인상적이다. 동아시아의 미래는 비록 극단적인 무력충돌까지는 이어지지는 않겠지만, 위험천만한 민족주의 이데올로기와 패권 중심적 사고방식을 버리지 않는다면, 서로를 이해하고 궁극적인 평화를 정착시키는 길에 도달하기는 힘들 것이다.

아인슈타인과 보른은 핵무기 사용에 대해서는 다른 행동을 보였지만, 모두 핵무기 사용 반대 모임을 조직하고 강연을 하는 등 반전평화 운동을 펼쳤다. 아인슈타인과 보른은 세계 평화를 지킨다는 명목으로 가면을 쓰고 이중적인 태도를 취하는 연합군의 활동을 비웃기도 했다. 또한 자국의 이해를 위해 한국을 포함한 당시의 부패한 동아시아 여러 정권을 지원한 미국을 비판하기도 했다.

이들의 편지가 주는 감동이 배가 되면서, 동시에 가슴 쓰라린 대목은 책의 후반부로 치달으면서부터이다. 두 사람은 전쟁으로 인해 서로 다른 곳으로 망명할 수밖에 없었다. 그리고 다시는 평생 두 사람은 서로의 얼굴을 보지 못했다. 그리고 아인슈타인이 먼저 세상을 떠났다. 세월이 흐르면서 몸과 마음이 점점 노쇠해지는 가운데, 재회하고 싶은 강렬한 소망을 가지지만 서로가 처한 상황으로 인해 그 소원을 이루지 못하게 된다. 아마 어떤 독자들은 곧 다가올 죽음을 앞둔, 이제는 백발이 성성한 노인들이 된 이들이 나누는 후반부의 편지들을 보고 눈시울이 뜨거워지게 될 지도 모른다.

한두 가지의 호기심을 만족시키기 위해 인생 전체를 바치는 삶은 보통의 우리에게는 흔하지 않다. 대개는 생계를 유지하고 자식에게 더 좋은 삶을 물려주기 위해 노력하는 자신의 삶이 어리석다는 것을 알면서도 끝내 그렇게 한 숨 쉬며 이 세상을 마치는 경우가 대부분일 것이다. 하지만 그런 가운데서도, 위인들이 인생이 신비화되고 신화화되었더라도 원하는 목적을 이루기 위해 한평생 매달렸던 위대한 인생을 읽고 올바르고 가치있는 삶을 다시 살아보고자 힘을 내보는 것이 보통의 인생일 것이다.

양자 역학과 광학에 평생을 바쳤던 보른, 그리고 상대성이론과 중력이론, 그리고 통일장 이론에 평생을 바쳤던 아인슈타인. 두 사람 모두 자신들의 공로를 인정받아 노벨 물리학상을 수상했지만, 그들이 인생에서 원했던 것은 단지 거금이 딸린 그런 공로상과 명예만은 아니었을 것이다. 이런 맥락에서 아인슈타인이 임종을 맞이하기 직전의 모습을 기술한 아인슈타인 딸 마고의 짧은 증언 또한 감동적으로 다가온다.

이 외에도 보른의 조수들로 등장하는 약관의 베르너 하이젠베르크, 볼프강 파울리, 동료로 등장하는 레오폴트 인펠트는 물론, 닐스 보어, 막스 플랑크, 데이비드 힐버트 등 당대 과학과 수학계의 거물들과 관련된 갖가지 에피소드 또한 과학에 관심이 많은 사람들에게도 기쁨을 주리라고 생각한다.

번역은 *The Born-Einstein Letters*(Macmillan, 2005)을 이용했다. 이 책은 보른의 딸인 이레네 뉴튼 존(Irene Newton John)이 독일어 원문을 영어로 번역한 작품이다. 영국의 철학자 버트란트 러셀의 서언, 베르너 하이젠베르크의 서문, 그리고 새로운 판에 덧붙인 과학사가 부쉬월드와 디임머신 개발에 혼신을 기울이고 있다고 알려진 괴짜 박사 킵 손의 서설 또한 보른과 아인슈타인의 업적과 인간적인 면모에 대한 깊은 존경을 느끼게 해준다.

과학에 무지한 역자가 용기를 내어 번역을 시도한 까닭은 바로 약 40년이라는 긴 시간동안 편지를 교환하며 보여준 이 두 과학자의 감동적인 삶의 모습 때문이었다. 하지만 이런 이야기가 오역에 대한 변명이 되지는 않는다. 독자 여러분의 질책을 기다린다.

2007년 4월 박인순

주석

새로운 판에 붙이는 서론

1 이 서론을 준비하는 과정에서 조언을 해준 우리의 동료인 다니엘 케네픽Daniel Kennefic, 스테판 프라우치Steven Frautschi, 제프 킴블H. Jeff Kimble, 존 노튼John Norton, 존 프레스킬John Preskill, 틸만 사우어Tilman Sauer, 라이너 바이스Rainer Weiss 그리고 Wojciech Zurek에게 감사한다.

2 아인슈타인의 전기들은 다음을 참조. 에발트 오서스Ewald Osers가 독일어 판에서 영어로 번역한 알브레히트Albrecht Fölsing의 『알베르트 아인슈타인Albert Einstein: A Biography』, New York: Viking, 1997, 그리고 아브라함 패리스Abraham Pais의 『불가사의한 군주Subtle is the Lord: The Science and the Life of Albert Einstein』, Oxford [England]/New York: Clarendon/Oxford University Press, 1982. 알베르트 아인슈타인의 저작들과 서간집들에 대한 주석본은 다음을 참조. 『알베르트 아인슈타인 논문 선집The Collected Papers of Albert Einstein』, Vols. 1-9, Princeton: Princeton University Press, 1987-2004(이하 CPAE). 현재 1920년 4월까지 나누었던 아인슈타인과 보른 편지를 포함시키는 작업이 진행 중이다. 양자역학의 발전과 1920년대 보른의 연구에 대한 광범위하고 통찰력 있는 분석은 마라 벨러Mara Beller의 『양자의 대화Quantum Dialogue: The Making of Revolution』, Chicago/London: The University of Chicago Press, 1999 참고. 양자물리학사 문서보관소The Archive of the History of Quantum Physics(이하 AHQP)는 막스 보른과 베르너 하이젠베르크는 물론 양자 혁명의 주요 기여자들과 나눈 구두 인터뷰를 보유하고 있다. 하이젠베르크의 전기는 데이비드 캐시디David Cassidy의 『불확정성Uncertainty: The Life and Science of Werner Heisenberg』, New York: W. H. Freeman, 1992을 참고. 러셀에 대해서는 레이 몽크Ray Monk의 『버트란트 러셀Bertrand Russell: The Ghost of Madness 1921-1970』, Random

House, 2000을 참고.

3* 영국의 유명한 여가수 올리비아 뉴튼-존Olivia Newton-John은 이레네의 딸이다.

4 회고록은 버나드 코헨I. Bernard Cohen이 서문을 쓴 막스 보른의 『나의 삶과 나의 시각My Life and My View』, New York: Scribner, 1968, 그리고 1975년에 발간된 독일어판의 번역본인 『내 세대의 물리학Physics in My Generation』, London, New York: Pergamon, 1956; New York: Springer, 1969, 그리고 이 책의 말미에 있는 보른의 참고문헌 6, 6a 그리고 8을 참조.

5 아인슈타인과 파울리의 관계에 대한 분석은 다음을 참조. 존 스타첼John Stachel의 『B에서 Z까지의 아인슈타인 Einstein from 'B' to 'Z'』, Einstein Studies Vol. 9, Birkhäuser: Boston/Basel/Berlin, 2002의 "Einstein and Zweistein"의 539~548쪽까지의 내용. 파울리에 대한 권위 있는 전기에 대해서는 다음을 참조. 찰스 P. 엔츠Charles P. Enz의 『볼프강 파울리 전기』No time to be brief: A scientific biography of Wolfgang Pauli』, Oxford: Oxford University Press. 2002. 파울리의 서한집은 다음을 참조. A. 헤르만A. Hermann과 K. v. 마이엔K. v. Meyenn, V. K.바이스코프V. K. Weisskopf 편집, 『보어, 아인슈타인, 하이젠베르크 서한집Wissenschaftlicher Briefwechsel mit Bohr, Einstein, Heisenberg, u. a. /Scientific Correspondence with Bohr, Einstein, Heisenberg』, a.o. Vols. 1-4, New York: Springer, 1979-2004.

6 CPAE, Vol. 8, Doc. 590.

7 보른은 오토 슈테른과 함께 분자 속도와 맥스웰 속도 분포velocity distribution의 측정과 알칼리 금속의 증기압을 측정, 동위원소들isotopes의 분리시의 확산diffusion 현상의 연구, 그리고 X선 회절을 통해 결정crystals과 저온 상태에서의 금속 리튬metalic lithium의 구조의 결합물을 탐구하기 위한 자금을 요청했다.

8 CPAE, Vol. 9, Doc. 144.

9 보른 부부는 알렉산더 모스코프스키Alexander Moszkowski의 책 『아인슈타인Einstein, Einbliche in seine Gedankenwelt. Gemeinverständliche Betrachtungen über die Relativitätstheorie und ein neues Weltsystem, einwickelt aus Gespräahen mit Einstein』, Berlin: Fontane, 1921의 출판을 반대했다. 이 책은

앙리브로즈Henry L. Brose가 번역한 『아인슈타인Einstein, The Seacher: His Work Explained from Dialogues with Einstein』, London, Methuen [1991] 판본과 여기에 헨리 르로이 핀치Henry LeRoy Finch가 서문을 단 New York: Horizon Press [1971, c1970]의 판본이 출판되었다. 보른 부부는 이 책에 모스코프스키의 이름을 실명으로 사용할 것인지에 대해 논의했으며, 헬렌 듀카스Helen Ducas와 아인슈타인의 의붓딸인 마고Margot Einstein와도 이 사안에 대해 상의했다. 그들은 결국 생존해 있는 모스코프스키의 친척들을 존중하여 실명대신 'X'를 사용기로 결정했다(1965년 9월 22일과 30일 마고 아인슈타인이 막스 부부에게 보낸 편지, Staatsbibliothek Berlin, Nachlass Born, Nr. 1227).

10 CPAE, Vol. 9, p. 591의 연표 1919년 12월 24일 도입부 참조.

11 CPAE, Vol. 8, Doc. 580.

12 CPAE, Vol. 9, Doc. 2.

13 스타첼Stachel의 2002년도 책, 390쪽에서부터 인용 및 번역한 AEA 2-027 참조.

14 〈자연과학Die Naturwissenschaften〉 1호(1913) 92쪽부터 94쪽까지 실린, 막스 보른의 논문 「상대성 원리에 대해Zum Relativitätsprinzip: Entgegung auf Herrn Gehrcke's Artikel 'Die gegen die Relativitätstheorie erhobenen Einwände'」. 그리고 CPAE, Vol. 7에 실린 「아인슈타인과 독일의 반상대성주의들과의 대결Einstein's Encounters with German Anti-Relativists」의 100쪽에서 113쪽.

15 이 책의 말미에 있는 보른의 참고 문헌 10과 11 참고.

16 아인슈타인이 힐버트에게 보내는 평가서, 1920년 2월 21일, AEA 8-145.

17 니콜라스 럽케Nicolaas Rupke가 편집한 『괴팅겐과 자연과학의 발전Göttingen and the Development of the natural Sciences』, Göttingen: Wallstein Verlag, 2002에 실린 낸시 그린스팬 Nancy Greenspan의 논문 「양자 메시지의 확산Spreading the Quantum Message: Born's 1925−1926 US trip」의 158쪽에서 159쪽 참고.

18 각주 2에서 언급된 패리스Paris의 책, 442쪽에서 449쪽까지의 내용.

19 나단이 듀카스에게 보내는 1965년 12월 16일자 편지. Staatsbibliothek Berlin, Nachl. Born, Nr. 1227, Bl. 13. 편지의 일부분을 마고 아인슈타인이 1966년 1월

21일 헤디 보른에게 보냈다. 1965년 12월 4일자 〈뉴욕 타임즈〉도 오펜하이머가 "아인슈타인의 초기 연구는 숨 막힐 정도로 훌륭하지만 오류로 가득 차 있다"고 말한 부분과 1939년 루즈벨트 대통령에게 보낸 아인슈타인의 유명한 편지는 "아무런 영향도 끼치지 못했다"라는 유사한 보도를 했다. 또한 1965년 12월 20일~26일 〈렉스프레스L'Express〉에 보노Gerald Bonnot가 쓴 "오펜하이머 아인슈타인에 대해 말하다Oppenheimer parle d'Einstein" 참조.

20 쉴릅Arthur Schilpp이 편집한 『알베르트 아인슈타인Albert Einstein: Philosopher Scientist』, The Library of Living philosopher, Vol. 2, La Salle, Ⅲ/London: Open Court/Cambridge University Press, 1949에 실린 발터 하이틀러Walter Heitler의 논문 「근대 물리학에서 있어서 고전적 사유의 출발The Departure from Classical Thought in Modern Physics」의 187쪽 참고.

21 알버트 아인슈타인의 『자전적 기록Autobiographical Notes』(독어판과 영어판)의 1쪽에서 94쪽 참고. 쉴릅의 1949년도 책 5쪽 참고.

22 알버트 아인슈타인 문서보관소는 195년부터 1927년까지 하이젠베르크가 아인슈타인에게 보냈던 5개의 편지만을 보관하고 있으며, 아인슈타인이 하이젠베르크에게 보낸 편지는 보관하고 있지 않다.

23 각주 2에서 언급된 패리스Paris의 책 515쪽에서 516쪽까지의 내용.

24 각주 19 참조.

25 2차 대전 중 하이젠베르크의 활동에 대해서는, 예를 들어 마크 발터Mark Walker의 『나치 과학Nazi Science: Myth, Truth, and the German Atomic Bomb』, New York: Plenum, 1995와 리차드 파워즈Richard Powers의 『하이젠베르크의 전쟁Heisenberg's War: The Secret History of the German Bomb』, New York: Knopf, 1993을 참조.

26* 핵무기 폐기, 국제평화를 위한 과학자 회의.

27 정치적, 사회적 그리고 교육적 문제들에 대한 아인슈타인의 글들에 대해서는 이 책 말미에 있는 보른의 참고문헌 27, 29 그리고 41을 참조.

28* 1950년대 초에 공산주의가 팽창하는 움직임에 위협을 느끼던 미국의 사회적 분위기를 이용하여, 공화당 상원의원이었던 매카시Joseph Raymond McCarthy(1908년~1957년)가 행한 선동 정치.

29* 우주에서 지구로 쏟아지는 높은 에너지를 가진 미립자와 그 방사선 및 이들이 대기의 분자와 충돌하여 2차적으로 생긴 높은 에너지의 미립자와 그 방사선의 총칭.

30* 진공 방전 시 음극에 작은 구멍(커널)을 뚫어서 방전시킬 때 이 구멍을 통해 흐르는 양전기를 가진 방사선 입자에 의해 방출된 빛.

31* 곡류라고도 하며, 하천의 유로가 복잡하게 굴곡하여 S자를 연결한 것과 같은 모양으로 구부러져 흐르는 현상.

32* 일반 상대성 이론이 발표된 1905년에서 100주년이 되는 2005년에 본 영역본이 발간됨.

33* 천체의 운동과는 관계없이 블랙홀, 중성자성, 백색왜성 등과 같이 중력이 강한 천체에서 오직 그 중력에 의해 빛이 적색 이동하는 현상

34* 행성들은 태양 주위를 돌며 약간 길쭉한 타원을 그린다. 그런데 수성의 경우 타원의 장축 방향이 서서히 돌아가는데, 그 돌아가는 정도가 뉴턴의 중력법칙을 써서 계산한 값보다 1백 년에 43초가 더 크다. 아인슈타인이 일반상대성 이론을 발표한 뒤, 이 새로운 중력이론을 써서 수성의 근일점 이동을 계산하였다. 이 이론에 의하면 태양의 강한 중력이 태양주위의 시공간을 찌그러뜨려서 수성의 근일점 이동속도는 뉴턴 법칙이 주는 값과 다르다. 그가 계산한 수성의 근일점 이동 속도는 관측 값과 잘 맞아떨어져 일반상대성 이론의 타당성을 결정적으로 뒷받침하였다.

35 일반 상대성에 대한 실험 내용을 검토하려면, 밀C.M. Will의 『아인슈타인의 옳았던가?Was Einstein Right?』, New York: Basic Books, 1990과 『중력 물리학의 이론과 실험Theory and Experiment in Gravitational Physics』, Cambridge University Press, Cambridge UK, 1993, 그리고 온라인 저널인 http://www.livingrviews.org/ (2001)의 Living Review in Relativity 4(4)에 실린 「일반 상대성이론과 실험의 대립The confrontation between general relativity and

experiment」를 참조.

36 각주 2에서 언급된 패리스Paris의 책 113쪽에서 114까지의 내용 참조.

37 쉥크랜드R.S. Shankland, 맥커스키S.W. McCuskey, F.C. Leone 그리고 쿠에르티G. Kuerti의 〈현대 물리학 리뷰Review of Modern Physics〉 27호: 167쪽에서 178쪽(1955).

38 브릴레A. Brillet과 홀J.Hall의 〈물리학 리뷰 레터Physical Review Letter〉 42호(1997) 549쪽에서 552쪽과 뮐러H. Müller, 헤르만S. Herrmann, C. 브락스마이어Braxmaier, 쉴러S. Schiller 그리고 페터스A. Peters의 〈물리학 리뷰 레터 91Physical Review Letters〉 91호: 020401 (2003).

39 Klaus Hentschel의 『아인슈타인 타워The Einstein Tower』, Stanford: Stanford University Press, 1997

40 CPAE, Vol. 9. 서문의 Section IV.

41 휘튼L. Witten이 편집한 『중력화Gravitation: an introduction to Current Research』, Wiley, New York, 1962과 베로토티B. Berototti, 브릴D. Brill 그리고 크로트코프R. Krotkov이 쓴 「중력장 실험Experiments on gravitation」

42 파운드R.V. Pound와 레브카G.Z. Rebca의 〈물리학 리뷰 레터 4Physical Review Letter〉 4호(1960) 337쪽에서 341쪽 과 파운드R.V. Pound와 스나이더J.L. Snider의 〈물리학 리뷰 BPhysical Review B〉 140호(1965) 788쪽에서 803쪽.

43 『1804년을 기념하는 천문학 연보Astronomisches Jahrbuch für das Jahr 1804』(Berlin, 1801)의 161쪽에서 171쪽까지 실린 졸트너J.G. Soldner의 논문 「중력을 가진 천체를 지나는 광선의 꺾임 현상에 대해Über die Ablenkung eines Lichtstrahls von seiner geradlinigen Bewegung, durch die Attraktion eines Weltkörpers, an welchem er nahe vorbei geht」.

44 CPAE, Vol. 7, pp. 111−112, 「독일의 상대성 이론 반대자들과 벌인 아인슈타인의 대결 Einstein's Encounters with German Anti-Relativists」와 레너드P. Lenard의 〈물리학 연보 Annalen der Physik〉 65호(1921) 594쪽에서 604쪽 참조.

45 CPAE, Vol. 9. 서문의 Section III.

46 각주 41 참조.

47 온라인 저널 http://www.livingrviews.org/ (2001)의 Living Review in Relativity 4(4)에 실린 C. M. 윌C.M. Will의 「The confrontation between general relativity and experiment」.

48* 그리스 천문학자 히파르코스의 이름을 딴 우주에 떠우는 망원경.

49 각주 47 참조.

50* 아주 먼 은하로부터 지구로 오는 빛이 중간에 거대한 질량의 물체를 만나 굴절되는 현상.

51 중력 렌징에 대해 아인슈타인이 처음으로 생각했던 것은 그가 일반 상대성 이론을 완성하기 3년 전이자, 아마추어 과학자인 맨들R.W. Mandl의 공격에 대한 응답으로 자신의 생각을 발표하기 24년 전인 1912년으로 거슬러 올라간다. 사우어J. Renn, T. Sauer 그리고 Science 275 (1997): 184-186에 실리고, 스타첼J. Stachel의 2002 [Ref. 4], pp. 347-352에 다시 실린 스타첼J. Stachel의 『중력 렌징의 기원The Origin of Gravitational Lensing: A Postscript to Einstein's 1936 Science Paper』를 참조.

52* 우주 총 물질의 90퍼센트 이상을 차지하고 있고, 어떠한 전자기파(전파, 적외선, 가시광선, 자외선, X선, 감마선 등)로도 관측되지 않고 중력을 통해서만 존재를 인식할 수 있는 물질.

53* Massive Compact Halo Object의 약어로 빛을 내는 거대 질량체.

54 〈Physics Today〉 57호 (2004) 45쪽에서 51쪽까지 실린 쿠프만스L.V.E. Koopmans와 블랜드포드R.D. Blandford의 「중력 렌즈Gravitational Lenses」와 〈물리학 진보 보고Report on Progress in Physics〉 56호 (1994) 117쪽에서 185쪽에 실린 레프스달S. Refsdahl과 술데즈J. Surdej의 「중력 렌징Gravitational Lenses」, 그리고 http://relativity.livingreviews.org/Articles/lrr-1998-12 (최종 수정일 2001년 8월 31일)에 실린 왬스간즈Wambsgans의 온라인 논문 「천문학에 있어서의 중력 렌징Gravitational Lenses in Astronomy」, Living Review in Relativity 1(12).

55* 중력 작용의 시간 및 공간적 전파를 나타내는 파동.

56 괴너H. Goenner, 렌J. Renn 그리고 사우어T. Sauer가 편집한 『아인슈타인 연구 7Einstein Studies Volume 7, The Expanding World of General Relativity』, Boston: Birkhäuser Verlag, Boston, 1999; Sectionn 1, 207쪽에서 211쪽에 실린 케네픽D. Kennefick의 이 역사적인 추적은 우리의 공동 지도하에서 수행된 박사학위 논문의 일부이다.

57 〈프랭클린 연구소 저널Journal of the Franklin Institute〉 223호 (1937): 43쪽에서 54쪽 까지 실린 A. Einstein과 N. Rosen의 글.

58 〈Nature〉 227호(1979)의 437쪽에서 440쪽까지 실린 테일러J.H. Taylor, 포울러L.A. Fowler 그리고 매컬로치P.M. McCulloch의 글.

59 예를 들어, 바르투지악M. Bartusiak의 『아인슈타인의 미완성 교향곡Einstein's Unfinished Symphony: Listening to the Sounds of Space-Time』, Joseph Henry Press, Washington DC, 2000를 참조하라. 더 많은 최근의 정보를 보려면 http://www.ligo.caltech.edu/와 http://lisa.jpl.nasa.gov/를 참조.

60 〈수학연보Annals of Mathematics〉 39호(1938): 65쪽에서 100쪽까지 실린 아인슈타인, 인펠트, 그리고 호프만의 글.

61 드뤼엘N. Deleulle과 피크니T. Pirna가 편집한 『중력 복사Gravitational Radiation』, North—Holland, Amsterdam, 1983의 59쪽에서 144쪽까지 실린 다무어T. Damour의 글.

62. 각주 61 참조

63 〈물리학 리뷰 레터Physical Review Letters〉 93호(2004) 91쪽에서 101쪽까지 실린 블랑쉬L. Blanchet, 다무어T. Damour, 에스포지토-파레제G. Esposito-Farese 그리고 이어B.R. Iyer의 글

64 자세한 역사를 보려면 각주 2를 참고. 이 시대의 핵심 논문들의 영어 번역본은 반 데르 베르덴B.L. Van der Waerden이 편집한 『양자 역학 문헌집Sources of Quantum Mechanics』, North—Holland, Amsterdam, 1967을 참고. 도버Dover의

책 재인쇄 판과 슈뢰딩거의 『파동 역학 논문집Collected Papers on Wave Mechanics』, Blackie & Son, London, 1928 참조.

65 아이러니컬하게도 보른의 이러한 개연성 해석의 출발점은 "파동장wavefield과 광양자light quanta의 관계에 대한 아인슈타인의 언급이었다." 〈물리학 연보Zeitschrift für Physik〉 38호(1926) 803에 실린 보른의 논문과 알베르트 아인슈타인 문서보관소에 있는 1926년 11월 30일 아인슈타인에게 보내는 보른의 편지 [AEA 8−179], 2쪽 참고.

66 각주 64 참고.

67 각주 2에서 언급한 패리스Paris의 책 363쪽과 25장 참조.

68 또한 위의 패리스Pais의 책, 25장 참조.

69 예를 들면, 닐슨M.A. Nielson과 차웅I.L. Chaung의 『양자 컴퓨테이션과 양자 정보Quantum Computation and Quantum Information』(Cambridge University Press, Cambridge, England, 2000) 참조.

70* 밀리세컨드는 1/1000초이다.

71 예를 들면, 〈물리학 리뷰 DPhysical Review D〉 67호(2003): 082001에 실린 브라긴스키V.B. Braginsky, 고로데츠키M.L. Gorodetsky, 칼릴F.Ya. Khalil, 마츠코A.B. Matsko, 손K.S. Thorne 그리고 비야차닌S.P. Vyatchanin의 글과 그 안에 담긴 주석들 참고.

72 좀 더 엄밀하게 말하면, 측정되는 운동들은 거울의 질량의 중심centre of mass의 운동이며, 관계된 파동 함수는 질량의 중심에 대한 함수이다.

73 〈현대 물리학 리뷰Reviews of Modern Physics〉 68호(1996) 1쪽에서 11쪽까지 실린 브라긴스키V.B. Braginsky와 칼릴F.Ya. Khalil의 논문. 각주 56과 그 안에 담긴 주석들.

74 〈현대 물리학 리뷰Reviews of Modern Physics〉 75호(2003), 715쪽에서 775쪽까지 실린 주렉W.H. Zurek의 논문.

75 〈물리학 리뷰Physical Review〉 47호(1935), 777쪽에서 780쪽까지 실린

아인슈타인, 포돌스키, 로젠의 글. 비전문적인 논의를 보려면, A.D. 악첼Aczel의 『섭동Entanglement』(Penguin, New York, 2003) 참조.

76 〈물리학 오늘Physics Today〉 52호(1999), 24쪽에서 30쪽까지 실린 J. 프레스킬Preskill의 글.

77 각주 75 참고.

78 벨러M. Beller의 『양자의 대화Quantum Dialogue, The Making of Revolution』, Chicago: Univesity of Chicago Press, 1999, 7장

79 예를 들어, 〈물리학 리뷰 레터Physical Review Letter〉 70호(1993): 1895쪽에서 1899까지 실린 베넷C.H. Bannet, 브라사드G. Brassard, 크레포C. Crepeau, 로자R. Jozsa, 페레스A. Peres 그리고 우터스W.K. Wooters의 글과 〈사이언스Science〉 282호(1998) 706쪽에서 709쪽까지 실린 A. 후루사와Furusawa, 소렌슨J.L. Sorenson, 브라운스타인S.L. Braunstein, 푹스C.A. Fuchs, 킴블H.J. Kimble 그리고 폴지크E.S. Polzik의 글.

80 아인슈타인이 통일장 이론에 들인 수고를 자세하게 보려면, 각주 2에서 언급한 패리스Paris의 책과 http://www.livingrviews.org/lrr-2004-2의 Living Review in Relativity 7 (2004)에 올린 후버트 괴너Hubert Goenner의 「통일 장 이론의 역사On the History of Unified Field Theories」를 참고.

81 편지 74와 120에 대한 해설에서 보른은 자신의 상반성 원리가 히데키 유카와 (Hideki Yukawa, 1907년~1981년)가 고안한 비로컬 장이론(nonlocal field theory)에 대한 연구에서 구체화될 수 있지 않겠느냐고 쓰고 있다. 유카와의 비-로컬 장이론 또한 폐기되었던 것으로 보인다. 자세한 내용을 보려면, 슈베버S.S. Schweber, 베스H.A. Bethe 그리고 호프만F. De Hoffman의 『중간자와 장Mesons and Fields, Volume Ⅰ: Fields』, Row Peterson, Evanston, IL, 1955를 참조.

82 그린Bryan Green의 책 『우주의 조직The Fabric of the Cosmos』에 대해 〈뉴욕 도서 리뷰New York Review of Books〉 51호(8) (2004년 5월 13일)에 실린 다이슨F.J. Dyson의 리뷰.

83 『다큐멘터리 편집Documentary Editing』, 2004에 앞서 2003년 1월 15일 시카고에서 열린 다큐멘터리 편집 협회Association for Documentary Editing 25주년 기념 모임에서 발표된 사우어Tilman Sauer의 논문「아인슈타인 원고 편집 도전The Challenge of Editing Einstein's Scientific manuscripts」을 참조.

편지

1) '작은 악단'이란 보른의 가족을 의미한다. 조금은 어색하더라도 아인슈타인의 표현들을 그대로 살리고자 했다.
2) 선험적, 혹은 선천적으로 번역되는 아프리오리a prioi는 칸트 철학에서 인간의 인식 이전에 인식을 가능하게 하는 조건을 지칭한다.
3) 프리드리히 에베르트Friedrich Ebert(1871년~1925년). 1차 대전 후인 1918년에 일어난 독일혁명으로 1919년에 성립하여, 1933년 히틀러의 나치스 정권 수립으로 소멸된 바이마르 공화국의 초대 대통령이다.
* 아마도 아인슈타인은 자신이 독일 대학의 교수로서 프라하에 있었던 때를 의미하는 것 같다. 보헤미아는 당시 오스트리아의 영토였다.
4) 철과 같은 강자성체를 외부 자기장에 놓았을 때, 철 내부의 원자들이 외부 자기장과 같은 방향으로 정렬하는데, 정렬 과정이 외부 자기장의 변화와 동시에 일어나지 않고 지연되어 일어나는 현상을 말한다. 그 이유는 외부 자기장에 의해 정렬된 원자들이 외부 자기장을 없애 주어도 다시 원래 방향으로 되돌아가지 않는 성질 때문이다.
5) 여기서 아인슈타인이 말하는 사람 X는 보른을 의미한다. 아인슈타인이 비꼬아 표현한 것이다.
6) 넓은 의미로 말해서, 과학과 같이 사태나 관계를 인과적으로 바라보는 세계관에서는 사태나 관계의 '원인'을 묻는 '왜?'라는 질문이 중요한 역할을 한다고 할 수 있다. 이러한 세계관에서는 '무엇을 위해?'와 같은 '의미'나 '목적'을 추구하는 질문은

되도록 배제된다. 이 문제는 '자유로운 인간 의지와 결정론'과 같은 철학적 논의와 직접적으로 관계된다. 아인슈타인은 바로 다음 문장에서 '목적'에 대해서는 윤리학을 대표하는 공리주의의 '공리 원리나 진화론의 '자연 선택설'도 이에 대한 궁극적인 답을 줄 수 없다고 말하고 있다.

7) 이 당시에 서로를 '너'라고 부르기 시작했지만, 여전히 예의와 격식이 유지되고 있다는 점과 편지 29부터는 다시 '당신'이라는 단어를 사용한다는 점 때문에 번역에 있어서는 이에 따른 문체 수정을 하지 않았다.

8) 1차 대전 후 전후 처리 문제에 있어서 독일에 대해 가장 혹독한 취급을 요구했던 것이 프랑스였다. 1919년 파리강화조약의 일환인 베르사이유 조약에 의해 독일은 소유했던 식민지를 모두 상실했고, 막대한 배상금을 물어야 했으며, 알자스-로렌 지방을 프랑스에 되돌려 주어야 했고, 라인 강 우측 지역은 연합군이 15년간 점령하기로 결정되었으며, 자르 지방 또한 연합군이 15년 점령 후, 주민투표에 의해 독일에 속할지를 결정하게 되었다. 이러한 패전국에 대한 혹독한 보복 조치로 인해, 독일 경제는 완전히 피폐화되었는데, 빵 하나를 사려고 해도 수레에 돈을 싣고 가야 할 정도였다고 한다. 독일의 경제 파국은 유럽 경제 전체에 영향을 주었고, 미국은 독일에 차관을 제공해 이를 완화시키려 했지만, 곧 경제 공황이 세계를 덮치게 되어 독일에 대한 경제 회생 조치는 효력을 잃게 되었다. 이런 상황이 강력한 국가주의를 내세우며 독일의 자긍심 회복과 경제 회복을 호소한 나치가 독일 민중에게 지지를 받아 정권을 잡게 되는 결정적인 조건이었다.

이 편지에서 우리는 당시의 독일 경제 상황을 엿볼 수 있다. 외부 지원금을 받지 않으면 연구소를 유지하기 힘들었던 상황, 연구자가 연구소 밖으로 나가 돈을 벌어오지 않으면 안 되었던 상황 등이 그 예라 할 수 있다. 또한 아인슈타인과 보른은 연합국의 처사에 대해 계속 비판적인 입장을 견지하는데, 보편적인 그들의 윤리 기준으로 볼 때 세계평화를 지킨다는 명분으로 자신들의 이익을 유지하는 연합국의 행태는 위선적으로 보였다.

9) 호저는 몸통과 꼬리의 윗부분이 가시 털로 덮여 있는 아프리카 서식 동물. 미모사는

브라질 원산으로 식물로 그리스 신화에서는 들꽃으로 변해 버린 아름다움으로 형상화된다.

10) 수용액 속에서 용질 분자나 이온이 용매인 물 분자와 결합하여 하나의 분자군을 이루게 되는 현상.

11) 알렉산더 대왕과 철학자 디오게네스의 유명한 일화. "무엇을 원하느냐?"는 알렉산더 대왕의 질문에 대해 통 안에서 쉬고 있던 디오게네스는 "햇빛을 가리지 말고 비켜주시오"라고 대답했다.

12) 영국 인형극 〈펀치와 주디 Punch and Judy〉의 남자 주인공

13) 작은 자석 따위와 같이 양과 음의 전기 또는 자극磁極이 서로 마주 대하고 있는 물체.

14) 타원의 호弧의 길이 계산에서 나오는 적분.

15) 쌍극자 사이의 세기와 거리를 곱한 것.

16) 전자기파 또는 입자가 면에 미치는 압력.

17) 자연현상에는 비가역적 과정이 존재한다는 것을 주장하는 법칙.

19) 물질을 강한 전기장 안에 놓고 발광시킬 때 그 안의 원자로부터 방출되는 스펙트럼이 여러 가닥으로 분리되는 현상.

20) 공학용, 일반용 명품들을 생산하고 있는 독일의 렌즈 회사.

21) 머릿속에 생긴 병적인 점액체가 입이나 코로 흘러내리는 것

22) 미국 캘리포니아 주 남서부에 있는 산으로 이곳에 유명한 천문대가 있다.

23) 한 천체의 궤도가 다른 천체의 인력으로 교란되는 현상.

24) 결정 안에 있는 원자핵에서 진동수가 일정한 감마선이 방출되고, 그것이 같은 종류의 원자핵에 공명 흡수가 되는 현상

25) 전해질 용액에 전극을 넣고 전위차를 가하여 전류를 흘리면 이온들은 각각 반대 부호의 전극으로 끌린다. 그러나 금속 전극에 가까이 간 이온들은 전자와는 달리 금속 안으로 들어갈 수가 없으므로 전극 주위에 쌓이게 된다. 이렇게 쌓인 전하를 공간 전하라고 한다. 그것의 밀도가 공간 전하 밀도이다.

26) 양자역학에서 운동량을 가진 모든 물질 입자에 수반한다고 생각되는 일종의 파동.

27) 파동이 장애물의 뒤쪽에 기하학적으로 결정된 그림자를 만들지 않고 그림자에 해당하는 부분까지 돌아 들어가는 현상.
28) 진공 방전 시 음극에 작은 구멍커널을 뚫어서 방전시킬 때 이 구멍을 통해 흐르는 양전기를 가진 방사선 입자에 의해 방출된 빛.
29) 진공 방전 시 양극에서 음극으로 향해 흐르는 양전기를 띤 방사선. 앞에서 나온 커낼선도 양극선의 일종이다.
30) 원래의 명칭은 독일학술비상공동체Notgemeinschaft der Deutschen Wissenschaft이다
31) 정성 분석qualitative analysis은 물질이 어떤 성분으로 구성되어 있는지 알아내기 위한 분석법을 말하는 것으로서, 이와 관련하여 물질을 구성하는 양적 관계를 밝히는 정량 분석quantative analysis이 있다. 일반적으로 정성 분석을 행한 이후에 정량 분석에 들어간다.
32) 쿠덴호프-칼레기Richard Nikolaus von Coudenhove-Kalergi(1894년~1972년) 오스트리아 출신으로, 유럽합중국United States of Europe을 주창한 인물. 1차 대전 이후 유럽에 보호주의와 보복주의가 성행하고 국제 연맹이 그 기능을 상실해 가는 상황 속에서 일각에서 연방주의에 입각한 유럽 통합의 논의가 제기됐다. 그는 이러한 논의의 대표자로서 범유럽운동Pan European Movement을 창설하고 유럽의 통합을 주창했다.
33) 〈물리학 연보Annalen der Physik〉를 의미.
34) 스위스의 유명한 호수.
35) 사티엔드라나스 보즈Satyendranath Bose(1894년~1974년). 캘커타 대학 교수 역임. 보즈-아인슈타인 통계학의 기본이 되는 일련의 논문 발표했다. 상온에서는 열에너지 때문에 원자들이 모이기 힘들지만, 절대온도 0도(영하 273도)에서는 각각의 원자들이 마치 하나의 원자처럼 모여 움직일 수 있다는 이론을 정립했다. 이 상태의 원자들은 마치 제식 훈련하는 군인들처럼 하나하나의 원자들이 똑같이 움직이기 때문에 '수퍼 아톰Super Atom'으로 불린다.

36) 유카와 히데키(1907년~1981년)는 1929년 교토 대학 물리학과를 졸업하고, 이론물리학, 특히 원자핵론 및 양자 이론을 연구하였으며, 1940년 교토대학 교수가 되었다. 1948년 미국으로 건너가 프린스턴 대학의 객원교수로 있었고, 1953년 귀국하여 교토 대학 기초물리학연구소장으로 재직하였다. 1934년 핵력을 매개하는 장으로서 중간자 문제에 도달하여 그 질량을 산출하였으며, 1949년 중간자 이론으로 노벨 물리학상을 수상하였다.
37) 남자가 가진 창작 활동이 가진 힘의 근원은 '머리', 여자의 그것은 '마음'이라는 의미로, 헤디의 작품이 마치 남자가 만들어 낸 작품과 같다는 의미이다.
38) 괴델의 불완전성정리, B. 러셀과 A.N. 화이트헤드를 포함한 대부분의 논리학자들은 주어진 수학적 명제의 참과 거짓을 판별할 수 있는 절대적인 지침이 있다고 믿었다. 즉, 참인 모든 명제는 증명이 가능하다고 생각하였다. 그러나 괴델은 참이지만 증명이 불가능한 식을 제시하여 그렇지 않음을 보였다.
39) 황새가 갓난아기를 날라 온다 세간의 말에서 차용한 표현.
40) 슈바이처 박사가 활동했던 아프리카 가봉의 지역.
41) 알프스 산맥을 의미.
42) 네덜란드의 한 지역
43) 루돌프 폰 예링Rudolf von Ihering(1818년~1892년). 독일의 대표적인 법철학자로서 우리나라에도 그의 저서 『권리를 위한 투쟁Der Kampf ums Recht』이 출판되었다
44) 헤디의 본명인 헤디비히Hedwig는 기독교 세례명 중 하나이다.
45) 1933년 10월 망명한 과학자들을 돕기 위한 기금 마련을 위해 런던의 로얄 알버트 홀Royal Albert Hall에서 개최된 집회에서 아인슈타인은 '문명과 과학Civilization and Science'라는 주제로 연설을 했다.
46) 인도의 물리학자인 라만Chandrasekhara Venkata Raman은 빛의 산란과 자신의 이름을 딴 라만 효과로 1930년 노벨 물리학상을 수상하며, 영국 정부로부터 작위까지 수여받았다. 나중에 라만은 이론을 둘러싸고 보른과 사이가 벌어진다.

47) CERN은 불어 명칭인 Conseil europen pour la recherche nuclaire의 약자이다.
48) 마고는 서론에서도 언급되었듯이 조각가로 활동했다.
49) 물체의 질량이 총집결한 것으로 간주되는 점.
50) 아인슈타인의 특수상대성이론(1905)의 기하학적 표현수단으로 1908년 수학자 H. 민코프스키H. Minkowsk가 도입한 공간. 4차원 세계라고도 한다.
51) 기본이 되는 길이 · 질량 · 시간의 단위로서 센티미터cm · 그램g · 초s를 채택하고 이를 기준 삼아 다른 물리량의 단위를 정한 단위계.
52) 스코틀랜드의 옛 이름.
53) 1950년 영국의 핵물리학자인 클라우스 푹스(1912년~1988년)가 동독의 스파이로 활동한 것이 발각되어 체포된 사건이다. 그는 9년 동안 영국에서 복역하다가 동독으로 추방되었는데, 푹스의 간첩활동으로 소련의 핵무기 개발이 적어도 5년 이상 앞당길 수 있었다는 설도 있다.
54) 지구의 자전으로 물체에 작용되는 편향력.
55) 2차 대전 말에 연합군의 교량이나 대형함정을 공격하기 위해 독일이 고안한 대형 폭탄.
56) 제2차 세계대전 초기인 1940년 5월 28일부터 6월 4일까지 8일 동안에 유럽 파견 영국군 22만 6천명과 프랑스 · 벨기에 연합군 11만 2천명을 프랑스 북부해안에서 영국 본토로 최소의 희생을 내고 철수를 감행하였던 작전.
57) 감독 제임스 영James Young의 1922년 작 로맨스 영화.
58) 어떤 특정 방사성 핵종(양성자와 중성자로 구성되는 개개의 원자핵)의 원자수가 방사성 붕괴에 의해서, 원래의 수의 반으로 줄어드는 데 소요되는 시간.
59) 아인슈타인이 예측한 적색 이동을 연구하기 위하여 포츠담 천문대에 설치된 태양관측용 망원경 탑이다. 1921년 독일 건축가인 에리히 멘델존Erich Mendelsohn의 설계에 의하여 건조되어 태양의 분광학적 연구에 쓰였다.
60) 중생대 쥐라기에서 백악기에 걸쳐 바다에서 살던 공룡. 몸은 돌고래를 닮았고 바다에서 어류를 잡아먹으며 살았던 것으로 추정된다.

61) 임시방편적 가정을 추가하거나 기존의 이론을 수정함으로써 반증의 위협을 피해가려는 시도.
62) 아돌프 폰 하르나크Adolf von Harnack(1851년~1930년)는 개신교 신학자로서 교부들에 대한 연구와 초대 교회 문서 연구의 1인자였다. 루터의 교의와 근대사상과의 조화를 도모하려 했으며, 교회사 및 성서 연구에 있어 자유롭고 개방적인 태도를 주장했다. 라이프치히 대학을 졸업하고 라이프치히 대학, 기센 대학, 마르부르크대학 및 베를린 대학의 교수를 역임하였다. 저서『기독교의 본질Das Wesen des Christentums』이 유명하다.
63) 아프리카의 영국령 케냐 주민인 키쿠유 족이 1950년경에 조직한 반 백인 테러집단. 1902년 영국의 보호령으로 선언된 이후 영국의 본격적인 지배를 받게 된 케냐는 저항운동을 펼쳤다. 영국은 이에 대해 철저한 탄압방침을 세우고 국가 비상사태를 선포, 대대적인 탄압에 나섰다. 그리하여 1956년까지 약 1만 1천명의 키쿠유 저항세력과 유럽인 약 1백 명, 아프리카 충성파 약 2천명이 죽었다. 또한 2만 명이 넘는 키쿠유 인들이 수용소에 감금당한 채 사상전향 공작에 시달렸다. 그러나 이렇게 혹독한 탄압에도 불구하고 케냐는 1963년 독립을 이루었다.
64) 아인슈타인의 편지 마지막 문단에는 "그것은 말이 안 됩니다it does not make sense"라는 문장은 존재하지 않으며, 편지 106 어디에도 그런 문장은 나오지 않는다.
65) 표트르 레오니도비치 카피차Pyotr Leonidovich Kapitsa(1894년~1984년)는 자기학과 저온물리학에 대한 연구로 1978년 노벨 물리학상을 받은 러시아의 물리학자이다. 러시아 혁명과 내전을 피해 영국 케임브리지에서 공부했다. 1925년 케임브리지 대학교 트리니티 칼리지의 특별연구원이 되었고, 1929년 외국인으로서는 드물게 왕립학회의 회원으로 선출되었다. 1932년 특별히 그를 위해 케임브리지에 왕립학회 몬드 연구소가 설립될 정도였다. 그러나 1934년 소련에서 열린 물리학 회의에 참석 중 억류, 1935년 러시아 과학 아카데미 물리문제연구소의 소장으로 임명되었으며, 사회노동당 영웅의 칭호(1945년)와 소련 최고시민상을

포함한 영예를 얻었다. 그러나 1946년 핵무기 개발에 관한 연구를 거절함으로써 물리문제연구소 소장직에서 해임되었으며, 1953년까지 자신의 시골집에 거주했다. 과학 연구를 파괴적이기보다는 건설적인 목적을 위해 이용하는 것을 목표로 한 일련의 국제회의인 퍼그워시 운동에도 매우 적극적인 인물이었다.

66) 1945년 히데키 유카와가 노벨 물리학상을 일본에 최초로 안겨 준 후, 1965년 도모나가 신이치로, 1973년 에사키 레오나, 2002년 고시바 마사토시가 역시 물리학상을 수상했다.

참고문헌

1. Einstein, A., 'On the electrodynamics of moving bodies' in Ann. Phys. Lpz., 17, 891 (1905).
2. Einstein, A., 'On a heuristic viewpoint concerning the production and transformation of the light' in Ann. Phys. Lpz., 17. 132 (1905).
3. Einstein, A., 'The presumed movement of suspended particles in static fluids' in Ann. Phys. Lpz., 9, 97 (1956).
4. Born, M., Der Mathmatische und Naturwissenschaftliche Unterricht, 9, 97 (1956).
5. Born, M., Ausgewahlten Aghandlungen, Göttingen Akademie.
6. Born, M., Physik im Wandel meiner Zeit, Braunscheweig, 1957, 1966.
6a. Born, M., Physics in my Generation, Longmans, 1970.
7. Born, M., Von der Verantwortung des Naturwissenschaftlers (The Scientist's Responsibility), Nymphenbuger Verlagshandlung, Munich, 1965.
8. Born, M., and Born, H., Der Luxus des Gewissens (The Luxury of Conscience), Nymphenbuger Verlagsandlung, Munich, 1969.
9. Born, M., Physikalische Zeitschrift, 17, 51 (1916).
10. Born, M., Die Relativitätstheorie Einsteins, Springer, Berlin, 1920.
11. Born, M., Einstein's Theory of Relativity, Dover Publication, New York, 1962.
12. Born, M., Enzyclopädie der Mathematik, Teubuer, Leipzig, 1920.
13. Herneck, F., Albert Einstein, Bookpublishers der Morgen, Berlin, 1933
14. Rabindranath Tagore, The Home and the World, Macmillan, 1919
15. Einstein, A., Sommerfeld Briefwechsel, Schwaber, Basel, 1968.
16. Born, M., Physikalische Zeitschrift, 11, 1234-1257 (1910).
17. Seelig, C., Albert Einstein, Europa Verlag, Zurich, 1960.
18. Haldane, R. B., The Reign of Relativity, John Murray, London, 1921.
19. Born, M., and Jordan, P., Zeitschrift für Physik, 33, 32 (1925).
20. van der Waerden, B. L., Sources of Quantum Mechanics, North Holland, Amsterdam, 1967; see also Hund, F., Geschichte der Quantentheorie,

Bibliographisch. Mannheim, 1967.
21. Heisenberg, W., Zeitschrift fur Physik, 35, 879 (1925).
22a. Born, M., and Hund, F., Vorlesungen über Atommechanik, Springer, Berlin, 1925.
22. Born, M., and Hund, F., The Mechanics of the Atom, tr. J. W. Fischer, G. Bell and Sons Ltd, London, 1927; Fredk. Ungor, New York, 1960.
23. Einstein, A., and Infeld, L., The Evolution of Physics, Simon and Schuster, New York, 1938.
24. Infeld, L., Bulletin of the Atomic Scientists, Feb. 1965.
25. Infeld, L., and Plebanski, Motion and Relativity, Pergamon Press, Oxford, 1960.
26. Born, M., Nature, 141, 328 (1938).
27. Einstein, A., Mein Weltbild, Amsterdam, 1934.
28. von Neumann, J., Mathematische Grundlagen der Quantenmechanik, Springer, Berlin, 1932.
29. Nathan, O., and Norden, H., Einstein on Peace, Simon and Schuster, New York, 1960.
30. Born, M., Experiment and Theory in Physics, University Press, Cambridge, 1943; reprinted by Dover Publications, New York, 1956.
31. Born, M., Experiment und Theorie in der Physik, Mosbach, 1969.
32. Born, M., Natural Philosophy of Cause and Chance, Clarendon Press, Oxford, 1949.
33. Born, M., Stille Gänge (Silent Corridors), Leonard Friedrich, Bad Pyrmont.
34. Einstein, A., Physikalische Zeitschrift, 17, 1010 (1916).
35. Born, M., and Green, H, S., A General Kinetic Theory of Liquids, Cambridge University Press, 1949.
36. Born, M., Physikalische Blätter, 20, 554 1964; 21, 53 (1965).
37. Irving, D., The Virus House, New York, 1968.
38. Bulletin of Atomic Scientists, June 1968.
39. Einstein, A., Quantum Mechanics and reality? in Dialectica, 320 (1948).
40. Einstein, A., Meaning of Relativity, 4 lectures translated by Edwin Plimpton Adams, Methuen & Co., London, 1922, 6th ed. 1956.
41. Einstein, A., Out of my Later Years, translated by Alan Harris, Watts & G Co., London, 1940.
42. Born, M., and Huang, K., Dynamical Theory of Crystal Lattices, Clarendon Press,

Oxford, 1954.
43. Born, M., and Wolf, E., Principles of Optics, Pergamon Press, Oxford, 1959.
44. Schroedinger, E., The British Journal of the Philosophy of Science, 109, Aug. 1952; 223, Nov. 1952; 95, Aug. 1953.
45. Scientific papers presented to max Born on his retirement from the Tait Chair of Natural Philosophy in the University of Edinburgh, Oliver and Boyd, Edinburgh/London, 1953.
46. Born, M., Kong. Dansk Videnskabernes Slskab, Matematiskfysiske Meddelelser, 30, 1 (1955).
47. Born, M., and Ludwig, W., Zeitschrift für Physik, 150, 106 (1958).

인명 찾아보기

ㄱ

가부노프Garbunov 255
가이거Geiger, H. 156, 157
게데스Geddes, A. 276, 278
게르케Gehrcke, E. 116
게를라흐Gerlach, W. 76, 92, 138, 166, 168, 169, 189, 299, 371
골드만Goldman, H. 176, 177
괴델Gödel, K. 213
괸스Goens 183
그레베Grebe, L. 147
그뤼나이젠Grüneisen 146, 163, 183
그린Green, H. S. 266, 308, 309, 331, 336
글라이히Gleich, G, v. 183
글라저Glaser, D. A. 147
깁스Gibbs, J. M. 299

301, 332, 393, 394, 409
놀Nohl, H. 366
뉴턴Newton, I. 36, 38, 39, 63, 155, 236, 312, 351, 405
니콜라이Nicolai 88

ㄷ

다윈Darwin, C. 249
데이비슨Davisson, C. J. 190
데카르트Descartes, R. 89
델링거Dehlinger 86, 91
듀안Duane, W. 186, 190
드릴Drill 81, 84
디락Dirac, P. A. M. 40, 42, 49, 219, 220, 245, 328
디바이Debye, P. 24, 93, 98, 99, 127, 132, 147

ㄴ

나단Nathan, O. 26, 29, 52, 418, 419
네른스트Nernst, w. 14, 146, 235
노르트슈트룀Nordström 63, 64
노르트하임Nordheim, L. 230
노이만Neumann, J. v. 27, 265, 274, 278, 279,

ㄹ

라그랑주Lagrange, J. L. 336, 337
라덱Radek, K. B. 89, 255
라덴부르크Ladenburg, R. 55, 249, 265, 274, 301, 353, 357

449

라만Raman, C. V. 237, 243, 316, 318

라모Larmor, J. 54

라우에Laue, M. v. 14, 61, 62, 69, 71, 103, 117, 121, 154, 160-162, 166, 167, 182, 223, 281, 287, 291, 369, 371

라이프니츠Leibniz, G. W. v. 351

라이헤Reiche, F. 55

란다우Landau, E. 212

란다우Landau, L. D. 310

란데Landé, A. 127, 189, 239, 273

람사우어Ramsauer, K. 153, 155

랑게방Langevin, P. 42, 119, 120, 178, 180

랭뮤어Langmuir, J. 152

러더포드Rutherford, E. 178, 242, 243, 245, 306

러셀Russell, B. 7, 17, 30,

런던London, F. 230, 234, 236, 253, 257

레너드Lenard, P. 36, 110, 111, 116, 119, 124, 127, 154

레닌Lenin, V. I. 93

레르테스Lertes, P. 85

렌츠Lenz, W. 103

로렌츠Lorentz, H. A. 42, 54, 103, 118, 119, 120, 124, 134, 169, 273, 365

로렌츠Lorentz, R. 97

로리아Loria, S. 55

로버트슨Robertson, H. P. 38

로스바우드Rosbaud 354

뢴트겐Röntgen, w. 121

루덴도르프Ludendorff, E. 70

루드비히Ludwig, W. 412

루머Rumer, G. 214-217, 221-224, 227, 232

루벤스Rubens, H. 166, 168

루이스Lewis, G. N. 127, 132

루즈벨트Roosevelt, F. D. 268, 285, 309

룸머Lummer, O. 55

룽게Runge, C. 124, 141

리만Riemann, B. 13, 214, 232

린데만Lindemann, F. 234, 235, 236, 239

ㅁ

마델룽Madelung, G. 127, 136, 140

마르크스Marx, K. 92, 94, 344

마이컬슨Michelson, A. 32, 33, 169, 170, 171

마이트너Meitner, L. 182

마흐Mach, E. 304

매카시McCarthy, J. 31, 418, 419

맥스웰Maxwell, J. C. 54, 127, 133, 135, 153, 167, 179, 245, 248, 313

멘델스존Mendelssohn, E. 236

몰로토프Molotov, W. M. 255

미에Mie, G. 175

미제스Mises, R. v. 209, 212

민코프스키Minkowski, H. 54, 55, 152

밀네Milne, E. A. 292, 299

밀러Miller, Dayton C. 33, 170, 171, 197

밀리칸Millikan, R. A. 165, 226, 227, 253

ㅂ

바가반탐Bhagavantam, S. 140

바르부르크Warburg, E. 217

바이란트Weyland, P. 116, 123

바이스Weiss, P. 119, 120, 124

바이스재커Weizsäker 371

바이스코프Weisskopf, V. F. 255, 256

바이츠만Weizmann, C. 249, 254, 333

바일Weyl, H. 87, 213, 225, 226, 229, 239, 242, 254, 257, 262, 265, 274, 279, 302, 393, 394, 411

바흐만Bachmann 147

바흐스무스Wachsmuth, F. B. R. 76, 92, 103, 105, 127

베가드Vegard 161

베르그송Bergson, H. 179

베르덴Waerden, B. L. v. d. 191, 192

베르트하이머Wertheimer, M. 20, 290, 298, 316, 318, 361

베를리너Berliner, A. 86, 91, 101

베블렌Veblen, T. 265

베빈Bevin 333, 334

베커Becker, C. H. 9

베크Beck, G. 275

벤데Wende 96

보데Bothe, W. 156, 157, 417

보르만Bormann, E. 76, 140

보어Bohr, H. 207, 210, 240

보어Bohr, N. 25, 42, 48, 97, 137, 138, 143, 148, 149, 152, 156, 164, 166, 173, 174, 178, 179, 184-186, 191, 193, 210, 218, 219, 231, 234, 252, 255, 269, 272, 275, 282, 287, 291, 297, 301, 305, 383, 387, 406, 411, 414, 427

보즈Bose, J. C. 190, 193

볼차Bolza, O. 126, 131

볼츠만Bolzmann, L. 119, 153, 190

볼프Wolf, E. 50, 354, 356

봄Bohm, D. 358, 380

브라우어Brouwer, L. E. J. 21, 179, 207-209, 211-213

브랙Bragg, W. 178, 256

브로디Brody, E. 138, 143, 145, 146, 162, 163, 165

브로이Brogile, L, de. 40, 42, 155, 186, 190, 331, 358, 359, 367, 372, 380, 381, 383, 414

브로트Brod, M. 59

브리유엥Brillouin, L. 278

브릿지만Bridgman, P. W. 271, 272

블랙맨Blackman, M. 240

비너Wiener, N. 137

비버바흐Bieberbach, L. 73, 76, 209, 212

비크Byk, A. 134, 136

비트만Widman, J. V.　105
빈Wien, M. E.　119

ㅅ

사무엘Samuel, R.　252-254, 256
쇤플리스Schoenflies, A.　76, 103
쉴랍Schlapp, R.　365
쉴륩Schilpp, P. A.　302, 304, 305, 336-338
슈뢰딩거Schroedinger, E.　14, 24, 29, 40-42, 49, 206, 219, 220, 277-280, 283, 300, 317, 350, 355, 362, 363, 367, 369, 376, 378, 380, 381, 384, 387, 388, 390, 393, 402, 412, 414
슈미트Schmidt, E.　75, 209, 210, 212, 255
슈바이처Schweitzer, A.　231
슈베르트페거Schwerdtfeger, H.　254, 255-258
슈어Schur, I.　162
슈타르크Stark, J.　111, 133, 135, 136
슈테른Stern, O.　73, 76, 90, 92, 103, 105, 127, 136, 140, 166, 168, 299, 404
슈트라스만Strasmann, F.　283
슈트린트베르크Strindberg, A.　73
슈틸Still, C.　141
슈틸Still, C. F.　141
슈펭글러Spengler, O.　89
시몬Simon, F.　236

ㅇ

아우에르바흐Auerbach　143
안데르센Andersen, H.C.　61
알토프Althoff, F.　72, 75
애플턴Appleton, E. V.　355
야코비Jacobi, K.　129
어빙Irving, D.　30, 319
에드발트Edwald, P. P.　66, 412
에딩턴Eddington, A. S.　92, 157, 178, 189, 292, 299
에렌베르크Ehrenberg, V.　18, 241
에렌페스트Ehrenfest, T.　118, 120, 123, 124, 157, 168, 186, 188, 206, 222, 227, 234, 238
에르츠베르거Erzberger, M.　88
에를리히Ehrlich, P.　212
에베르트Ebert, F.　291
엘라서Elasser, W. M.　186, 190
엡스타인Epstein, P.S.　105, 126, 127, 132, 165, 186, 227, 231
엥겔스Engels, F.　92
오펜하이머Oppenheimer, R.　26, 29, 382
오펜하임Oppenheim, P.　69, 71, 72, 82, 107, 110, 137
운트세트Undset, S.　203
유카와Yukawa, H.　193, 266, 420, 421
유클리드Euclid　89
인펠트Infeld, L.　38, 39, 245, 247, 248, 251, 259, 260, 262, 271, 276, 427

ㅈ

잔Zahn-Harnack, A. v. 360

제리크Seeling, C. 172, 361

조단Jordan, P. 24, 25, 29, 40, 186, 187, 188, 191, 192, 213, 217-219, 220, 279, 414

조페Joffé A. T. 188, 189, 193, 213, 214

졸트너Soldner, J. G. 36, 154, 155

좀머펠트Sommerfeld, A. 69, 71, 90, 174, 218, 236

질라트Szilard, L. 284, 285

ㅊ

차이스Zeiss, C. 140

ㅋ

카라테오도리Carathéodory, C. 137

카르만Kármán, T. v. 57, 131

카피차Kapitza, P. L. 188, 189, 193, 416, 417

칸트Kant, I. 65, 66, 82

켐머Kemmer 393, 398

코셀Kossel, A. 103, 127

코펠Koppel, A. 72

콘Cohn-Vossen 254, 255

콤프턴Compton, A. H. 186, 190

쾰러Köhler, W. 318

쿠덴호프Coudenhove-Kalergi 175, 425

쿠랑Courant, R. 141, 145, 160, 169, 173, 207, 209, 240, 249, 254, 257, 361, 366, 370

쿤 후앙Kun Huang 346, 348, 354

쿤Kuhn, H. 236

퀴르티Kürti 236

퀴리Curie, M. 42, 179

퀸스트너Künstner, F. K. 145

크레이머스Kramers, H. 188, 193, 353

크루트코프Krutkov, G. 124

클라인Klein, F. 13, 126

클레망소Clemenceau, G. 88

키늘Kienle, H. 189, 193

ㅌ

타고르Tagore, R. 109

텔러Teller, E. 236, 239

틀민Tolman 227, 231

톰슨Thomson, J. J. 54, 240, 306

퇴플리츠Toeplitz, O. 79, 80

티방Thiband 275

티스데일Tisdale 223

티자드Tizard, H. 309

ㅍ

파얀스Fajans, K. 87, 92

파울리Pauli, W. 20, 27, 44, 46, 47, 52, 87,

139, 145, 146, 148, 149, 151, 154, 154, 156, 157, 163, 174, 220, 273, 275, 276, 299, 301, 320, 365, 380, 395, 397, 398, 406, 410-412, 427

파울링Pauling, L. K. 415, 416

파이얼스Peierls, R. 284, 285

패러데이Faraday, M. 313

펭Peng, H. W. 283, 300

포엥카레Poincaré H. 54, 138, 148, 174, 178, 179, 365

포올Pohl, R. 93, 96, 97, 144, 150, 151, 169

포이크트Voigt, W. 93, 96, 137

포커Fokker, A. D. 123, 165

포크Fock, V. 58, 260, 274, 276

폴라니Polanyi, M. 152, 154, 156

폴러Fowler, R. 282

푹스Fuchs, K. 264, 265, 273, 276, 284

퓌르스Fürth, R. 274, 276, 277, 300, 301

프라이스Pryce, M. 273, 307, 308, 346

프란틀Prandtl, L. 189

프랑크Frank, J. 13, 19, 97, 103, 144, 144, 148, 150-152, 159, 160, 164, 169, 173, 174, 181, 187, 233, 234, 238- 240, 249, 251, 252, 366, 370

프랑크Frank, P. 188, 193

프로인트리히Freundlich, E. 394

프링스하임Pringsheim, A. 55, 133, 135

플랑크Planck, M. 39, 42, 56, 61, 62, 79, 82, 84, 117, 123-126, 130, 134, 141, 168, 175, 182, 253, 264, 327, 369, 414, 427

플레반스키Plebanski 261

피츠제럴드Fitzgerald, G. E. 54

ㅎ

하버Haber, F. 63, 64, 70, 71, 82, 84, 85, 87, 92, 132, 182

하세뇔Hasenöhrl, F. 119

하이젠베르크Heisenberg, W. 11, 17, 24, 25, 27-30, 41, 42, 49, 52, 149, 154, 174, 187, 191, 192, 194, 195, 218-220, 248, 269, 269, 272, 279, 281, 308, 317, 319, 322, 364, 374, 384, 410, 414, 427

하이틀러Heitler, W. 27, 227, 230, 234, 236, 253

한Hahn, O. 281

허블Hubble 228

헤르글로츠Herglotz 254

헤르츠Hertz, G. 97, 163

헤르츠베르크Hertzberg G. 253

헬링거Hellinger, E. 80

호른보스텔Hornbostel 318

호프Hoff, J. H. van't 56

호프만Hofmann 38, 261, 276

홀데인Haldane, r. B. 173, 177, 178

훈트Hund, F. 187, 191, 218, 253

휘켈Hückel, E. 169

휘태커Whittaker, E. 364, 365, 368, 374

흄Hume, D. 65, 66

히틀러Hitler, A. 26, 30, 91, 155, 227, 229, 231, 233, 237, 260, 268, 275, 276, 284, 285, 319, 333, 363, 375, 395

힐버트Hilbert, D. 13, 21, 24, 54, 66, 80, 94, 123, 126, 141, 154, 158, 158, 160, 162, 164, 173, 175, 179, 201, 207-213, 229, 273, 279, 427

아인슈타인-보른 서한집

1판 1쇄 인쇄 | 2007년 4월 16일
1판 1쇄 발행 | 2007년 4월 25일

엮은이 | G.V.R. 보른, I. 뉴튼 존, M. 프라이스
옮긴이 | 박인순
펴낸이 | 방광석
펴낸곳 | 범양사
출판등록 | 1978년 11월 10일 제2-25호
주　　소 | 경기도 고양시 일산서구 구산동 142-4
e-mail | yespy7711@hanmail.net
전　　화 | 031-921-7711~2
팩　　스 | 031-923-0054

ISBN 978-89-7167-166-5

ⓒ 범양사 2007